Teach Yourself C++

独習 C++

新版

高橋航平 著　επιστημη 監修

SE SHOEISHA

本書内容に関するお問い合わせについて

このたびは翔泳社の書籍をお買い上げいただき、誠にありがとうございます。弊社では、読者の皆様からのお問い合わせに適切に対応させていただくため、以下のガイドラインへのご協力をお願い致しております。下記項目をお読みいただき、手順に従ってお問い合わせください。

●ご質問される前に

弊社Webサイトの「正誤表」をご参照ください。これまでに判明した正誤や追加情報を掲載しています。

　　　正誤表　　　https://www.shoeisha.co.jp/book/errata/

●ご質問方法

弊社Webサイトの「刊行物Q&A」をご利用ください。

　　　刊行物Q&A　　　https://www.shoeisha.co.jp/book/qa/

インターネットをご利用でない場合は、FAXまたは郵便にて、下記"翔泳社 愛読者サービスセンター"までお問い合わせください。
電話でのご質問は、お受けしておりません。

●回答について

回答は、ご質問いただいた手段によってご返事申し上げます。ご質問の内容によっては、回答に数日ないしはそれ以上の期間を要する場合があります。

●ご質問に際してのご注意

本書の対象を越えるもの、記述個所を特定されないもの、また読者固有の環境に起因するご質問等にはお答えできませんので、あらかじめご了承ください。

●郵便物送付先およびFAX番号

　　送付先住所　〒160-0006　東京都新宿区舟町5
　　FAX番号　　03-5362-3818
　　宛先　　　　（株）翔泳社 愛読者サービスセンター

※本書に記載されたURL等は予告なく変更される場合があります。
※本書の出版にあたっては正確な記述につとめましたが、著者や出版社などのいずれも、本書の内容に対してなんらかの保証をするものではなく、内容やサンプルに基づくいかなる運用結果に関してもいっさいの責任を負いません。
※本書に掲載されているサンプルプログラムやスクリプト、および実行結果を記した画面イメージなどは、特定の設定に基づいた環境にて再現される一例です。
※本書に記載されている会社名、製品名はそれぞれ各社の商標および登録商標です。

はじめに

　本書はC++をこれから学ぼうとしている方のための本です。C++という言語は、C言語をもとに数多くの先進的な機能を追加して作られた言語です。C++の言語仕様はとても複雑かつ巨大で、残念ながら本書だけではその四半分にも満たない範囲しかカバーすることができませんが、本書の内容をすべて習得できれば仕事や趣味で実用上困ることはほとんどないでしょう。

　私が初めてC++を勉強するにあたり購入した書籍が、本書の旧版となる『独習C++ 第三版（ハーバート・シルト著）』でした。それ以来C++を10年以上使い続け、今では私の最も得意とする言語となり、仕事や趣味など非常に多くの場面で使っています。

　本書はあなたにとって初めてのC++の本かもしれませんし、そうでないかもしれません。いずれにせよ、本書がC++を理解する助けとなり、主力武器として使えるようになることを期待しています。

本書を読み進めるにあたって

　本書は入門書ではありますが、技術書です。当然ですが物語を扱ったハードカバーや小説ではありません。

　物語は先頭から順番に読んでいかないと物語の流れはおろか登場人物すらわかりませんが、技術書というのは必ずしも順番に読んでいく必要はありません。また、多くの場合どこかでつまずいてしまうことは避けられません。そして、避けられないのであれば上手に付き合っていく必要があります。私個人はそのような場合、そのつまずいてしまった部分を飛ばして少し先に進んでしまいます。

　本書でも、つまずいて先に進めなくなったときはぜひそのような読み方をしてみてください。章を1つ丸々飛ばしてしまってもよいかもしれません。章が変わって扱う機能が変わると、つまずいてしまった部分も、「あれはああいうものだった」といったん脇においておくことができます。そうして少し理解が進んだところで先ほどつまずいた部分に戻ると、案外すんなりとわかることがあります。もしくはまた先頭のほうから復習をしてみると、見落としていた部分を見つけることができ、それが理解の助けとなるかもしれません。

　とにかく、つまずいてしまってもその場所にとどまっている必要はありません。わかるところから手を付けていけば、自然とプログラミングの考え方や処理の流れがわかるようになります。

　一部の記法や用語は入門書で取り扱うべきか悩んだものもあります。しかし将来複雑なプログラムを組むようになったときに、その記法を知らないとどうにも解決することができなくなってしまうので、あとから見返したときに本書1冊でカバーできるよう、あえて入れてあります。そういった部分はスキップしてもよい旨記載しているので、最初のうちは飛ばしてしまってもかまいません。

謝辞

　本書を刊行するにあたり、$\varepsilon\pi\iota\sigma\tau\eta\mu\eta$さんにはお忙しい中監修をしていただきました。

　高橋晶さんとzakさんにはレビューをしていただき、初学者にとってわかりづらい文章を直していただきました。

2019年10月

高橋航平

本書について

本書で扱うC++の範囲

　C++は、1998年にISO（国際標準化機構）にてISO/IEC 14882:1998（通称**C++98**）として標準化されて以降、四度の改定を経て、2017年に本書執筆時点の現行仕様であるISO/IEC 14882:2017が発行されました。

　一度目の改定は2003年（通称**C++03**）に行われ、このときは文章の修正のみにとどまり、機能的な変更はありませんでした。そのためC++98とC++03はどちらも同じ意味で使われます。

　その後、C++0xという通称で長らく改定作業が行われてきましたが、2011年にようやく発行された仕様（通称**C++11**）ではC++03から大幅に機能が増強され、それまでのセオリーが通用しなくなるほどの変更となりました。

　2014年に発行された仕様（通称**C++14**）と2017年に発行された仕様（通称**C++17**）でも、C++11のときほどではないにせよ、大幅な機能強化が図られました。

　本書はこのC++14からC++17をメインのターゲットとして、主に**コア言語**に絞って解説しています。コア言語とは、C++の文法についての決まりごとで、どのようなプログラムを書くにせよ必ずかかわってくる部分です。

　標準ライブラリについては、本書ではそのごく一部のみを取り扱っています。標準ライブラリとはプログラムを書くにあたり、誰しもがよく使うプログラムをあらかじめ提供して、アプリケーションを早く開発できるようにした便利な機能集です。C++17に至るまでの間に、標準ライブラリについても大幅な機能強化がなされましたが、標準ライブラリを大まかに説明するだけでも、おそらく本書と同じぐらいの厚さの本になってしまうほどその機能は豊富であり、本書では紹介しきれませんでした。ただC++は、コア言語さえ扱えれば標準ライブラリのほとんどを簡単に使えるように作られているので、本書の内容を一通り習得できればそれらも使えるようになっていることでしょう。

　本書の範囲ではありませんが少し未来の話をすると、（2019年現在の情報で）2020年内に改定が予定されている次期標準仕様（通称**C++20**）に向けて作業が進んでおり、追加される機能のほとんどが確定しました。ただ、C++20で追加される機能はみなさんが使うには少々難しいものが多くなっています。標準仕様はおよそ3年おきに改定されることになっており、さらに次の改定となる2023年頃には、C++20の機能を使った便利な標準ライブラリが使えるようになっていることでしょう。

　C++20が目前に迫っているとはいえ、C++17までの基本的な部分をしっかりと押さえておけば、新しい仕様が発行されても難なく対応していくことができます。まずは本書でC++17のコア言語をしっかりと身に付けてください。

本書の構成

本書は13の章で構成されています。各章では、学習する内容について、実際のコード例などをもとに解説しています。その際、書かれたプログラムがどのように動いているのかを、実際に試しながら学ぶことができます。

練習問題

各章は、細かい内容の節に分かれています。途中には、それまで学習した内容をチェックする練習問題を設けています。その節の内容を理解できたかを確認しましょう。

この章の理解度チェック

各章の末尾には、その章で学んだ内容について、どのくらい理解したかを確認する理解度チェックを掲載しています。問題に答えて、章の内容を理解できているかを確認できます。

本書の表記

全体

本書解説文中で重要な語句については、太字にするとともに、C++の規格にもとづいて英語表記を行っています。学習にお役立てください。

構文

C++の構文を示しています。イタリック（斜体）になっている箇所はプレースホルダーと呼ばれ、さまざまな文字列が入る場所であることを表しています。

構文 const修飾子

```
const type-name variable-name = initial-value;
```

この場合、constや=、；はC++で定められた文字列ですが、*type-name*（型名）や*variable-name*（変数名）、*initial-value*（初期値）としてさまざまな文字列が入ることを表しています。

また、一部省略を表すために……と記載している箇所があります。

Note / Column

注意事項や関連する項目、知っておくと便利な事柄などを紹介します。

注意事項や関連する項目の情報

Column　プラスアルファで知っておきたい参考／補足情報

サンプルファイルと「練習問題」「この章の理解度チェック」の解答（付属データ）

本書で利用しているサンプルファイル（付属データ）は、以下のサイトからダウンロードして入手いただけます。

https://www.shoeisha.co.jp/book/download/9784798150239

サンプルファイルはZIP形式で圧縮されています。ダウンロードしたファイルをダブルクリックすると、ファイルが解凍され、ご利用いただけます。

構成などダウンロードサンプルについての詳細は、解凍したフォルダーにあるReadme.txtをご覧ください。

各章末尾の「この章の理解度チェック」や、節末の「練習問題」の解答も、PDFファイルとして上記のサイトからダウンロードして入手いただけます。

GitHub

GitHubにもサンプルファイルの内容を公開しております。随時修正を行っており、また、プルリクエストの形で修正点をリクエストすることが可能です。こちらもあわせてご利用ください。

http://github.com/shoeisha-books/dokushu-cpp/

動作確認環境と「補足資料：開発環境の構築」（会員特典データ）

本書内の記述／サンプルプログラムは、以下の環境で動作確認しています。

- Windows 10（64bit）
  - Visual Studio 2019（16.3）

- Linux
  - GCC（9.2.0）
  - Clang（8.0.0）
- macOS Mojave 10.14.6
  - XCode 11.1
  - Apple Clang 11.0.0

　上に挙げた各環境の構築方法と簡単なビルド方法の解説を、PDFファイル（会員特典データ）として以下のサイトからダウンロードして入手いただけます。

https://www.shoeisha.co.jp/book/present/9784798150239

　なお、会員特典データのダウンロードには、SHOEISHA iD（翔泳社が運営する無料の会員制度）への会員登録が必要です。詳しくは、Webサイトをご覧ください。また、会員特典データに記載されている会社名、製品名はそれぞれ各社の商標および登録商標です。

　なお、C++を学習するため、特別な環境構築の必要なしにその動作を確認するためには、以下に挙げるWeb上のC++コンパイラーを利用することも可能です。

- Wandbox：https://wandbox.org/
- OnlineGDB：https://www.onlinegdb.com/online_c++_compiler
- C++ shell：http://cpp.sh/

　Wandboxの簡単な利用法については、viiiページおよび補足資料に解説を載せてありますので、ご参考ください。

注意および免責事項

　付属データ（PDFおよびサンプルソース）と会員特典データ（PDF）に関する権利は、著者および株式会社翔泳社が所有しています。PDFファイルは許可なく配布したり、Webサイトに転載したりすることはできません。なお付属データのうち、サンプルソースの諸権利および取り扱いについては、同梱されるReadme.txtを参照してください。付属データや会員特典データの提供は予告なく終了することがあります。あらかじめご了承ください。

　本書および付属データや会員特典データに記載されたURL等は予告なく変更される場合があります。付属データや会員特典データの提供にあたっては正確な記述につとめましたが、著者や出版社などのいずれも、その内容に対してなんらかの保証をするものではなく、内容やサンプルにもとづくいかなる運用結果に関しても一切の責任を負いません。

Wandboxの利用法

https://wandbox.org/ にアクセスし、図0.1の設定項目を以下のように設定します。

- C++コンパイラー（上囲み部分）：GCCまたはClangの任意のバージョン（HEADと書かれていないものの中で最新のものを推奨）
- 言語バージョン（下囲み部分）：C++17

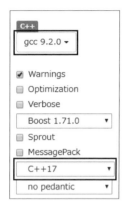

❖図0.1　Wandboxの設定項目

図0.2のようなコード入力ボックスにC++コードを入力し、［Run（or Ctrl+Enter）］ボタン（図0.3）を押すと実行されます（図0.4）。

```
// This file is a "Hello, world!" in C++ language by GCC for wandbox.
#include <iostream>
#include <cstdlib>

int main()
{
    std::cout << "Hello, Wandbox!" << std::endl;
}

// GCC reference:
//    https://gcc.gnu.org/

// C++ language references:
//    https://cppreference.com/
//    https://isocpp.org/
//    http://www.open-std.org/jtc1/sc22/wg21/

// Boost libraries references:
//    https://www.boost.org/doc/
```
$ g++ prog.cc -Wall -Wextra -I/opt/wandbox/boost-1.71.0/gcc-9.2.0/include -std=c++17

Stdin

❖図0.2　コード入力ボックス

❖図0.3　[Run] ボタン

❖図0.4　実行結果表示

　また、コード入力ボックスの下にある [Stdin] をクリックするとStdinボックス（図0.5）が開くので、コンソール入力（「2.6 コンソールからの入力」参照）も行うことができます。

❖図0.5　Stdinボックス

目次

はじめに iii
本書について iv
 本書で扱うC++の範囲 iv
 本書の構成 v
 本書の表記 v
 サンプルファイルと「練習問題」「この章の理解度チェック」の解答（付属データ） vi
 動作確認環境と「補足資料：開発環境の構築」（会員特典データ） vi
 注意および免責事項 vii
 Wandboxの利用法 viii

第1章 C++の基本的な言語機能①   1

1.1 Hello, world 2
 1.1.1 初めてのC++プログラム 2
 1.1.2 Hello, worldを読み解く 3

1.2 変数と関数 6
 1.2.1 変数とは 6
 1.2.2 const修飾子 9
 1.2.3 関数 10

1.3 演算子 16
 1.3.1 算術演算子 16
 1.3.2 ビット演算子とシフト演算子 18
 1.3.3 sizeof演算子 18
 1.3.4 複合代入演算子 20
 1.3.5 演算子の優先順位と結合規則 20

1.4 条件分岐 23
 1.4.1 if文と条件 23
 1.4.2 switch文 28
 1.4.3 三項条件演算子 31
 1.4.4 goto文 32

- 1.5 組み込み型とポインター 36
  - 1.5.1 組み込み型 36
  - 1.5.2 リテラル 38
  - 1.5.3 ポインター 40
  - 1.5.4 const修飾子とポインター 42
  - 1.5.5 ヌルポインター 44
  - 1.5.6 型変換 46
- 1.6 配列と文字列 51
  - 1.6.1 配列 51
  - 1.6.2 配列のサイズ 54
  - 1.6.3 文字列 56
  - 1.6.4 std::string 57
- 1.7 繰り返し 59
  - 1.7.1 while文 59
  - 1.7.2 for文 62
  - 1.7.3 do文 66

この章の理解度チェック 68

第2章 C++の基本的な言語機能②　　69

- 2.1 構造体・共用体・列挙体 70
  - 2.1.1 構造体 70
  - 2.1.2 共用体 74
  - 2.1.3 列挙体 77
- 2.2 クラス概要 81
  - 2.2.1 アクセス指定子 81
  - 2.2.2 メンバー関数 83
- 2.3 参照 86
  - 2.3.1 変数の別名 86
  - 2.3.2 参照とポインターの違い 88
  - 2.3.3 const参照 90
- 2.4 型推論 92
  - 2.4.1 変数の型と初期値の型 92

- 2.4.2 範囲for文の型推論 ... 93
- 2.4.3 式の型を推論する ... 94
- 2.4.4 配列の型推論 ... 95

2.5 型の別名定義 ... 97
- 2.5.1 型に別の名前を与える ... 97
- 2.5.2 ネストした型名 ... 98
- 2.5.3 C言語との互換性 ... 100

2.6 コンソールからの入力 ... 101
- 2.6.1 std::cin ... 101
- 2.6.2 文字列の入力 ... 102

2.7 関数オーバーロード ... 104
- 2.7.1 引数の数が違うオーバーロード ... 104
- 2.7.2 型が違うオーバーロード ... 106
- 2.7.3 デフォルト引数 ... 109

2.8 ラムダ式 ... 111
- 2.8.1 ラムダ式の基本 ... 111
- 2.8.2 戻り値の型の省略 ... 113
- 2.8.3 変数のコピーキャプチャ ... 114
- 2.8.4 変更可能なコピーキャプチャ ... 117
- 2.8.5 参照を取得するキャプチャ ... 118

この章の理解度チェック ... 121

第3章 クラス 123

3.1 constメンバー関数とmutable ... 124
- 3.1.1 メンバー変数を変更する／しない関数 ... 124
- 3.1.2 const／非constメンバー関数間のオーバーロード ... 127
- 3.1.3 constメンバー関数でも書き込みを行いたい場合 ... 129

3.2 コンストラクターとデストラクター ... 132
- 3.2.1 コンストラクターとは ... 132
- 3.2.2 コンストラクターの構文 ... 133
- 3.2.3 コンストラクターと他の関数との違い ... 133
- 3.2.4 デストラクターとは ... 136

	3.2.5	デストラクターの使用例	137
3.3		**初期値を受け取るコンストラクター**	139
	3.3.1	コンストラクターは複数用意できる	139
	3.3.2	委譲コンストラクター	141
	3.3.3	コピーコンストラクター	144
	3.3.4	＝を使った初期化	147
	3.3.5	explicit指定子	148
3.4		**デフォルトの初期値**	150
	3.4.1	メンバー変数の初期値	150
	3.4.2	メンバー初期化リストと初期値	152
3.5		**継承の概要**	154
	3.5.1	継承とは	154
	3.5.2	仮想関数とオーバーライド	156
	3.5.3	名前の隠蔽	159
	3.5.4	純粋仮想関数と抽象クラス	162
3.6		**オブジェクトポインター**	166
	3.6.1	アロー演算子	166
	3.6.2	thisポインター	167
	3.6.3	thisポインターは変更不可	168
	3.6.4	constメンバー関数とthisポインター	168
3.7		**クラス、構造体、共用体の関係性**	169
	3.7.1	クラスと構造体の違い	169
	3.7.2	共用体とクラスの違い	171
	3.7.3	無名共用体	173
3.8		**フレンド関数の概要**	176
	3.8.1	フレンド関数の宣言方法	177
	3.8.2	フレンド関数の注意点	178
3.9		**staticクラスメンバー**	179
	3.9.1	staticクラスメンバーとは	179
	3.9.2	staticメンバー関数	182
		この章の理解度チェック	185

第4章 分割コンパイル、ビルド　187

4.1 識別子とC++のキーワード ... 188
- 4.1.1 識別子のルール ... 188
- 4.1.2 C++で定義されているキーワード ... 189
- 4.1.3 文脈依存キーワード ... 190
- 4.1.4 代替表現 ... 190
- 4.1.5 暗黙的に定義される識別子 ... 191

4.2 宣言と定義 ... 192
- 4.2.1 宣言 ... 192
- 4.2.2 定義 ... 193
- 4.2.3 クラス定義中のメンバー関数定義 ... 194

4.3 スコープ ... 196
- 4.3.1 関数スコープ ... 196
- 4.3.2 その他のスコープ ... 197
- 4.3.3 グローバル変数とstatic変数 ... 200
- 4.3.4 ダングリングポインター ... 203

4.4 初期化構文付き条件分岐 ... 204
- 4.4.1 初期化構文付きif文 ... 204
- 4.4.2 初期化構文付きswitch文 ... 207

4.5 分割コンパイル ... 208
- 4.5.1 コンパイル ... 208
- 4.5.2 プリプロセス ... 209
- 4.5.3 リンクとビルド ... 209
- 4.5.4 extern変数 ... 211
- 4.5.5 staticメンバー変数の定義 ... 213

4.6 インライン関数 ... 213
- 4.6.1 ヘッダーファイルに定義された関数のインライン展開 ... 213
- 4.6.2 インライン指定 ... 214
- 4.6.3 自動インライン化 ... 215
- 4.6.4 宣言のみのメンバー関数をinlineにする ... 217
- 4.6.5 メンバー関数の実装方法を選ぶヒント ... 218

4.7 名前空間 ... 219
- 4.7.1 名前空間とスコープ解決演算子 ... 219
- 4.7.2 ネストした名前空間 ... 222

- 4.7.3 名前空間の省略 ... 224
- 4.7.4 無名名前空間 ... 228
- **4.8 リンケージ** ... 230
  - 4.8.1 C言語とC++ ... 231
  - 4.8.2 Cリンケージの一括指定 ... 234
- **4.9 プリプロセッサー** ... 235
  - 4.9.1 プリプロセッサー命令 ... 235
  - 4.9.2 マクロ ... 236
  - 4.9.3 結合と展開 ... 240
  - 4.9.4 #if命令 ... 242
- **この章の理解度チェック** ... 246

第5章 配列、ポインター、右辺値参照　247

- **5.1 配列とポインター** ... 248
  - 5.1.1 ポインターへの暗黙変換 ... 248
  - 5.1.2 次のアドレス ... 249
  - 5.1.3 配列と引数 ... 250
  - 5.1.4 配列の型と別名 ... 251
- **5.2 オブジェクトの配列** ... 254
  - 5.2.1 オブジェクトの配列と初期化 ... 254
  - 5.2.2 動的配列 ... 258
- **5.3 newとdeleteの使用** ... 262
- **5.4 newとdeleteの詳細** ... 265
  - 5.4.1 割り当てたオブジェクトに初期値を与える ... 265
  - 5.4.2 配列の動的確保 ... 267
- **5.5 {}による初期化とstd::initializer_list** ... 270
  - 5.5.1 {}による初期化 ... 270
  - 5.5.2 std::initializer_list ... 273

5.6　参照渡し ... 275
5.7　参照を返す関数 ... 278
- 5.7.1　グローバル変数の参照を返す関数 ... 278
- 5.7.2　メンバー変数の参照を返す関数 ... 279
- 5.7.3　参照を返した場合の型推論 ... 280

5.8　右辺値参照 ... 282
- 5.8.1　通常の参照と右辺値参照 ... 283
- 5.8.2　右辺値のアドレス ... 283
- 5.8.3　右辺値参照のオーバーロード ... 285
- 5.8.4　ムーブコンストラクター ... 286
- 5.8.5　コピーとムーブ ... 288

5.9　関数ポインターと関数リファレンス ... 291
- 5.9.1　関数へのポインター ... 291
- 5.9.2　関数リファレンス ... 292
- 5.9.3　高階関数 ... 293

5.10　thisのキャプチャ ... 296
- 5.10.1　メンバー変数のキャプチャ ... 296
- 5.10.2　thisポインターのキャプチャ ... 296
- 5.10.3　インスタンス全体のコピー ... 298

5.11　関数ポインターに変換可能なラムダ式 ... 300

この章の理解度チェック ... 302

第6章　演算子オーバーロード　303

6.1　演算子オーバーロードの基本 ... 304
- 6.1.1　演算子オーバーロードの構文 ... 304
- 6.1.2　演算子オーバーロードの規則・制限 ... 306

6.2　算術演算子のオーバーロード ... 306

6.3　項数の異なる算術演算子のオーバーロード ... 310
- 6.3.1　加減算と符号を表す＋と- ... 310
- 6.3.2　インクリメント演算子とデクリメント演算子 ... 312

6.4	ビット演算子のオーバーロード		315
6.5	関係演算子と論理演算子のオーバーロード		316
	6.5.1	関係演算子	317
	6.5.2	論理演算子	319
6.6	添字演算子のオーバーロード		321
6.7	ポインター関連演算子のオーバーロード		322
	6.7.1	簡単なスマートポインターの例	323
	6.7.2	アロー演算子のオーバーロード	324
	6.7.3	std::unique_ptr	326
	6.7.4	アドレス演算子のオーバーロード	328
6.8	関数呼び出し演算子のオーバーロード		330
6.9	フレンドな演算子オーバーロード		332
6.10	代入演算子の詳細		334
	6.10.1	コピー代入演算子とムーブ代入演算子	334
	6.10.2	複合代入演算子	336
6.11	変換関数の作成方法		338
	6.11.1	変換関数とは	338
	6.11.2	explicitで暗黙的型変換を防ぐ	342
	6.11.3	変換関数の注意点	344
	この章の理解度チェック		345

第7章 継承　347

7.1	アクセス制御		348
	7.1.1	基底クラスのアクセス制御	348
	7.1.2	被保護メンバーの使用	349
7.2	継承時のコンストラクター／デストラクターの動作		351
	7.2.1	呼び出しの順序	351
	7.2.2	コンストラクターの引数	353

7.3	派生クラスへのポインター	355
7.4	**仮想関数の詳細**	357
	7.4.1　仮想関数（再び）	357
	7.4.2　型指定して基底クラスのメンバー関数を呼び出す	358
	7.4.3　非公開メンバーの仮想関数	360
	7.4.4　仮想デストラクター	361
7.5	**多重継承**	364
	7.5.1　多重継承の注意点	366
	7.5.2　多重継承時の基底クラスのコンストラクター呼び出し	366
	7.5.3　曖昧な呼び出しと基底クラス名の指定	368
7.6	**仮想基底クラス**	372
	7.6.1　ひし形継承	372
	7.6.2　仮想基底クラスのコンストラクター呼び出し	375
7.7	**派生、オーバーライドの抑止**	377
	7.7.1　クラスのfinal指定	377
	7.7.2　仮想関数のfinal指定	378
	この章の理解度チェック	379

第8章　入出力システム　　381

8.1	**C++の入出力の基礎**	382
8.2	**書式設定された出力**	384
	8.2.1　std::ios::fmtflagsフラグ	384
	8.2.2　さらに柔軟な書式設定	388
8.3	**その他のテキスト入出力関数**	390
8.4	**入出力マニピュレーターの使用**	392
8.5	**ファイル入出力の基本**	394
	8.5.1　ファイルストリーム	394
	8.5.2　ファイルオープンのモードフラグ	396
	8.5.3　ファイルオープンの失敗	398
	8.5.4　ファイルの終端	399

- **8.6 書式不定のバイナリ入出力** …… 400
  - 8.6.1 1バイトの入出力 …… 400
  - 8.6.2 ブロックのバイナリ入出力 …… 403
- **8.7 ランダムアクセス** …… 405
  - 8.7.1 現在の位置を変更する …… 405
  - 8.7.2 現在の位置を知る …… 405
- **8.8 入出力状態のチェック** …… 408
  - 8.8.1 現在の情報の取得 …… 408
  - 8.8.2 エラーフラグのクリア …… 410
- **この章の理解度チェック** …… 411

第9章 テンプレート　413

- **9.1 関数テンプレート** …… 414
- **9.2 クラステンプレート** …… 420
  - 9.2.1 メンバー関数を持たない場合 …… 421
  - 9.2.2 メンバー関数を持つ場合 …… 422
- **9.3 仮想関数とstaticメンバー** …… 424
  - 9.3.1 仮想関数テーブル …… 424
  - 9.3.2 クラステンプレートで仮想関数を扱う …… 426
  - 9.3.3 クラステンプレートでstaticメンバーを扱う …… 427
- **9.4 特殊化** …… 430
  - 9.4.1 明示的特殊化 …… 430
  - 9.4.2 部分特殊化 …… 435
- **9.5 型推論** …… 437
  - 9.5.1 autoを使った型推論 …… 437
  - 9.5.2 関数テンプレート呼び出し時の型推論 …… 438
  - 9.5.3 テンプレートパラメーターの一部を型推論する …… 440
  - 9.5.4 引数からクラステンプレートのパラメーターを推論する …… 442
  - 9.5.5 型推論の制限 …… 445

9.6　非型テンプレートパラメーター　447
　9.6.1　値を受け取るテンプレート　447
　9.6.2　型推論する非型テンプレートパラメーター　448

9.7　参照の推論と完全転送　449
　9.7.1　参照渡し　449
　9.7.2　フォワーディング参照　450
　9.7.3　完全転送　453

9.8　依存名　455
　9.8.1　typenameキーワード　455
　9.8.2　別名　458
　9.8.3　template限定子　460

9.9　可変引数テンプレート　462
　9.9.1　テンプレートパラメーターパックと展開　463
　9.9.2　さまざまなパラメーターパックの展開　464
　9.9.3　テンプレートパラメーターパックの要素数　465

9.10　型特性　467
　9.10.1　述語のクラステンプレート　467
　9.10.2　別の型に変換するテンプレート　469

9.11　ラムダ式の引数の型推論　471

9.12　クラステンプレートのテンプレートパラメーターの型推論　473

　　　この章の理解度チェック　476

第10章　例外処理　477

10.1　例外処理の基礎　478
　10.1.1　throw / try / catch　478
　10.1.2　複数のcatch節　480

10.2　例外処理の詳細　483
　10.2.1　すべてを捕まえるcatch節　483
　10.2.2　例外の再送出　485
　10.2.3　noexcept指定　487

- **10.3 new演算子の例外処理** ... 489
  - 10.3.1 std::bad_alloc例外 ... 489
  - 10.3.2 std::bad_array_new_length例外 ... 490
  - 10.3.3 コンストラクターから投げられる例外 ... 492
- **10.4 標準例外** ... 493
  - 10.4.1 std::exceptionとwhat()メンバー関数 ... 494
  - 10.4.2 標準ライブラリで定義されている例外クラス ... 495
  - この章の理解度チェック ... 496

第11章 実行時型情報とキャスト演算子　497

- **11.1 実行時型情報（RTTI）** ... 498
  - 11.1.1 typeid演算子とstd::type_infoクラス ... 498
  - 11.1.2 派生クラスの実行時型情報 ... 501
- **11.2 キャスト演算子** ... 503
  - 11.2.1 C言語形式のキャスト ... 503
  - 11.2.2 static_cast / const_cast / reinterpret_cast ... 504
- **11.3 dynamic_castの利用** ... 507
  - 11.3.1 アップキャスト ... 507
  - 11.3.2 ダウンキャスト・クロスキャスト ... 507
  - この章の理解度チェック ... 512

第12章 データ構造とアルゴリズム　513

- **12.1 コンテナクラス** ... 514
  - 12.1.1 イテレーター ... 516
  - 12.1.2 イテレーターの種類 ... 518
- **12.2 std::vector** ... 519
  - 12.2.1 インスタンスの生成と破棄 ... 519
  - 12.2.2 代入 ... 524
  - 12.2.3 要素へのアクセス ... 527

12.2.4	要素の挿入	529
12.2.5	要素の削除	532
12.2.6	要素数の取得	534
12.2.7	std::vectorの特徴	535

12.3 std::list — 536
12.3.1	std::listの基本操作	537
12.3.2	std::listの特徴	539

12.4 タプル — 545
12.4.1	2つ組	545
12.4.2	任意の個数の組	546
12.4.3	構造化束縛	547

12.5 std::setとstd::map — 549
12.5.1	std::set	549
12.5.2	std::map	554
12.5.3	std::multisetとstd::multimap	556

12.6 アルゴリズム — 559
12.6.1	高階関数と関数オブジェクト	559
12.6.2	変更を加えないアルゴリズム	561
12.6.3	コンテナに変更を加えるアルゴリズム	563
12.6.4	コンテナに変更を加える特別なイテレーター	566

この章の理解度チェック — 568

第13章 文字列処理 — 569

13.1 文字列処理の概要 — 570

13.2 文字コード — 572

13.3 文字列操作 — 573
13.3.1	コンストラクター	573
13.3.2	演算子	575
13.3.3	アサイン	578
13.3.4	要素の参照	579
13.3.5	主なメンバー関数	580
13.3.6	std::stringのまとめ	586

13.4 数値・文字列間の変換 ... 588
- 13.4.1 数値から文字列への変換 ... 588
- 13.4.2 文字列から数値への変換 ... 588
- 13.4.3 高速な変換関数 ... 590

13.5 正規表現 ... 594
- 13.5.1 正規表現パターン ... 595
- 13.5.2 生文字列リテラル ... 596
- 13.5.3 正規表現のマッチ ... 597
- 13.5.4 マッチ・検索結果の取得 ... 599
- 13.5.5 正規表現を使った文字列の置換 ... 603

この章の理解度チェック ... 605

索引 ... 606

サンプルファイルと解答の入手方法

サンプルファイルと各種設問の解答は、以下のページからダウンロードできます。

https://www.shoeisha.co.jp/book/download/9784798150239

Chapter 1

C++の基本的な言語機能①

この章の内容

1.1	Hello, world
1.2	変数と関数
1.3	演算子
1.4	条件分岐
1.5	組み込み型とポインター
1.6	配列と文字列
1.7	繰り返し

本章ではC++の文法のうち、最も基本的な部分を学びます。

ここで説明する内容はC++だけのものではなく、ほとんどのプログラミング言語が同様の機能を持っています。また本章の内容は、どんなプログラムを書く場合にも必ず使うものになります。しっかりと覚えるようにしてください。

1.1 Hello, world

1.1.1 初めてのC++プログラム

すべてのプログラミング言語に共通することとして、初めて書くプログラムは"Hello, world"と決まっています[※1]。これは、"Hello, world"という文字列を表示するだけのプログラムであり、特に難しい機能はありません。

しかし"Hello, world"プログラムが正しく動作するということは、開発に使うさまざまなツールが正しくインストールされていて、正しく動作することを意味します。もしここでコンパイラーがエラーを出力したり、実行したときの表示がおかしかったりする場合は、開発環境が正しくインストールされているかなどを見直してみてください。開発環境のセットアップについては補足資料（会員特典データ：vページ参照）に手順を記載しています。また、近年はウェブブラウザの上で簡単にプログラムを試すことができる**オンラインコンパイラー**というサービスも多くあります。これらについてはviiiページおよび補足資料で説明しているので、どちらでも、使いやすいものを選んでください。

リスト1.1に"Hello, world"のプログラムを示します。

▶リスト1.1　"Hello, world"

```
#include <iostream>

int main()
{
    // コンソールにHello, worldと出力する
    std::cout << "Hello, world" << std::endl;
}
```

このプログラムをコンパイル、実行して"Hello, world"と表示されたら成功です。

実行結果

```
Hello, world
```

※1　本当は決まっていません。念のため。

プログラムを書く上での注意点

　C++のプログラムは基本的にアルファベットと記号を使って記述します。その際、どちらも半角のものを使います。後ほど説明する「コメント」と「文字列」以外に日本語や全角のアルファベットなどが含まれているとエラーとなることがあります。その場合には、半角でプログラムを書いているか確認してください。特にスペース（空白文字）は目で見ることができないため、半角／全角が混ざっていても気付きにくい文字の代表例といえます。

　また、スペースや改行はプログラム中の単語の区切りを意味しています。単語の区切りを示してさえいれば、その数はそれほど意味を持ちません。しかし、プログラムを読みやすいものにするためには、適切なスペースや改行、インデント（字下げ）を行う必要があります。それらによって、プログラムの細かい中身を見なくとも、ざっと見れば大体どこにどういったものが書かれているのかがわかるようになります。

　今の段階では「きれいなプログラム」というのがどういうものか判別できないかもしれませんが、まずは本書の例をまねして、わざと1行空行を入れたり、インデントしてみたり、工夫してみてください。

1.1.2　Hello, worldを読み解く

　リスト1.1のプログラムは、非常に短いものではありますが、重要な要素を数多く含んでいます。以降、文字による説明が多くなってしまいますが、頑張って読み解いていきましょう。

ヘッダーファイルの読み込み

　まず1行目ですが、これは「標準で提供されている『入出力機能』を有効にするために必要な、さまざまな機能が詰まった<iostream>（アイオーストリーム）というヘッダーファイルを読み込む」という命令です。このように、標準[※2]のものであったりサードパーティ[※3]が提供している機能であったりを使えるようにするために、#include（インクルード）命令（「4.9.1 プリプロセッサー命令」で後述）を使ってヘッダーファイルを読み込んでいきます。

　確認のためにこの行を消してコンパイルしてみてください。エラーの内容までは理解できなくとも、エラーが出てコンパイルに失敗したことがわかるはずです。このように、何かの機能を使おうとした場合には、あらかじめその機能について書かれた**ヘッダーファイル**を読み込ませる必要があります。

note　<iostream>以外にもさまざまな機能が標準で提供されていますが、それらは後ほど説明します。

※2　C++の仕様として便利な機能が提供されていますが、これら標準的に使える機能のことを単に標準と呼ぶことがあります。

※3　標準では提供されていないような発展的な機能を提供しているものを（C++に限らず）一般にサードパーティと呼びます。

main()関数

3行目には`int main()`とあります。これは、「ここから**main()関数**という関数の定義が始まる」という印になります。C++では一般的に、関数というプログラムの処理の塊をいくつも作って、互いに関数を利用しあいながら大きなプログラムを作っていきます。

しかし、関数をたくさん作ったとして、どの関数を最初に実行したらよいかがわからなくなってしまうと困ります。そのため、C++ではこの`main()`という名前を持った関数を特別な関数としており、最初に実行することになっています[※4]。また、関数は4行目にある開き**ブレース**（{：brace）で始まり、7行目の閉じブレース（}）で終わります。

コメント

5行目にあるのは**コメント**といい、プログラムの説明などを書くことができる機能です。コメントには2種類あり、リスト1.1にも出てきた`//`は、「`//`からその行の終わりまでがすべてコメントとなる」という書き方です。もう1つは`/* コメント */`のように、`/*`と`*/`で囲む方法です。こちらは「`/*`と`*/`に挟まれた部分だけがコメントとなる」ため、その後ろには別の処理を続けて書くことができます。

　　　ここはコメントではありません　// これは行末までコメントです
　　　ここはコメントではありません　/* これもコメントです */ ここはコメントではありません

コメントは何でも書ける反面、開発を進めていると気が付かないうちにプログラムの内容と真逆のことを書いていたり、プログラムに関係がない内容になっていたりしがちです。そうなると、プログラムを読む人にとって非常にわかりづらくなってしまうため、コメントを書く際は、その内容にも気を使わなければなりません。

> どの程度細かくコメントを書けばよいかは、何度もプログラムを読み書きして感覚を身に付けなければわかりません。そのためにもできるだけ多くのプログラムに触れるようにしましょう。本書で載せている例ではプログラムの説明のためにコメントをできるだけ付けるようにしていますが、実際のプログラムではここまで細かく注釈がついていることはあまりありません。

処理の中身

"Hello, world"は非常に単純なプログラムであり、実際の処理の中身は1行（6行目）しかありません。もちろんもっと多くの処理を書くこともできますが、実はこの6行目には大変多くの機能が関わっており、今ここでそのすべてを説明することはできません。現段階では、文字列を出力するための定型句として覚えておくと、バグがあったときにプログラムがどういった順番でどこまで進んだかを探す手助けとなるかもしれません[※5]。

※4　C++の元になったC言語でも、同様に`main()`関数から始まります。
※5　C言語で`printf()`（プリントエフ）という関数を使ってバグを探したことから、このように画面出力を使って行うデバッグを「printfデバッグ」と呼ぶこともあります。

6行目の最初にある`std::cout`は画面への出力を担当します。1行目に書いた`#include <iostream>`のおかげで、この`std::cout`を使うことができます。

`std::cout`を左側に置き、画面に出力したいものを`<<`（左シフト演算子：「1.3.2 ビット演算子とシフト演算子」で後述）[※6]の右側に置くことで、`std::cout`に文字列が送り込まれます。それから、続く`std::endl`で改行され、最後のセミコロン（;）でその行の処理は終了します。もし改行したあとに、さらにまだ別の文字列を出力したければ`<<`で必要な数だけ処理を数珠つなぎにするか、次の行でまた`std::cout`を使えば好きなだけ文字列を出力できます。

プログラムは主に**文**（statements）から成り立ちます。文はさらに制御文と宣言、そして**式**（expressions）に分けられます。セミコロンで終わるものは式で構成された文（expression statements）であり、セミコロンがその文の終わりを意味します。プログラムは上の文から順番に、下の文に向かって実行されます。

文字列

ところで、**文字列**という単語が新しく出てきました。文字列とは、プログラムの処理ではないデータのことを指します。「"」（ダブルクォーテーション：double quotation）で挟まれた間の文字は、プログラムではなくデータとして保存されます。文字列には好きなデータを好きなだけ書くことができますが、改行やタブといった一部の特殊文字については直接入力はできず、**エスケープシーケンス**（escape sequence）というものを使う必要があります。

よく使うエスケープシーケンスは、表1.1のとおりです。

❖表1.1　主なエスケープシーケンス

エスケープシーケンス	意味
\n	改行
\t	タブ
\\	\記号（バックスラッシュ）
\"	"
\'	'

練習問題　1.1

1. リスト1.1（2ページ）の`"Hello, world"`を実際にコンパイルして実行してください。
2. 文字列を変更して`"Hello, world"`以外の好きなメッセージを表示してください。
3. `#include`の行を消してエラーになることを確認してください。

※6　この詳細については後述しますが、もしあなたがC++言語以外のプログラミング言語を知っているのであれば、少々奇妙に思うかもしれませんし、逆に何が行われているのか何となくわかるかもしれません。

1.2 変数と関数

1.2.1 変数とは

変数(へんすう)(variable) を使うと、処理の結果を一時的に格納したり、あとでその値を使って別の処理に使うことができます。先ほどの"Hello, world"では、文字列を出力するだけだったため変数を使う必要はありませんでした。

変数宣言の構文(つまり変数を使うときの書式)は次のとおりです。

構文 変数の宣言

```
type-name  variable-name;
```

構文だけ見てもちょっとよくわからないですね。具体例を見てみましょう。次のプログラムは a という名前を持った int 型 (後述) の変数を宣言しています。

```
int main()
{
    int a; // 変数宣言
}
```

これで a という名前を使えば、(int 型の) 処理の結果を格納したり、その値を別の場所で使ったりできます。

変数宣言ではカンマ区切りで列挙することにより、一度に複数の変数を宣言することも可能です。このとき、列挙したすべての変数が同じ型になります。

構文 複数変数の同時宣言

```
type-name  variable-name1, variable-name2……;

int main()
{
    int a, b, c; // int型の変数、a,b,cを同時に宣言
}
```

変数名

変数には、アルファベットの大文字・小文字、数字、およびアンダースコア（_）の組み合わせであれば、自由な名前（**変数名**）を付けることができます[7]。少し長い変数名のときにはハイフン（-）や空白で区切りたくなりますが、使える記号はアンダースコアのみなので注意してください。また、数字で始まるものや、数字だけのものは変数名にすることはできません。

```
int a;              // OK
int ResultValue;    // OK
int result_value;   // OK
int x0;             // OK
int 1b;             // エラー。数字で始まる変数名は付けられない
int 2;              // エラー。数字だけで変数名にはできない
int a b;            // エラー。スペースで区切ることはできない
```

変数の型

ところで、「int型」というのは一体何でしょうか。

C++では、すべての変数が、「格納できる値の種類」を示す何らかの**型**（type）と呼ばれるものを持っており、型にはint型以外にも、float型やchar[8]型というものも存在しています。型が異なると、その変数が格納できる値も違ったものになってきます。例えば、int[9]型の変数は123のような整数を格納できるのに対して、float型の変数は3.14のような小数点以下の値を持つ浮動小数点数を格納できます。

> note 文字列を格納できる型は少し複雑なため、後ほど「1.6 配列と文字列」でその詳細を説明しますが、やはりint型やfloat型とは異なります。

変数の初期化

さて、宣言された直後の変数には、どういった値が格納されているのでしょうか。

実は、どんな値が入っているかは**決まっていません**。0かもしれないし、1かもしれません。もっと大きな値や、負値の可能性もあります。最初にどんな値が入っているのかがわからないため、処理によっては誤作動を起こしてしまうかもしれません。そこで、変数宣言と同時に、変数の**初期値**というものを設定することができ、これを**初期化**（initialization）と呼びます。

---

[7] 他にも、実際には日本語などUnicodeで規定されている文字であれば使えるコンパイラーも多いのですが、一部のコンパイラーは対応していなかったり、正しく表示されない環境もあったりなど、さまざまな問題があるためあまり使用はおすすめしません。

[8] character（文字）の略であり、「チャー」や「キャラ」と読まれることが一般的です。

[9] integer（整数）の略であり、「イント」と読みます。

> **note** C++でプログラムを書く中で、初期化を忘れてしまったこと（**初期化漏れ**）によるバグは案外多いものです。そのため、最初のうちは面倒かもしれませんが、変数宣言と同時に初期化をするようにしておくと安心です。
>
> とはいえ皆さんの中には、「初期化漏れがよくあるのなら、初期化を必須にしたり初期値が自動で設定されたりしたらよいのに」と考える人もいるかもしれません。実際に、C#という言語では初期化しなかった場合に必ず設定される初期値が決まっています。
>
> しかしC++では、あえて初期化を必須にしないことで、プログラムの速度を突き詰めることができるようになっています。これは特に、ハードウェアを直接扱うプログラムなどでは大変重要なことです。

変数宣言と同時に初期化を行うには、以下のような構文を使います。

構文 変数宣言と初期化を同時に行う

```
type-name  variable-name(initial-value);

type-name  variable-name = initial-value;

type-name  variable-name{initial-value};

type-name  variable-name = {initial-value};
```

4通りの構文がありますが、どれも基本的には同じ意味です。最初のうちはどれを使っても問題ありませんが、おそらく上の2通りがよく見る形式でしょう。

とはいえ、やはりわかりづらいため具体例を次に示します。

```
int main()
{
    int a(0);
    int b = 1;
    int c{2};
    int d = {3};
}
```

int型の変数には整数を格納できたので、初期値として整数を渡しています。

もしかしたら、このとき=を使っていることに何か違和感を覚えるかもしれません。算数や数学では左右両辺が等しいことを「=」（等号）を使って表していましたが、C++では、=は**代入**（assignment）を表しており、右辺の値を左辺の変数に格納するために使います。代入を意味する=は、変数宣言の初期化以外の場所でも、変数に値を格納するのに使われます[10]。

---

[10] 厳密には初期化の=は代入ではないのですが、あまりその違いにこだわっても仕方がないため、代入だと覚えても問題ありません。

```
int main()
{
    int a = 42; // aは42で初期化される
    a = 0; // aに0を代入する、つまりaの中身は0になる
}
```

変数を同時に複数宣言した場合でも、各変数に対してそれぞれの初期値を与えることができます。

```
int main()
{
    int a = 0, b, c = 42; // aを0で、cを42で初期化し、bは初期化しない
}
```

> **note** 数学の「＝」が持つ意味のような、「変数が、ある値と等しいかどうかを調べる」方法は、C++では別に存在します。そのため、=は代入である、と間違えずに覚えてください。

1.2.2 const修飾子

変数はあとから代入することで、その中身の値を変更することができます。しかし、プログラムには**定数**（constants）や読み取り専用など、代入できてしまっては困る変数が出てくることがあります。代入さえしなければ一応問題はないのですが、誤って代入してしまった場合でもコンパイラーはエラーにしてくれません。

変わっているはずがないと思っていた変数が変わってしまっていると、バグが発生しても「この変数は変わっているはずがない」と思い込んでしまい、バグの原因になかなか気付けなくなってしまいます。本来変更されるはずのない変数への代入を行えないようにすることで、コンパイルのときに間違っていることがすぐにわかり、そういったバグを生み出さずにすみます。

あとから代入できない変数を作るには、変数宣言のときに**const修飾子**（const qualifier）を付けます。const修飾子が付いた変数のことを一般に**const変数**と呼びます。

const修飾子を付けた変数宣言は2通りありますが、どちらも同じ意味です。本書では前者の形式を使用します。

構文 const修飾子

```
const type-name variable-name = initial-value;

type-name const variable-name = initial-value;
```

const変数を初期化するには、変数の初期化で説明した書き方がすべて使えます。なおconst変数に値を代入できるのは初期化時だけであり、あとからは代入できないためconst変数は初期化を省略するとエラーとなります。

```
const int value; // エラー。初期値がない
```

1.2.3 関数

C++のプログラムを構成する重要な要素として、**関数**（function）というものがあります。関数とは複数の処理をまとめた塊であり、一度関数を作ればあとでその処理を何度でも繰り返して使うことができる、非常に便利なものです。"Hello, world"でも出てきた`main()`関数も関数の一種です[11]。

関数を作ることを**定義する**（define）といい、定義した関数を使うことを**呼び出す**（call）といいます。関数を呼び出すと、処理の流れ（次に実行する処理）がその関数に移ります。そして一通りその関数の処理が終わると、その関数を呼び出したところに戻ってそのまま続きの処理が実行されます。

引数

関数には多くの処理をまとめることができますが、ただまとめるだけではいつも同じ処理しかすることができません。そのままでは「1に1を足した結果を表示する」関数と「2に1を足した結果を表示する」関数、……というように、少し値が違うだけでも別々の関数を作らなければならなくなります。それでは処理をまとめる意味があまり感じられません。

そこで関数では、処理するときの値が少しずつ違う場合などに、**引数**（ひきすう）（parameter / argument）という方法を使い、関数に対して処理してほしい値をあとから渡すことができます。引数を使うことで、「引数に1を足した結果を表示する」関数を作ることができ、呼び出すときに1や2を渡すと、それぞれ「1に1を足した結果を表示」したり、「2に1を足した結果を表示」したりできるのです。

特に、関数定義で書く引数のことを**仮引数**（かりひきすう）（parameter：「かびきすう」とも）と呼び、関数を呼び出すときに渡す引数のことを**実引数**（じつひきすう）（argument）と呼び分けることがあります。日本語ではどちらも「引数」と省略して呼ぶことが多いため、話の流れから推測することになるのですが、英語で話したり文章を読んだりする機会があれば、これらは単語が明確に異なるため注意してください。

関数の定義

関数を定義する際の構文は、次のとおりです。変数宣言に比べると、書くことが多少増えています。

---

[11] ただし`main()`関数だけは特別な関数なので繰り返し使うには制限があります。

構文 関数の定義

```
return-type function-name()
{
    function-body……
}

return-type function-name(paramter-type1 parameter-name1)
{
    function-body……
}

return-type function-name(paramter-type1 parameter-name1, parameter-type2 parameter-name2)
{
    function-body……
}
```

　3通りの構文が書いてありますが、共通している*return-type*、*function-name*、*function-body*はそれぞれ戻り値の型、関数名、関数の処理本体を意味しています。

　そのうち「関数名」と「本体」は何となく察しが付くかと思いますが、「戻り値の型」とは一体何なのでしょうか。

　関数は、引数を受け取って処理するだけでなく、呼び出し元に何らかの結果を返すことができ、この値のことを**戻り値**（return value：返値、返り値とも）と呼びます。

　ただ、戻り値の型がわからなければ、受け取る側もどうしたらよいのかがわからなくなってしまいます。そこで関数には、その関数が一体どんな型の戻り値を返すのかを書いてあげる必要があります。なお、もし「関数が戻り値を何も返さない」ということであれば、戻り値の型として void という特別な型を指定します。

　また、()の内側にある*parameter-type*と*parameter-name*という1組が、1つの引数に対応します。この組、つまり仮引数はいくつでも増やすことができ、また一番上の構文のように空にすることも可能です。"Hello, world"では main() 関数に何か引数を渡すようなことはしていませんでしたが、そのように仮引数に何も書かなければ何も引数を受け取らない関数となります。

　引数は左側から順番に第1引数（first parameter）、第2引数（second parameter）、第3引数（third parameter）……と順番に数えます。

　なお、関数が引数を受け取るとき、関数に渡す実引数の数は仮引数の数と同じでなければなりません。多くても少なくてもエラーとなります。

return文

　それでは一例として、戻り値を返さない関数を書いてみましょう（リスト1.2）。

▶リスト1.2　何も戻り値を返さない関数

```cpp
#include <iostream>

// 何も引数を受け取らず、何も戻り値を返さない関数
void hello_world()
{
    std::cout << "Hello, world" << std::endl;
}

// aとbの2つを引数として受け取り、それらを足した結果を表示する関数
void show_sum(int a, int b)
{
    int c = a + b;
    std::cout << c << std::endl;
}

int main()
{
    hello_world();    // 引数を何も渡さずに関数を呼び出す
    show_sum(1, 2);  // aに1を、bに2を渡して関数を呼び出す
}
```

実行結果

```
Hello, world
3
```

　プログラムが実行されるとまず、main()関数がシステムから呼ばれます。main()関数の本体ではまずhello_world()関数を呼んでいるため、今度はそちらへ処理が移ります。hello_world()関数ではコンソールに文字列を表示する処理が行われるだけなので、それが終わると（main()関数の）hello_world()関数を呼び出したところに戻ります。

　main()関数では次にshow_sum()関数を呼ぶため、今度は処理がshow_sum()関数へと移ります。show_sum()関数の本体に書かれた処理を上から順に処理し、それが終わると再びmain()関数へと処理が戻ります。するともうmain()関数で行う処理はないため、そこでプログラムが終了します。

　プログラムはこのように、あちこちの関数に移ったり戻ってきたりを繰り返すことで、さまざまな処理を行います。

　もう1つの例として、戻り値の型がvoid型でない関数（つまり何か値を返す関数）も書いてみましょう。その際、値を返すところで**return文**（return statement）という特別な構文を使う必要が

あります。return文は大変簡単な構文ですが、値を返すためだけに限らず多くの場所で使うことになるはずです。なぜなら、関数の処理を途中で中断して呼び出し元に戻りたいときにも、このreturn文を使うためです。

構文 return文

```
return;

return return-value;
```

2通りの構文を挙げましたが、1つ目は関数の戻り値の型がvoid型の場合、2つ目は戻り値の型がvoid以外の場合[12]に使います。

それでは、値を返す関数の例をリスト1.3に示します。

▶リスト1.3　値を返す関数

```cpp
#include <iostream>

void show_value(int a)
{
    std::cout << a << std::endl;
    return; // ここに到達した時点で呼び出し元に処理が戻る

    // return文で処理が戻っているためこの処理は呼ばれない
    std::cout << "show value" << std::endl;
}

int add(int a, int b)
{
    int c = a + b;
    return c;
}

int main()
{
    int x = add(10, 20);
    show_value(x);
}
```

---

[12] 厳密にはvoid型の場合でも使うことができるのですが、ややこしくなるため説明は省略します。

実行結果
```
30
```

コンソールには add() 関数で計算した結果しか表示されなかったため、return 文以降の std::cout が実行されなかったことがわかります。この処理の流れを図で表すと図1.1のようになります。

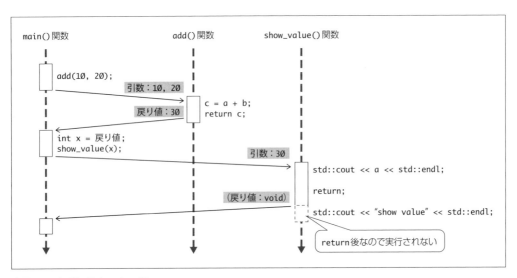

❖図1.1　処理の流れのイメージ

return 文は戻り値の型が void であってもよく使うので、その使い方はしっかりと覚えておいてください。

main() 関数の return 文

main() 関数では、戻り値の型が int 型なのにもかかわらず、これまで return 文を書いてきませんでした。

というのも、main() 関数だけは特別に return 文を省略することができ、暗黙的に「return 0;」が最後に書かれているものとして扱われます。もちろん、処理の途中で終了したい場合には、return 文を記述する必要があります。

main() 関数が終了すると、return 文で返された戻り値はシステムに渡され、プログラム自体が正常に終了したかどうかの判定に使われます。0 を返した場合は正常終了として、それ以外の値の場合には異常終了として扱われます。

練習問題 1.2

1. 次のプログラムのmain()関数でhello_world()関数を呼び出してください。

   ```
   #include <iostream>

   void hello_world()
   {
       std::cout << "hello, world" << std::endl;
   }

   int main()
   {
       // show_world()関数を呼び出す
   }
   ```

2. 次のプログラムにint型の引数を3つ受け取りそれらの総和を返すsum()関数を追加してください。このときにできるだけ変数を使うようにしてください。

   ```
   #include <iostream>

   // sum()関数をここに定義する

   int main()
   {
       std::cout << "sum(5, 1, -2): " << sum(5, 1, -2) << std::endl;
   }
   ```

3. 次のプログラムで、"hello, return"が表示されない理由を説明してください。

   ```
   #include <iostream>

   void show_messages()
   {
       std::cout << "hello, world" << std::endl;

       return;

       std::cout << "hello, return" << std::endl;
   }
   ```

1.2.3 関数

```
int main()
{
    show_messages();
}
```

1.3 演算子

　コンピューターは計算機なので、四則演算（足し算／引き算／掛け算／割り算）を計算するのはもちろん、数値の大小を比較したり、その他普段は使わないような計算もさせることができます。**演算子**（operators）とは、値や変数に対してさまざまな演算を行い、その結果を得るための記号のことです。

　演算子は受け取る項の数によって**単項演算子**（unary operators）と**二項演算子**（binary operators）、そして**三項演算子**（ternary operator）に分類されます。

1.3.1 算術演算子

　算術演算子は、四則演算に「剰余（あまり）」「正負の符号」を加えた7種類の演算をする演算子です。表1.2に算術演算子の一覧を示します。

❖表1.2　算術演算子

演算子	使用例	例の意味
+	a + b	aとbを足す（加算）
-	a - b	aからbを引く（減算）
*	a * b	aとbを掛ける（乗算）
/	a / b	aをbで割る（除算）
%	a % b	aをbで割った余り（剰余）
+	+a	aの値そのまま
-	-a	aを正負反転した値
++	++a、a++	aに1を加える（**インクリメント**）
--	--a、a--	aから1を引く（**デクリメント**）

　四則演算の中でも特に、除算には注意すべき点があります。一般的な数学では、整数どうしの割り算である「1割る2」の結果は実数の「0.5」になります。しかしC++では、整数を整数で割った結果

は小数点以下を切り捨てた整数となります。

一方、値としては整数でも、型として浮動小数点数型（「1.5 組み込み型とポインター」で後述）を使った場合には、意図したとおり実数値になります。

```
int i = 1 / 2;        // 0（整数の除算の結果は切り捨てた整数）

float f = 1.0 / 2.0;  // 0.5（浮動小数点数の除算は浮動小数点数）
```

また、0で割った結果がどうなるかは**未定義**とされています。どのような結果が返ってきても（またプログラムがクラッシュしても）よいので、0で割ることがないように注意しなければなりません。

インクリメント演算子（increment operator）と**デクリメント演算子**（decrement operator）は、それぞれ1を足し引きするための演算子です。もちろんそのために通常の加減算演算子を使ってもよいのですが、「1を足し引きする」という計算がプログラムを書くうえで非常に多く出てくるため、専用の演算子が用意されています。また、演算子が変数の前に書かれているもの（**前置**）と後ろに書かれているもの（**後置**）の2通りがありますが、これらはそれぞれ別物です。前置は変数に1を足し引きして、その足し引きした値を返す処理となり、一方後置は1を足し引きする処理ではあるものの、返すのは足し引きする前の値となります。リスト1.4でその違いを確認してください。

▶リスト1.4　前置と後置

```cpp
#include <iostream>

int main()
{
    int i = 42;

    std::cout << "++i: " << ++i << std::endl; // 前置

    std::cout << "i: " << i << std::endl;

    std::cout << "i++: " << i++ << std::endl; // 後置

    std::cout << "i: " << i << std::endl;
}
```

実行結果

```
++i: 43
i: 43
i++: 43
i: 44
```

1.3.2　ビット演算子とシフト演算子

ビット演算子と**シフト演算子**は、それぞれビット演算とシフト演算を行うために用意された演算子です（表1.3）。

❖表1.3　ビット演算子とシフト演算子

演算子	使用例	意味
&	a & b	aとbのand演算
|	a | b	aとbのor演算
^	a ^ b	aとbのxor演算
~	~a	aのnot演算
<<	a << b	aを左にbビットシフト
>>	a >> b	aを右にbビットシフト

ビット演算とシフト演算は、整数に対してしか行うことができません。なお、ビット演算とシフト演算はコンピューターが扱う2進数を直接処理したい場合に使います。フラグやハードウェアを処理する場合によく使いますが、今の段階ではあまりその詳細を理解していなくても問題ありません。

1.3.3　sizeof演算子

sizeof演算子は型の**サイズ**を取得するのに使います。型のサイズとは、その型の変数をメモリ上に配置するために使用されるバイト数のことです。

sizeof演算子はstd::size_t型[※13]の値を返すこととなっています。なお、std::size_t型はsizeof演算子以外でも、何かしらのサイズを表すときによく使われます。

sizeof演算子は、型名を指定して直接その型のサイズを取得できるほか、式の結果の型のサイズを取得することもできます。

構文　sizeof演算子

```
sizeof(type) // 型名から型のサイズを取得する

sizeof(expression) // 式の結果の型のサイズを取得する
```

式（expression）とは大ざっぱに言うと、変数や関数呼び出し、そして演算子の組み合わせのことです。1 + aや、3 * foo()といったものはすべて式ですし、変数だけ、関数呼び出しだけというのも式の一種です。

[※13]　std::size_t型は`<cstddef>`ヘッダーをインクルードする必要がありますが、ほとんどの場合（ほかのヘッダーファイルによって）暗黙的にインクルードされるのであまり気にしなくてもよいでしょう。

式は、必ず何かしらの型を持つ結果を返します。例えば1 + 2という式は計算した結果、3を返しますが、3はint型を持ちます。関数呼び出しであれば、戻り値の型がそのまま式の型となります（リスト1.5）。

 数値の型については「1.5 組み込み型とポインター」で説明します。

▶リスト1.5　sizeof演算子

```
#include <iostream>

int main()
{
    int i = 42;

    std::cout << "sizeof(i): " << sizeof(i) << std::endl;

    std::cout << "sizeof(i + 1): " << sizeof(i + 1) << std::endl;
}
```

実行結果

```
sizeof(i): 4
sizeof(i + 1): 4
```

　型のサイズは環境によって変わります。上の例ではint型は4バイトとなっていますが、異なった環境では2バイトだったり8バイトだったりします。ただし、char型だけは常に1バイトであると決まっています。

Column　1バイトは何ビット

　char型は必ず1バイトと決まっていますが、ではその1バイトとは、何ビットなのでしょうか。2008年に策定されたIEC 80000-13という規格で1バイトは8ビットであることが規定されましたが、それまでは1バイトが何ビットなのかは決まっていませんでした。昔は1バイトが7ビットだったり9ビットだったりするコンピューターがありましたが、現代ではほとんどのコンピューターが1バイトが8ビットで動作しています。

　C++でも1バイトが8ビットかというとちょっと事情が違います。C++はC言語を元にしているので、昔のC++では具体的には決まっていませんでした。2011年にC++が大規模に改定された際に、8ビット以上であることが決まりましたが、依然として1バイトが9ビットであってもよい、というふうになっています。

1.3.3　sizeof演算子

1.3.4　複合代入演算子

複合代入演算子（compound assignment operators）は、演算をしながら代入するという複数の機能を持った演算子です。すべての演算子と組み合わせることができるというわけではなく、加減乗除・剰余・ビット演算・シフト演算が複合代入演算子となることができます。

複合代入演算子は、すべて同じ形式で演算子記号を組み合わせます。

構文　複合代入演算子

```
a #= b; // #は組み合わせる演算子記号
```

これは次の代入式と同じ意味を持ちます。

```
a = a # b; // #は組み合わせる演算子記号
```

例えば変数 a に 1 を足した結果を同じ変数に代入するには、次のようになります。

```
a += 1;
```

実際のところ、これはインクリメント演算子と同じ結果になるのでどちらを使ってもかまいません。1 を足していることをわかりやすくしたい場合には複合代入演算子を、次の値に移るのをわかりやすくしたい場合にはインクリメント演算子を使うことが多いです。

今の時点ではどちらも同じように思えるかもしれませんが、プログラムの意味論というものがわかるようになってくると、だんだん使い分けるようになってきます。取りあえず今は複合代入演算子というものがあるということと、プログラムにはいろいろな書き方があるということがわかってもらえれば大丈夫です。

1.3.5　演算子の優先順位と結合規則

演算子には**優先順位**と**結合規則**というものがあります。通常の算数でも加減算より乗除算を先に行ったり、加算と減算では左から右に順番に計算しますが、C++でもそれらと同様に計算のルールが決められています。算数における加減算と乗除算のような順序関係のことを**演算子の優先順位**（operator precedence）といい、左から右にという順序関係のことを**演算子の結合規則**（associativity）といいます。

表 1.4 に、すべての演算子の優先順位と結合規則の一覧を示します。ほとんどの演算子についてはここまで説明していないため、今は取りあえずこれらの演算子があるのだ、という程度の認識でかまいません。

❖表1.4　演算子の優先順位と結合規則

優先順位	演算子		結合規則
1	::	スコープ解決演算子	
2	a++、a-- type()、type{} a() a[] . ->	後置インクリメント・デクリメント演算子 関数形式キャスト 関数呼び出し 添字演算子 ドット演算子 アロー演算子	左から右
3	++a、--a +a、-a ! ~ (type)a *a &a sizeof new、new[] delete、delete[]	前置インクリメント・デクリメント演算子 単項プラス・マイナス 論理否定演算子 ビットnot演算子 C形式キャスト 間接参照演算子 アドレス演算子 sizeof演算子 new演算子 delete演算子	右から左
4	.*、->*	メンバー／ポインターアクセス演算子	
5	a*b、a/b、a%b	乗除算、剰余	
6	a+b、a-b	加減算	
7	<<、>>	シフト演算子	
8	<、<=、>、>=	大小比較演算子	左から右
9	==、!=	等価比較演算子	
10	&	ビットand演算子	
11	^	ビットxor演算子	
12	|	ビットor演算子	
13	&&	論理and演算子	
14	||	論理or演算子	
15	a?b:c throw = +=、-=、*=、/=、%=、 <<=、>>=、&=、^=、|=	三項条件演算子 throw式 代入演算子 複合代入演算	右から左
16	,	カンマ演算子	左から右

　優先順位と結合規則は変えることができませんが、先に計算させたい部分は算数と同じように、括弧（parenthesis）で囲うとその中の式から計算されます（リスト1.6）。

▶リスト1.6　優先順位と結合規則

```
#include <iostream>

int main()
{
    int a = 1 + 2 * 3 - 4;
    std::cout << a << std::endl;

    int b = (1 + 2) * (3 - 4); // 括弧の中から計算
    std::cout << b << std::endl;
}
```

実行結果

```
3
-3
```

練習問題　1.3

1. 3種類以上の加減乗除を組み合わせた式を作り、演算結果が手計算と等しいか確認してください。

2. 1.で作った式に括弧を使って計算順序を変更し、手計算と等しいか確認してください。

3. 次のプログラムを複合代入演算子を使わないように書き換えてください。

    ```
    #include <iostream>

    int main()
    {
        int i = 0;
        i *= 2 + 4;
        i %= 3;
        std::cout << i << std::endl;
    }
    ```

1.4 条件分岐

1.4.1 if文と条件

変数と関数だけでは複雑なプログラムを作ることはできません。もし、あなたのプログラムがいつも"Hello, world"を表示するだけならば、関数があれば十分かもしれません。しかし多分そうではないでしょう。

今、何気なく「もし〜ならば」と書きましたが、このように特定の場合だけ処理をしたい（逆に特定の場合だけ処理をしたくない）という場面は、プログラムを書く中で確実に出てきます。このような、場合によって処理をしたりしなかったりすることを**条件分岐**（conditional branching）と呼びます。

if文

C++で条件分岐を行うための構文はいくつかありますが、最もよく使い、最も多くの場面で目にする**if文**（if statement）は以下のように使います。

構文 if文

```
if (condition)
{
    statement……
}

if (condition)
{
    true-statement……
}
else
{
    false-statement……
}
```

1つ目の構文では、*condition* に書かれた条件が成り立った場合のみ、*statement*……の処理が実行されます。もし成り立たなかった場合には何も実行されず、そのままif文の次の処理が実行されます。

2つ目の構文では、条件が成り立った場合は1つ目と同じく*true-statement*……が実行されるのですが、もし成り立たなかった場合は*false-statement*……が実行されます。**else**は必ずifとセットになっており、次のようにelseだけが出てくることはありません。

```
    int a = 0;
    else // エラー。elseは必ずifとセット
    {
        std::cout << "Hello, else" << std::endl;
    }
```

条件と真偽値

ところで、条件にはどのようなことを書けるのでしょうか。C++には条件に使える**bool型**（ブール）というものがあります。bool型は、**true**（真）（トゥルー・しん）もしくは**false**（偽）（フォルス・ぎ）のどちらかの値しか格納できない型であり、このような値を**真偽値**（しんぎち）と呼びます。

条件が成り立つ場合というのは、「条件が真であった場合」と言い換えられるので、条件に書いたことが最終的にtrue（真）の値と同じになるのであれば、その条件は成り立ったということができます。逆に成り立たないのであればその条件はfalse（偽）だといえます。

比較演算子

基本的に、「等しいか」や「より大きい」「未満」など**比較**の結果はbool型となるので、変数と変数（もちろん値と変数や、その逆、値と値でも問題ありません）を比較すれば、そのまま条件として使えます。例えば、変数aが10より大きい場合に、"変数aは10より大きいです"と表示したいときには、リスト1.7のようなプログラムになります。

▶リスト1.7　変数aが10より大きい場合にメッセージを表示する

```
#include <iostream>

int main()
{
    int a = 9;
    if (10 < a) // 変数aと10を比較
    {
        std::cout << "変数aは10より大きいです" << std::endl;
    }
    std::cout << "if文のあと" << std::endl;
}
```

実行結果

if文のあと

このとき、変数aは9で初期化されているので、画面には"if文のあと"としか表示されません（10 < 9ではないため）。ここで使われている<のように、比較を行っている記号のことを**比較演算子**（ひかくえんざんし）

（comparison operators）といいます。比較演算子はこれ以外にもいくつかあるので、それらを表1.5に示します。一部複合代入演算子に見えなくもないものもありますが、比較演算子は複合代入演算子ではないことに注意してください。

❖表1.5　比較演算子

比較演算子	意味
a < b	aがbより小さい（bがaより大きい）ときにtrue
a > b	aがbより大きい（bがaより小さい）ときにtrue
a <= b	aがb以下の（より小さいか等しい）ときにtrue
a >= b	aがb以上の（より大きいか等しい）ときにtrue
a == b	aとbが等しいときにtrue
a != b	aとbが等しくないときにtrue

9ページのnoteで「=は代入の意味で、等しいかどうかを調べる方法は別にある」と説明しましたが、ここに出てきた==のことだったわけです。

note
=の数が違うだけなので、最初のうちは「等しいか調べるつもりで代入してしまった」というようなミスをしてしまうかもしれません。
このミスを防ぐために、小手先のテクニックで何とかしようとする方法はあるにはあるのですが、どんな場面でも通用する万能な方法でもないですし、過信してしまってもっとよくわからないバグを引き起こしてしまうということもありえます。
面倒かもしれないですが、最初のうちは地道に気を付けながらプログラムを書いて、見た瞬間に「何かおかしい」と気付けるようになることをおすすめします。

論理演算子

比較演算子の他にも、条件を拡張する**論理演算子**（logical operators）もあるので、表1.6で紹介します。

❖表1.6　論理演算子

演算子	意味
!a	aがtrueのときfalse（論理否定演算子）
a && b	aとbの**両方**がtrueのときtrue（論理and演算子）
a || b	aとbの少なくとも**どちらか**がtrueのときtrue（論理or演算子）

論理and演算と論理or演算の対応関係を真理値表という形式で表すと、図1.2のようになります。

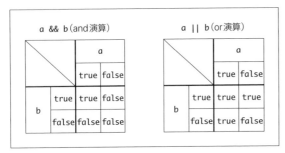

❖図1.2　論理and演算と論理or演算の対応関係

　例えば、引数が「10以上かつ20未満」かどうかでメッセージを変える関数は、リスト1.8のようになります。

▶リスト1.8　「10以上かつ20未満」かどうかでメッセージを変える関数

```
#include <iostream>

void show_message(int value)
{
    if (10 <= value && value < 20)
    {
        std::cout << "10以上20未満です" << std::endl;
    }
    else
    {
        std::cout << "10以上20未満ではありません" << std::endl;
    }
}

int main()
{
    show_message(9);   // 10未満なのでelse文のメッセージが表示される
    show_message(15);  // 10以上20未満なのでif文のメッセージが表示される
    show_message(20);  // 20以上なのでelse文のメッセージが表示される
}
```

実行結果

10以上20未満ではありません
10以上20未満です
10以上20未満ではありません

else if

ここまでで、if文については大体の説明を行ってきました。しかし、プログラムを書いていく中では、例えば「aだったらXをして、そうでなくbだったらYをして、さらにそれでもなくcだったら……」というように、「いくつかの条件のうち、どれかに該当したら処理をする」ということもよくあります。

この場合、else文の中にまたif文を書いていけば問題はないのですが、条件が多くなるにつれ、どんどん見づらくなってしまいます。

```
if (a)
{
    X;
}
else
{
    if (b)
    {
        Y;
    }
    else
    {
        if (c)
        {
            ……
        }
        else
        {
            ……
        }
    }
}
```

この場合、**else if**という構文[※14]を使うと、見やすく、わかりやすくすることができます。

```
if (a)
{
    X;
}
else if (b)
{
```

[※14] 厳密にはelse ifという構文は存在しませんが、文法上そのように書くことができるうえ、よく使うため構文として覚えてもらって差し支えないでしょう。

1.4.1　if文と条件

```
            Y;
        }
        else if (c)
        {
            ……
        }
        else
        {
            ……
        }
```

　else ifを使っていないときと見比べてみると、条件と処理の内容のインデント（字下げ）がそろっているため、上から順に見ていっても、どの条件とどの処理が対応しているのかが一目でわかるコードになっているはずです。

1.4.2　switch文

　条件分岐にはif文の他に**switch文**（スイッチ）というものも存在します。switch文の条件には結果が整数になる簡単な条件しか書けない反面、多数の中から1つを選ぶような場合に大きな威力を発揮します。

　例えば「ある式の計算結果が1から10の整数を取るが、その結果に応じてそれぞれ異なった処理を行う」場合などに、ifやelse ifを繰り返すという手間を省くことができます。

　switch文の構文は次のとおりです。

構文 switch文

```
switch (condition)
{
    case selection1:
        selection1-statement……
        break;

    case selection2:
        selection2-statement……
        break;

    ……

    case selectionN:
        selectionN-statement……
        break;
```

```
    default:
        default-statement……
        break;
}
```

*condition*の値が*selection1*と同じだったときにだけ*selection1-statement*の処理が実行されます。もし*selection1*ではなく*selection2*だった場合には*selection2-statement*の処理が実行されます。そしてさらにどちらでもなく……といったように、**case**ラベルを増やすことで、else if同様に条件を増やすこともできます。

また、elseに相当する「どれでもなかったら」という条件は、caseではなく**default**という専用のラベルを使います。

> note 特にデフォルトの処理が必要ないのであれば、defaultラベルは省略することもできます。

1から10の整数それぞれで処理を変える……というのはちょっと多すぎるので、1から3とそれ以外で処理を変えるような例をリスト1.9に示します。

▶リスト1.9　1から3とそれ以外で処理を変える

```cpp
#include <iostream>

int main()
{
    int a = 2;
    switch (a + 1)
    {
        case 1:
            std::cout << "a + 1は1です" << std::endl;
            break;

        case 2:
            std::cout << "a + 1は2です" << std::endl;
            break;

        default:
            std::cout << "a + 1は1でも2でも3でもありません" << std::endl;
            break;
```

```
        case 3:
            std::cout << "a + 1は3です" << std::endl;
            break;
    }
}
```

実行結果

```
a + 1は3です
```

　aは2で初期化されているので、a + 1は3となり、case 3に書かれている処理が実行されます。
　ところでお気付きかもしれませんが、defaultラベルがcase 3よりも前に書かれています。このように、defaultラベルとcaseラベルは特に順番が決まっておらず、どれかの条件に合った場合に、そのラベルの処理が実行されます。リスト1.9の場合だと、条件が1から3以外であればdefaultラベルの処理が実行されます。

break文とフォールスルー

　switch文の基本的な使い方について説明してきましたが、リスト1.9に出てきた**break**とは何なのでしょうか。歴史的な理由もあり、switch文では、break（またはreturn）に到達するまで処理を続けます。たとえ途中に他のcaseラベルやdefaultラベルがあっても処理は続きます。つまりbreakは「switch文を抜けるための命令」だといえます。
　このようにbreakは関数におけるreturnに似ていますが、returnと違ってbreakではswitchの残りの処理だけがスキップされるのです。
　さて、先ほど述べたように、breakを書かなかった場合はエラーにはならず、次のcaseラベルやdefaultラベルがあったとしてもそのまま次のラベルの処理が行われてしまいます[15]。このように、処理が止まらず次のラベルに進むことを**フォールスルー**（fall through）といいます。
　ほとんどの場合、このフォールスルーはバグのもとになるため注意しなければなりませんが、ごくまれに、フォールスルーを使うことでプログラムが簡単になる場合もあります。
　例えばリスト1.10のように、1から3はまったく同じ処理をさせたいような場合です。

▶リスト1.10　フォールスルー

```
#include <iostream>

int main()
{
```

---

[15] CやC++に似たC#もswitch文を持っていますが、C#ではbreakがないとエラーになります。

```cpp
    int a = 2;
    switch (a)
    {
        case 1: // FALL THROUGH !!
        case 2: // FALL THROUGH !!
        case 3:
            std::cout << "aは1か2か3です" << std::endl;
            return 0;
    }
    std::cout << "残りの処理" << std::endl;
}
```

実行結果

```
aは1か2か3です
```

　この場合、aは2なのでcase 2の処理が実行されますが、case 2には何も処理がなく、そのままbreakにも到達しないので、そのままcase 3に書いてある処理に移ります。

　もちろん何も書かなければフォールスルーになるのですが、初めてそのプログラムを見たときに単にbreakを忘れているだけなのか、それとも意図してbreakを書いていないのかがすぐにはわかりません。そのため、フォールスルーを意図している場合には、リスト1.10のようにコメントとして// FALL THROUGHなど、フォールスルーであることがわかるように書いておくと、読むほうもすぐに理解できるようになります[16]。

1.4.3　三項条件演算子

　演算子の中には**三項条件演算子**（ternary conditional operator）[17]という条件分岐ができる演算子があります。三項条件演算子はtrueだった場合、falseだった場合のそれぞれの式を受け取って、条件によってそのどちらか片方を返す演算子です。

構文　三項条件演算子

condition ? *true-expression* : *false-expression*

　条件によって変数に代入する値が変わるような、とても簡単なif-elseは三項条件演算子で置き

---

[16]　コンパイラーによってはフォールスルーがあると警告してくるものもありますが、意図している場合には少々どく感じることもあります。コンパイラーによってはフォールスルーが意図しているものだと知らせる方法があるのですが、本書の範囲を超えてしまうのでここでは割愛します。

[17]　C++では唯一この演算子のみ3つの項を受け取るため、省略して三項演算子や条件演算子と呼ばれたりします。

換える事ができます。例えば、整数の絶対値を返す関数をif文で書くと次のようになります。

```
int absolute(int value)
{
    int abs;

    if (value < 0)
    {
        abs = -value;
    }
    else
    {
        abs = value;
    }
    return abs;
}
```

一方、三項条件演算子を使うと次のように簡単に書くことができます。

```
int absolute(int value)
{
    int abs = value < 0 ? -value : value;
    return abs;
}
```

複雑な条件分岐はif文を使うべきですが、ちょっとした符号の調整や外れ値の修正程度であれば三項条件演算子を使うことで、簡潔に、わかりやすくすることができます。

1.4.4 goto文

厳密には条件分岐ではありませんが、条件分岐と組み合わせて使うことが多いgoto文(ゴートゥ)というものもあります。

goto文のあるところまで処理が到達すると、同じ関数内の対応する**ラベル**(label)のところに「強制的に」処理を移す制御構文です。その際ラベルはgoto文より前にあっても、後ろにあっても問題ありません[※18]。また、goto文は1つのラベルにしか飛べませんが、複数のgoto文が1つのラベルを指定していても問題ありません。

ラベルとgoto文の構文は次のとおりです。ちなみにgoto文で使うラベルとcaseラベル、defaultラベルは別物です。そのため、goto文でcaseラベルやdefaultラベルに飛ぶことはできません。

※18 ただし同じ関数内にある必要があります。

構文 ラベルとgoto文

label:

goto *label*;

　基本的に、関数の中であればどこにでも処理を移せるため、goto文にはプログラムの実行順序が複雑になってしまいやすいという欠点があります。

　goto文と条件分岐を組み合わせることで処理を繰り返させることもできますが、それは次節で説明するループ構文がそれ専用に用意されているので、そういった構文を使用するべきです。他にも、goto文を使って記述できる基本的な処理は、goto文をまったく使わないでも実現できるため、通常は使うことを考えないようにしておきましょう。

　ただ、いくつかのケースで、逆にgoto文を使ったほうがまだ幾分か処理の流れが追いやすいこともあります。例えば、「エラーが発生したときに、途中の処理をスキップしてエラー処理に移りたい」といった場合です。この場合に条件分岐を繰り返していくと、大変読みづらいプログラムになります。

```
bool some_function()
{
    /* 処理A */……
    if (/* 処理Aの結果 */)
    {
        /* 処理B */……
        if (/* 処理Bの結果 */)
        {
            /* 処理C */……
            if (/* 処理Cの結果 */)
            {
                return true; // 成功を表すtrue
            }
        }
    }

    /* エラー処理 */……
    return false; // 失敗を表すfalse
}
```

　一方、エラーが起きたどうかをbool型の変数を**フラグ**（flag）[19]として取っておき、条件分岐を使って処理を行うと次のようになります。

---

[19] trueのときに旗（**flag**）を立てる、falseのときに旗を倒すというイメージです。

```
bool some_function()
{
    bool error = false; // エラーが起きていたらtrue

    /* 処理A */……
    error = !/* 処理Aの結果 */;

    if (!error)
    {
        /* 処理B */……
        error = !/* 処理Bの結果 */;
    }

    if (!error)
    {
        /* 処理C */……
        error = !/* 処理Cの結果 */;
    }

    if (error)
    {
        /* エラー処理 */……
        return false; // 失敗を表すfalse
    }

    return true; // 成功を表すtrue
}
```

どちらの場合でも、正常な場合の処理がまっすぐ並んでいないため見づらいコードになっています。また、間違えて条件式を逆にしてしまうと厄介なバグの原因となります。

ここでgoto文を使って書くと、エラーが起きたらすぐにエラー処理へと飛ぶことができます。このように共通のエラー処理を用意しておいて、問題があったらそこに飛ぶようにするという手法は、実際のコードでもよく見かけます。

```
bool some_function()
{
    /* 処理A */……
    int error = /* 処理Aの結果 */;
    if (error)
    {
        goto fail; // エラー処理へジャンプ
    }
```

```cpp
        /* 処理B */……
        int error = /* 処理Bの結果 */;
        if (error)
        {
            goto fail; // エラー処理へジャンプ
        }

        int error = /* 処理Cの結果 */;
        if (error)
        {
            goto fail; // エラー処理へジャンプ
        }

        return true; // 成功を表すtrue

    fail: // ラベル
        /* エラー処理 */……
        return false; // 失敗を表すfalse
    }
```

> **note** ただしこのとき、特に注意しなければならないのが if 文のブレース（{}）です。実は if 文のブレースは省略できる場合があるのですが、過去に暗号処理のソフトウェアで不適切なブレースの省略をしてしまいセキュリティ上の問題が発生したことがありました。
> 基本的にブレースがあって問題になることはないので、省略しないで書くことをおすすめします。

練習問題　1.4

1. リスト 1.8 の条件式の真偽を逆転させ、メッセージも入れ替えることで結果が変わらないことを確認してください。
2. リスト 1.9 の default ラベルを削除して、省略した場合に何も表示されなくなることを確認してください。
3. リスト 1.9 の switch 文を if 文に書き直してください。

1.4.4　goto 文

1.5 組み込み型とポインター

1.5.1 組み込み型

これまでいくつか型（type）というものが出てきました。例えば、最初に出てきたint型や条件分岐で使ったbool型などです。C++は、これらの他にもいくつか基本的な型を用意しています。このような型のことを**組み込み型**（fundamental type）と呼びます。

組み込み型でないものに**クラス**（class）というものがありますが、これはユーザーが新しく型を作ることができる機能です。クラスについてはChapter 2とChapter 3で詳しく解説します。

表1.7に組み込み型の主なものを示しますが、これらは非常に多くの場面で使うことになるため、できるだけ覚えておくようにしてください。

❖表1.7　主な組み込み型

型	用途	値の範囲
char	文字もしくは1バイトの整数	負数を扱えるかどうかはコンパイラーやOSなどによって変わる
int	符号付き整数	負数・ゼロ・正数を表せる
signed int	符号付き整数	int型と同じ意味
unsigned int	符号なし正数	ゼロもしくは正数を表せる（負数はない）
short	符号付き整数	int型と同じか、それより狭い範囲の整数を表せる
long	符号付き整数	int型と同じか、それより広い範囲の整数を表せる
long long	符号付き整数	long型と同じか、より広い範囲の整数を表せる
float	浮動小数点数	ある程度の大きさの実数であり、具体的な範囲などについてはコンパイラーやCPUなどによって変わる
double	浮動小数点数	floatよりも広い範囲・高い精度で実数を表現できる
void	特別な目的で使われる型であり、変数を作れない	なし

整数を扱う組み込み型

実際のところ、整数を扱う組み込み型にはさらに多くの種類があるのですが、それらの基本的な違いは扱える数の大きさです。そのため整数を扱う際、多くの場合はint型（もしくはunsigned int型）を使っておけば問題ないでしょう。ただ、同じ整数型でもchar型は文字を表すのにも使われる型であり、文字を整数として扱う場合にはint型ではなくchar型を使う必要があります。文字はただ1文字を「'」（single quotation：シングルクォーテーション）で囲んだものです。

```
int main()
{
    int a = 'a';    // 不適切。エラーではないが、文字を扱うのであればchar型を使う
```

```
        char b = 'b'; // OK。文字はchar型を使う
    }
```

 表1.7では省略しましたが、char型、short型、long型そしてlong long型はint型と同じように、それぞれ符号付き（signed）か符号なし（unsigned）かを明示することができます。

void型

特筆すべき型として**void型**があります。voidとは「空」という意味で、他の組み込み型と違って変数を作ることができません。void型は関数の戻り値の型や引数など、特別な用途でのみ使われます。

```
    int main()
    {
        void v; // エラー。void型の変数は作れない
    }

    // OK。戻り値も引数もないことを意味する
    void foo(void)
    {
    }
```

何も引数を受け取らない関数は、仮引数リストを空にしても、voidと書いてもどちらでも同じ意味になります。

> **Column　引数のない関数**
>
> 　C++ではvoid foo()もvoid foo(void)も同じ意味となり、引数を受け取らない関数として扱われます。一方、C言語では使われ方は同じなのですが、言語仕様としては異なる意味となっています。
> 　C言語でも使うソースコードの場合にはvoidを明示しておくのがよいでしょう。

浮動小数点数

　浮動小数点数（floating point number）は、コンピューターで実数を表すのによく使う型です[20]。浮動小数点数についての細かい説明は省きますが、限られたバイト数でできるだけ幅広い範囲の実数を扱うために考えられた値の表現方法です。

---

[20] 浮動小数点数の他には**固定小数点数**（fixed point number）がありますが、C++では固定小数点数を組み込み型や標準ライブラリとしては提供していません。

floatとdoubleはC++における浮動小数点数を扱うための型です[21]。int型などと同じように変数を作り値を代入できます（リスト1.11）。

```
float pi = 3.1415926f;      // 最後にfを付けるとfloat型の値となる
double e = 2.71828182846;   // 何も付かないただの実数はdouble型の値となる
```

▶リスト1.11　浮動小数点数

```
#include <iostream>

int main()
{
    float pi = 3.1415926f;
    std::cout << pi << std::endl; // 浮動小数点数を表示する
}
```

実行結果

```
3.14159
```

コンピューターは、整数の計算はほぼ正確に行えますが、実数の計算は整数の場合ほど正確に行えないことに注意しなければなりません。

1.5.2　リテラル

リテラル（literal）とは、簡単に説明するとプログラムの中に直接記述できるデータのことです。これまで"Hello, World"や10などデータを直接プログラムに書き込むことがありましたが、これらはそれぞれ**文字列リテラル**や**数値リテラル**と呼ばれます。リテラルにはこの他にも文字リテラルやユーザー定義リテラルがあります。

数値リテラルは計算に使用できる数値そのものです。プログラムの中で直接-10や3.14などの数値を書くと、それらは数値として処理されます。

文字リテラルと文字列リテラルは似ているようですが、文字リテラルでは'A'のようにシングルクォーテーション（'）で囲まれたただ1文字だけを扱える[22]のに対し、文字列リテラルでは"ABC"のようにダブルクォーテーション（"）で囲まれた好きな長さの文字列を扱えます。

---

[21] 厳密にはもう1つlong double型がありますが、あまり使う機会はないでしょう。
[22] 厳密には1文字だけではないのですが、バグの原因となるので、1文字だけ扱うようにしてください。

note 1文字しかなくとも文字列リテラルは文字列リテラルです。文字リテラルではないことに注意しましょう。

構文 リテラル

```
0 // 数値リテラル

'0' // 文字リテラル

"0" // 文字列リテラル
```

コンピューターは内部的に文字も数値として扱いますが、文字の '0' は数値にしても数値の0にはなりません。上記のリテラルはすべて異なるデータとしてコンピューターは扱います。

リテラルには何も指定しなかった場合の型がありますが、目的の型になるようにリテラルに**接頭辞**（**プレフィクス**：prefix）や**接尾辞**（**サフィックス**：suffix）が付くことがあります。代表的なリテラルの型を表1.8に示します。

❖表1.8 代表的なリテラル

リテラルの例	型	意味
0	int	整数リテラル
1u	unsigned int	整数リテラル
2l	long	整数リテラル
3ul	unsigned long	整数リテラル
4ll	long long	整数リテラル
5ull	unsigned long long	整数リテラル
6.7f	float	浮動小数点数リテラル
8.9	double	浮動小数点数リテラル
'0'	char	文字リテラル
"11"	char[]	文字列リテラル
R"delimiter(12)delimiter"	char[]	生文字列リテラル

文字列リテラルの型については次項で、生文字列リテラルについては「13.5.2 生文字列リテラル」で説明します。

また、数値リテラル（整数と浮動小数点数）には基数が10以外の（10進数ではない）リテラルもあります。これらの型は接尾辞（ulやf）によって変わります。16進数の整数リテラルはビット演算などと組み合わせて使うことがよくあります（表1.9）。

❖表1.9　基数が10以外のリテラル

リテラルの例	対応する10進数リテラル	意味
0xabcd 0xef01ul	43981 61185ul	16進数の整数リテラル
07654 03210ul	4012 1672ul	8進数の整数リテラル
0b1010 0b0101ul	10 5ul	2進数の整数リテラル
0x89.abp1f 0xcd.efp-2	275.3359375f 51.4833984375	16進数の浮動小数点数リテラル

1.5.3　ポインター

　組み込み型ではないものの、特に重要な型の一つに**ポインター**（pointer）型があります。ポインター型と次で説明する構造体は、C++の元になったC言語から受け継いだものです。そのうち特にポインターは初学者がつまずきやすいことで知られていて、ポインターを理解するためだけの解説書が出版されるほどです。

　近年のC++ではポインターを直接使うことはあまり好ましくないとされていますが、どうしても必要になる場面は出てきますし、ポインターやそれに関連したものにもとづいた機能も多く存在します。

> *note* ポインターについてはできるだけ本項で理解してほしいのですが、もし難しいようであればそのまま次に進み、またあとで読み返すとよいかもしれません。

　変数を含んださまざまなデータは**メモリ**（memory）上に格納されます[※23]。変数として使うだけであればメモリ上のどこにデータがあるかを気にする必要はありませんが、関数やシステムに「結果をこの変数に書き込んでおいてほしい」と指示する場合には、その変数がメモリ上のどこにあるかを教える必要があります。

　このような「どこ」という情報を**アドレス**（address）といい、変数のアドレスを格納するための型をポインター型といいます。ポインター型は型名に*を付けたものとして表され、そのポインター型が指し示す「どこ」の先に何の型の変数があるかを指示しています。プログラムの中で同じ名前の変数が出現したとしても、アドレスが異なればそれは別の変数です。逆に、異なった名前の変数であっても、同じアドレスを持っていればそれらは同じメモリ上の場所に配置されています。

```
int* pi;   // int型の変数のアドレスを格納できるポインター型の変数
float* pf; // float型の変数のアドレスを格納できるポインター型の変数
```

　変数のアドレスを取得するには、変数名の前に**アドレス演算子**（&：address operator）を付けま

[※23] もしかしたらCPUのキャッシュメモリやレジスタのことをご存じかもしれませんが、ここではいったん忘れてください。

す。ポインター型は自身が指し示す変数の型を持っているので、例えばfloat型のポインター型にint型の変数のアドレスを代入することはできません。

```
int i;
&i; // 変数iのアドレスを取得
int* pi = &i;    // 変数iのアドレスをint型へのポインター変数へ代入

float* pf = &i; // エラー。int型変数へのアドレスはfloat型のポインター変数へ代入できない
```

ポインター変数は他の変数がどこにあるかという情報（アドレス）を持っているので、そのアドレスを使って変数を操作することができます。アドレスを使って変数を操作するには、ポインター変数の先頭に**間接参照演算子**（*：dereference operator）を付けます。また、間接参照演算子によりポインターを経由して変数にアクセスすることを**間接参照**（dereference）と呼びます。変数の値を取得したり代入したりする操作は「直接的な操作」ですが、ポインターを使った操作は変数のアドレスを一度経由するため「間接」といいます。

```
int i = 0;       // 変数iを0で初期化
int* pi = &i; // piは変数iのアドレスを持つ
*pi = 42;        // piが持つアドレスを使って変数iを間接参照・代入する
std::cout << i << std::endl; // ポインターを使って間接参照・代入した結果iは
                             // 42になっている
```

ポインターは関数の引数に使うことで、引数で渡した変数を関数内部から変更することができます。このように関数の引数としてポインターを渡すことを**ポインター渡し**（call by pointer）と呼びます（リスト1.12）。

▶リスト1.12　関数呼び出しとポインター

```
#include <iostream>

void nochange(int i)
{
    // 仮引数を変更するが、呼び出した変数自体は変更されない
    i = 42;
}

void set42(int* pi) // int型へのポインターを引数として受け取る
{
    // 仮引数で渡されたアドレスが指し示す変数に42を代入する
    *pi = 42;
}
```

```
int main()
{
    int i = 0; // iはこの時点では0

    nochange(i); // 変数iが持っている値だけを渡す

    // 変数i自体は変更されない
    std::cout << i << std::endl;

    set42(&i); // 変数iへのアドレスを渡している（ポインター渡し）

    // set42がアドレスを使って変数iを変更しているので、iの値は42になっている
    std::cout << i << std::endl;
}
```

実行結果
```
0
42
```

変数は同時に複数宣言できましたが、ポインターの場合は注意が必要です。ポインター変数を複数同時に宣言したつもりでもそうなっていないことが多いからです。

  int* p, q; // 注意：pはint*型だがqはint型の変数

ポインター変数を複数宣言するには、各変数に*を付ける必要があります。

  int* p, * q; // pとqはint*型の変数

そのためポインター変数については、1つの宣言につき1つの変数のみとするのがよいでしょう。

1.5.4　const修飾子とポインター

ポインターは変数のアドレスを使って変数を間接的に操作するためのものです。変数の中には初期値から変更できないconst変数もありますが、ポインターを使うことでそういった「変更できてはならない変数」を変更できてしまうと困ります。そのため、const変数を指し示すためのポインターとして別途constポインターが用意されており、通常のポインター変数にはconst変数のアドレスを代入できないようになっています。

構文 constポインター

```
const type-name* variable-name;

type-name const* variable-name;  // 別の書き方。意味は上とまったく同じ
```

constポインターは指し示す先の変数が変更不可能であることを表しており、constポインター変数自体が変更できないわけではありません。

```
const int a = 42;
const int b = 0;

const int* ptr = &a;  // constポインターを格納するポインター変数ptr

ptr = &b;  // ポインター変数自体はconstではないので、後から代入ができる
```

また、非const変数へのアドレスはconstポインターへ代入できます。これはconstポインターの方がより制限が厳しくなる（書き込みができなくなる）ためであり、constポインターにすることでできることが増えない（危険にならない）ため許可されます。

逆に、const変数へのアドレスは非constポインターに代入できません。これは先ほど説明したとおり、書き込んではいけない変数に書き込みができるようになってしまうためであり、そのような危険な処理はエラーとなります。

```
int a = 42;

const int* ptr = &a;  // OK。より制限が厳しくなるのは問題ない

*ptr = 10;  // エラー。ptrはconstポインターなので、そのアドレスを使って変更はできない

a = 10;  // OK。あくまで制限が厳しくなったのはポインターだけ。もとの変数には影響ない
```

ポインター変数自体をconstにしたい場合はconst修飾子を付ける場所を変えます。

構文 constなポインター変数

```
type-name* const variable-name = initial-address;
```

const修飾子が付いているのが*の左なのか、右なのかで、const修飾子が影響を及ぼす先が変わります。最初のうちはややこしいかもしれませんが、ポインターが参照している先の変数がconstなのか、それともポインター変数それ自体がconstなのか意識してプログラムを読み書きしていく必要があります。

1.5.4 const修飾子とポインター

```
int a = 42;
int b = 0;

int* const ptr = &a; // 変数自体をconst修飾する

ptr = &b; // エラー。ptr自体がconstになっている

*ptr = 0; // OK。ptrが指し示す先の変数はconstではない
```

> **Column** **ポインターのポインター**
>
> 本書ではあまり深く追求しませんが、ポインターのポインターというのも作ることができます。ポインターのポインターとは、つまり「ポインター変数自体のアドレスを格納するポインター変数」です。
>
> ```
> int a;
> int* ptr = &a; // ポインター変数
> int** pptr = &ptr; // ポインター変数へのポインター変数
> ```
>
> このポインターのポインターはconstと組み合わせることで、とても難解な、パズルのようなエラーを引き起こすことがあります。次のようなプログラムはエラーとなるのですが、なぜエラーとなるのか考えてみるとよいでしょう。
>
> ```
> int* ptr;
> const int** pptr = &ptr; // エラー
> ```
>
> ちなみに次の例はエラーとはなりません。
>
> ```
> const int* ptr;
> const int** pptr = &ptr; // OK
> ```

1.5.5　ヌルポインター

　ポインターは変数のアドレスを格納するために使いますが、どの変数も指さない特別なアドレスというものがあります。このアドレスのことを**ヌルポインター**（null pointer）と言います[24]。
　ヌルポインターはポインター型変数に0を代入するか、ヌルポインターリテラル（`nullptr`）を

---

[24] 本来の発音はナルが近いそうですが、日本ではヌルと発音されることが多いです。

代入します（リスト1.13）。どちらも同じ意味ですが、0を代入すると整数を代入しているようにも見えてしまい、ポインターなのか整数なのか一目見ただけでは区別が付きにくいので、nullptrを使うほうがよいでしょう。

▶リスト1.13　ヌルポインター

```cpp
#include <iostream>

int main()
{
    int* ptr = 0; // ヌルポインターで初期化

    std::cout << ptr << std::endl; // ポインター変数が持っているアドレスを表示する

    ptr = nullptr; // ヌルポインターリテラルを代入

    std::cout << ptr << std::endl;
}
```

実行結果

```
0
0
```

ヌルポインターはどの変数も指さない無効なアドレスです。このアドレスに対して間接参照（ヌル参照）するとプログラムがクラッシュしてしまいます（リスト1.14）。

▶リスト1.14　ヌル参照

```cpp
#include <iostream>

int main()
{
    int* ptr = nullptr;

    *ptr = 42; // ヌル参照

    std::cout << "ヌル参照のあと" << std::endl;
}
```

1.5.5　ヌルポインター

実行結果

```
Segmentation fault
```

そのため、ポインターが必ず有効な（変数を指す）アドレスを持っていると確信できる場合以外では、ヌルポインターかどうか確認するのが最善です（リスト1.15）。

▶リスト1.15　ヌルポインターの確認

```cpp
#include <iostream>

int main()
{
    int* ptr = nullptr;

    if (ptr == nullptr)
    {
        std::cout << "ptrはヌルポインターです" << std::endl;
    }
    else
    {
        *ptr = 42;
    }
}
```

実行結果

```
ptrはヌルポインターです
```

1.5.6　型変換

暗黙の型変換

　C++にはさまざまな型がありますが、変数や関数はそれぞれにとって適切な型で宣言されるので、プログラムを書いていくうちに型が微妙に合わなくなることがあります。例えば、関数が受け取るのは整数型だが、渡そうとしている変数は浮動小数点数型だ、というケースです。

　本来、型が異なる場合は扱っている値の範囲や意味が異なるので、相互にやり取りできてしまっては困る場合が多いのですが、組み込み型は非常に多くの場面で使われるため、自動的に変換できるようになっています。このような変換を「**暗黙の型変換**」（implicit type conversion）といいます。

　暗黙の型変換は、ささいな型の違いを気にしなくてよくなる反面、変換の過程で知らないうちに値

が変わってしまう可能性がある問題もはらんでいます。例えば、浮動小数点数を整数型の変数に代入すること自体はできるものの、小数部は切り捨てて代入されてしまいます（リスト1.16）。

▶リスト1.16　整数と浮動小数点数の型変換

```
#include <iostream>

int main()
{
    float f = -1234.5678f; // 負値の浮動小数点数
    std::cout << f << std::endl;

    int i = f; // floatからintへの暗黙の型変換
               // 符号は扱えるが小数部がすべて切り捨てられる
    std::cout << i << std::endl;

    unsigned int u = i; // intからunsigned intへの暗黙の型変換
                        // 負数を扱えないので正数になる
    std::cout << u << std::endl;

    unsigned short s = u; // unsigned intからunsigned shortへの暗黙の型変換
                          // unsigned shortで扱えない巨大な数になっているので
                          // unsigned shortの範囲に収められる
    std::cout << s << std::endl;

    u = s; // unsigned shortからunsigned intへの暗黙の型変換
           // unsigned shortにしたときに値が切り詰められているので、
           // 前のunsigned intのときの値とは異なる
    std::cout << u << std::endl;

    f = u; // unsigned intからfloatへの暗黙の型変換
           // とても巨大な整数でなければおおよそ問題ない
    std::cout << f << std::endl;
}
```

例えば上の例を実行すると、次のような出力になります[25]。

---

[25] 環境によって、まったく同じ結果になるとは限らないことに注意してください。

実行結果

```
-1234.57
-1234
4294966062
64302
64302
64302
```

浮動小数点数を整数に変換したときの結果はわかりやすいのですが、符号の有無や、値の範囲を切り詰める変換は意図しない結果となりやすいので注意してください[26]。一方、狭い範囲の型からより広い範囲の値を扱える型への暗黙の型変換は問題なく行えます。

 整数型から浮動小数点数型への変換はほとんどの場合は問題なく行えますが、必ずしもすべての整数を表現できるとは限らないことを頭の片隅に置いておいてください。

キャスト演算子

暗黙の型変換は、さまざまなタイミングでコンパイラーが自動的に行います。しかし、自分で意図的に型変換をしたくなる場合もあるでしょう。例えば次のコードを試してみてください。

```cpp
#include <iostream>

int main()
{
    char c = 99;
    std::cout << c << std::endl; // char型の変数の値（整数値）を表示しているつもり
}
```

99が画面に表示されると思うかもしれませんが、std::coutはchar型の変数を整数ではなく文字として扱うので、99に対応した文字が出力されてしまいます。この場合、一度int型の変数を作って型変換をすれば、意図どおりに整数が画面に表示されます。しかしそのためだけに変数を作ると、意図がよくわからなくなってしまいかねません。

そういった場合のために、C++では**キャスト演算子**（cast operators）が用意されています。キャスト演算子は全部で5種類ありますが、本項では最も基本的なstatic_castのみを扱います。

---

[26] 例えば負数を符号なし整数型に格納しようとすると、メモリ上の負数のビットの並びをそのまま正数として解釈しようとしてしまい、多くの場合非常に大きな正数になってしまいます。

note 多くの場合static_castで問題ありませんが、他のキャスト演算子についてはChapter 11の説明を参照するとよいでしょう。

キャスト演算子（static_cast）の構文は、以下のとおりです。

構文 static_cast

static_cast<*target-type*>(*expression*)

*target-type*には変換したい目的の型を、*expression*には変換元の変数[27]を指定します。

先ほどの例を、キャスト演算子を使って意図したとおり出力されるように書き直してみます（リスト1.17）。

▶リスト1.17　char型からint型への型変換

```
#include <iostream>

int main()
{
    char c = 99;

    // キャスト演算子を使ってint型に変換して表示
    std::cout << static_cast<int>(c) << std::endl;
}
```

実行結果
```
99
```

char型の変数をわざわざint型の変数に代入せずとも、キャスト演算子を使うことで必要なときに必要な型に変換できます。また、さまざまな理由でコンパイラーが自動的に暗黙の型変換を行えないような変換も、キャスト演算子を使えば明示的に行わせることができます。

---

[27]　実際には変数だけでなくさまざまな式が書けます。

練習問題　1.5

1. 次のプログラムの出力が **42.195** になるようにプログラムを修正してください。また、なぜその修正をしたのかも説明してください。

    ```cpp
    #include <iostream>

    void show_value(float f)
    {
        std::cout << f << std::endl;
    }

    int main()
    {
        int i = 42.195f;
        show_value(i);
    }
    ```

2. 次のプログラムの実行結果を予想してください。そして実行結果と比較し、（可能であれば）なぜそうなるのかを説明してください。

    ```cpp
    #include <iostream>

    int main()
    {
        float f = 100.001f;
        f -= 100;
        std::cout << f << std::endl;
    }
    ```

3. 次のプログラムの出力結果が **42** になるようにポインターを使ってプログラムを修正してください。

    ```cpp
    #include <iostream>

    int main()
    {
        int i = 0;
    ```

```
            // 修正箇所

            std::cout << i << std::endl;
    }
```

1.6 配列と文字列

1.6.1 配列

　変数はいくつでも好きな数だけ使うことができますが、変数と変数の間に順番などの並びはありません。変数aの次は変数bと決めたとしたら人間は認識できますが、コンピューターはその2つの変数の順序関係を認識することができません。
　配列（array）は、コンピューターが複数の変数（**要素**：element）を一定の並びで扱えるようにしたものです。コンピューターが並びを認識できるので、繰り返し構文などを使ってコンピューターにとって効率がいい方法で処理ができます。

構文 配列

```
type array-name[length];

type array-name[length] = { initial-values…… };

type array-name[] = { initial-values…… };
```

　配列は「いくつの要素が並んでいるか」という配列の**長さ**を*length*として指定する必要があります。この長さ分だけ、同じ型の要素がメモリ上に順番に並ぶことになります。長さは、プログラムを書くときにあらかじめわかっていなければならず、あとから長くすることもできません[28]。
　1番上の構文のように型と名前と長さを指定しただけでは、その長さの配列があるということしか宣言されず、各要素は初期化されません。2番目のように、ブレース（{}）で囲われた**初期化リスト**（initializer list）を使ってカンマ区切りで初期値を与えることで、各要素が初期化リストで与えた初期値の順番どおりに初期化されます。

---

[28] 短くすることもできませんが、配列の後ろを使わないことで実現できます。

3番目の構文は配列なのに長さの指定がなく、初期化リストを使って初期化しています。このような場合、初期化リストに書かれた初期値の数をコンパイラーが暗黙的に配列の長さとして扱います。

もちろん、明示的に長さを指定してもよいですが、このようにコンパイラーに任せることもできます。例えば次の2つの配列はどちらも同じ結果となります。

```
int array[5] = {1, 2, 3, 4, 5};

int array[] = {1, 2, 3, 4, 5};
```

> **Column 配列初期化構文の使い分け**
>
> これら2つの構文は、以下のように、状況に応じて使い分けるとよいでしょう。
>
> 長さを指定しない場合には、初期化リストの長さが配列の長さとなるため、初期化リストで与える初期値の数を変えことで配列の長さも変えることができます。一方、配列の長さを指定した場合には次の3通りが考えられます。
>
> 1. 指定した長さと、初期化リストの長さが同じ場合
> 2. 指定した長さが、初期化リストの長さより長い場合
> 3. 指定した長さが、初期化リストの長さより短い場合
>
> 1.は先ほど見たとおり、長さを省略した場合と同じです。2.の場合には配列の先頭から順番に、初期化リストで与えた初期値を使って初期化し、残りの足りない部分は0で初期化します。3.の場合にはエラーとなります。
>
> そこで、もし配列の要素すべてを0で初期化したい場合、次のようにすると簡便です。
>
> ```
> int array[5] = {};
> ```

変数のように配列の各要素にアクセスするには次の構文を使います。

構文 要素へのアクセス

array-name[*index*]

*index*にはアクセスしたい要素の添え字（index）を指定しますが、これには注意が必要です。

普段、序数を数えるときには1番目、2番目、3番目……のように、1から数えるのが自然でしょう。このような、1番目を先頭とする数え方を**1オリジン**（one-based）といいます。1オリジンは普段よく使う数え方ですが、コンピューターの世界では一般的に**0オリジン**（zero-based）という、

0番目、1番目、2番目……というように0を先頭にした数え方が使われます。

配列の添え字は0オリジンで指定しなければならないので、長さ3の配列で有効な添え字は0、1、2の3つです。配列の宣言に使う構文ととても似ていますが、どちらがどの数字を使うのか間違えないように注意してください（リスト1.18）。

▶リスト1.18　配列

```cpp
#include <iostream>

int main()
{
    // 初期化リストよりも配列のほうが長いので、
    // 初期値がない残りは0で初期化される
    int array[5] = {5, 4, 3};

    // 配列の先頭は0から始まる
    std::cout << "array[0] = " << array[0] << std::endl;

    std::cout << "array[1] = " << array[1] << std::endl;
    std::cout << "array[2] = " << array[2] << std::endl;
    std::cout << "array[3] = " << array[3] << std::endl;

    // 配列の最後の添え字は　長さ-1
    std::cout << "array[4] = " << array[4] << std::endl;
}
```

実行結果

```
array[0] = 5
array[1] = 4
array[2] = 3
array[3] = 0
array[4] = 0
```

配列は通常の変数と違って、他の配列をそのまま使った初期化や代入ができないことに注意しなければなりません。

もし配列の中身を他の配列にコピーしたい場合には、各要素を個別にコピーする必要があります。

```cpp
    int source[] = {0, 1, 2, 3, 4};
    int dest1[5] = source; // エラー。配列を使って初期化はできない

    dest1 = source; // エラー。配列の代入もできない
```

1.6.1　配列

```
// OK。初期化リストを使って各要素を個別に初期化
int dest2[5] = {source[0], source[1], source[2], source[3], source[4]};

// OK。各要素を個別に代入
dest2[0] = source[0];
dest2[1] = source[1];
dest2[2] = source[2];
dest2[3] = source[3];
dest2[4] = source[4];
```

配列は組み合わせて**多次元配列**（multi-dimensional array）や、**配列の配列**（array of arrays）を作ることができますが、複雑なうえわかりづらく、あまり使うこともないため本書では割愛します。

1.6.2 配列のサイズ

変数が必要とするメモリのサイズはsizeof演算子を使って取得しましたが、配列が必要とするサイズもsizeof演算子を使うことで取得できます。このときsizeof演算子が返す値は配列全体が必要とするバイト数となります（リスト1.19）。

▶リスト1.19　配列のサイズ

```
#include <iostream>

int main()
{
    int array[10] = {};
    std::cout << "sizeof(array): " << sizeof(array) << std::endl;
}
```

実行結果

```
sizeof(array): 40
```

配列の各要素はメモリ上で隙間なく隣り合っていることが決まっているので、配列の長さ（要素数）を知りたい場合には、配列全体のサイズを要素の型で割ることで得られます（リスト1.20）。

▶リスト1.20　配列の長さ

```cpp
#include <iostream>

int main()
{
    int array[10] = {};

    // 配列のサイズを要素の型で割ると配列の長さがわかる
    std::size_t length = sizeof(array) / sizeof(int);

    std::cout << "array[" << length << "]" << std::endl;
}
```

実行結果

```
array[10]
```

あらかじめ配列の要素の型がわかっていればよいのですが、プログラムを変更していくうちに型を変えたりすると、リスト1.20の使い方では（int型に決め打ちしてプログラムを書いているので）間違った長さが計算されてしまいます。

そこで通常、配列の型が変更されても問題ないように配列の要素で割るようにします。具体的にはリスト1.21のようになります。

▶リスト1.21　配列の長さ

```cpp
#include <iostream>

int main()
{
    int array[10] = {};

    // 配列の要素を使えば、型が変更されても要素の型も同じく変更されるので
    // 正しく長さが計算できる
    std::size_t length = sizeof(array) / sizeof(array[0]);

    std::cout << "array[" << length << "]" << std::endl;
}
```

実行結果

```
array[10]
```

1.6.2　配列のサイズ

1.6.3 文字列

文字列はその名のとおり文字の列です。文字リテラルと文字列リテラルは異なるものでしたが、変数として格納したときには、「char型の変数1つ」か「char型の配列」かという違いになります。つまり、char型の配列を直接文字列リテラルで初期化するか、先頭から順番に文字を並べていけば、それが文字列として使用可能になります（リスト1.22）。

▶リスト1.22　配列と文字列

```cpp
#include <iostream>

int main()
{
    char hello[] = "Hello"; // 文字列リテラルで初期化

    char array[6] = {'a', 'r', 'r'}; // 文字リテラルの配列として初期化
    array[3] = 'a'; // 1文字ずつ代入してもよい
    array[4] = 'y';
    array[5] = '\0'; // ヌル文字

    std::cout << hello << ", " << array << std::endl;
}
```

実行結果

```
Hello, array
```

文字列arrayを組み立てるときに、arrayは5文字なのに長さ6の配列を用意して、最後に**ヌル文字**（ナル文字、'\0'：null character）というものを代入しています。文字列は最後に必ずヌル文字を入れる決まりになっていて、このヌル文字で文字列が終わったことを表します。このようにヌル文字で終端された文字列のことを、**ヌル終端文字列**（Null Terminated Character Type String：NTCTS）と呼びます。

ヌル文字は数値の0と等しいことが決まっているので、ブレースを使った初期化をしていれば明示的に代入しなくても（足りない部分は0で初期化されるので）よかったのですが、最初のうちはそこにヌル文字が入ることを覚えるためにも、明示的に初期化リストに加えることをおすすめします。

```cpp
// 初期化リストの足りない部分（最後）は0で初期化される => ヌル文字で終端される
char array[6] = {'a', 'r', 'r', 'a', 'y'}; // OK
```

文字列リテラルはヌル終端文字列と決まっているので、文字列リテラルの中に明示的にヌル文字を書く必要はありません。しかし、暗黙的にヌル文字が入っているので、用意する配列の長さはヌル文

字を格納できるように文字数＋1になっている必要があります。足りない場合には普通の配列で足りなかったときと同様にエラーとなります。

一方、多い分にはあまりの部分がヌル文字になるだけなので問題ありません。

```
char hello[5] = "Hello"; // エラー。ヌル文字の分のスペースがない
char hello[7] = "Hello"; // OK。ヌル文字までが文字列として使われる
```

ただ、文字列を格納するだけであればリスト1.22のように配列の長さをコンパイラーに任せればよいでしょう。

1.6.4　std::string

配列を使うと文字列を扱うことができましたが、結局は配列なのでとても扱いづらいです。C言語では配列を使うほかありませんでしたが、C++では文字列を簡単に扱えるようにした**std::string**という型があります。std::stringについてはChapter 13で解説するため、今は詳細についてはわからなくても問題ありません。

配列とほぼ同様に使えますが、配列との大きな違いは以下の3通りです。

1. `std::string`で初期化できる
2. `std::string`を代入できる（長さが異なってもよい）
3. 文字列リテラルを代入できる（長さが異なってもよい）

配列はあとから長さを変えることができませんが、`std::string`は代入する文字列の長さに応じて自動で長さが変わるので、代入の際に細かいことを気にする必要がありません（リスト1.23）。

▶リスト1.23　std::string

```cpp
#include <string>
#include <iostream>

int main()
{
    std::string hello = "Hello";

    std::cout << hello;

    hello = ", string"; // より長い文字列をあとから代入できる

    std::cout << hello << std::endl;
}
```

実行結果

```
Hello, string
```

std::stringを使うためには<string>ヘッダーが必要です。
<iostream>ヘッダーと同じように、ファイルの先頭で#include命令を使って読み込みます。

練習問題 1.6

1. 次のプログラムを修正して、配列arrayの要素を順に表示されるようにしてください。

   ```
   #include <iostream>

   int main()
   {
       int array[] = {4, 2, 1, 9, 5};

       std::cout << /* 変更箇所 */ << std::endl;
       std::cout << /* 変更箇所 */ << std::endl;
       std::cout << /* 変更箇所 */ << std::endl;
       std::cout << /* 変更箇所 */ << std::endl;
       std::cout << /* 変更箇所 */ << std::endl;
   }
   ```

2. 配列stringを途中にヌル文字を含んだ文字列で初期化してください。そしてプログラムの実行結果について説明してください。

   ```
   #include <iostream>

   int main()
   {
       char string[] = /* 修正箇所 */;

       std::cout << string << std::endl;
   }
   ```

3. 2.で修正したプログラムの配列をstd::stringに変更して、同様にプログラムを実行してください。

1.7 繰り返し

「プログラムの中で処理を繰り返す」ことは、条件分岐と同じぐらい当たり前に存在します。

例えば、"Hello, world"と3回表示するプログラムを書くことになったら、あなたはどうするでしょうか。std::coutを使った処理をコピーして、3回表示できるようにするでしょうか。3回ができたら、次は5回表示にしてください。そして次は10回に、100回に……と増えていくとどうしょう。収拾が付かなくなってしまいます。

プログラムを書くときに繰り返す回数が決まっていれば（また多くなければ）、強引に記述することもできるかもしれません。しかしそれはあまりスマートではないですし、プログラムを実行しないと何回繰り返すのかが決まらない場合などには、どうにもなりません。

そういった場合のために**繰り返し構文**（**ループ**：loop）が用意されています。

1.7.1 while文

最も基本的な繰り返し構文は**while文**です。while文の構文は、以下のとおりです。

構文 while文

```
while (condition)
{
    statements……
}
```

これは、条件式（condition）がtrueとなる限り{}で囲まれた処理をずっと繰り返す構文です。通常は1周するたびに条件式で使う変数が変わっていき、その変数が条件を満たさなくなったら繰り返しを終了して、続きの処理へと移ります。

while文を使って5回"Hello, world"と表示するプログラムは、リスト1.24のようになります。

▶リスト1.24　while文を使って5回"Hello, world"と表示する

```cpp
#include <iostream>

int main()
{
    int i = 0; // ループカウンター。ループ（繰り返し）した回数を数える
    while (i < 5) // ループカウンターが5より小さい間処理を繰り返す
    {
        std::cout << "Hello, world" << std::endl;
```

```
        i += 1;  // ループカウンターを1つ進める
    }
}
```

実行結果
```
Hello, world
Hello, world
Hello, world
Hello, world
Hello, world
```

ループの最後で i に 1 を足すことで繰り返した回数を数え、i が 5 になった場合、つまり 5 回ループ処理をしたら、条件式が false になって繰り返しが終了する、というプログラムです。

カウントアップなループとカウントダウンなループ

このように、1 周するごとにカウンターの値が増えていくといった、カウントアップなループが基本的な繰り返しの形になります。

一方、1 周するたびにカウンターが減っていき、0 になった時点でループが終了するカウントダウンなループも、場合によっては必要でしょう。カウントダウンなループが必要になるケースには、そのほうが効率がよかったり、逆順に処理をしたほうがよかったりなど、さまざまな理由があります。

note 余談ですが、ループした回数を数えるループカウンターの変数名は i を使うことが多く、ループがネスト（nest）する（ループの中にループを書く）たびに、j、k、h……と変えていきます。これは別に何か決まりがあるからというわけではなく、単純に変数名を考えるのが面倒なため、1 文字で済む変数を順番に使っているというだけです。もしもっと適切な変数名があればそれを使うほうがよいでしょう。

break 文と continue 文

ループ構文では、ループを途中で中断したり、ループ 1 回分の残りの処理をスキップしたりして次のループに進む制御構文が使えます。switch 文で使った break 文は、ループの中で使うとその場ですぐにループの処理を中断して、ループの次にある処理へと移ります。break 文ではなく continue 文という制御構文では、ループ 1 回分の残りの処理をスキップして、ループの先頭に戻って条件式の処理へ進むことができます。
コンティニュー

break 文や continue 文を使うと、配列を先頭から順番に処理していく際に、エラーとなる値を見付けたらそこで中断したり、それだけをスキップして次に進んだりといった処理ができます（リスト 1.25）。

▶リスト1.25　break / continueの利用例

```cpp
#include <iostream>

int main()
{
    int value[] = {-20, 10, 5, -40, 0, 10, -30};

    int i = 0;
    while (i < 7)
    {
        // 配列の先頭から順番に表示していくが、負の値だったらスキップして、
        // 0だったらそこでループを終了する
        if (value[i] < 0)
        {
            std::cout << "continue" << std::endl;
            ++i; // 重要
            continue; // この回のループはここで終わり、条件式に飛ぶ
        }
        if (value[i] == 0)
        {
            std::cout << "break" << std::endl;
            break; // このループ処理を中断して、ループの次の処理に進む
        }

        std::cout << "elem = " << value[i] << std::endl;
        ++i; // 配列のインデックスを1つ進める
    }

    std::cout << "ループの終了" << std::endl;
}
```

実行結果

```
continue
elem = 10
elem = 5
continue
break
ループの終了
```

continue 文の場合の処理の流れに注意してください。処理が continue 文に到達するとそのまま条件式（value[i] < 0）に処理が移ります。そのため今回のように配列などを順番に処理する際には、「// 重要」というコメントが書かれている行のような、使っている変数を進める処理（++i;）を忘れると、条件式の中身が変わることがなくなり（つまり常に true となって）一向に処理がループの外に進まなくなってしまいます。

このように、条件式が常に true となってしまいループし続けるような状況を**無限ループ**と呼びます。無限ループに陥ってしまうとプログラムが正常には終了しないので、Ctrl-C を入力して止めるか、タスクマネージャーなどを使って強制的にプログラムを終了しなければならなくなってしまいます。

最初のうちはプログラムのさまざまな場所で std::cout を使って何かしらを出力し、プログラムが今どこを処理しているのかを確認するとよいでしょう。徐々にプログラムの書き方やツールの使い方を覚えてきたら、**デバッガー**（debugger）を使って確認を行うのが最善です。

> note while 文の条件式が true のままだと無限ループになるため注意が必要だと説明しましたが、実際のプログラムでは無限ループが必要となる場面もあります。例えばユーザーからの入力によってループを終了するかどうか決める場合、ループの条件式で処理することもできますが、ループ自体は無限ループとしてしまって、ループ本体で別途条件分岐して break するほうがプログラムが簡単になる場合があります。

1.7.2　for文

while 文と並んでよく使われるループ構文に、**for文**があります。for 文は while 文で問題になりやすかった、最後に1つ進めるような処理を漏れなく書くことができる構文です。とはいえ while 文がダメで for 文のほうがよいというわけでもなく、場面場面によって使い分けるべきでしょう。

for 文の基本的な構文は次のとおりです。

構文 for文

```
for (intializer-expression; condition; post-iteration-expression)
{
    statements……
}
```

なお、for 文を単純な while 文に書き換えると次のようになります。

```
initializer-expression;
while (condition)
{
```

```
    statements……

    post-iteration-expression;
}
```

　先ほど説明したcontinue文などにより処理が複雑になると、いかなる場合も必ず*post-iteration-expression*を実行できるようにwhile文を書くのは容易ではありません。一方for文は、continue文によるスキップがどこで行われたとしても必ず*post-iteration-expression*が実行されます。この特徴は、配列を順番に処理していくような処理では特に重宝します。

　リスト1.25でwhile文を使って書いた例をfor文で書き直してみるとリスト1.26のようになります。

▶リスト1.26　for文でリスト1.25を書き直した例

```cpp
#include <iostream>

int main()
{
    int value[] = {-20, 10, 5, -40, 0, 10, -30};

    // インデックス変数の宣言と、条件式と、進める処理を1カ所に記述できる
    for (int i = 0; i < 7; ++i)
    {
        if (value[i] < 0)
        {
            std::cout << "continue" << std::endl;
            continue; // この回のループはここで終わるが、必ずiは1進められる
        }
        if (value[i] == 0)
        {
            std::cout << "break" << std::endl;
            break; // whileのときと同じでこのループ処理全体を中断する
        }

        std::cout << "elem = " << value[i] << std::endl;
    }

    std::cout << "ループの終了" << std::endl;
}
```

1.7.2　for文

実行結果

```
continue
elem = 10
elem = 5
continue
break
ループの終了
```

範囲for文

リスト1.26ではfor文を使って配列を先頭から順番に処理していきましたが、このようなループの使い方を特に**走査**（scan）と呼びます。走査はプログラム中に頻繁に現れるため、配列などの走査で使いやすいよう拡張された専用のfor文が存在します。このような専用のfor文を**範囲for文**（range based for）と呼びます。

 口語では走査のことを「配列を舐める」などということがありますが、もしかしたら最近は通じないかもしれません。

範囲for文の構文は次のとおりです。

構文 範囲for文

```
for (type variable : range)
{
    statements……
}
```

範囲for文を通常のfor文で書き直すと、次のようになります[29]。

```
for (int i = 0; i < length-of-range; ++i)
{
    type variable = range[i];

    statements……
}
```

範囲for文には length-of-range に相当する繰り返しの回数の指定がありませんが、コンパイラーは配列の長さを知っているので、その長さを自動的に使って走査します。範囲for文は指定した変数

---

[29] もちろん厳密な定義はこれとは違うので、for文の中でiという変数が自動的に使えるわけではありません。

に順番に配列の要素を代入されていくので、それをただ使うだけでよくなります。その代わりインデックス変数を直接操作できないため、「先頭から順番に」以外の方法（例えば「後ろから順番に」など）で走査することはできませんし、今扱っているのが何番目の要素なのかを知る方法はありません。

通常のfor文を使った例（リスト1.26）を、範囲for文を使ってさらに書き直したのがリスト1.27です。

▶リスト1.27　範囲for文の利用例

```cpp
#include <iostream>

int main()
{
    int value[] = {-20, 10, 5, -40, 0, 10, -30};

    for (int elem : value) // 範囲for文を使って走査
    {
        if (elem < 0)
        {
            std::cout << "continue" << std::endl;
            continue;
        }
        if (elem == 0)
        {
            std::cout << "break" << std::endl;
            break;
        }

        std::cout << "elem = " << elem << std::endl;
    }

    std::cout << "ループの終了" << std::endl;
}
```

実行結果

```
continue
elem = 10
elem = 5
continue
break
ループの終了
```

1.7.3 do文

while文もfor文も、条件式の評価から始まります。そのため条件式によっては、一度もループの本体を実行しないまま終了することがあります。

実際のプログラムではごくまれに、条件式と本体の実行順が逆になっていたほうが都合がよい場合、つまり必ず一度は本体を実行してからループの継続を判断したいというケースもあります。例えば、ユーザーの入力を何回も繰り返し処理するプログラムの場合などは、入力を先に行って、その内容によって「ループする／ループを終了する」のいずれかに処理を分岐させることがあります。

一応、このようなケースも通常のwhile文やfor文を使って実現することは可能なのですが、どうしても無駄な処理・条件分岐が必要になってしまいます。そういった場合の特別なループ構文として**do文**※30があります。

do文の構文は次のとおりです。

構文 do文

```
do
{
    statements……
}
while (condition);
```

他の構文と違ってwhileの後ろには必ずセミコロンが必要となることに注意してください。

note 巨大なプログラムを見る機会があれば、do文をループ以外のために使っているのを見ることもあるでしょう。というよりむしろ、ループに使っているほうが少ないかもしれません。do文は少し特殊な構文（末尾にセミコロンが必要）を持つため、その特徴を利用してさまざまな使われ方をします。

リスト1.27のプログラムをdo文を使って書き直すと次のようになります。今回は問題ありませんが、do文は必ず本体の実行が先に行われるため、最初にアクセスするところにちゃんと値正しい値があることがわかっている必要があるか、ループ本体でも条件分岐しなければなりません。

多くの場合は普通のwhile文やfor文のほうが先に条件式の評価が行われるため、変数や配列が無効だった場合はただ何も実行されないだけなのでそちらのほうが使いやすいでしょう（リスト1.28）。

※30 do文は条件式を書く部分に必ずwhileを使うので、**do-while**文とも呼ばれます。

▶リスト1.28　do文の使用例

```cpp
#include <iostream>

int main()
{
    int value[] = {-20, 10, 5, -40, 0, 10, -30};
    int i = 0;

    do
    {
        if (value[i] < 0)
        {
            std::cout << "continue" << std::endl;
            ++i; // 重要
            continue; // 条件式に飛ぶ
        }

        if (value[i] == 0)
        {
            std::cout << "break" << std::endl;
            break; // ループを終了する
        }

        std::cout << "elem = " << value[i] << std::endl;
        ++i; // 配列のインデックスを1つ進める
    } while(i < 7);

    std::cout << "ループの終了" << std::endl;
}
```

実行結果

```
continue
elem = 10
elem = 5
continue
break
ループの終了
```

1.7.3　do文

練習問題 1.7

1. 次のプログラムを書き換えて、配列の最後から順番に処理するように変更してください。

    ```cpp
    #include <iostream>

    int main()
    {
        int array[] = {4, 2, 1, 9, 5};

        int i = 0;
        while (i < 5)
        {
            std::cout << array[i] << std::endl;
            i += 1;
        }
    }
    ```

2. **1.**で書き換えたプログラムを for 文に書き換えてください。
3. **1.**で書き換えたプログラムを do-while 文に書き換えてください。

☑ この章の理解度チェック

1. 次のプログラムを動作するように修正してください。

    ```cpp
    int main()
    {
        std::cout << "hello, message" << std::endl;
    }
    ```

2. 浮動小数点数とはなにか、そしてそれを扱える型を説明してください。
3. else if 文を使うメリットを説明してください。
4. 何か文字列を変数に格納し、ループを使ってその文字列を1行に1文字ずつ表示してください。
   （注意：このとき文字列はすべて半角英数字を使ってください。）

Chapter 2

C++の基本的な言語機能②

この章の内容

- 2.1　構造体・共用体・列挙体
- 2.2　クラス概要
- 2.3　参照
- 2.4　型推論
- 2.5　型の別名定義
- 2.6　コンソールからの入力
- 2.7　関数オーバーロード
- 2.8　ラムダ式

本章ではこれまで説明してきた基本的な文法に加え、より複雑で大きなプログラムを組むのに必要になってくる文法について学びます。また、この章で解説する文法を覚えても、すぐに使うような場面に出くわすかはわかりません。大きく複雑なプログラムを作っていく過程の中で、知っておいたほうがスムーズにプログラムを組めるような機能であったりするからです。自分ではまだ大きなプログラムを組む機会がなかったとしても、ソースコードを読んで勉強していく際に知っていれば、スムーズに読みこなせるようになります。

2.1 構造体・共用体・列挙体

構造体・共用体・列挙体の3つは、プログラムの中のさまざまなデータの集まりに意味を与えて、わかりやすくする機能です。これらをうまく使うことで、プログラム書くときにも読むときにも、その意図を正しく伝えることができます。

2.1.1 構造体

構造体（structure）は、複数の変数を1つの変数としてまとめて扱うための型を作る機能です。例えば、商品の在庫管理をするときに、商品1つにつき、商品名・在庫数・仕入れ値などさまざまなデータが必要になります。仮にこれらを個別の変数で扱っていると、商品の種類が増えた途端、あっという間にどの変数が何を指しているのかわからなくなってしまいます。

こういった場合、商品1種類を表す構造体を作り必要なデータを1つの構造体変数にまとめるようにすると、新しい商品が出てきてもその商品の構造体変数を作ればよいだけなのでわかりやすくなります。

構造体は次のような構文で定義します。最後のセミコロンを忘れやすいので注意してください。

構文 構造体

```
struct structure-name
{
    member-type1  member-name1;
    member-type2  member-name2;
    ……
};
```

構造体でまとめられた変数のことを、その構造体の**メンバー変数**（member variable）といいます。メンバー変数は構造体の中にいくつでも宣言でき、メンバー変数として他の構造体の変数を宣言

することもできます[※1]。構造体は自分自身をメンバーにすることはできませんが、構造体のポインターをメンバーにすることはできます。構造体へのポインターをメンバー変数にするテクニックは、後々データ構造やアルゴリズムを学んでくると必要になってきます。

構造体のメンバーにアクセスするには**ドット演算子**（`.`：dot operator）と**アロー演算子**（`->`：arrow operator）を使います。ドット演算子とアロー演算子の違いは、アクセスする先の構造体が構造体変数なのか（ドット演算子）、構造体変数へのポインターなのか（アロー演算子）という点です。

構文 ドット演算子とアロー演算子

structure-variable.*menber-name*

pointer-to-structure-variable–>*member-name*

> note アロー演算子（a–>b）は間接参照演算子を用いることで(*a).bのようにドット演算子に置き換えられるのではと気付いた人もいるかもしれませんが、メンバーにアクセスする先の構造体がポインターの場合、やはりアロー演算子を使うほうがプログラムが書きやすいはずです。試しにドット演算子だけでプログラムを書いてみるとその不便さがわかるかもしれません。

例として構造体を使って1つの商品を管理してみます（リスト2.1）。

▶リスト2.1 構造体を使った商品の管理

```
#include <iostream>

struct product
{
    int id;    // 商品ID
    int price; // 単価
    int stock; // 在庫数
}; // このセミコロンを忘れがちなので注意

int main()
{
    product pen; // ペンに関するデータを持つ変数

    // ドット演算子を使ってペンに関する情報をメンバー変数に格納する
    pen.id    = 0;
```

※1 ただし他の構造体をメンバー変数にしたい場合は、その構造体の定義は先にされている必要があります。

```
        pen.price = 100;
        pen.stock = 200;

        product* ptr = &pen; // 構造体変数へのポインター

        // アロー演算子を使ってメンバー変数を取得する
        std::cout << "商品ID: " << ptr->id << std::endl;
        std::cout << "単価: " << ptr->price << std::endl;
        std::cout << "在庫数: " << ptr->stock << std::endl;
    }
```

実行結果

```
商品ID: 0
単価: 100
在庫数: 200
```

構造体変数はint型などの変数と違って複数のメンバー変数を持っているため、{}を使って配列のときのように初期値を一括して渡します。

{}の中には、構造体の定義で書いた順番どおりにメンバー変数の数だけ初期値を記述します[2]。

```
struct product
{
    int id;    // 商品ID
    int price; // 単価
    int stock; // 在庫数
};

int main()
{
    // 構造体変数の初期化
    // 構造体の定義で書いた順番どおりに初期値を書く
    product pen =
    {
        0,   // 商品ID
        100, // 単価
        200, // 在庫数
    };
}
```

---

[2] 実際には、足りない分にはエラーにならず（不足分は0で初期化）、多かった場合にエラーとなります。ただミスしやすい点でもあるので、最初のうちは全部のメンバー変数を初期化したほうがよいでしょう。

最後の初期値の後ろにあるカンマは省略することもできます。しかし、「必ず付ける」ようにすることで、メンバー変数が増えたり順番が入れ替わったりしたときにカンマを付けたり外したりする手間を省くことができます。どちらでも、好みのスタイルを使ってください。

構造体は関数の引数や戻り値にも使えます。例えば、引数がいくつもある場合、どれがどういった意味を持つのかや、どんな順番で並んでいたのかがわかりづらくなってしまうことがあります。そんなときは、構造体を使って関連する引数をまとめたほうが、変数の意味や目的を関数を使う人に伝えやすくなり、バグも減らすことができます（リスト2.2）。

▶リスト2.2　構造体を受け取る関数

```cpp
#include <iostream>

struct product
{
    int id;
    int price;
    int stock;
};

// 引数として構造体変数を受け取る関数
void show_product(product product)
{
    std::cout << "商品ID：" << product.id << std::endl;
    std::cout << "単価：" << product.price << std::endl;
    std::cout << "在庫数：" << product.stock << std::endl;
}

int main()
{
    product pen =
    {
        0, // 商品ID
        100, // 単価
        200, // 在庫数
    };

    show_product(pen); // 通常の変数と同じように関数に渡す
}
```

2.1.1　構造体

実行結果

```
商品ID: 0
単価: 100
在庫数: 200
```

2.1.2 共用体

　構造体は複数の変数をまとめて扱うためのものでした。**共用体**（union）は、構造体同様メンバー変数を持っているものですが、それらがすべて同一のアドレス上に存在していることが違っています。複数のメンバー変数が同一アドレス上に存在するため、どれか1つを書き換えた場合、他のメンバー変数もすべて書き換わります。

　それでは、本当に共用体のメンバー変数が同じアドレス上にあるのか確かめてみましょう。そのためにはどうしたらよいでしょうか？

　ポインターを使えば変数の場所を知ることができました。ポインター変数をstd::coutに渡すと、アドレスがどこなのかを表示することができます（リスト2.3）。

▶リスト2.3　構造体のメンバー変数のアドレス

```cpp
#include <iostream>

// メンバー変数を3つ持った構造体
struct S
{
    int a;
    int b;
    int c;
};

int main()
{
    S s;

    std::cout << "s.aのアドレスは " << &s.a << std::endl;
    std::cout << "s.bのアドレスは " << &s.b << std::endl;
    std::cout << "s.cのアドレスは " << &s.c << std::endl;
}
```

　リスト2.3を実行してみると次のようになります（実行するたびに表示される数値は変わります）。すべて異なるアドレスが表示されました。つまり、構造体はメンバー変数がそれぞれメモリ上の違っ

た場所にあることがわかります。

実行結果
```
s.aのアドレスは  0x7fffcefeb1c4
s.bのアドレスは  0x7fffcefeb1c8
s.cのアドレスは  0x7fffcefeb1cc
```

共用体ではどうでしょうか。共用体の構文は構造体とほとんど同じですが、構造体の定義には**struct**を使ったのに対し、共用体では**union**（ユニオン）を使います。

構文 union

```
union union-name
{
    member-type1 member-name1;
    member-type2 member-name2;
    ……
};
```

先ほどのメンバー変数のアドレスを表示したプログラムを共用体に書き換えてみましょう（リスト2.4）。

▶リスト2.4　共用体のメンバー変数のアドレス

```cpp
#include <iostream>

// メンバー変数を3つ持った共用体
union U
{
    int a;
    int b;
    int c;
};

int main()
{
    U u;

    std::cout << "u.aのアドレスは " << &u.a << std::endl;
    std::cout << "u.bのアドレスは " << &u.b << std::endl;
    std::cout << "u.cのアドレスは " << &u.c << std::endl;
}
```

2.1.2 共用体

これを実行すると次のようになります（繰り返しますが、実行するたびに表示される数値は変わります）。どのメンバー変数も同じアドレスを持っていることがわかります。構造体のときと見比べてみてください。

実行結果

```
u.aのアドレスは 0x7ffd5889222c
u.bのアドレスは 0x7ffd5889222c
u.cのアドレスは 0x7ffd5889222c
```

さて、共用体ではすべてのメンバー変数が同じアドレスを持っている、ということはわかりましたが、初期化のときにはどのように行えばよいのでしょうか。

共用体は構造体とは違い、先頭のメンバー変数のみが初期化できます[※3]（リスト2.5）。

▶リスト2.5　共用体変数の初期化

```cpp
#include <iostream>

union U
{
    int a;
    int b;
    int c;
};

int main()
{
    U u = { 42 }; // 先頭のメンバーで初期化する

    // u.aとu.bは同じ場所にあるのでu.bの値はu.aと同じになる
    std::cout << "u.bの値は " << u.b << std::endl;

    // u.cもu.aとu.bと同じ場所にあるので、
    // u.cを使って変更すると他のメンバー変数も変更される
    u.c = 1024;

    std::cout << "u.aの値は " << u.a << std::endl;
}
```

※3　後々学びますが、先頭以外のメンバー変数で初期化する方法もあります。

実行結果

```
u.bの値は 42
u.aの値は 1024
```

共用体は今すぐ役に立つものとはいえません。むしろ、それほど使う機会はないかもしれません。しかし特別なハードウェア用のプログラムを書く場合などで必要となる知識なので、頭の片隅に置いておくとよいでしょう。

2.1.3 列挙体

列挙体（enumeration）は、構造体や共用体とは少し異なり、メンバー変数を持つものではありません。列挙という言葉どおり、「列挙体が取り得る値を列挙しておき、そのうちのいずれかの値を持っている」変数を作るための型です。

「1のときは商品A、2のときは商品B、3のときは……」と整数との対応関係を決めておいて、単なる`int`型の変数を使って同様の機能を実現することも可能です。しかし、例えば個数と種類を同じ`int`型で扱っていると取り違えてしまったり、あとでその値が何を表しているのかわからなくなったりするなど、さまざまな問題が起きかねません。

種類のように、数それ自体に意味がないような場合には、整数よりも列挙体を使うほうが型が異なるので間違いにも気付きやすく、意味も正しく伝えることができます。

列挙体を定義する際の構文は以下のとおりです。

構文 列挙体

```
enum class enum-name
{
    enumerator1,
    enumerator2 = value,
    ……
};
```

列挙体は取り得る値（列挙値）をカンマ区切りで列挙[※4]するだけで宣言できますが、その場合それぞれの値には具体的な整数値が0から順番に割り振られます。

もちろん、それぞれの列挙値に対応する値があり、整数に変換して使うことも想定する場合などには、取り得る値として自分で好きな値を指定することもできます。適切な値を指定することで、列挙体の便利さと、対応する整数値を得る便利さを両立させることができます。

※4 構造体や共用体はセミコロンで区切りましたが、列挙体はカンマで区切ります。間違えないように気を付けてください。

また、途中で整数値を設定した列挙値があると、その次の列挙値に割り当てられる整数は1加えられた値になります。もし、1加えられた値で困る場合にはさらにその列挙値でも整数を指定できます。

列挙体名と列挙値を**スコープ解決演算子**（::：scope resolution operator）でつなげるとその値を使うことができます（リスト2.6）。

| 構文 | 列挙値 |

```
enum-name::enumerator;
```

▶リスト2.6　列挙体変数の宣言と初期化

```cpp
#include <iostream>

enum class Category
{
    Value1, // 先頭は明示的に指定しない限り暗黙的に0
    Value2, // 値を省略した場合には1つ上の整数の次（これは1）
    Value3 = 100, // 1つ上の次の整数だと困る場合に明示的に指定できる
    Value4, // 再度省略した場合には1つ上の整数の次（これは101）
};

int main()
{
    // 列挙体の変数を宣言してValue3で初期化
    Category cat = Category::Value3;

    // 列挙体の値に対応した整数を得る
    std::cout << static_cast<int>(cat) << std::endl;
}
```

| 実行結果 |

```
100
```

列挙体変数は整数値を持ってはいますが、整数型へ暗黙変換できないようになっているので、例ではint型にキャストしています。

列挙体が表現できる整数の範囲は列挙子を表現できる範囲であることは決まっていますが、列挙体変数が何バイト使うのかはコンパイラーなどの環境によって変わってしまいます。ハードウェアを直接扱うようなプログラムではきっちり何バイトになっていないと困るということが多くあり、そう

いった場合のために列挙体で扱える整数の範囲を指定する方法があります。

構文 ベースとなる型の指定付き列挙体

```
enum class enum-name : underlying-type
{
    enumeration1,
    enumeration2 = value,
    ……
};
```

*underlying-type*にはenumで扱うベースとなる整数型を指定します。「1.5.1 組み込み型」で説明したC++標準やコンパイラーが提供している組み込みの整数型のみが指定できます。ベースとなる整数型が指定されると、そのenumで作られた変数は確実にベースとなる型と同じ範囲で値が表現できます。

特に、char型は1バイトであることが決まっているので、1バイトのenumを作りたい場合にはchar型をベースにしたenumを作るとよいでしょう。

```
enum class Category : char // char型をもとにenumを定義
{
    Value1, // 値は普通のenumと同じように増えていく（これは0）
    Value2, // 1
    Value3 = 100, // 100
    Value4, // 101
};

Category cat = Category::Value2; // 使い方もまったく同じ
```

ちなみに、ここで説明している列挙体は元々C言語にあったenumがC++で拡張されたものであり、もちろんC言語形式のenumを引き続き使うこともできます。

C言語形式のenumは次に示すとおり、ほとんどenum classと同じ構文を持ちます。

構文 C言語形式の列挙体

```
enum enum-name
{
    enumeration1,
    enumeration2 = value,
};

enum-name variable-name = enumeration1; // 列挙体変数の宣言と、列挙値の使用
```

C形式のenumではスコープ解決演算子（::）を使う必要がありません。この点は利点に思えるかもしれませんが、C形式のenumでは暗黙変換が許されているので、その識別子が列挙値なのか型がまったく違う変数なのか、一見しただけでは判断が付かず、誤ったプログラムを書いてしまうことがしばしばありました。

C言語でも使うソースコードでない限り、基本的にはenum class形式を使うのがよいでしょう。

練習問題　2.1

1. リスト2.2（73ページ）を書き換えて、ドット演算子ではなくアロー演算子を使うように変更してください。
2. 共用体と構造体の違いについて説明してください。
3. 次のプログラムの実行結果が何になるか、説明してください。

```
#include <iostream>

struct S
{
    int x;
    int y;
};

union U
{
    S s;
};

int main()
{
    U u = {};
    u.s.x = 10;
    u.x.y = 20;

    std::cout << u.s.x << std::endl;
}
```

2.2 クラス概要

クラス（class）とはデータと処理を一まとめにして扱う機能です。構造体が複数の変数を1つにまとめて扱いやすくしたように、クラスではさらにそのデータに関連した処理もまとめて扱うことで、よりプログラムをわかりやすくすることができます。

クラスと関連付けられた関数のことは**メンバー関数**（member functions）といい、通常の関数と区別されます。

メンバー関数ではない関数を特に**非メンバー関数**（non member functions）や**フリー関数**（free functions）と呼んで区別することもありますが、単に関数と呼ぶことのほうが多いでしょう。

クラスは構造体と同じで定義をしただけでは使うことができず、そのクラスを使って変数を作る必要があります。この変数を作ることを特に**実体化**や**インスタンス化**（instantiation）と呼び、実体化した変数のことを**インスタンス**（instance）や**オブジェクト**（object）と呼びます。

クラスの定義やインスタンス化の構文はほとんど構造体と同じで、structの代わりにclassを使います。

構文 クラスの定義とインスタンス化

```
// クラスの定義
class class-name
{
    class-body

    ……
};

class-name instance-name;  // インスタンス化
```

2.2.1 アクセス指定子

クラスはただの構造体と違いデータと処理をまとめたものです。しかし処理もまとめたことで、単にデータをまとめただけであれば考える必要がなかったことについても考えねばならなくなりました。

データや処理には、他の処理から使われるためのものとクラス内の他の処理で使うためのものとがあります。そのうち、内部処理用のデータや処理がクラスの外からアクセスされてしまうと、意図し

ない動作を起こしてしまうなどの問題が起こりかねません。

C++では、メンバー変数やメンバー関数ごとに、外部からアクセス可能／アクセス不可なのかを**アクセス指定子**（access specifiers）を使って指定します。アクセス指定子を使うと、別のアクセス指定子が現れるまでの間、宣言したメンバー変数やメンバー関数は指定した公開設定となります。

クラスはデフォルトですべてのメンバー変数とメンバー関数が外部からアクセスできない「非公開設定」（private）となっています。そのため、公開する必要があるメンバー変数やメンバー関数は、明示的に「公開設定」（public）にしなければなりません。

クラスメンバーのアクセス指定子は、次のような構文で記述します。

構文 クラスメンバーのアクセス指定子

```
class /class-name/
{
    // デフォルトのアクセス指定は非公開

public: // 公開のアクセス指定子

    // 公開するメンバー変数やメンバー関数

private: // 非公開のアクセス指定子

    // 非公開なメンバー変数やメンバー関数
};
```

クラス外から、非公開となっているメンバー変数やメンバー関数にアクセスしようとすると、コンパイルエラーになります。

```
// クラスCの定義
class C
{
    int default_member; // デフォルトで非公開なメンバー変数
public:
    int public_member;  // 公開設定にしたメンバー変数
private:
    int private_member; // 非公開設定にしたメンバー変数
};

int main()
{
    C c; // クラスCのインスタンスを作る
```

```
            c.default_member = 0;    // エラー。非公開メンバー変数へはアクセスできない

            c.public_member = 42;    // OK。公開されているメンバー変数なのでアクセス可能

            c.private_member = 72;   // エラー。非公開メンバー変数へはアクセスできない
        }
```

上記例ではメンバー変数しか示していませんが、次で解説するメンバー関数についても同様です。

2.2.2 メンバー関数

　メンバー関数はそれ単体で使うことはできず、常に関連付けられたクラスのインスタンスと組み合わせて使う関数です。このためメンバー関数の定義や呼び出しの構文は、通常の（非メンバー）関数とは異なります。

構文 メンバー関数の宣言・定義と呼び出し

```
class class-name
{
    // メンバー関数の宣言
    return-type member-function-name(parameters……);
};

// メンバー関数の定義
return-type class-name::member-function-name(parameters……)
{
    function-body ……
}

// インスタンスを使ったメンバー関数呼び出し
instance.member-function-name(arguments……);

// インスタンスへのポインター経由でのメンバー関数呼び出し
pointer->member-function-name(arguments……);
```

　戻り値の型や関数名、引数が必要であることは非メンバー関数と同じです。メンバー関数の定義は非メンバー関数と違い、関連付けられたクラスを指定しなければなりません。一方、呼び出しにおいてはクラス名を指定する必要はなく、メンバー変数と同じくインスタンスに対してドット演算子かアロー演算子を使用します。

　メンバー関数はクラスの一部なので、メンバー関数からは非公開メンバー変数や他の非公開メンバー関数にドット演算子などを使わずに直接アクセスできます（もちろん公開しているものにもアク

セスできます）。これによってメンバー変数への直接アクセスは許可しないが、取得用（getter）や設定用（setter）といったメンバー関数を通じてのみ操作できるようにすることがよくあります。その際、どちらか一方のみを公開したり、不正な値が設定されないようにチェックしたりと、直接メンバー変数を公開する場合に比べ、多くの利点を得られます（リスト2.7）。

また特に重要な点として、クラスさえ同じであれば、異なるインスタンスの非公開メンバーにもアクセスできる、ということが挙げられます。今はメンバー関数を呼び出すときに使ったインスタンスしか使うことはないかもしれませんが、後々、他のインスタンスも使って処理をするようなときにはこの点が重要になってきます。

▶リスト2.7　getterとsetter

```cpp
#include <iostream>

class product
{
    int id;    // 商品ID
    int price; // 単価
    int stock; // 在庫数

public:
    int get_id();              // 商品IDのgetter
    void set_id(int new_id);   // 商品IDのsetter

    int get_price();                 // 単価のgetter
    void set_price(int new_price);   // 単価のsetter

    int get_stock();                 // 在庫数のgetter
    void set_stock(int new_stock);   // 在庫数のsetter
};

int product::get_id()
{
    // メンバー関数の内側ではメンバー変数に直接アクセスできる
    return id;
}

void product::set_id(int new_id)
{
    id = new_id;
}
```

2.2　クラス概要

```cpp
int product::get_price()
{
    return price;
}

void product::set_price(int new_price)
{
    // Setterを使うと新しい値が不正な値でないかチェックできる
    if (new_price < 0)
    {
        std::cout << "エラー：単価は0以上にしてください" << std::endl;
        return;
    }
    price = new_price;
}

int product::get_stock()
{
    return stock;
}

void product::set_stock(int new_stock)
{
    if (new_stock < 0)
    {
        std::cout << "エラー：在庫数は0以上にしてください" << std::endl;
        return;
    }
    stock = new_stock;
}

int main()
{
    product pen; // ペンに関するデータを持つ変数

    // メンバー変数は非公開なのでsetterを使って値を格納していく
    pen.set_id(0);
    pen.set_price(100);
    pen.set_stock(200);

    product* ptr = &pen; // インスタンスへのポインター
```

2.2.2 メンバー関数

```cpp
    // アロー演算子を使ってgetterから値を取得
    std::cout << "商品ID:" << ptr->get_id() << std::endl;
    std::cout << "単価:" << ptr->get_price() << std::endl;
    std::cout << "在庫数:" << ptr->get_stock() << std::endl;
}
```

実行結果

```
商品ID:0
単価:100
在庫数:200
```

単価や在庫数がマイナスになるということは通常はありえないので、setterで新しい値を設定するときに不正値の場合はエラーメッセージを表示してメンバー関数から戻しています。今回getterでは何もしていませんが、getterでも自由な処理を書けるので、必要に応じてエラーチェックなどを行えます。

練習問題　2.2

1. リスト2.7（84ページ）のproductクラスに引数を3つ受け取り、それぞれのメンバー変数に代入するメンバー関数を追加してください。
2. 1.で作ったメンバー関数を使うようにmain()関数を修正してください。

2.3　参照

2.3.1　変数の別名

参照（**リファレンス**：reference）とは、簡単に説明してしまえば「変数に別名を付ける機能」です。ある変数aがあったときに、bという名前で参照を作ることで、aを使ってもbを使っても同じ変数を指し示すようになります。

変数への参照を作るには次の構文を使います。

構文 変数への参照

type-name& *reference-name* = *variable-name*;

参照は変数への別名となるので必ず初期化が必要です。初期化せずに使おうとするとエラーとなります。また参照の型は基本的に変数と同じ型にしなければなりません。

なお、参照はあくまで別名なので、使うときには変数とまったく同じように扱えます（リスト2.8）。

▶リスト2.8　参照の使用

```cpp
#include <iostream>

int main()
{
    int value = 42; // int型の変数

    std::cout << "valueのアドレスは" << &value << "で、値は" << value <<
        "です" << std::endl;

    int& reference = value; // 変数valueへの参照

    std::cout << "referenceのアドレスは" << &reference << "で、値は" <<
        reference << "です" << std::endl;

    reference = 0; // 参照を使って変数valueの値を書き換える

    std::cout << "valueのアドレスは" << &value << "で、値は" <<
        value << "です" << std::endl;
}
```

これを実行すると次のようになります（アドレスとして表示される値は、実行するたびに変わります）。

実行結果

```
valueのアドレスは0x7fffd2e1f0d4で、値は42です
referenceのアドレスは0x7fffd2e1f0d4で、値は42です
valueのアドレスは0x7fffd2e1f0d4で、値は0です
```

referenceが指し示すアドレスも値も同じになっていて、valueとまったく同じ場所を指していることがわかります。そのため、referenceを変更するとvalueの中身が書き換わります。

参照も複数の変数を一括で宣言するときにポインターと同じ問題に遭遇します。つまり最初の1つだけが参照となり、残りは通常の変数宣言となります。

```
int i;
int& a = i, b;  // aは参照だが、bはただのint型の変数宣言
```

やはり参照もポインターと同じく、1つの宣言につき1つの参照のみとするのがよいでしょう。

2.3.2　参照とポインターの違い

参照に似て、変数のアドレスを使って変数を操作する方法にはポインターがありました。

ポインターは参照とは少し違い、変数の場所をアドレスとして保存する機能でした。変数からアドレスを取得するにはアドレス演算子（&）を使い、アドレスから実際にそのアドレスが指し示す変数にアクセスするために間接参照演算子（*）を使いました。また、ポインター型の変数は変数のアドレスを格納するための変数であり、あとから別のアドレスを代入して別の変数を指し示すことができました。

一方、参照は変数の直接の別名となるので、間接参照演算子のようなものを使うことなく変数にアクセスできます。しかし、初期化時に指定した変数以外への参照へ変更することはできません。参照への代入は、あくまで変数への代入と同じ効果を持つためです。

リスト2.9の例を見てください。

▶リスト2.9　参照への代入

```
#include <iostream>

int main()
{
    int value = 42; // int型の変数
    int other = 0; // 別の変数
    int* pointer = &value; // 変数valueへのポインター
    int& reference = value; // 変数valueへの参照

    std::cout << "valueのアドレスは" << &value << "で、値は" << value <<
        "です" << std::endl;

    std::cout << "otherのアドレスは" << &other << "で、値は" << other <<
        "です" << std::endl;

    std::cout << "pointerの持つアドレスは" << pointer << "で、値は" <<
        *pointer << "です" << std::endl;
```

```cpp
    std::cout << "referenceのアドレスは" << &reference << "で、値は" <<
        reference << "です" << std::endl;

    pointer = &other; // ポインターが持つアドレスをotherのアドレスに変更
    reference = other; // 参照先をvalueからotherへ変えたつもり

    std::cout << std::endl; // 1行空行を入れる

    std::cout << "valueのアドレスは" << &value << "で、値は" << value <<
        "です" << std::endl;

    std::cout << "otherのアドレスは" << &other << "で、値は" << other <<
        "です" << std::endl;

    std::cout << "pointerの持つアドレスは" << pointer << "で、値は" <<
        *pointer << "です" << std::endl;

    std::cout << "referenceのアドレスは" << &reference << "で、値は" <<
        reference << "です" << std::endl;
}
```

これを実行した結果は次のとおりです。

実行結果

```
valueのアドレスは0x7ffec59c402cで、値は42です
otherのアドレスは0x7ffec59c4028で、値は0です
pointerの持つアドレスは0x7ffec59c402cで、値は42です
referenceのアドレスは0x7ffec59c402cで、値は42です

valueのアドレスは0x7ffec59c402cで、値は0です
otherのアドレスは0x7ffec59c4028で、値は0です
pointerの持つアドレスは0x7ffec59c4028で、値は0です
referenceのアドレスは0x7ffec59c402cで、値は0です
```

pointerは、代入の前後で指し示すアドレスが変化しています。一方referenceにotherを代入しても、otherが持つ値がvalueに格納されるだけで、参照が指し示すアドレスには変化がないことがわかります。

2.3.3　const参照

参照は変数の別名を付ける機能でしたが、参照先の変数がconst指定されているにもかかわらず、参照を使うと変更できてしまうと困ってしまいます。この場合、参照もconst指定がされたconst参照を使わなければなりません。const参照は変数の変更はできませんが、読み取りはできる参照なので、const参照をconstではない変数への参照で初期化することはできます（逆にconstではない参照をconstな変数で初期化することはできません）。

const参照はあたかもconstな変数であるかのように振る舞うので、const参照への値の代入はコンパイルエラーとなります。代入できないこと以外は通常の参照と全く同じです。

```cpp
int main()
{
    const int constant = 42; // 変数それ自体が変更不可能
    const int& ref_constant = constant; // constな変数への参照

    constant = 0; // もちろんエラー
    ref_constant = 0; // こちらもエラー

    int value = 72; // 変数はconstではない
    int& reference = value; // 通常の参照
    const int& creference = value; // constな参照

    value = 0; // OK。変数自体はconstではない
    reference = 0; // OK。const指定されていない参照からも変更可能
    creference = 0; // エラー。この参照はconst指定されている
}
```

const参照は、関数の引数としてクラスや構造体を受け取る場合などでよく使われます。例えば、変数の値を読み込みたいが、書き込む必要がないというケースです。こうすることで、関数を使う側で変数（実引数）が変更される可能性があるかを知ることができ、その変数の用途をより明確に伝えられます。

ここで注意しなければならないのは、constを付けることはできても、外すことはできないということです。例えば次のようなconstがなくなる参照はすべてエラーとなります。

```cpp
int main()
{
    const int constant = 42;
    const int& ref_constant = constant;

    int& ref1 = constant; // エラー。変数自体がconstなので参照もconstが必要
    int& ref2 = ref_constant; // エラー。const参照からもconstを外すことはできない
```

```cpp
    int value = 42;
    const int& creference = value;

    // エラー。たとえ元の変数にconstがなくてもconst参照からはconstを外せない
    int& ref3 = creference;
}
```

練習問題 2.3

1. 次のプログラムの出力結果が42になるように、参照を使ってプログラムを修正してください。

```cpp
#include <iostream>

int main()
{
    int i = 0;

    int j = i;
    j = 42;

    std::cout << i << std::endl;
}
```

2. 次のプログラムがエラーにならないようにrを修正してください。

```cpp
int main()
{
    const int i = 42;

    int& r = i;
}
```

2.4 型推論

2.4.1 変数の型と初期値の型

プログラムの中に出てくる値はそれぞれ型を持っています。例えば1という整数であればint型であったり、3.14という値であればdouble型であったりします。一方、変数も型を持っていて、変数宣言の際にその変数の型を明記して宣言しました。もし変数の型と値の型が異なっている場合は、暗黙の型変換が行われることになります。

変数の宣言時に初期値を与えているとき、変数の型と初期値の型を別にしたいというケースはまれであり、むしろどちらも同じ型になっていたほうが自然でしょう。初期値のほうにはすでに決まった型があるので、その型を使って変数を宣言するようにコンパイラーに指示する機能があります。

この機能のことを**型推論**（type deduction）といい、次のような構文で変数を宣言します。

構文 型推論による変数の宣言

```
auto variable-name = initial-value;
```

注意しなければならないのは、上記形式の型推論が使えるのは初期値がある場合のみだということです。初期値がない場合には、どの値の型を使えばよいのかわからないためエラーとなります。

```
auto value;  // エラー。初期値がないので、valueの型をどうしたらよいのかわからない
```

 note auto型という型があるわけではないことに注意してください。あくまでコンパイラーに型推論を指示するためだけの特別なキーワードです。

型推論を使ってさまざまな変数を宣言すると、リスト2.10のようになります。

▶リスト2.10 変数宣言と型推論

```
#include <iostream>

// 常に1を返す関数
int one()
{
    return 1;
}
```

```
int main()
{
    auto d = 3.14; // 3.14はdouble型の値なのでdはdouble型に推論される

    d = 2.71f; // 2.71fはfloat型なので、double型に推論されたdに問題なく格納できる

    std::cout << d << std::endl;

    // 型推論は関数呼び出しや数値計算などの式の結果からも行える

    // one()はint型の値を返す関数なので、変数iはint型に推論される
    auto i = one();

    i = 42.195; // iはint型なのでdouble型の値の代入では暗黙の型変換が行われる

    std::cout << i << std::endl;
}
```

実行結果
```
2.71
42
```

2.4.2 範囲for文の型推論

　型推論では必ず初期値が必要と説明しましたが、一部例外があります。その一つが範囲for文です。

　範囲for文で走査するときに得られる各要素の型にautoと書くと、要素の型を推論したうえでループします（リスト2.11）。

▶リスト2.11　範囲for文での型推論

```
#include <iostream>

int main()
{
    int array[] = {0, 1, 2, 3, 4};
```

```cpp
    // 型推論を使った範囲for文
    // 初期値の指定はしていないが、配列の要素の型に推論される（ここではint型）
    for (auto e : array)
    {
        std::cout << e << std::endl;
    }
}
```

実行結果

```
0
1
2
3
4
```

2.4.3 式の型を推論する

autoと初期値を使った型推論以外にも、任意の式の型を調べる構文があります。これは初期値を持たない変数の宣言や、後ほど説明するテンプレートなどで使われます。

式から型を得るには次の構文を使います。

構文 式から型を得る

```
decltype(expression)
```

このdecltypeを型の代わりに使って、変数宣言なども行えます（リスト2.12）。

▶リスト2.12　decltypeの利用

```cpp
#include <iostream>

// 値の1の型を推論し、その型を戻り値の型として使う
decltype(1) one()
{
    return 1;
}

int main()
{
```

```
    auto i = one();    // autoを使った型推論

    decltype(i) j;     // 変数iから型を推論して変数宣言をするので初期値は不要

    j = 42.195;        // jはint型に推論されているので、暗黙の型変換が行われる

    std::cout << j << std::endl;
}
```

実行結果
```
42
```

リスト2.12では変数を宣言する方法としてautoの代わりにdecltypeを使いました。しかしdecltypeは変数宣言だけでなく、さまざまなところで活用できます。特にテンプレート（Chapter 9で後述）を使う場面では、decltypeは式から型を構築できるので大変有用です。

note 初めのうちは、decltypeを使う機会はautoほどないかもしれませんが、高度なプログラムではdecltypeがないとうまく組めないような状況もあるのでぜひ覚えておきましょう。

2.4.4 配列の型推論

先ほど範囲for文における推論を説明した際に、配列array[]はautoを使って宣言していなかったのですが、その点に気付いたでしょうか。

実は、配列の型を推論しようとする場合には注意が必要です。例えば、配列の型推論を意図して次のように書いたとしても、意図どおりにはなりません。

```
auto array[] = {0, 1, 2, 3, 4};  // エラー。autoの配列は作れない
auto array[] {0, 1, 2, 3, 4};    // 同様にエラー。autoの配列は作れない

auto array = {0, 1, 2, 3, 4};    // 注意。これは配列ではない別のものになる
auto array{0, 1, 2, 3, 4};       // 特に注意！ 配列ではないうえに、
                                 // 推論される型が条件によって変わる
```

1つ目と2つ目の例では、配列の宣言のように書きつつ、型にはautoを指定していますが、これはエラーとなります。3つ目の例では配列そのものを推論しようとしているように見えます。これはエラーとはならないのですが、配列ではなくstd::initializer_list<int>という型になってしまいます。

note std::initializer_listについては、「5.5 {} による初期化とstd::initializer_list」で説明します。

さらに、4つ目の例には特に注意しなければなりません。ブレース（{}）の中に書かれた要素の数が1つの場合か、それより多いかで推論される型が変わってしまうためです。要素が1つの場合はその要素の型に、それ以上であればstd::initializer_listになります。

いずれにせよ型推論を使うことでは配列を宣言できない、ということを覚えておいてください。紛らわしく、またバグの原因にもなりやすいので、ブレースを使う場合には型推論を使わないようにするのがよいでしょう。

note ブレース内の要素数で推論される型が変わるというのは、C++17で変更された仕様です。

```
auto value{0};     // C++17：int / C++14：std::initializer_list<int>
auto values{0, 1}; // std::initializer_list<int>
```

そのため、コンパイラーによっては古い動作（つまりstd::initializer_list<int>に推論）のままとなっているかもしれません。
このように、配列の推論がうまくいかないだけでなく、コンパイラーによって動作が違う可能性もあるので、ブレースを使った型推論は基本的にしないでください。

練習問題　2.4

1. 型推論して変数宣言するには何が必要だったでしょうか。

2. 次のプログラムの変数eは何型に推論されるでしょうか。

   ```
   #include <iostream>
   
   int main()
   {
       int array[] = {5, 4, 3, 2, 1};
       
       for (auto e : array)
       {
           std::cout << e :: std::endl;
       }
   }
   ```

3. decltypeを使うと何から型推論できたでしょうか。

2.5 型の別名定義

2.5.1 型に別の名前を与える

すべての型は互いに異なった型名を持っています。int型はintという名前で、float型はfloatという名前でプログラムの中に現れます。同様に、ユーザーが定義した構造体やクラスもそれぞれ異なった型名を持っています。

もちろんそれらの型名を直接使っても問題ありませんが、プログラムを見通しよくしたり、管理を簡単にしたりするために、型に**別名**（type alias）を与えることがあります。例えば、関数やクラスで使う型に別名を与えておき、必要な箇所でその名前を使うようにしておくことで、あとで型を変更したくなったときに使われているすべての場所を確認しなくても、別名の定義箇所を変更するだけでプログラム全体が新しい型を使うようになります。

これは特にクラスのメンバー変数・メンバー関数や、Chapter 9で説明するテンプレートなどで特に威力を発揮します。

型に別名を与えるにはusing宣言（ユージング）を使います。using宣言の構文は次のとおりです。

構文 using宣言

```
using new-type-name = old-type-name;
```

もちろん、using宣言で型に別名を与えても、元の名前を使うことは可能です。

```cpp
#include <iostream>

using integer = int; // intにintegerという別名を与える

integer main() // integerはintの別名なので、int main()と同じ意味になる
{
    int value = 42; // 別名があっても、元の名前も使える

    using number = integer; // さらに別名を付けることもできる

    number num = 0;

    value = num; // あくまで別名なので実際の型は同じ
}
```

気を付けなければならないのは、別名はあくまで「別の名前でも使えるようにする」だけであっ

て、別の新しい型を作っているわけではないということです。そのため、別名を使って関数をオーバーロード（「2.7 関数オーバーロード」で後述）することはできません。

```
using integer = int;

void foo(int a)
{
    // ……
}

// エラー。integerはintの別名でしかないので、オーバーロードできない
void foo(integer a)
{
    // ……
}
```

2.5.2　ネストした型名

構造体やクラスは、メンバー変数・メンバー関数以外にも、ネストした型名を持つことができます。クラスの中で使うのであればそのまま別名を使うことができますが、クラスの外でネストした型名を使うにはスコープ解決演算子（::）を使います。

構文　ネストした型名の宣言と使用

```
class class-name
{
public:
    using nested-type-name = type-name;  // ネストした型名の宣言
};

class-name::nested-type-name variable-name;  // ネストした型名の使用
```

メンバー変数やそのメンバー変数に関連したメンバー関数などでは、別名を使うことであとから型を変更したくなった場合も、別名を与えている型を変えるだけで、関連するすべてのメンバーの型が一斉に変更されて変更漏れを防ぐことができます（リスト2.13）。

▶リスト2.13　ネストした型名

```cpp
#include <iostream>

class data
{
public:
    using integer = int; // クラスの中で使う整数に別名を与える

    // クラスの中では別名を直接使える
    integer get_value();
    void set_value(integer mew_value);

private:
    integer value;
};

// クラスの外ではスコープ解決演算子を使う
data::integer data::get_value()
{
    return value;
}

// メンバー関数の中はクラスの内側という扱いなので、
// スコープ解決演算子を使わなくてもネストした型名を使える
void data::set_value(integer new_value)
{
    integer tmp = new_value;
    value = tmp;
}

int main()
{
    data d;

    // ネストした型名は長くなりがちなので、必要に応じてさらに別名を与えるとよい
    using integer = data::integer;

    integer value = 42; // integerはdata::integerの別名

    d.set_value(value);

    std::cout << d.get_value() << std::endl;
}
```

実行結果
```
42
```

set_value()メンバー関数ではネストした型名を使う際にスコープ解決演算子を使っていません。これはdata::set_valueのところまで来た時点でそのメンバー関数が属しているクラスがわかるので、data::を省略することができます（書いてもエラーにはなりません）。

また、ネストした型名はアクセス指定子の影響を受けるのでprivateとなっている範囲で宣言すると、クラスの外からは使うことができない型名となります。しかし非常にややこしいのですが、メンバー関数の定義は戻り値の型も含めてクラスの内側という扱いになっているので、privateなメンバーやネストした型名にアクセスできます。

似たような機能を提供しているクラスが複数あった場合、同じ「ネストした型名」をそれぞれのクラスで定義するようにしておくと、プログラムに一貫性が出てきて理解がしやすくなります。また、それらクラスの間で一貫した型名を与えることで、Chapter 9で説明するテンプレートがとても強力に作用します。

2.5.3　C言語との互換性

using宣言はC++で追加された機能ですが、C言語にも型の別名を与える方法が用意されています。

typedef（タイプデフ）宣言は、C言語における別名定義をする構文ですが、C++でも使うことができます。

もしC言語でも使われるプログラムであれば、using宣言の代わりにtypedef宣言を使用したほうがよい場合があります。

typedef宣言の構文は次のとおりです。

構文 typedef宣言

```
typedef old-type-name  new-type-name;
```

using宣言とは型を書く順番が逆になっているので注意してください。

練習問題　2.5

1. できるだけ長い名前のクラスを作り、今度はそのクラスに短い別名を与えてください。
2. ネストした型名を持つクラスを作り、その型を持つメンバー変数、getter / setter を定義してください。

2.6　コンソールからの入力

これまで本書で紹介してきたプログラムは、常に何かを画面に表示するだけのものでした。しかしプログラムは常に出力だけを行うわけではなく、使用者からの入力があってそれによって動作を変えたりすることがほとんどでしょう。本節では、そのような入力の一種である、コンソールからの入力について扱います。

2.6.1　std::cin

コンソールへの出力は`std::cout`を使いますが、入力には別の方法を使う必要があります。標準ではコンソールからの入力のために**std::cin**というものが、`std::cout`と同じく`<iostream>`で提供されています。`std::cout`では左シフト演算子（`<<`）を使って表示するものを数珠つなぎにしましたが、`std::cin`を使った入力では逆方向の右シフト演算子（`>>`）を使います（リスト2.14）。

▶リスト2.14　std::cinを使ったコンソールからの入力

```cpp
#include <iostream>

int main()
{
    int i;
    std::cout << "数値を入力してください> "; // 改行しない

    std::cin >> i; // コンソールから数値を入力してもらい、それを変数iに格納する

    std::cout << "入力された数値は\"" << i << "\"です" << std::endl;
}
```

実行結果

```
数値を入力してください> 3776
入力された数値は"3776"です
```

最初にユーザーに入力を促すメッセージを出して入力を待っていることをユーザーに伝えています。このように入力を促すメッセージのことを **プロンプト**（prompt）といいます。プロンプトはリスト2.14のようにメッセージを出すものや、単に">"などの記号だけを出すもの、有効な入力の一覧（"y/n/a/e> "）も一緒に出すものなどさまざまな形式が使われます。

どんなに簡単であっても、プロンプトを出すことによって今プログラムが入力を待っているのだと知らせることができます。何も出力がないとユーザーはプログラムが動いているのか、それともクラッシュして止まっているのかを区別することができないため、区切りのいいタイミングなどで進捗を出力するのがよいでしょう。

2.6.2 文字列の入力

何か数値を入力したい場合には、int型などの変数を用意してstd::cinから受け取ります。一方、入力してほしいものが文字列であった場合には、その受け取り方が複数存在します。最も簡単な方法はstd::string型の変数を用意して、数値同様に受け取る方法です。もう一つはstd::getline()関数を使う方法です。

まずはそのまま受け取る方法について見てみましょう（リスト2.15）。

▶リスト2.15 文字列を入力する

```cpp
#include <iostream>
#include <string>

int main()
{
    std::string s;

    std::cout << "文字列を入力してください> ";

    std::cin >> s;

    std::cout << "入力された文字列は\"" << s << "\"です" << std::endl;
}
```

実行結果

文字列を入力してください> 文字列入力
入力された文字列は"文字列入力"です

一見問題なさそうですが、次の実行結果を見てください。

実行結果

文字列を入力してください>　　　　　　Hello,　文字列入力
入力された文字列は"Hello,"です

2つ目の実行結果では空白を含んだ文字列が入力されましたが、最初の空白は無視され、次の空白までのところで切られてしまいました。`std::string`型へそのまま格納すると、最初の空白を除いた1単語分しか入力として受け取れません。

単語入力したい場合にはこれで問題ありませんが、入力された1行を全部受け取りたい場合には困ります。そこで、入力された文字列を1行丸々受け取るために`std::getline()`関数を使います。

構文 `std::getline()`関数

```
std::istream& getline(std::istream& input, std::string& str);
```

第1引数には`std::cin`を、第2引数には入力を受け取りたい`std::string`型の変数を渡します。`std::istream`という型は初めて出てきましたが、これについてはChapter 8で説明します。今の時点では`std::cin`を渡せる型だという程度で、詳細についてはわからなくても問題ありません。

リスト2.15を`std::getline()`関数に書き換えて、先ほどの空白が入った例を実行するとリスト2.16のようになります。

▶リスト2.16　文字列の1行入力

```cpp
#include <iostream>
#include <string>

int main()
{
    std::string s;

    std::cout << "文字列を入力してください> ";

    std::getline(std::cin, s); // 1行全体の入力

    std::cout << "入力された文字列は\"" << s << "\"です" << std::endl;
}
```

> **実行結果**
> 文字列を入力してください>　　　　Hello,　文字列入力
> 入力された文字列は"　　　　　Hello,　文字列入力"です

空白で区切られることなく入力されたすべてが格納されました。

練習問題　2.6

1. `std::cin`を使ってコンソールから実数を1つ入力してください。そして入力された実数をコンソールに出力してください。
2. コンソールから1行文字列を入力してください。そして入力された1行の文字列をコンソールに出力してください。
3. `do-while`文を使って空行（何も入力せずに Enter キーだけを押した行）が入力されるまで、入力された行を出力し続けてください。各ループの最初には必ず何かプロンプトを表示してください。

2.7　関数オーバーロード

　関数には**関数オーバーロード**（function overload）という機能があります。これは、引数の数や型が少しずつ異なった、しかし同じ名前の関数を定義できる機能です。オーバーロードできる条件がいくつかありますが、その条件を満たす限りいくつでも好きな数だけ関数オーバーロードを定義することができます。

　プログラムが小さいうちはそれほど重要ではありませんが、大きなプログラムなどでは、引数の型や数が違うものの、似たような処理を行う関数を同じ名前で扱えるようにできるため、大変便利な機能です。

2.7.1　引数の数が違うオーバーロード

　まず、関数名が同じで仮引数の数が異なるオーバーロードの例をリスト2.17に示します。

▶リスト2.17　関数オーバーロード①

```cpp
#include <iostream>

void show_value(int a)
{
    std::cout << a << std::endl;
}

// 2つの整数を受け取ってそれらの和を返す関数sum()
int sum(int a, int b)
{
    int c = a + b;
    return c;
}

// 3つの整数を受け取ってすべての和を返す関数sum()のオーバーロード
int sum(int a, int b, int c)
{
    int d = a + b + c;
    return d;
}

int main()
{
    int x = sum(10, 20); // 2引数版のオーバーロードを呼び出す
    show_value(x);

    int y = sum(5, 15, 25); // 3引数版のオーバーロードを呼び出す
    show_value(y);
}
```

実行結果

```
30
45
```

　このように、オーバーロードは名前が同じだけの別の関数として定義されます。そのためどんなに処理が似通っていても、それぞれの関数には定義を書かなければなりません。

　ちょっとした引数の違いであれば、他のオーバーロードが呼び出せるように引数を処理してオーバーロードを使うのもよいでしょう（リスト2.18）。

2.7.1　引数の数が違うオーバーロード　　105

▶リスト2.18　関数オーバーロード②

```
#include <iostream>

void show_value(int a)
{
    std::cout << a << std::endl;
}

// 3つの整数を受け取ってすべての和を返す関数sum()のオーバーロード
int sum(int a, int b, int c)
{
    return a + b + c;
}

// 2つの整数を受け取ってそれらの和を返す関数sum()
int sum(int a, int b)
{
    return sum(a, b, 0); // 3引数版のオーバーロードを呼び出す
}

int main()
{
    int x = sum(10, 20); // 2引数版のオーバーロードを呼び出す
    show_value(x);

    int y = sum(5, 15, 25); // 3引数版のオーバーロードを呼び出す
    show_value(y);
}
```

実行結果

```
30
45
```

2.7.2　型が違うオーバーロード

　オーバーロードが行えるのは、引数の数が違う場合だけではありません。仮引数の型が違う場合にもオーバーロードが可能です。仮引数の型が異なっていれば、呼び出す際に渡す実引数の型でどのオーバーロードを呼び出すべきかが区別できるためです。

リスト2.19の例ではさまざまな型に対して加算を定義しています。

▶リスト2.19　仮引数の型が異なったオーバーロード

```cpp
#include <iostream>

// 2次元ベクトルを表す構造体
struct vector2d
{
    int x;
    int y;
};

// 整数用のオーバーロード
int add(int left, int right)
{
    return left + right;
}

// 浮動小数点数用のオーバーロード
double add(double left, double right)
{
    return left + right;
}

// 2次元ベクトル用のオーバーロード
vector2d add(vector2d left, vector2d right)
{
    vector2d v;
    v.x = left.x + right.x;
    v.y = left.y + right.y;
    return v;
}

int main()
{
    int integer = add(1, 2); // 整数用のオーバーロードが呼ばれる
    std::cout << integer << std::endl;

    // 浮動小数点数用のオーバーロードが呼ばれる
    double floating = add(3.14, 42.195);
    std::cout << floating << std::endl;
```

2.7.2　型が違うオーバーロード

```
    vector2d v = { 1, 2 };
    vector2d u = { -3, 4 };

    vector2d w = add(v, u); // 2次元ベクトル用のオーバーロードが呼ばれる
    std::cout << w.x << ", " << w.y << std::endl;
}
```

実行結果
```
3
45.335
-2, 6
```

このように、異なる型に対して似た操作を提供したい場合には、同じ名前で型ごとに関数をオーバーロードすることで、一貫したインターフェイスを提供できます。

ただしこのようなオーバーロードでは、呼び出す関数が決定できずにエラーになる場合があるため注意が必要です。例えば整数と浮動小数点数を足すような処理は、コンパイラーがどちらのオーバーロードを使えばよいのかわからないためエラーとなります。

```
int main()
{
    // エラー。コンパイラーはどちらの関数を呼べばよいのかわからない
    double floating = add(42, 2.71);
}
```

これは`int`を`double`へと暗黙の型変換することも、逆に`double`を`int`へと暗黙の型変換することもできるからです。しかし（非常にややこしいのですが）、どちらの引数も`float`だった場合には、`double`を使ったオーバーロードが呼ばれます。

```
int main()
{
    double floating = add(3.0f, 0.14f); // OK。doubleのオーバーロードが呼ばれる
}
```

なぜかというと、この場合には`float`から`int`への暗黙の型変換よりも、`float`から`double`への暗黙の型変換が優先されるためです。`float`よりも`double`のほうが表現できる値の範囲が広く、変換のときにデータが切り捨てられることがないので、そのような安全な変換は他の変換よりも優先されます。

このような、どのオーバーロードが呼ばれるかを決定するプロセスのことを**オーバーロード解決**（overload resolution）と呼び、複雑な条件をもとに呼び出す関数が決定されます。

オーバーロード解決の細かい説明はとてもしきれるものではないですが、基本的には、「暗黙の型変換の回数が少なくて済む（データの欠損が発生しづらい）」ものを優先して呼び出す、ということを覚えておいてください。

また、仮引数が異なればオーバーロードできるので、たまに戻り値の型だけを変えてオーバーロードしようとしてしまうことがあります。しかしこれは関数呼び出しのときに区別することができないのでエラーとなってしまいます。

```cpp
int add(int x, int y)
{
    return x + y;
}

double add(int x, int y) // エラー。戻り値の型ではオーバーロードできない
{
    return x + y;
}
```

2.7.3　デフォルト引数

厳密には関数オーバーロードではないのですが、似たようなことができる機能として**デフォルト引数**（default argument）というものがあります。これは「関数呼び出しのときに実引数が省略された場合、暗黙的に渡される実引数を関数が指定しておく」という機能です。

構文　デフォルト引数

return-type function-name(*type-name parameter* = *default-argument*);

関数呼び出しのときの実引数はその並びの順番で関数に渡されます。

このときに実引数が不足していた場合に、足りない後ろの部分をデフォルト値で補って呼び出すのがデフォルト引数です。

```cpp
// bとcの実引数が省略されたらデフォルト値（0）が自動的に使われる
int sum(int a, int b = 0, int c = 0)
{
    return a + b + c;
}

sum(1, 2, 3); // 全部引数を指定してもOK。6が返される
sum(4, 6); // 実引数を前から順番に関数に渡し（aとb）、足りないcはデフォルト値が使われる
sum(5); // さらに省略するとbもデフォルト値が使われる
```

デフォルト引数は不足している部分を補うための機能なので、引数リストの後ろから順番にしか指定することができません。先頭や途中の仮引数にデフォルト値を指定するとエラーとなります。

```
// エラー。デフォルト引数は後ろから順番にしか指定できない
void sum(int a = 0, int b, int c);

// エラー。同様に途中だけ指定することはできない
void sum(int a, int b = 0, int c);
```

オーバーロードとデフォルト引数のどちらを使うべきかは、状況にもよるので一概には言えませんが、引数が1つずつ省略されても問題ない関数や値によって関数の処理が変わらないものはデフォルト引数を、省略されたときに処理の中身を変えないといけない場合にはオーバーロードを使うのが一般的でしょう。特に参照を引数として受け取る関数の場合、デフォルト引数ではうまくデフォルト値を決められないため、オーバーロードするのが最善です。

```
// 無理にデフォルト引数にするよりオーバーロードするほうがよい
void feature(int& value = /* デフォルトの参照とは……? */);

// オーバーロードしたほうが自然に表現できる
void feature();
void feature(int& value);
```

練習問題 2.7

1. リスト2.18（106ページ）に4引数のsum()関数を追加して呼び出してください。
2. 次のプログラムが動作するように、減算をするsub()関数をint型とvector2d型で定義してください。

```cpp
struct vector2d
{
    float x;
    float y;
};

int main()
{
    std::cout << sub(10, 20) << std::endl;

    vector2d a = {-10, 30};
```

2.7 関数オーバーロード

```
            vector2d b = {5, 10};
            auto v = sub(a, b);
            std::cout << v.x << ", " << v.y << std::endl;
        }
```

3. デフォルト引数を指定できるのはどの引数か説明してください。

2.8 ラムダ式

ラムダ式（lambda expression）とは、関数を必要に応じてその場で定義する構文です[5]。

述語（predicate）を必要とする**アルゴリズム**（algorithms）[6]や、**コールバック関数**（callback function）[7]を登録するような場合にとても強力な機能なのですが、それらを使う場面にならない限り積極的に使うことはないでしょう。

そのためこの節はいったん読み飛ばし、あとから読み返してもかまいません。

2.8.1 ラムダ式の基本

ラムダ式の構文は次のようになります。

構文 ラムダ式

```
[](parameters……) -> return-type
{
    lambda-body ……
}
```

何だか記号が多く使われており、少々奇妙な構文に感じることでしょう。

ラムダ「式」というぐらいなので、実際にはプログラムの途中で使うことになります。ほとんどの場合、関数の実引数、もしくは auto で宣言した変数に代入して使います。

---

[5] 計算科学には**ラムダ計算**（lambda calculus）というものがありますが、それとはまったく関係がありません。
[6] 標準が提供しているアルゴリズムについては Chapter 12 で紹介します。
[7] コールバック関数はシステムなどにあらかじめ設定しておき、特定の条件になったときに呼び出してもらえるようにする機能のことです。

関数の実引数とする使い方は、ここで説明するには少々難しいのでChapter 12を参照してください。

autoで宣言した変数に代入する場合は、次のように使います。

```
#include <iostream>

int main()
{
    // 変数showにラムダ式を代入する
    auto show = [](int i) -> void
    {
        std::cout << "iの値は" << i << "です。" << std::endl;
    };

    show(42); // ラムダ式を代入した変数はあたかも関数かのように使うことができる
}
```

ラムダ式自体は関数のように振る舞う特別なオブジェクトであり、それを変数に代入するため、その変数も関数のように呼び出すことができます。

こういった、関数のように呼び出せるオブジェクトを作る方法については「6.8 関数呼び出し演算子のオーバーロード」で説明します。

ラムダ式とauto

先ほどからラムダ式を格納する変数は常にautoを使っていましたが、これはなぜでしょうか。

実は、ラムダ式はそれぞれコンパイラーが自動で作ったユニークな（一意の）型を持ったオブジェクトとなります。そのためintやfloatといった型を書くことができず、常にautoを使う必要があります。

この「ユニークな」というのは、たとえ内容がまったく同じラムダ式であっても別の型として扱われるという意味です。例えば次のように型推論を使って型を取得したとしても、別のラムダ式を代入することはできません。

```cpp
int main()
{
    auto a = []() -> int { return 42; };

    // エラー。たとえ内容がまったく同じでも別の型を持つ
    decltype(a) b = []() -> int { return 42; };
}
```

2.8.2 戻り値の型の省略

ほとんどの場合、ラムダ式では戻り値の型を省略することができます。その際、コンパイラーがラムダ式の中身から戻り値の型を推論します。ラムダ式がreturn文を使って何か戻り値を返した場合には、その戻り値から型を推論し、「returnがない」もしくは「戻り値のないreturnである」場合にはvoidに推論します。

```cpp
int main()
{
    auto return_void = []() // []() -> void に同じ
    {
        std::cout << "何も返さないラムダ式" << std::endl;
    };

    auto return_int = []() // []() -> intに同じ
    {
        return 42;
    };
}
```

ただし、この推論も常に有効というわけではありません。複数のreturn文があり、1つでも型が異なるreturn文があった場合にはエラーとなります。

```cpp
int main()
{
    // エラー。returnの型がすべて同じではない
    auto rectified_linear_unit = [](float x)
    {
        if (0 <= x)
        {
            return 0; // int型
        }
        return x; // float型
    };
}
```

こういった場合にはreturn文の型を合わせるか、戻り値の型を明記して暗黙の型変換をさせる必要があります。

```cpp
int main()
{
    auto rectified_linear_unit1 = [](float x) // OK。[](float x) -> floatと同じ
    {
        if (0 <= x)
        {
            return 0.0f; // float型
        }
        return x; // float型
    };

    auto rectified_linear_unit2 = [](float x) -> float // OK
    {
        if (0 <= x)
        {
            return 0; // int → floatの暗黙の型変換が行われる
        }
        return x; // float型
    };
}
```

2.8.3 変数のコピーキャプチャ

ラムダ式は、**クロージャ**（閉包：closure）と呼ばれることもあります。これは、ラムダ式の機能である変数の**キャプチャ**（capture）に由来します。

ラムダ式は単に関数をその場で定義するだけでなく、ラムダ式を定義した時点で有効な変数を取り込んで使うことができます。これはどういうことかというと、通常の関数では次のように引数ではない他の関数の変数を使うことはできません。それはラムダ式においても同じであり、ラムダ式の本体というのはまったく別の関数という扱いになっているためです。

```cpp
#include <iostream>

void callee();

int main()
{
    int a = 0;

    callee();
```

2.8 ラムダ式

```
        auto lambda = []()
        {
            // エラー。変数aは（ラムダ式の中で）宣言されていない
            std::cout << a << std::endl;
        };
        lambda();
    }

    void callee()
    {
        std::cout << a << std::endl;   // エラー。変数aは宣言されていない
    }
```

ラムダ式は**キャプチャ**という機能を使うことで、ラムダ式の外側で宣言されている変数のコピーを格納して、ラムダ式の内部で使えるようになります。キャプチャは引数として受け取るのとは異なり、ラムダ式を呼び出す際に渡す必要がありません。

キャプチャは次のような構文になります。

構文 キャプチャ

```
[variable, variable……](parameters……) -> return-type
{
    lambda-body……
}

[=, variable, variable……](parameters……) -> return-type
{
    lambda-body……
}
```

ラムダ式の先頭に使っていた記号 [] はこのためにあったのです。ラムダ式内部でも使いたい変数を variable に列挙することで、コンパイラーが自動でそれら変数をコピーします（リスト2.20）。

▶リスト2.20　ラムダ式のキャプチャ

```
#include <iostream>

int main()
{
    int a = 0;
```

```cpp
    auto lambda = [a]()
    {
        // OK。変数aのコピーがラムダ式内部に存在する
        std::cout << a << std::endl;
    };

    lambda(); // コピーしたときのaの中身が表示される

    // ラムダ式はコピーを持っているので、元の変数が変更されても
    // コピーの中身は変わらない
    a = 42;

    lambda(); // コピーした変数は影響を受けない
}
```

実行結果

```
0
0
```

　キャプチャしたい変数が多い場合にはデフォルトのキャプチャが使えます。キャプチャの先頭に =を加えることで、ラムダ式内部で使っている変数をコンパイラーが自動的にキャプチャします（リスト2.21）。このときラムダ式で使っていない変数についてはキャプチャされないので、不必要にパフォーマンスが損なわれることはありません。デフォルトのキャプチャは必ず先頭に記述しなければなりません。それ以外ではエラーとなります。

▶リスト2.21　デフォルトのキャプチャ

```cpp
#include <iostream>

int main()
{
    int a = 0;

    float b = 3.14f; // 変数bはラムダ式の中で使われていないのでコピーされない

    auto lambda = [=]() // デフォルトのキャプチャ
    {
        // OK。aを使っているので、コンパイラーが自動的にaをコピーする
        std::cout << a << std::endl;
    };
```

```
        lambda();
    }
```

実行結果

```
0
```

2.8.4 変更可能なコピーキャプチャ

コピーとしてキャプチャした変数は暗黙的に const となるので変更を加えることができません。

もしコピーキャプチャした変数それ自体を変更する必要が出た場合には、**mutable 指定**をすることで、変更可能な変数としてコピーキャプチャできます。しかし mutable 指定はすべてのキャプチャした変数に影響するので、キャプチャする変数が少ないときなどに限るのがよいでしょう。

構文 mutable 指定

```
[variable, variable……](parameters……) mutable -> return-type
{
    lambda-body……
}
```

コピーキャプチャした変数はあくまでラムダ式の内部だけで使える変数であり、たとえ mutable でキャプチャして変更を加えても元の変数は変わりません（リスト 2.22）。

▶リスト 2.22 mutable なキャプチャ

```
#include <iostream>

int main()
{
    int a = 0;

    auto lambda = [a]() mutable
    {
        a = 42; // OK。aは変更可能な状態でコピーキャプチャされる
        std::cout << "キャプチャした変数：" << a << std::endl;
    };
```

```cpp
        lambda();

        // ラムダ式の内部で変更を加えても元の変数へ影響はない
        std::cout << "元の変数:" << a << std::endl;
}
```

実行結果

```
キャプチャした変数:42
元の変数:0
```

筆者の経験上の話になりますが、コピーキャプチャした変数を直接変更しなければならない場面はほとんどなく、必要に応じてコピーした変数を使うことが多いです。

```cpp
#include <iostream>

int main()
{
    int a = 0;

    auto copy = [a]()
    {
        a = 42; // エラー。コピーキャプチャは変更不可能
    };

    auto local = [a]()
    {
        auto a_copy = a; // キャプチャした変数を変数へコピー
        a_copy = 42; // OK。コピーした変数は変更可能
    };
}
```

2.8.5 参照を取得するキャプチャ

キャプチャには、コピーを取得するものだけでなく、参照を取得するキャプチャも存在します。コピーを取得するキャプチャではキャプチャ元の変数をコピーした別の変数がラムダ式の内部で確保されますが、参照を取得するキャプチャではコピーを取らずに元の変数への参照を持ちます。

このためラムダ式内部での変更は元の変数へ、元の変数に対する変更はラムダ式の内部へと相互に影響します。また`mutable`指定をしていなくても（元の変数が`const`でなければ）変更可能です。

> note 参照を取得するキャプチャは、むやみに使うと変更するべきではないものを変更してしまう恐れがあります。

参照として変数をキャプチャするには、コピーのときとは少々違い、参照であることを示す&を指定します。

構文 参照を取得するキャプチャ

```
[&variable，&variable……](parameters……) -> return-type
{
    lambda-body……
}

[&，&variable，&variable……](parameters……) -> return-type
{
    lambda-body……
}
```

個別の変数にではなく、先頭にただ「&」だけを指定すると、デフォルトのキャプチャとして参照が使われます（リスト2.23）。デフォルトのキャプチャとしてコピーと参照を両方指定するとエラーとなります。必ずどちらかのみにしなければなりません。

▶リスト2.23　参照のキャプチャ

```cpp
#include <iostream>

int main()
{
    int a = 0;

    auto lambda = [&a]() // aを参照でキャプチャする
    {
        std::cout << "キャプチャした変数：" << a << std::endl;

        ++a; // 参照でキャプチャした変数を変更する（mutableの指定は不要）
    };

    lambda();
```

2.8.5　参照を取得するキャプチャ　119

```cpp
    // ラムダ式の中で変更が加えられている
    std::cout << "元の変数:" << a << std::endl;

    a = 42; // キャプチャ元の変数を変更する

    // 参照でキャプチャしているので元の変数が変わればラムダ式の中で見える値も変わる
    lambda();
}
```

> **実行結果**
>
> キャプチャした変数:0
> 元の変数:1
> キャプチャした変数:42

　キャプチャをコピーと参照のどちらにするかは、変数ごとに切り替えることができます。コピーか参照かをすべての変数に対して個別に指定するのも可能ですし、デフォルトをコピーにしておいて、必要に応じて参照にするということもできます。

```cpp
#include <iostream>

int main()
{
    int copy = 42;
    int ref = 0;

    // デフォルトでは参照でキャプチャするが、copyだけはコピーでキャプチャする
    auto lambda = [&, copy]()
    {
        ++ref;  // デフォルトが参照なので変更可能
        ++copy; // エラー。mutable指定していないので変更不可能なコピー
    };
}
```

練習問題 2.8

1. 次のshow_value()関数をラムダ式を使って書き直してください。

    ```cpp
    #include <iostream>

    void show_value(int v)
    {
        std::cout << v << std::endl;
    }

    int main()
    {
        show_value(42);
    }
    ```

2. ラムダ式の戻り値の型を推論できない場合、ラムダ式本体をどのように変更すれば戻り値の型を省略できるか説明してください。

3. ラムダ式の中から、関数内部の変数を変更できるようにするキャプチャはどのようなキャプチャか説明してください。

☑ この章の理解度チェック

1. 3次元ベクトルを表すvector3dクラスを作ってください。このときメンバー変数はint型でかまいませんが、後から簡単に型を変更できるようにしておいてください。また、vector3dのメンバー変数は外部から簡単にアクセスできないようにしてください。

2. 1.で作ったvector3dクラスにクラスの外部からアクセスするためのgetterとsetterをそれぞれ追加してください。

3. コンソールからx、y、zの3つの整数を入力してvector3dのインスタンスに値をセットしてください。

4. x、y、zからvector3dを作って返すset()関数を定義してください。同時に、zが省略された場合にはzを0で初期化するようにもしてください。オーバーロードを使ってもデフォルト引数を使ってもかまいません。

5. ラムダ式のキャプチャに=と書いた場合、どのようなことが行われるのか説明してください。

Chapter 3

クラス

この章の内容

- 3.1 constメンバー関数とmutable
- 3.2 コンストラクターとデストラクター
- 3.3 初期値を受け取るコンストラクター
- 3.4 デフォルトの初期値
- 3.5 継承の概要
- 3.6 オブジェクトポインター
- 3.7 クラス、構造体、共用体の関係性
- 3.8 フレンド関数の概要
- 3.9 staticクラスメンバー

C++のプログラムは`main()`関数にすべてを記述することもできますが、適切な処理単位で関数として切り出すことでメンテナンス性を確保するのが一般的です。

このように関数を使ってプログラムを記述するスタイル（プログラミングパラダイム）を**手続き型プログラミング**（procedural programming）や**命令型プログラミング**（imperative programming）などといいます。一方、データとそのデータを処理する関数を**オブジェクト**というものにまとめ、そのオブジェクトを使って記述するスタイルを**オブジェクト指向プログラミング**（Object Oriented Programming：OOP）といいます。

C++は手続き型やオブジェクト指向プログラミングだけでなく、さまざまなスタイルを組み合わせてプログラムを記述できるため**マルチパラダイムプログラミング言語**（multi-paradigm programming language）とも呼ばれています。C++以外にも複数のプログラミングパラダイムをサポートしている言語は多く、特定のパラダイムのみでプログラムを書くことはむしろまれとなっています。

> note いろいろな手法が混ざってしまうと混乱のもとになるので、プログラムやプロジェクトの中ではある程度パラダイムを統一するのが好ましいでしょう。

オブジェクト指向言語にもオブジェクトの作り方によってさまざまな種類がありますが、C++では**クラスベースプログラミング**（class-based programming）というスタイルで記述します。これはクラスというオブジェクトの設計図をあらかじめ用意しておき、必要になったら実際のオブジェクト（インスタンス）を作成（インスタンス化）して使用する、というスタイルです。

> note クラスベースではないオブジェクト指向言語の例として、JavaScriptがプロトタイプベース（prototype-based programming）というスタイルを採っていますが、C++ではこのスタイルはサポートされていません。

C++のクラスはオブジェクト指向プログラミングをサポートするためのさまざまな機能を持っています。例えばオブジェクトの外側から使える必要がない内部データを保護する**カプセル化**（encapsulation）のためにアクセス指定子が用意されています。

3.1 constメンバー関数とmutable

3.1.1 メンバー変数を変更する／しない関数

クラスは秘匿されたメンバー変数や、他のメンバー関数を使ってさまざまな機能（メンバー関数な

ど）をクラスの外部に提供できます。

　しかし、メンバー関数がメンバー変数を変更するかどうかは一目見ただけではわからないので、コンパイラーは基本的にメンバー関数を「メンバー変数を変更するかもしれないもの」として扱います。そのため、constな（変更できない）インスタンスに対する、メンバー変数を変更するかもしれないメンバー関数の呼び出しをエラーとして処理します。

```cpp
class product
{
    int id; // 商品ID

public:
    int get_id();             // 商品IDのgetter
    void set_id(int new_id); // 商品IDのsetter
};

// getterは何も変更しない
int product::get_id()
{
    return id;
}

// setterはメンバー変数を変更する
void product::set_id(int new_id)
{
    id = new_id;
}

int main()
{
    product p;
    p.set_id(42); // OK。pはconstではない
    std::cout << p.get_id() << std::endl; // OK

    const product cp{}; // {}の意味については5.5節で説明

    // エラー。constなインスタンスのメンバー変数を変更できてしまうと困る
    cp.set_id(42);

    // エラー。しかしget_id()は何も変更しないのでOKであってほしい！
    std::cout << cp.get_id() << std::endl;
}
```

3.1.1　メンバー変数を変更する／しない関数

メンバー変数を変更するようなsetterなどをconstなインスタンスでも呼べてしまうと、インスタンスがconstとなっている意味がないため、呼び出しできないことは理解できるでしょう。

しかし、本来はメンバー変数を変更しないメンバー関数は呼べても問題なさそうです。そのようなメンバー関数を区別するために、C++には**constメンバー関数**という機能があります。constメンバー関数は、インスタンスがconstとなっていても呼び出すことができるメンバー関数のことです。その代わり、constメンバー関数の本体でメンバー変数を変更しようとするとその場所でエラーとなります。

> note　もちろんconstでないインスタンスからの呼び出しも可能です。

メンバー関数をconstメンバー関数にするには宣言と定義のどちらにも指定が必要です。ただし呼び出すときには通常のメンバー関数と同様の構文で呼び出せます。

構文 constメンバー関数の宣言と定義

```
class class-name
{
public:
    // constメンバー関数の宣言
    return-type member-function-name(parameters……) const;
};

// constメンバー関数の定義
return-type class-name::member-function-name(parameters……) const
{
    function-body……
}
```

つまり、先ほどのproductの例では、get_id()がconstメンバー関数となっていれば、問題は解決します（リスト3.1）。

▶リスト3.1　constメンバー関数

```
#include <iostream>

class product
{
    int id; // 商品ID
```

```cpp
public:
    int get_id() const;
    void set_id(int new_id);
};

// getterはconstメンバー関数となっていたほうが都合がよい
int product::get_id() const
{
    return id;
}

// setterはconstメンバー関数にしない
void product::set_id(int new_id)
{
    id = new_id;
}

int main()
{
    const product cp{}; // この{}については5.5節で解説

    // OK。constメンバー関数はconstなインスタンスに対して呼び出せる
    std::cout << cp.get_id() << std::endl;
}
```

実行結果

```
0
```

3.1.2 const／非constメンバー関数間のオーバーロード

関数オーバーロードは、引数の型・数が異なる同名の関数を複数定義できる機能でした。

メンバー関数でもそれは同様ですが、さらにconstメンバー関数かそうでないかでもオーバーロードすることが可能です。この場合には引数の型・数がまったく同じでも問題ありません。

例えばリスト3.2のように、引数をまったく受け取らないメンバー関数も例外ではありません。

▶リスト3.2　引数を受け取らないメンバー関数のオーバーロード

```cpp
#include <iostream>

class product
{
    int id; // 商品ID

public:
    int get_id();       // 非constメンバー関数
    int get_id() const; // constメンバー関数
};

int product::get_id()
{
    std::cout << "非constメンバー関数のget_id()が呼ばれました。" << std::endl;
    return id;
}

int product::get_id() const
{
    std::cout << "constメンバー関数のget_id()が呼ばれました。" << std::endl;
    return id;
}

int main()
{
    product p;
    p.get_id();   // 非constメンバー関数が呼ばれる

    const product cp{};
    cp.get_id(); // constメンバー関数が呼ばれる
}
```

実行結果

```
非constメンバー関数のget_id()が呼ばれました。
constメンバー関数のget_id()が呼ばれました。
```

まったく同じ引数を受け取るメンバー関数があった場合、どちらのメンバー関数が呼ばれるかはインスタンスがconstかどうかに依存します。インスタンスがconstでない場合には非constメンバー関数が優先的に、constの場合にはconstメンバー関数がそれぞれ呼ばれます。

> 基本的にgetterのような関数はメンバー変数を変更しないことが多いため、非constメンバー関数を用意する必要はありません。しかし、まれにどちらも用意しておくと便利であったり、プログラムが高速になったりする場合があります。
> もちろんそういった場合には、どちらのメンバー関数が呼び出されるのか注意しておかなければなりません。

3.1.3　constメンバー関数でも書き込みを行いたい場合

　ごくまれに、constなメンバー関数からも書き込みをしたいメンバー変数というものがありえます。

　例えばクラスが返すデータが非常に大きく、毎回1からデータを作っていることでプログラムがとても遅くなってしまう場合を考えてください。もしクラスに変更がない場合に同じデータを返すことができるのであれば、以前に生成したデータを**キャッシュ**（cache）しておいて、それを返すようにすると最初の1回以外は高速に処理できます。

　データを取得するためのメンバー関数は通常constメンバー関数となっているので、生成したデータをキャッシュに保存しようとしてもそのままでは代入ができません。

　こういった場合、メンバー変数にmutableという指定をすることで、constメンバー関数からでも書き換える操作ができるようになります（リスト3.3）。

▶リスト3.3　メンバー変数にmutable 指定をする例

```cpp
class heavy_class
{
    int m_value;

    mutable int m_cache; // キャッシュデータ
    mutable bool m_cache_valid; // キャッシュが有効かどうかのフラグ

public:
    int generate() const;

    void set(int value);
    int get() const;
};

// 設定された値からデータを生成するメンバー関数
int heavy_class::generate() const
{
```

```cpp
        std::cout << "とても重いデータ生成関数" << std::endl;
        return m_value;
}

void heavy_class::set(int value)
{
    // 本来はセットされたタイミングで最終的に使うデータを生成できるとよいが、
    // 処理が重い場合には必要になるまで生成しないということもある

    m_cache_valid = false; // キャッシュを無効化
    m_value = value;
}

// getterなのでconstメンバー関数としたい
int heavy_class::get() const
{
    // キャッシュが有効ならそれを返す
    if (m_cache_valid) { return m_cache; }

    // 本来はconstメンバー関数はメンバー変数を変更できないが、
    // mutableなメンバー変数は変更できる
    m_cache = generate(); // データを生成してキャッシュに保存
    m_cache_valid = true; // キャッシュを有効化

    return m_cache;
}

int main()
{
    heavy_class heavy_object;

    heavy_object.set(100);

    std::cout << heavy_object.get() << std::endl;

    // データ生成関数は呼ばれず、キャッシュが返される
    std::cout << heavy_object.get() << std::endl;

    heavy_object.set(200);

    std::cout << heavy_object.get() << std::endl;
```

```
        // データ生成関数は呼ばれず、キャッシュが返される
        std::cout << heavy_object.get() << std::endl;
}
```

実行結果
```
とても重いデータ生成関数
100
100
とても重いデータ生成関数
200
200
```

ほとんどの場合、constなインスタンスのメンバー変数が書き換わるのは、直感に反していてとてもわかりづらいバグを引き起こす原因となります。

mutableを使ったconstメンバー関数からの書き換えは、内部の処理でしか使われない場合やそれによって安全で一貫した操作ができる場合、もしくはそれによって**著しく**プログラムの速度が向上するなどの**十分な理由がある場合のみ**にとどめるべきです。

練習問題 3.1

1. 次のプログラムがコンパイルできるようにクラスを修正してください。

```cpp
class A
{
    int v;

public:
    void set(int value);
    int get();
};

void A::set(int value)
{
    v = value;
}
```

3.1.3 constメンバー関数でも書き込みを行いたい場合

```
    int A::get()
    {
        return v;
    }

    int main()
    {
        A a;
        a.set(42);

        const A& ca = a;
        ca.get();
    }
```

2. クラスのメンバー変数を返すメンバー関数を、参照と`const`参照で返すようにオーバーロードしてください。
3. メンバー変数を`mutable`付きで宣言すると何ができるようになるか、説明してください。

3.2 コンストラクターとデストラクター

3.2.1 コンストラクターとは

　通常の変数だけでなく構造体変数も、変数宣言のときに初期値を与えて初期化できました。クラスも、構造体や他の変数と同様に初期化が重要であることには変わりありませんが、メンバー変数が追加されたり、初期化に特別な手順が必要だったりする場合、初期化漏れを起こしてしまう恐れがあります。

　C++では初期化を行うための**特殊なメンバー関数**（special member functions）である、**コンストラクター**（constructor）を定義できます。コンストラクターはインスタンス化のときに必ず呼ばれるため、初期化の処理を自動化できる利点があります。

　コンストラクターは初期化に使う特別なメンバー関数ですが、初期化だけでなくまったく関係のない処理も書くことができます。しかし初期化のタイミングで関係のない処理が行われると、そのクラスを使う人にとって動作がわかりづらくなるので、基本的にコンストラクターでは初期化に関係する処理のみを行うようにするべきです。

3.2.2 コンストラクターの構文

コンストラクターは、クラスと同じ名前でメンバー関数を記述することで定義できます。その代わり通常のメンバー関数にクラス名と同じ名前を使うことはできません。

コンストラクターの基本的な構文は次のとおりです。

構文 コンストラクター

```
class class-name
{
public:
    class-name();  // コンストラクターの宣言

    ……
};

// コンストラクターの定義
class-name::class-name()
    : member(initial-value), member(initial-value)……
{
    constructor-body……
}
```

3.2.3 コンストラクターと他の関数との違い

コンストラクターには、2点ほど他のメンバー関数と異なるところがあります。

戻り値の型がない

まず、コンストラクターには戻り値の型というものが書かれていません。コンストラクターの実行結果は常に構築したインスタンス自身であり、戻り値の型が自明なため戻り値の型を書くことはできません（記述した場合エラーとなります）。

メンバー初期化リスト

次に、コンストラクター本体の前に見慣れない、コロン（:）で始まる部分があります。この部分のことを**メンバー初期化リスト**（member initializer list）と呼びます。メンバー初期化リストを使っての初期化は、コンストラクター本体の処理よりも必ず先に行われます。また、メンバー初期化リストで省略されたメンバーは、メンバー初期化リストと同じタイミングでデフォルト値に初期化されます。

メンバー変数の初期化をコンストラクターの本体で行うこともできますが、メンバー初期化リストを使うことで、他のクラスのオブジェクトをメンバー変数にした場合でも、そのオブジェクトの適切なコンストラクターを呼び出すことができます（引数を受け取るコンストラクターについては「3.3 初期値を受け取るコンストラクター」を参照）。

　リスト3.4に、人間1人を表すクラスを作る簡単な例を示します。この例では、クラスが処理するのに必要なメンバー変数をコンストラクターで初期化しています。

▶リスト3.4　人を表すpersonクラス

```cpp
#include <iostream>
#include <string>

class person
{
    std::string m_name;
    int         m_age;

public:
    person();

    void set_name(std::string name);
    void set_age(int age);

    std::string name() const;
    int         age() const;
};

// 不正な値で年齢を初期化するコンストラクター
// m_nameは初期化リストにないが、この場合にはstd::stringのデフォルトで初期化される
person::person() : m_age(-1)
{
    std::cout << "コンストラクター呼び出し" << std::endl;
}

void person::set_name(std::string name)
{
    m_name = name;
}
```

```
void person::set_age(int age)
{
    m_age = age;
}

std::string person::name() const
{
    return m_name;
}

int person::age() const
{
    return m_age;
}

int main()
{
    person bob; // コンストラクターによる初期化が行われる

    std::cout << "初期化直後の年齢: " << bob.age() << std::endl;
    bob.set_name("bob");
    bob.set_age(20);
    std::cout << "名前`: " << bob.name() << std::endl;
    std::cout << "年齢: " << bob.age() << std::endl;
}
```

実行結果

```
コンストラクター呼び出し
初期化直後の年齢: -1
名前: bob
年齢: 20
```

 特に適当な初期値がない場合、不正値で初期化することで、まだ有効な値が格納されていないことを表すことができます。

3.2.4　デストラクターとは

　クラスのコンストラクターでは、そのクラスが正常に動作するのにメンバー変数以外にも必要であれば、追加でメモリ領域を確保します（メモリ領域の確保の仕方はChapter 5で解説します）。

　また、確保したメモリ領域は必ず解放します。プログラムの中で適切にメモリ領域を解放しないと、メモリ領域を確保したままとなってしまい、やがてメモリ不足に陥ります。これを**メモリリーク**（memory leak）と呼びます。メモリリークはよく起きてしまうのですが、どこで起きているのかを見つけ出すのが難しい、厄介なバグの一つです。少しずつコンピューターのメモリを浪費していき、やがて正常に処理ができなくなってしまいます。

　メモリリークを防ぐためにも確保したメモリ領域は、使わなくなったところで解放するべきです。しかし不要になったとしてもクラスのプライベートメンバー変数はクラスの外からアクセスできないためそのメモリ領域を解放できません。

　この問題を解決するために使われるのが**デストラクター**（destructor）です。コンストラクターは初期化時に呼び出される特殊メンバー関数でしたが、デストラクターはインスタンスが破棄されるときに呼ばれる特殊メンバー関数です。インスタンスが破棄されるタイミングというのは決まっていますが、大雑把には関数本体などの閉じブレースのタイミングになります。詳細については「4.3 スコープ」で説明します。

　デストラクターの構文は次のとおりです。

構文　デストラクター

```
class class-name
{
public:
    ~class-name();  // デストラクターの宣言

    ……
};

class-name::~class-name()  // デストラクターの定義
{
    destructor-body……
}
```

　デストラクターは値を返すことができないため戻り値の型は書けませんし、引数を受け取ることもできないため引数も書くことができません。

> **note**　他にもいくつかの制限がデストラクターにはありますが、特に一番大きな点はオーバーロードができないことです。インスタンスが不要になったところで自動で呼ばれる関数なので、複数あったときにどれを呼ぶのが適切か判断できないためです。

3.2.5 デストラクターの使用例

リスト3.5では、先のクラスにデストラクターを追加してプログラムが終わったときにデストラクターが呼ばれる様子を確認します。

▶リスト3.5　personクラスにデストラクターを追加する

```
#include <iostream>
#include <string>

class person
{
    std::string m_name;
    int         m_age;

public:
    person();
    ~person();

    void set_name(std::string name);
    void set_age(int age);

    std::string name() const;
    int         age() const;
};

person::person() : m_age(-1)
{
    std::cout << "コンストラクター呼び出し" << std::endl;
}

// personのインスタンスが使われなくなったら呼ばれるデストラクター
person::~person()
{
    std::cout << "デストラクター呼び出し" << std::endl;
}

void person::set_name(std::string name)
{
    m_name = name;
}
```

```cpp
void person::set_age(int age)
{
    m_age = age;
}

std::string person::name() const
{
    return m_name;
}

int person::age() const
{
    return m_age;
}

int main()
{
    person bob;
    bob.set_name("bob");
    bob.set_age(20);
    std::cout << "main()関数の最後" << std::endl;

    // bobはもう使われないのでbobのデストラクターが呼ばれる
}
```

実行結果

```
コンストラクター呼び出し
main()関数の最後
デストラクター呼び出し
```

RAII

　コンストラクターで必要なメモリ領域（リソース）を確保して、デストラクターで解放することを **RAII**（Resource Acquisition Is Initialization）といいます。RAIIは、C++特有のテクニックというわけではないのですが、確保したメモリ領域を自動的に解放する仕組みである **GC**（**ガーベッジコレクション**：Garbage Collection）を持たないC++[1]では、非常に重要な機能となります。

　ほとんどの場合デストラクターは不要なはずですが、動的に確保したメモリ領域の解放やOSが提

※1　この説明は厳密には正しくないのですが、一般的にC++にはGCはないものとして扱われます。

供する特殊なリソース[※2]の返却は、プログラムを書く人が責任を持って行わなければなりません。

プログラムが複雑になればなるほど、気付かないうちにこれらのあと片付けを忘れてしまうということが増えてきます。RAIIを適切に使用することで解放処理を自動化して、プログラムのロジックに注力できるようにしましょう。

練習問題　3.2

1. コンストラクターと他の関数は大きな違いが2つあります。それぞれ説明してください。
2. コンストラクターとデストラクターを持ったクラスを定義して、それらが呼び出されることを確認してください。
3. コンストラクターでメモリなどのリソースを取得して、デストラクターでそれを解放することを何と言いましたか。説明してください。

3.3　初期値を受け取るコンストラクター

3.3.1　コンストラクターは複数用意できる

先述のとおり、コンストラクターの働きの一つはメンバー変数の初期化です。

その際、常に同じ初期値で初期化するのであれば前節で説明したコンストラクターだけがあれば問題ありませんが、実際はさまざまな初期値を使うことのほうが多いでしょう。コンストラクターは通常の関数と同様に引数を受け取ることができるため、引数を使って初期化を行うことができます。また、コンストラクターもオーバーロードできるので、ユーザーが使いやすいように複数のコンストラクターを用意することも可能です。

[※2] メモリ領域以外には各OSが管理しているファイルディスクリプタやハンドル、セマフォといったものがあります。いずれも本書の範囲を越えてしまうので解説は省略します。

構文 引数を受け取るコンストラクター

```
class class-name
{
public:
    class-name(parameters……);  // 引数を受け取るコンストラクター

    ……
};

// インスタンスの生成とコンストラクター呼び出し
class-name variable-name(arguments……);
```

```
class S
{
public:
    S(int i);
    S(int i, int j);
};

S a(0);        // 1引数版のコンストラクター呼び出し

S b(42, 72);   // 2引数版のコンストラクター呼び出し
```

ただし、このとき注意しなければならないのは、引数を受け取るコンストラクターを1つでも定義してしまうと、コンパイラーが自動で生成するデフォルトコンストラクターがなくなってしまうということです。

デフォルトコンストラクター（default constructor）は引数がないコンストラクターのことで、通常はコンパイラーが自動的に何もしないデフォルトコンストラクターを定義します。しかしプログラマーがデフォルトコンストラクターを定義した場合にはそちらが使われます。

```
class S
{
    // コンパイラーがデフォルトコンストラクターを自動で定義する
};

S s;  // コンパイラーが用意したデフォルトコンストラクターを呼び出している
```

引数を受け取るコンストラクターを定義すると、コンパイラーはデフォルトコンストラクターを作らなくなります。そのため、プログラマーがデフォルトコンストラクターを別途定義するか、インスタンスを作る際に必ず引数を渡す必要があります。

```
class S
{
public:
    S(int); // 引数を受け取るコンストラクター
    // コンパイラーはデフォルトコンストラクターを作らなくなる
};

S s; // エラー。デフォルトコンストラクターがない
```

3.3.2 委譲コンストラクター

さらに、コンストラクターで行う処理は「初期値が少し異なるだけで手順は同じ」というケースが多々あります。

通常の関数であれば、関数の中から他のオーバーロードを呼ぶことが簡単にできるため、コンストラクターもそのようにできると思うかもしれません。しかし、コンストラクターはオブジェクトを作るときに自動で呼ばれるもので直接呼び出す方法がないため、コンストラクターの内部でのみ使える、他のコンストラクターを呼び出すための専用の方法が用意されています。これを**委譲コンストラクター**（delegating constructor）といい、まず委譲先のコンストラクターが呼ばれて処理が行われたあと、委譲元のコンストラクターの処理が続きます。委譲コンストラクターは処理の大部分を委譲先に任せます。特にメンバー変数の初期化は委譲先でしかできず、委譲元のコンストラクターではメンバー変数の初期化はできません。

引数を受け取るコンストラクターや委譲コンストラクター呼び出しの構文は次のようになります。

構文 委譲コンストラクター

```
class class-name
{
public:
    class-name(parameters……); // 委譲元コンストラクターの宣言

    ……
};

class-name::class-name(parameters……)  // 委譲元コンストラクターの定義
    : class-name(arguments……)  // 委譲先コンストラクターの呼び出し
{
    constructor-body……
}
```

リスト3.6に、「3.2 コンストラクターとデストラクター」で使用したpersonクラスを拡張して、

名前と年齢を与えて初期化できるようにした例を示します。

▶リスト3.6　名前と年齢を使って初期化できるようにしたpersonクラス

```cpp
#include <iostream>
#include <string>

class person
{
    std::string m_name;
    int         m_age;

    person(int age);

public:
    person();
    person(std::string name, int age);

    void set_name(std::string name);
    void set_age(int age);

    std::string name() const;
    int         age() const;
};

// 共通な初期化処理が書かれたコンストラクター
person::person(int age) : m_age(age)
{
    // 複数のコンストラクターで共通な大本の処理をprivateなコンストラクターに用意し、
    // 委譲コンストラクターを使うことで、一貫した（漏れのない）初期化手順を提供できる
    std::cout << "共通コンストラクター呼び出し" << std::endl;
}

// 委譲元コンストラクター（引数なし）
person::person()
    : person(-1) // 委譲先コンストラクター
{
    std::cout << "引数なしコンストラクター呼び出し" << std::endl;
}

// 委譲元コンストラクター（名前と年齢を与えて初期化する）
person::person(std::string name, int age)
```

```cpp
    : person(age) // 委譲先コンストラクター
{
    std::cout << "引数付きコンストラクター呼び出し" << std::endl;

    // 初期化中にメンバー関数を呼び出すこともできる
    set_name(name);
}

void person::set_name(std::string name)
{
    m_name = name;
}

void person::set_age(int age)
{
    m_age = age;
}

std::string person::name() const
{
    return m_name;
}

int person::age() const
{
    return m_age;
}

int main()
{
    // 引数を渡して初期化
    person alice("alice", 15);

    std::cout << alice.name() << std::endl; // aliceと表示される
}
```

実行結果

```
引数付きコンストラクター呼び出し
共通コンストラクター呼び出し
alice
```

3.3.3 コピーコンストラクター

コンストラクターには、プログラマーが書いた**ユーザー定義コンストラクター**（user-provided constructors）の他に、デフォルトコンストラクターのようにコンパイラーが自動で生成する**コンパイラー生成コンストラクター**（compiler-generated constructors）があります。

コンパイラー生成コンストラクターの中には、クラスをコピーする際に使われる**コピーコンストラクター**（copy constructor）が存在します。

コピーコンストラクターの構文は次のとおりです。

構文 コピーコンストラクターの宣言

```
class class-name
{
public:
    class-name(const class-name& variable-name); // コピーコンストラクター
};
```

コピーコンストラクターはプログラマーが記述する

多くの場合はコンパイラーが生成するコピーコンストラクターをそのまま使えば問題ありませんが、メモリ領域やリソースを扱うクラスの場合はそれでは不都合が起きてしまう場合があります。

なぜならメンバー変数がポインター変数の場合、コンパイラーが生成するコピーではポインター変数の値（アドレス）のみコピーを行い、ポインター変数が指し示す先の実際のオブジェクトはコピーしないためです。ポインター変数の値のみコピーを行うと、オブジェクトは1つしか存在しないのに複数のクラスが同じアドレス値を持ってしまうことになり、それらオブジェクトが破棄されるたびにそれぞれ同じオブジェクトを解放しようとする、**二重解放**（多重解放：double free）を起こしてしまいます。

特に、デストラクターをユーザーが記述する場合、そういった解放処理などが行われている可能性が高いため、コンパイラーはコピーコンストラクターの自動生成を行わないようになっています。そのため、必要に応じてそれらを自分で記述しなければなりません。

 過去の言語仕様ではユーザーがデストラクターを記述した場合でも自動生成されるようになっていました。そのため、いくつかのコンパイラーは過去との互換性のために今でも自動生成することがあります。しかし、この動作は古いものなので、新しく書くコードでは自動生成されないものとして扱うべきです。

コピーコンストラクターの利用例

リスト3.7にコピーコンストラクターを追加した例を示します。

▶リスト3.7　コピーコンストラクター

```cpp
#include <iostream>
#include <string>

class person
{
    std::string m_name;
    int         m_age;

    person(int age);

public:
    person();
    person(std::string name, int age);

    person(const person& other); // コピーコンストラクター

    void set_name(std::string name);
    void set_age(int age);

    std::string name() const;
    int         age() const;
};

person::person(int age) : m_age(age)
{
    std::cout << "共通コンストラクター呼び出し" << std::endl;
}

person::person() : person(-1)
{
    std::cout << "引数なしコンストラクター呼び出し" << std::endl;
}

person::person(std::string name, int age) : person(age)
{
    std::cout << "引数付きコンストラクター呼び出し" << std::endl;
```

```cpp
    set_name(name);
}

// コピーコンストラクター
person::person(const person& other)
{
    std::cout << "コピーコンストラクター呼び出し" << std::endl;
    // 名前をコピーする
    set_name(other.name());
    set_age(other.age());
}

void person::set_name(std::string name)
{
    m_name = name;
}

void person::set_age(int age)
{
    m_age = age;
}

std::string person::name() const
{
    return m_name;
}

int person::age() const
{
    return m_age;
}

int main()
{
    person alice("alice", 15);

    person copy(alice); // コピーコンストラクター呼び出し
    std::cout << copy.name() << std::endl;
    std::cout << alice.name() << std::endl;

}
```

3.3 初期値を受け取るコンストラクター

実行結果

```
共通コンストラクター呼び出し
引数付きコンストラクター呼び出し
コピーコンストラクター呼び出し
alice
alice
```

通常コピーコンストラクターは、そのクラス自身をconst参照で受け取るコンストラクターとして定義されます[3]。参照ではなく値で受け取るコンストラクターは、コピーコンストラクターとはならずエラーとなります[4]。もちろんコピーコンストラクターでも自由に処理を記述できますが、やはり混乱のもととなるため基本的にコピーの処理のみを行うべきです。

3.3.4　=を使った初期化

これまでオブジェクトを作る際には、他の変数と同じように=を使った初期化は行いませんでした。しかしクラスを使った変数でも、=を使って他の変数と同じようにコンストラクターを呼び出すことができます。例えばリスト3.8のような書き方です。

▶リスト3.8　=を使ったコンストラクター呼び出しの例

```
class A
{
    int m_v;

public:
    A(int);

    int v() const;
};

A::A(int v) : m_v(v)
{
}
```

---

[3] constではない参照で受け取るコピーコンストラクターも記述することができますが、混乱のもとになるのでそのような書き方はしないほうがよいでしょう。

[4] 「5.6 参照渡し」で解説しますが、値で受け取るということは、そのコピーコンストラクター呼び出しのためにコピーコンストラクター（つまり自分！）を呼び出すことになるためです。

```
int A::v() const
{
    return m_v;
}

int main()
{
    A x = 42; // A::A(int)を呼び出している
    if (x.v() == 42)
    {
        std::cout << "A.v()は42です" << std::endl;
    }
    else
    {
        std::cout << "A.v()は42ではありません" << std::endl;
    }
}
```

実行結果

A.v()は42です

この例ではint型の引数を1つ取るコンストラクターを=を使って呼び出しています。ただ1つの値をコンストラクターに渡したい場合にはこのように書きますが、2つ以上の場合には別の書き方をする必要があります（「5.5 {}による初期化とstd::initializer_list」で後述）。

3.3.5 explicit指定子

コンストラクターをオーバーロードしてさまざまな方法で初期化できるようにすると、時として意図しない「暗黙のコンストラクターの呼び出し」が起きてしまいます。例えば=による初期化では、A a = 42のような初期化はその見た目から「aが42」となっているように読み取れます。実際にはaが42になるのではなく、あくまでコンストラクターの実引数として渡されるだけなのですが、プログラムが与える印象のせいでミスリードしてしまう場合があります。

一方、整数を扱うIntegerクラスのようなものを考えたときには、Integer i = 42というプログラムは見た目からしてもint型のように使えるものだという印象を与えることができます。

できるだけミスリードしてしまわないように、こういった初期化を禁止できると間違った使い方を未然に防げます。このような暗黙のコンストラクター呼び出しを防ぐためには、コンストラクターに**explicit指定子**（explicit specifier）を追加します（リスト3.9）。

▶リスト3.9　explicit指定子を使って＝を使えなくした例

```
class A
{
    int m_v;

public:
    explicit A(int); // explicitキーワードを追加することで
                     // 暗黙のコンストラクター呼び出しを禁止できる

    int v() const;
};

A::A(int v) : m_v(v) // 定義にはexplicitを書かない
{
}

int A::v() const
{
    return m_v;
}

int main()
{
    A x = 0; // エラー。暗黙のコンストラクター呼び出しは禁止されている

    A y(42); // OK。明示的なコンストラクター呼び出し

    y.v() == 42; // true
}
```

　多くの場合、暗黙のコンストラクター呼び出しは意図されているものではないので、特に理由がないのであればexplicit指定をしてしまうのがよいでしょう。

練習問題　3.3

1. 次のプログラムのメンバー変数がそれぞれコンストラクターの引数で初期化されるように、コンストラクターの定義を追加してください。

   ```
   #include <string>

   class Book
   {
       std::string title;
       std::string writer;
       int         price;

   public:
       Book(std::string title, std::string writer, int price);
   };
   ```

2. 1.で修正したBookクラスにコピーコンストラクターを追加して、すべてのメンバーがコピーされることを確認してください。

3. インスタンスの初期化時に＝を使うことができないのはどのようなときか、説明してください。

3.4　デフォルトの初期値

3.4.1　メンバー変数の初期値

　クラスのメンバー変数はコンストラクターで初期化することができました。しかしメンバー変数が追加されたときにすべてのコンストラクターで必ず初期化されるよう、それぞれのメンバー初期化リストを更新するのは大変です。またすべて変更したつもりでも、実は変更が漏れていたということも起きかねません。メンバー変数のデフォルト値を与えることができれば、デフォルト以外の値で初期化したいコンストラクターのみ変更すればよく、格段に手間を省けるだけでなくミスを防ぐこともできます。

　メンバー変数のデフォルト値を指定するには次の構文を使います。この構文は歴史的な事情もあり、**非静的メンバー変数の初期化子**（Non Static Data Member Initializer：NSDMI）という名称が

付いています。ただ、日本語訳はあまり一般的には使われず、普段は**NSDMI**（エヌエスディーエムアイ）と呼ばれています。

> **構文** メンバー変数のデフォルト値

```
class class-name
{
    type-name  variable-name  =  default-value;
    type-name  variable-name  =  { default-value };
    type-name  variable-name(default-value);
    type-name  variable-name{ default-value };

    ……
};
```

この4通りの方法は変数の初期化のところで説明した4通りです。つまり、通常の変数の初期化と同様に扱うことができます（リスト3.10）。

▶リスト3.10　NSDMI

```cpp
#include <iostream>

class S
{
public:
    int answer = 42;            // NSDMI
    float pi{ 3.14159265f }; // これもNSDMI
};

int main()
{
    S s; // NSDMIによってデフォルト値で初期化される

    std::cout << "s.answer: " << s.answer << std::endl;

    std::cout << "s.pi: " << s.pi << std::endl;
}
```

> **実行結果**

```
s.answer: 42
s.pi: 3.14159
```

NSDMIはクラスだけでなく構造体でも使うことができます。

```
struct Book
{
    // 構造体でもNSDMIが使える
    std::string title = "untitled";
    int         isbn  = 0;
};
```

3.4.2 メンバー初期化リストと初期値

　NSDMIを使うとメンバー変数のデフォルト値を指定できましたが、一方でコンストラクターのメンバー初期化リストでもメンバー変数に初期値を与えることができました。両方が使われていた場合、コンストラクターで指定した初期値のほうを使って初期化されます。メンバー初期化リストで初期値が省略された場合にはNSDMIのデフォルト値が使われます（リスト3.11）。

▶リスト3.11　NSDMIとメンバー初期化リスト

```
#include <iostream>

class Book
{
    std::string title = "";
    int         page  = 0;

public:
    Book();
    explicit Book(std::string title, int page);

    void show() const;
};

// pageはメンバー初期化リストで省略したのでNSDMIのデフォルト値を使って初期化される
Book::Book()
  : title("untitled")
{
}

// メンバー初期化リストで与えた初期値が使われる
Book::Book(std::string title, int page)
  : title(title), page(page)
{
}
```

3.4　デフォルトの初期値

```
void Book::show() const
{
    std::cout << title << " " << page << "ページ" << std::endl;
}

int main()
{
    Book nsdmi; // NSDMI

    nsdmi.show();

    Book old_edition{"独習C++ 第4版", 568};

    old_edition.show();
}
```

実行結果

```
untitled 0ページ
独習C++ 第4版 568ページ
```

練習問題 3.4

1. 次のプログラムを、NSDMIを使うように書き直してください。

```
class vector3d
{
    float x;
    float y;
    float z;

public:
    vector3d();
};

vector3d::vector3d()
  : x(0), y(0), z(0)
{
}
```

3.5 継承の概要

3.5.1 継承とは

クラスにはメンバー変数やメンバー関数を追加してさまざまな機能を持たせることができます。しかし機能が似たクラスを作ることになった際に、そのすべてを一から作ると大変なうえ、些細なミスからわかりづらいバグを埋め込んでしまうことがあります。メンバー関数などの振る舞いがほとんど同じ場合（例えば仮にクラスを置き換えてもプログラムが成り立つようなとき）には、1つのベースとなるクラスを作って、異なる部分だけ追加できるようになっていると、先ほど挙げたような問題を解決できます。

継承（inheritance）はそのようなことを実現する方法の一つです。このときベースとなるクラスのことを**基底クラス**[5]（base class）と呼び、基底クラスに機能を追加したりするほうのクラスを**派生クラス**（derived class）[6]と呼びます。

ややこしいのですが、継承と同じような意味合いで**派生**（deriving）という言葉が使われることがありますが、基底クラスから「派生した」クラスが、基底クラスの機能を「継承する」といったように、その使われ方に違いがあるので注意してください。

クラスの継承は非常に機能が多く、また複雑なのでここでは基本的な使い方についてのみ説明し、詳細な機能についてはChapter 7で解説します。

書式

他のクラスからメンバーを継承するには、派生クラスの定義時に基底となるクラスを指定します。

構文 派生クラスの定義

```
class derived-class-name : access-specifier base-class-name
{
    ……
};
```

継承の例

派生クラスが基底クラスのメンバーを継承している例をリスト3.12に示します。

---

[5] 基本クラスとも呼ぶことがあります。
[6] 他の言語では基底クラスのことを**スーパークラス**（super class）、派生クラスのことを**サブクラス**（sub class）と呼ぶこともあります。

▶リスト3.12　基底クラスBaseをDerivedクラスが継承する例

```cpp
#include <iostream>

class Base // 基底となるクラス
{
public:
    void foo();
};

void Base::foo()
{
    std::cout << "foo()" << std::endl;
}

class Derived : public Base // Baseのメンバーを継承する
{
public:
    void bar(); // 派生クラスで追加した機能
};

void Derived::bar()
{
    std::cout << "bar()" << std::endl;
}

int main()
{
    Base base;
    base.foo();    // 基底クラスのfooが呼ばれる
    // base.bar(); // エラー。基底クラスには派生クラスで追加した
                   //  メンバーは存在していないので呼び出せない

    Derived derived;
    derived.foo(); // 基底クラスのfooが呼ばれる
    derived.bar(); // 派生クラスで追加したbarが呼ばれる
}
```

実行結果

```
foo()
foo()
bar()
```

3.5.1　継承とは

DerivedがBaseを継承するときにpublic指定をしています。これは、基底クラスがpublicで公開しているメンバーを派生クラスでもpublicで公開することを意味します。publicではなくprivateを指定する事もできますが、その場合は基底クラスのメンバーを外部からアクセスすることができません。ほとんどの場合はpublic指定をしておけば問題ないでしょう[※7]。

継承の関係図

基底クラスと派生クラスの関係性を矢印を、使って図示することが多々あります。例えば、リスト3.12のBaseとDerivedの関係は次のように描かれます。

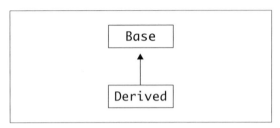

❖図3.1　BaseとDerviedの関係図

一般に、図示するときには基底クラスを上において、派生クラスから基底クラスに向かって上矢印で表すことが多いです。本来はUMLという設計用言語のクラス図というもので図示するのですが、実際のクラス図はとても細かいので、単にクラスの関係を表すだけであれば、図3.1のように簡素に書きます。

3.5.2　仮想関数とオーバーライド

派生クラスは、基底クラスのメンバーを継承したうえで独自の機能を追加することができました。しかし機能を追加するのではなく、存在する機能の「処理内容」を変えたい場合もあります。

ただ、何でも勝手に変更できてしまうと困るので、基底クラスを定義する際に「このメンバー関数は派生クラスで変更が可能である」と宣言できます。この宣言をされたメンバー関数のことを**仮想関数**（virtual functions）といいます。コンストラクター以外のメンバー関数は基本的にすべて、仮想関数にすることができます[※8]。

他方、派生クラスでは仮想関数を**オーバーライド**（override）する[※9]ことで動作を変更できます。これにはオーバーライドしたいメンバー関数に**override**指定子を付けます。基底クラスの処理をそのまま使用したい場合には、派生クラスでは特に何もオーバーライドしなければ、自動的に基底クラ

※7　アクセス指定は省略することもできますがclassはデフォルトでprivateとなるため、基底クラスのメンバーを外部に公開したい場合には、明示的にpublic指定をする必要があります。
※8　もちろんデストラクターも仮想関数にすることができます。
※9　「オーバーロード」と「オーバーライド」、言葉がよく似ているので間違えないように覚えてください。

スの仮想関数を継承します。

　オーバーライドするときには戻り値の型や関数名、引数の型や数さらにはconstメンバー関数かどうかまでがすべて基底クラスのものと一致している必要があります。1つでも異なっているとオーバーライドとはならずエラーとなります。

構文 仮想関数

```
class base-class-name
{
public:
    virtual return-type function-name(parameters……);  // 仮想関数
};

return-type base-class-name::function-name(parameters……)  // 定義にはvirtualを書かない
{
    function-body……
}

class derived-class-name : public base-class-name
{
public:
    return-type function-name(parameters……) override;  // 仮想関数のオーバーライド
};

return-type derived-class-name::function-name(parameters……)  // 定義にはoverrideを書かない
{
    function-body……
}
```

　リスト3.13に、Derivedクラス（Baseクラスを継承）で仮想関数foo()とbar()をオーバーライドする例を示します。

▶リスト3.13　オーバーライドの例

```
#include <iostream>

class Base
{
public:
    virtual void foo();
};
```

3.5.2　仮想関数とオーバーライド　**157**

```cpp
void Base::foo() // 定義にはvirtualは書かない
{
    std::cout << "Base::foo()" << std::endl;
}

class Derived : public Base
{
public:
    void foo() override; // 派生クラスでメンバー関数をオーバーライド
    //void foo(int i) override; // エラー。対応する仮想関数が基底クラスにない
    void foo(int i); // OK。単なるオーバーロードは追加できる
};

void Derived::foo() // 定義にはoverrideは書かない
{
    std::cout << "Derived::foo() override" << std::endl;
}

void Derived::foo(int i)
{
    std::cout << "Derived::foo(int)" << std::endl;
}

int main()
{
    Derived derived;
    derived.foo();     // 仮想関数呼び出し
    derived.foo(42);   // 仮想関数ではないオーバーロードの呼び出し
}
```

実行結果

```
Derived::foo() override
Derived::foo(42)
```

　実は基底クラスでvirtual指定さえしておけば、派生クラスではoverride指定子を省略してもオーバーライドとなります。しかし、大規模なソフトウェアを開発していると、気が付かないうちに基底クラスのメンバー関数が仮想関数でなくなっていたり、受け取る引数の型が変わっていたりということがよくあります。また、オーバーロードは特に制限されることなくできてしまうので、そのような場合「実はオーバーライドされずにオーバーロードになっていた」といったミスも起きてしまいます。

こういった際に、オーバーライドするつもりのメンバー関数にoverrideと指定することで、対応する仮想関数が基底クラスになかった場合にコンパイラーがエラーとして報告してくれます。そのためオーバーライドを意図している場合にはいつも付けるようにしてください。

一方、オーバーライドしたくない／オーバーライドではないということを指定する方法がないので、基底クラスが何を仮想関数としているかを注意深く調べなければなりません。

> **Column ▶ 派生クラスでのvirtual指定**
>
> 派生クラスでは仮想関数をオーバーライドする際にoverride以外の指定は行いませんでした。
> override指定はC++11で追加された機能なので、それ以前は基底クラスのvirtual指定されたメンバー関数を派生クラスでオーバーライドする際に、派生クラスのそのメンバー関数にもvirtual指定することで、その意図を表すことがしばしば行われていました。
>
> ```cpp
> class Base
> {
> public:
>     virtual void foo();
> };
>
> class Derived : public Base
> {
> public:
>     // foo()は仮想関数である（つまりオーバーライドしているかもしれない）
>     virtual void foo();
> };
> ```
>
> しかしこれは基底クラスのメンバー関数が仮想関数でなくなってしまった場合に、特にエラーなどになることはありません。あくまで派生クラスから仮想関数になったとコンパイラーが解釈するためです。そのため新規のコードではこのような書き方はせずに、override指定をするべきです。

3.5.3 名前の隠蔽

基底クラスが持っているメンバー関数名と同じ名前のメンバー関数を派生クラスに追加すると **名前の隠蔽**（name hiding）ということが起こります。派生クラスは基底クラスが持っているメンバーを継承するので、派生クラスを使っても基底クラスのメンバー関数を使えるはずですが、名前の隠蔽が起こると基底クラスのメンバー関数が呼び出せなくなってしまいます。

名前の隠蔽は、特に派生クラスでオーバーロードを追加しようとしたときに起こることが多いです。

```cpp
class Base
{
public:
    void public_member();
};

class Derived : public Base
{
public:
    void public_member(int i); // 派生クラスでオーバーロードを追加した
};

int main()
{
    Derived d;

    d.public_member(0); // OK。派生クラスで追加したメンバー関数を呼び出す

    d.public_member();  // エラー。基底クラスから継承したメンバー関数を呼び出したい
}
```

こういった場合にはusing宣言を使うと基底クラスのメンバー関数をオーバーロードとして追加できます。using宣言は型に別名を与えるところでも使いましたが、これはそれとは違う用途のusing宣言となります。どちらもusing宣言と呼ぶため、注意してください。

構文 using宣言

```
class class-name : access-specifier base-class-name
{
public:
    using base-class-name::member-function-name;
};
```

using宣言はアクセス指定子の影響を受けます。つまりprivateとなっている範囲でusing宣言をしても、あくまでクラス内で使えるだけでクラスの外部からは呼び出すことができなくなります（リスト3.14）。

▶リスト3.14　名前の隠蔽とusing宣言

```cpp
#include <iostream>

class Base
{
public:
    void foo();
};

void Base::foo()
{
    std::cout << "Base::foo()" << std::endl;
}

class Derived : public Base
{
public:
    using Base::foo; // 基底クラスのfoo()を呼び出せるようにする

    void foo(int v); // 派生クラスで追加したオーバーロード
};

void Derived::foo(int v)
{
    std::cout << "Derived::foo(" << v << ")" << std::endl;
}

int main()
{
    Derived derived;
    derived.foo();   // 基底クラスのfoo()が呼ばれる
    derived.foo(42); // 派生クラスで追加したオーバーロードが呼ばれる
}
```

実行結果

```
Base::foo()
Derived::foo(42)
```

3.5.3　名前の隠蔽

3.5.4 純粋仮想関数と抽象クラス

仮想関数には、基底クラスでは宣言のみで関数定義（処理内容）がなく、派生クラスが必ずオーバーライドをして処理を書くように強制させる**純粋仮想関数**（pure virutal functions）というものもあります。

処理の大きな流れ（引数や関数名）は決まっているけど、具体的な関数処理内容は実際に派生クラスにならないと決められないといった場合によく使われます。

以下に、純粋仮想関数の構文を示します。

構文 純粋仮想関数

```
class class-name
{
public:
    virtual return-type function-name(parameters……) = 0; // 純粋仮想関数
};
```

リスト3.15に純粋仮想関数の利用例を示します。ここでは図形の形状（面積、周囲長）を扱うクラス（Shape）を作成しますが、面積や周囲長の計算方法は図形によって異なるので、純粋仮想関数を用意し、長方形（Rectangle）と円（Circle）クラスのそれぞれでそれらをオーバーライドしています。

▶リスト3.15 図形の形状を扱うクラス

```
#include <iostream>

// 面積や周囲長といったものは、三角形や四角形、
// 円ですべて計算方法が違うので基底クラスで共通化できない
class Shape
{
public:
    virtual float area() const = 0;      // 面積を求める純粋仮想関数
    virtual float perimeter() const = 0; // 周囲長を求める純粋仮想関数
};

// 純粋仮想関数は関数本体を持たないので、メンバー関数の定義はない
// 長方形を扱うクラス
class Rectangle : public Shape
{
    float height; // 高さ
    float width;  // 幅
```

```cpp
public:
    explicit Rectangle(float height, float width);
    float area() const override;
    float perimeter() const override;
};

Rectangle::Rectangle(float height, float width)
    : height(height), width(width)
{
}

float Rectangle::area() const
{
    return height * width;
}

float Rectangle::perimeter() const
{
    return 2 * (height + width);
}

class Circle : public Shape
{
    float r; // 半径

public:
    explicit Circle(float r);
    float area() const override;
    float perimeter() const override;
};

Circle::Circle(float r) : r(r)
{
}

float Circle::area() const
{
    return r * r * 3.14f;
}
```

```
float Circle::perimeter() const
{
    return 2 * r * 3.14f;
}

int main()
{
    Rectangle rect(10, 2);
    std::cout << "rect" << std::endl;
    std::cout << "  Area: " << rect.area() << std::endl;
    std::cout << "  Perimeter: " << rect.perimeter() << std::endl;

    Circle circle(4);
    std::cout << "circle" << std::endl;
    std::cout << "  Area: " << circle.area() << std::endl;
    std::cout << "  Perimeter: " << circle.perimeter() << std::endl;
}
```

実行結果

```
rect
  Area: 20
  Perimeter: 24
circle
  Area: 50.24
  Perimeter: 25.12
```

抽象クラス

　純粋仮想関数が宣言されたクラスは**抽象クラス**（abstract class）と呼ばれます。抽象クラスに多くのクラスで共通となる処理の流れを書いておいて、派生クラスで使いまわせるようにすることがあります。また、純粋仮想関数は処理の内容が書いていない不完全なものなので、抽象クラスだけではインスタンス化することができなくなります。

```
class abstract_class
{
public:
    virtual void foo() = 0;
};

abstract_class ac; // エラー。抽象クラスのインスタンスは作れない
```

他の言語にある**インターフェイス**（interface）という機能を模倣するために抽象クラスが使われることがあります。ただ、インターフェイスのためだけに抽象クラスを使うのは、パフォーマンスの点からあまり好ましいとはいえません。設計から変更できる場合には、できるだけインターフェイスのような使い方は避けるように設計を変更するほうが得策です。

練習問題 3.5

1. 継承するクラスとされるクラスをそれぞれ何と呼ぶか説明してください。

2. 次のDerivedクラスからさらに派生したクラス、MoreDerivedクラスを作ってname()メンバー関数をさらにオーバーライドしてください

    ```cpp
    class Base
    {
    public:
        virtual std::string name() const;
    };

    std::string Base::name() const { return "Base"; }

    class Derived : public Base
    {
    public:
        std::string name() const override;
    };

    std::string Derived::name() const { return "Derived" };
    ```

3. 2.のソースコードのBaseクラスに純粋仮想関数として、std::stringを返すmost_name()メンバー関数を追加してください。そしてMoreDerivedクラスでそれをオーバーライドしてください。その後Derivedクラスのインスタンスを作るとどうなるか説明してください。

3.5.4　純粋仮想関数と抽象クラス

3.6 オブジェクトポインター

3.6.1 アロー演算子

これまで、オブジェクトのメンバーにアクセスするために、構造体と同じようにドット演算子（.）を使用していました。ポインターを経由してメンバーにアクセスする際にも、構造体同様にアロー演算子（->）を使用します（リスト3.16）。

▶リスト3.16　アロー演算子の例

```
#include <iostream>

class A
{
public:
    void foo();
};

void A::foo()
{
    std::cout << "A::foo()" << std::endl;
}

void call_foo(A* pa)
{
    pa->foo(); // ポインターを使ってメンバーにアクセス
    // (*pa).foo() と書くこともできる
}

int main()
{
    A a;
    call_foo(&a);
}
```

実行結果

```
A::foo()
```

3.6.2 thisポインター

メンバー関数はクラス内の他のメンバーを直接参照できますが、たまたま仮引数の名前もメンバーと同じになってしまうことがあります。そういった場合、そのメンバー関数の中でその名前は、メンバーのことではなく仮引数のことを表すことになっています。

メンバー関数の中で仮引数やメンバーの名前を変えることなくメンバーにアクセスするためには、特殊な変数である**thisポインター**（this pointer）が利用できます。thisポインターには、そのメンバー関数呼び出しに使われたオブジェクトを指し示すポインターが格納されています。そのため、thisポインターを経由することで、曖昧になることなくメンバーにアクセスすることができます（リスト3.17）。

▶リスト3.17　thisポインターを使ったメンバーへのアクセス

```cpp
#include <iostream>

class A
{
    int value;

public:
    void set_value(int value);
    int get_value() const;
};

void A::set_value(int value)
{
    // value = value;    // エラーではないが、どちらも引数のvalueのこと
    this->value = value; // メンバー変数のvalueに代入している
}

int A::get_value() const
{
    return value;
}

int main()
{
    A a;
    a.set_value(42);
    std::cout << a.get_value() << std::endl;
}
```

```
実行結果
42
```

3.6.3 thisポインターは変更不可

非常に重要なことですが、thisポインター自体の値は変更できません。また、thisポインターは、コンパイラーにより自動的に使えるよう用意されているポインターであり、プログラマーが宣言することはできません。

```
class A
{
public:
    void func();
};

void A::func()
{
    int this; // エラー。thisはメンバー関数の中で宣言できない
    this = nullptr; // エラー。thisの値は変更不可
}
```

3.6.4 constメンバー関数とthisポインター

constメンバー関数の中では、thisポインターはconstポインターとなります。仮に、constではないインスタンスを使ってconstメンバー関数を呼び出しても、この動作は変わることがありません。そのためconstメンバー関数の中では非constメンバー関数を呼び出すことも、メンバー変数に変更を加えることもできません。

```
class A
{
    int value;
public:
    void set_value(int value);
    int get_value() const;
    int get_value2() const;
};
```

```
    void A::set_value(int value)
    {
        this->value = value;
    }

    int A::get_value() const
    {
        return value;
    }

    int A::get_value2() const
    {
        this->value = 0;      // エラー。thisはconst A*なので変更できない
        this->set_value(0);   // エラー。const修飾していないメンバー関数も呼べない

        // OK。constメンバー関数からconstメンバー関数を呼ぶことはできる
        return this->get_value();
    }
```

練習問題 3.6

1. thisポインターが必要になるのはどのようなときか説明してください。
2. thisポインターが必要になるようなクラスとメンバー関数を作成して、thisポインターを使った場合と使わなかった場合の結果を比べてください。
3. thisポインターが指す先のオブジェクトを変更できないのはどういうときか説明してください。

3.7　クラス、構造体、共用体の関係性

3.7.1　クラスと構造体の違い

　これまでクラスの機能について、構造体を例に挙げて「構造体と同じような構文を使うことができる」と説明してきました。では、クラスと構造体の違いとは何なのでしょうか？

実はこれら2つは本質的に同じものです※10。しかし、「デフォルトのアクセス指定」だけは異なっています。メンバーに対するデフォルトのアクセス指定（何も指定しない場合の規定のアクセス指定）が、クラスではprivateなのに対して構造体ではpublicです。また、基底クラス（構造体）から派生するときに指定するアクセス指定も同様にクラスがprivateで構造体がpublicです（リスト3.18）。

他に違いはないため、クラスと構造体のどちらを使っても、またどちらからどちらが派生しても問題はありません。しかし構造体はC言語由来の機能であり、メンバー関数などはC++で拡張された機能なので、C言語との互換性や他のオブジェクト指向言語の影響もあり、「単にデータをまとめる」ためには構造体を使い、オブジェクトとして使いたいものにはクラスを使うことが多いです。

▶リスト3.18　クラスと構造体

```
#include <iostream>

class Base
{
    int value = 0;

public:
    void set_value(int value);
    int get_value() const;
};

void Base::set_value(int value)
{
    this->value = value;
}

int Base::get_value() const
{
    return value;
}

// 構造体がクラスから派生することもできる（デフォルトのアクセス指定子はpublic）
struct Derived : Base
{
    // コンストラクターもデストラクターも持てる
    Derived();
```

※10　他の言語ではまったく別物の場合もあります。本書ではデータを集めただけのものを構造体と呼び、データと処理をまとめたものをクラスと呼び区別しています。

3.7　クラス、構造体、共用体の関係性

```cpp
        ~Derived();
    };

    Derived::Derived()
    {
        std::cout << "コンストラクター" << std::endl;
    }

    Derived::~Derived()
    {
        std::cout << "デストラクター" << std::endl;
    }

    int main()
    {
        Derived d;

        std::cout << d.get_value() << std::endl;

        d.set_value(42);

        std::cout << d.get_value() << std::endl;
    }
```

実行結果

```
コンストラクター
0
42
デストラクター
```

3.7.2　共用体とクラスの違い

　共用体もクラスや構造体と同じようにメンバー変数やメンバー関数を持たせることができます。ただし、「2.1.2 共用体」で見たとおりメンバー変数がすべて同じメモリアドレス上に置かれる点が、クラスや構造体と異なります。共用体のメンバー変数はすべて同じメモリ上アドレス上に配置されるので、値として正しいものになるのはメンバー変数のうちのどれか1つのみです。というのも、あるメンバー変数に値を代入すると他のメンバー変数の値を壊してしまうからです。
　また、共用体を基底として派生クラス/構造体/共用体を作ることや、クラス/構造体/共用体か

ら派生して共用体を作ることはできません。他に、仮想関数を定義できないといった制限もあります（リスト3.19）。

▶リスト3.19　共用体の利用例

```cpp
#include <iostream>

union U
{
    // デフォルトのアクセス指定はpublic
    float f;

private:
    int i;

public:
    U(); // コンストラクターやデストラクターも定義できる

    int get_i() const;
};

// コンストラクターでは先頭以外のメンバー変数で初期化できる
U::U() : i(0xdeadbeef)
{
    // メンバーのアドレスを列挙
    std::cout << "&f: " << &f << std::endl
              << "&i: " << &i << std::endl;
}

int U::get_i() const
{
    return this->i; // 共用体のメンバー関数もthisが使える
}

int main()
{
    U u; // デフォルトコンストラクターがint型で初期化する
    std::cout << std::hex << u.get_i() << std::endl;
    u.f = 2.71828f; // float型の値を代入する
    std::cout << std::hex << u.get_i() << std::endl;
}
```

例えば、リスト3.19を実行すると次のような出力になります（アドレスの値は環境によって違うことに注意）。

実行結果
```
&f: 0x7ffef5c111b0
&i: 0x7ffef5c111b0
deadbeef
402df84d
```

iとfが同じメモリアドレス上に配置されているので、そのアドレス値は同じ値になっています。また、fに値を代入すると同じ場所にあるint型の変数はめちゃくちゃな値となってしまうのがわかります。

std::hexについてはまだ説明していませんが、整数を16進数で表示するための指示を与える機能です。Chapter 8で詳しく説明します。

3.7.3 無名共用体

C++では名前を与えない共用体を作ることができ、これを**無名共用体**（anonymous union）と呼びます[11]。無名共用体は、「共用体のインスタンスを作らないまでも、いくつかの変数が同じメモリ上に配置されているということだけ指定したい」場合に利用します。

無名共用体には、共用体よりもさらに厳しい制限があります。例えば無名共用体はメンバー関数を持つことができず、メンバー変数のみの宣言しかできません。

リスト3.20に、無名共用体の利用例を挙げます。この例では、クラスが持っているいくつかのメンバー変数が同じメモリ上に配置されるようにしています。

※11 構造体やクラスでも名前のない構造体やクラスを作ることはできますが無名共用体とは違った動作をします。使う機会はあまりないので本書では割愛します。

▶リスト3.20　無名共用体の利用例

```cpp
#include <iostream>

class A
{
    union // 型名がない
    {
        int i;
        float f;
    };    // 変数も作らない

    long l; // 無名共用体の範囲外のメンバー変数

public:
    A();

    int get_i() const;
    void set_f(float f);
    long get_l() const;
};

A::A() : i(0xdeadbeef), l(0xc0ffee)
{
    // クラスのメンバー変数のようにアクセスできる
    std::cout << "&f: " << &f << std::endl
              << "&i: " << &i << std::endl;
              << "&l: " << &l << std::endl
}

float A::get_i() const
{
    return i;
}

void A::set_f(float f)
{
    this->f = f;
}

long A::get_l() const
{
```

```
        return l;
    }

    int main()
    {
        A a; // デフォルトコンストラクターがint型で初期化する
        std::cout << "i: " <<std::hex << a.get_i() << std::endl;
        a.set_f(2.71828f); // float型の値を代入する
        std::cout << "i: " <<std::hex << a.get_i() << std::endl;
        std::cout << "l: " << std::hex << a.get_l() << std::endl;
    }
```

実行結果は、次のようになります(アドレスの値は環境によって違うことに注意)。

実行結果
```
&f: 0x7fffae024400
&i: 0x7fffae024400
&l: 0x7fffae024408
deadbeef
402df84d
```

リスト3.19の結果と同様に、同じアドレス値になっていたり、float型を代入したものをint型として見たときにめちゃくちゃな値になっていることがわかります。しかし無名共用体となっていない他のメンバー変数は異なったアドレス値を持ち、共用体が変更されても影響がないことがわかります。

この他、無名共用体は関数内の変数やグローバル変数でも使うことができますが、グローバル変数の場合にはstaticを指定する必要があります。グローバル変数やstaticキーワードについては「4.3.3 グローバル変数とstatic変数」を参照してください。

```
    static union // staticとなっている必要がある
    {
        int i;
        float f;
    }; // 共用体変数は作らない

    int main()
    {
        union // 関数の内側ではstaticである必要はない
        {
            char c;
```

```
            double d;
    }; // 共用体変数は作らない

    // 無名共用体はドット演算子などは不要で普通の変数のように振る舞う
    // ただし同じメモリ領域に置かれているので、片方に代入すればもう片方も影響を受ける
    i = 42;
    f = 4.2f;
    c = 0;
    d = 0.0;
}
```

練習問題 3.7

1. クラスと構造体の違いについて説明してください。

2. 共用体でできないことは次のうちどれでしょう。答えるとともにエラーとなる例を示してください。

   1. コンストラクター
   2. 派生（継承）
   3. アクセス指定

3. グローバルスコープで無名共用体を使うにはどのように宣言する必要がありますか。

3.8 フレンド関数の概要

　クラスの**カプセル化**を実現するために、非公開メンバーはクラスの外側からアクセスできないようになっています。しかし、C++にはメンバー関数でないにも関わらず非公開メンバーにアクセスすることができる関数があります。これを**フレンド関数**（friend function）と呼びます。

　多くの場合フレンド関数が必要になるケースはありません。しかし演算子のオーバーロード（Chapter 6で後述）やファクトリ関数[12]を提供するのには便利です。

※12　**ファクトリ関数**（factory functions）とは、オブジェクトを生成する手順をまとめた「専用の関数」のことです。ファクトリ関数は、コンストラクターだけでは実現しづらいことがある場合に用意することがあります。

3.8.1 フレンド関数の宣言方法

非メンバー関数をフレンド関数として宣言するには、その非メンバー関数のプロトタイプ宣言に`friend`を付けたもの（**フレンド宣言**）をクラス内に記述します。なお、フレンド関数はメンバー関数ではないので、引数としてクラスのポインターや参照を1つ以上受け取るのが一般的です。

フレンド関数の例をリスト3.21に示します。

▶リスト3.21　フレンド宣言

```
#include <iostream>

class vector3d
{
    float x;
    float y;
    float z;

public:
    vector3d();
    explicit vector3d(float x, float y, float z);

    // フレンド関数の宣言 プロトタイプ宣言にfriendを付けただけ
    friend vector3d add(const vector3d& lhs, const vector3d& rhs);

    void dump() const;
};

vector3d::vector3d()
  : vector3d(0, 0, 0)
{
}

vector3d::vector3d(float x, float y, float z)
  : x(x), y(y), z(z)
{
}

// 定義にはfriendは不要
vector3d add(const vector3d& lhs, const vector3d& rhs)
{
    vector3d result;
```

```cpp
    // メンバー関数でないが非公開メンバーにアクセスすることができる
    result.x = lhs.x + rhs.x;
    result.y = lhs.y + rhs.y;
    result.z = lhs.z + rhs.z;
    return result;
}

void vector3d::dump() const
{
    std::cout << x << ", " << y << ", " << z << std::endl;
}

int main()
{
    vector3d a(1, 1, 1), b(1, 2, 3);
    vector3d c = add(a, b); // フレンド関数呼び出し
    c.dump();
}
```

実行結果

```
2, 3, 4
```

フレンド関数はメンバー関数ではないので、普通の関数と同じ呼び出し方をします。しかしフレンドとなっているクラスの非公開メンバーにアクセスすることができます。

複数のクラスでフレンド宣言できる

フレンド宣言は1つのクラスでしか行えないわけではありません。例えばクラスが2つあって、そのどちらの非公開メンバーにもアクセスしたい関数があれば、それぞれのクラスに同じようにフレンド宣言を行うことになります。

3.8.2　フレンド関数の注意点

重要な点として、フレンド宣言はクラスの外側では行えないことに注意しましょう。
「どの非メンバー関数に対して非公開メンバーへのアクセスを許可するか」という指定は、クラス内でしか行えません。つまり、クラスを作ったところではない別の場所（クラス外）では、勝手に非公開メンバーへのアクセスを許可できません。

> **練習問題 3.8**
>
> 1. フレンド関数はメンバー関数／非メンバー関数のどちらでしょうか。
> 2. リスト3.21に、「vector3dを2つ受け取って減算を行う」sub()関数をフレンド関数として定義してください。

3.9 staticクラスメンバー

3.9.1 staticクラスメンバーとは

staticクラスメンバーとはクラスメンバーの一種ではあるのですが、特定のインスタンスと結び付かないメンバー変数やメンバー関数のことです。staticクラスメンバーは、通常のメンバーといくつかの点で違いがあるので、ここで正しく理解しておきましょう。

staticメンバー変数

staticメンバー変数は、メンバー変数の宣言時にstatic修飾子を付けることで宣言できます。

その際、staticメンバー変数の定義はクラス外で行います。通常のメンバー変数はインスタンスが作られたときにメモリが割り当てられるので宣言だけすれば問題ありませんでしたが、staticメンバー変数はインスタンスと結び付かないので、宣言だけではメモリは割り当てられず、どこか別のところで定義をする必要があります。同様にインスタンスと結び付かないためコンストラクターで初期化することもできません。そのため、初期値を与える必要があるときには定義の際に初期化構文を使います[13]。

staticメンバー変数の呼び出しはどのインスタンスにも結び付かないので、メンバー変数を呼び出すときに使っていたドット演算子（.）ではなく、スコープ解決演算子（::）とクラス名を使います。もちろんすでに何かインスタンスがあるならば、通常のメンバー変数のようにドット演算子を使って呼び出すこともできます。しかし、たとえインスタンスとドット演算子を使っても特定のインスタンスとひも付かないのは変わりないことに注意してください。

リスト3.22にstaticなメンバー変数の宣言・初期化・呼び出しの例を示します。

---

[13] ただし、初期値として何も与えなければゼロで初期化されます。

▶リスト3.22　staticなメンバー変数の宣言・初期化・呼び出し

```
#include <iostream>

class S
{
public:
    static int num; // staticメンバー変数の宣言
};

int S::num = 123; // staticメンバー変数の定義と初期化

int main()
{
    std::cout << S::num << std::endl;

    S::num = 456;

    S s;

    // 特定のインスタンスを経由してもアクセスできるが、実体は同じものを指している
    std::cout << s.num << std::endl;
}
```

実行結果

```
123
456
```

　staticメンバー変数は特定のインスタンスとひも付かないので、仮にあるインスタンスがconstとなっていて、constメンバー関数が呼ばれていたとしても、そのconstメンバー関数の中からstaticメンバー変数を変更することは可能です（インスタンスと別のところにstaticメンバー変数は存在するのでconstにはならない）。

```
class S
{
    static int counter;
public:
    void set(int v) const;
};

void S::set(int v) const
```

```
        {
            // OK。staticメンバー変数はconstメンバー関数からでも変更できる
            counter = v;
        }
```

staticメンバー変数のカプセル化

　通常のメンバー変数同様、staticメンバー変数もpublicやprivateなどのアクセス指定子の影響を受けます。ただし、通常のメンバー変数はインスタンスごとにメモリが割り当てられ専有されますが、staticメンバー変数はどのインスタンスとも結び付かないので、すべてのインスタンスで共有されます。そのためstaticメンバー変数は「4.3.3 グローバル変数とstatic変数」で解説するグローバル変数と似ていますが、グローバル変数とはカプセル化の側面から大きな違いがあります。

　グローバル変数はすべての場所からアクセス可能であり、グローバル変数に依存するクラスはカプセル化の原則から逸脱しています。それに対し、（privateな）staticメンバー変数はそのクラスからしかアクセスできません。そのため、カプセル化の原則を壊すことなくインスタンス間でメンバー変数を共有できます。

　リスト3.23にprivateなstaticメンバー変数の利用例を示します。

▶リスト3.23　privateなstaticメンバー変数の利用例

```cpp
#include <iostream>

class S
{
    static int count; // インスタンスの数を数えるstaticメンバー変数

public:
    S();
    ~S();

    void show_count() const;
};

int S::count = 0; // staticメンバー変数の実体を定義して0で初期化する

S::S()
{
    // インスタンスが作られたらインクリメントする
    ++count;
}
```

```cpp
S::~S()
{
    // 破棄されたらデクリメントする
    --count;
}

void S::show_count() const
{
    std::cout << "S::count: " << count << std::endl;
}

void function()
{
    S a;
    a.show_count(); // インスタンスはmain()のaとこの関数内のaの2つがある

    // この関数内のaは関数が終了すると同時に破棄される（詳細は4.3節）
}

int main()
{
    S a;
    a.show_count(); // aのコンストラクターでインクリメントされるので1が出力される
    function();
    a.show_count(); // function()関数内のaは破棄されているので1となる
}
```

実行結果

```
S::count:1
S::count:2
S::count:1
```

3.9.2　staticメンバー関数

staticメンバー変数はインスタンス間で共有できました。しかしstaticメンバー変数にアクセスするために通常のメンバー関数を使うと、せっかく「特定のインスタンスに結び付かない」という特別な性質を持っているにも関わらず、何かしらのインスタンスを作る必要が出てしまいます。

そこでC++ではstaticメンバー変数同様に**staticメンバー関数**という、特定のインスタンスに

結び付かない特別なメンバー関数を作ることができます。

　先ほどのshow_count()関数はstaticメンバー変数以外のメンバー変数を使っていないので、これをstaticメンバー関数にしてみましょう（リスト3.24）。

▶リスト3.24　staticメンバー関数

```cpp
#include <iostream>

class S
{
    static int count; // インスタンスの数を数えるstaticメンバー変数

public:
    S();
    ~S();

    static void show_count(); // staticメンバー関数の宣言
};

int S::count = 0; // staticメンバー変数の実体を定義して0で初期化する

S::S()
{
    // インスタンスが作られたらインクリメントする
    ++count;
}

S::~S()
{
    // 破棄されたらデクリメントする
    --count;
}

void S::show_count()
{
    std::cout << "S::count: " << count << std::endl;
}

int main()
{
    // どのインスタンスにも結び付かないのでインスタンスがなくても呼ぶことができる
    S::show_count();
```

3.9.2　staticメンバー関数

```
    S a;

    a.show_count();  // インスタンスを使って呼び出すこともできる
}
```

実行結果
```
S::count:0
S::count:1
```

　staticメンバー関数はどのインスタンスにも結び付かないので、メンバー関数を呼び出すときに使っていたドット演算子（.）ではなく、スコープ解決演算子（::）とクラス名を使って呼び出します。もちろんすでにインスタンスが何かあるならば、通常のメンバー関数のようにドット演算子を使って呼び出すこともできます。

　ただし、インスタンスを使って呼び出すようにしたとしても、staticメンバー関数はどのインスタンスにも結び付かないので、staticではないクラスメンバーにそのままではアクセスできないということは覚えておいてください。

　また、staticメンバー関数はconstメンバー関数とすることはできません。constメンバー関数はconstなインスタンスのときに呼ばれるメンバー関数なので、特定のインスタンスにひも付かないstaticメンバー関数はconstかどうか関係がないからです。

```
class up_counter
{
    static int counter;
public:
    static void increment();

    // エラー。staticメンバー関数はconstにできない
    static int get_counter() const;
};
```

練習問題　3.9

1. staticメンバーと通常のメンバーとの違いを説明してください。
2. 整数型のstaticメンバー変数countを持ったクラスを作り、コンストラクターが呼ばれるたびにcountに1を足し、インスタンスが生成された累計回数を記録してください。また、countを取得するstaticメンバー関数も定義してください。

☑ この章の理解度チェック

1. 次のプログラムがエラーになる理由を説明してください。

```
class A
{
public:
    A(const A& other);
};

A::A(const A& other)
{
}

int main()
{
    A a; // エラー
}
```

2. 次のクラスを、NSDMIを使った形式に書き換えてください。

```
class vector3d
{
    float x;
    float y;
    float z;

public:
    vector3d();
    vector3d(float x, float y);
    vector3d(float x, float y, float z);
};

vector3d::vector3d()
  : x(0), y(0), z(0)
{
}
```

```
        vector3d::vector3d(float x, float y)
          : x(x), y(y), z(0)
        {
        }

        vector3d::vector3d(float x, float y, float z)
          : x(x), y(y), z(z)
        {
        }
```

3. 適当なメンバー関数を持つクラスから派生し、名前の隠蔽を回避しつつオーバーロードを追加してください。

4. フレンド関数はクラスのプライベートメンバーにアクセスできることを示してください。

5. constメンバー関数からstaticメンバー変数を変更できることを示してください。

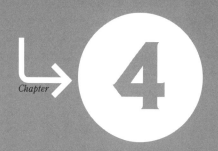

Chapter 4

分割コンパイル、ビルド

この章の内容

4.1	識別子とC++のキーワード
4.2	宣言と定義
4.3	スコープ
4.4	初期化構文付き条件分岐
4.5	分割コンパイル
4.6	インライン関数
4.7	名前空間
4.8	リンケージ
4.9	プリプロセッサー

本章では「1ファイルに収まらないぐらい大きく、複雑なプログラム」を記述する際に気を付けるべき点を説明します。

プログラムが1つのファイルに収まるぐらいであれば、ほとんどの処理について覚えておくこともできるかもしれませんが、ファイルが増えていくとそれもだんだん難しくなっていきます。気付けば同じ名前の関数があったり、ファイルを分けただけなのにエラーになってしまったり、C++上級者にもそういうことは多々あります。

彼らが皆さんと違うのは、そういった場合にどうするのがいいのか、どうしたらそのようなエラーを防ぐことができるのかを知っていることです。本章を一度読んだだけではまだうまく使いこなせないかもしれませんが、プログラムを繰り返し書いていくうちに身に付くことでしょう。

4.1　識別子とC++のキーワード

識別子(しきべつし)（identifier）とは関数や型、変数といった名前に相当するもののことです。プログラムを直接構成するそれらの要素は、必ず識別子のルールに従う必要があります。

もちろん、文字列や文字リテラルといったデータは識別子ではないので、このルールに従う必要はありません。

4.1.1　識別子のルール

識別子は、半角英数字と**アンダースコア**（_）の組み合わせからなりますが[※1]、数字から始まることはできません。その際、アルファベットの大文字と小文字は区別され、A と a は異なる識別子として扱われます。

識別子の例を次に示します。

```
hoge        // OK。数字やアンダースコアはなくてもよい
fuga_123    // OK
HOGE        // OK。hogeとは別の識別子
123foo      // NG。識別子は数字で始めることはできない
_0          // OK。アンダースコアで始まってもよい（ただし注意が必要）
```

アンダースコアの扱い

アンダースコアを含む識別子を使うときには注意が必要です。アンダースコアを使う識別子の一部は言語仕様で予約されているので、ユーザーが定義することでプログラムが正しく動作しない場合があるためです。

[※1] 厳密にはUnicode文字も含めることができるのですが、使用できる文字の制限が厳しいなど、コンパイラーによって対応状況はまちまちなので特別な理由がない限り避けたほうがよいでしょう。

言語仕様が予約している識別子の形式は次のとおりです。

- アンダースコアが2つ連続した部分を含むもの（例：hoge__fuga）
- アンダースコアで始まり、大文字のアルファベットが少なくとも1つ続くもの（例：_Foo）
- グローバル名前空間において、アンダースコアで始まるもの（例：_0）

このうち最後のグローバル名前空間については「4.7 名前空間」で説明しますが、どちらにせよアンダースコアで始まる識別子は混乱のもととなるので避けたほうがよいでしょう。

識別子の名付け方

識別子は関数名や変数名そのものなので、どういった処理をする関数なのかや、どのような値が入っているのかを名前から推測できるように、わかりやすい名前にしましょう。その際、複数の英単語を組み合わせたものを使うことが多いのですが、識別子にスペース（空白）を含めることはできないので、何かしらの方法で単語の区切りがわかるようにします。

単語の区切りを表すには、多くの場合以下のいずれかの方法が使われます。

1. 単語と単語をアンダースコアで区切ってつなげる（例：my_awesome_function）
   - **スネークケース**（snake case）と呼ばれる
2. 各単語の最初の文字を大文字にし、残りを小文字にしてつなげる（例：MyAwesomeFunction）
   - **アッパーキャメルケース**（upper camel case）と呼ばれる[2]
3. 先頭の単語のみすべて小文字にし、残りをアッパーキャメルケースでつなげる（例：myAwesomeFunction）
   - **ローワーキャメルケース**（lower camel case）と呼ばれる

「どの方法を使わなければならない」という規則はないのですが、標準ライブラリではスネークケースが採用されています。大規模なプロジェクトでは、基本的にどれかに統一されることがほとんどであり、例えば**Boost**（ブースト）というライブラリでは標準ライブラリと同じくスネークケースが、**Qt**（キュート）というライブラリでは両キャメルケースが採用されています。

4.1.2 C++で定義されているキーワード

キーワード（keywords）とはC++で特別な意味を与えられている識別子のことです。キーワードはユーザーが変数名などに使うことはできません。

表4.1に、C++で定義されているキーワードをすべて列挙します。これらのキーワードのすべてを本書で説明することはできませんし、今ここでキーワードをすべて覚える必要はありませんので、参考までに眺めておきましょう。

---

[2] **パスカルケース**（pascal case）とも呼ばれます。

❖表4.1　C++のキーワード一覧

alignas	alignof	asm	auto	bool	break
case	catch	char	char16_t	char32_t	class
const	const_cast	constexpr	continue	decltype	default
delete	do	double	dynamic_cast	else	enum
explicit	export	extern	false	float	for
friend	goto	if	inline	int	long
mutable	namespace	new	noexcept	nullptr	operator
private	protected	public	register	reinterpret_cast	return
short	signed	sizeof	static	static_assert	static_cast
struct	switch	template	this	thread_local	throw
true	try	typedef	typeid	typename	union
unsigned	using	virtual	void	volatile	wchar_t
while					

4.1.3　文脈依存キーワード

キーワードはユーザーが変数名などに使うことができない識別子のことでした。

しかしキーワードではないものの、現れる場所によって特別な意味を持つ識別子があります。

これを「**文脈依存キーワード**」（contextual keywords）といいます。

表4.2に文脈依存キーワードを列挙します。

❖表4.2　文脈依存キーワード一覧

final	override

これらはユーザーが自由に使うことができますが、特定の部分では特別な意味を持つようになります。混乱のもととなるので、できるだけ変数名などには使わないほうがよいでしょう。

4.1.4　代替表現

代替表現（alternative representations）とは、キーワードでも文脈依存キーワードでもない識別子のうち、他のものに置き換わることが決まっている識別子のことです。これらは今ではほとんど見かけることがなくなっていますが、標準で用途が決まっているので変数名などには使ってはいけません。

代替表現を表4.3に列挙します。

❖表4.3　代替表現一覧

and	and_eq	bitand	bitor	compl	not
not_eq	or	or_eq	xor	xor_eq	

4.1.5 暗黙的に定義される識別子

C++には、キーワードやそれに類する識別子以外にも、暗黙的に定義される識別子がいくつかあります。これらは、プログラムそれ自身に関するメタ情報を文字列や数値で表します。

その一部を表4.4に示します。

❖表4.4 暗黙的に定義される識別子（一部）

識別子	型	内容
__FILE__	文字列リテラル	ソースファイル名
__LINE__	数値リテラル	ソースコード中の__LINE__が出現した位置の行番号
__func__	文字型の配列	関数本体に__func__が出現した場合に、その関数名
__cplusplus	数値リテラル	プログラムがC++としてコンパイルされる場合に、参照しているC++のバージョン

これ以外にも暗黙的に定義される識別子はありますが、ほとんどの場合上記の4つを覚えておけば十分です。これらの識別子を実際に使用するとリスト4.1のようになります。

▶リスト4.1　暗黙の識別子の使用

```cpp
#include <iostream>

int main()
{
    // このソースファイル名を出力
    std::cout << "__FILE__:" << __FILE__ << std::endl;

    // この行の行番号を出力
    std::cout << "__LINE__:" << __LINE__ << std::endl;

    // この関数の関数名を出力
    std::cout << "__func__:" << __func__ << std::endl;

    // 参照しているC++のバージョンを出力
    std::cout << "__cplusplus:" << __cplusplus << std::endl;

    int line = __LINE__; // 変数に現在の行番号を格納

    // lineは現在の行番号ではなく、変数に格納されたときの行番号が表示されることに注意
    std::cout << "line:" << line << ", __LINE__:" << __LINE__
        << std::endl;
}
```

このプログラムを実行すると次のような出力になります。

実行結果
```
__FILE__:prog.cc
__LINE__:9
__func__:main
__cplusplus:201703
line:10,__LINE__:20
```

ソースファイル名や関数名は、実際のファイル名やコンパイラーによって異なります。自分の環境でも実行して比較してみてください。

なお、これらの識別子を直接使うことは少なく、多くの場合「4.9 プリプロセッサー」で説明するプリプロセッサー命令と組み合わせて使ったり、デバッグのためにコンソール出力を使ったりして、今何を実行しているのかを確かめるために利用します。

4.2 宣言と定義

4.2.1 宣言

これまではあまり細かいことを考えずに、変数を宣言したり関数を定義して使ったりしてきました。本節ではその宣言や定義という言葉の違いを解説します。

宣言（declaration）とは、変数や関数、クラスなどプログラムを構成する何かが「どういった名前でそこに**ある**」のかを伝えるためのものです。伝える相手は自分自身はもちろん、他のプログラマーであったり、コンパイラーであったりと、そのプログラムを参照するすべてのものに対してです。

宣言は「ある」ということしか言わないため、関数の中身がどのような処理になっているのか、クラスがどのようなメンバーを持っているのかまではわかりません。しかし、「ある」ことがわかればその変数や関数を使うことができます。

構文 さまざまな宣言

```
return-type function-name(parameters……);  // 関数の宣言（プロトタイプ宣言）

struct struct-name;  // 構造体の宣言

class class-name;  // クラスの宣言

union union-name;  // 共用体の宣言
```

```
enum class enum-name;  // 列挙体の宣言

enum class enum-name : underlying-type;  // 列挙体の宣言（基底の型付き）
```

　関数を事前に宣言しておくことで、定義がプログラムの後ろのほうにあっても関数を呼び出すことができます（リスト4.2）。プログラムの前のほうに宣言を書くことから、**前方宣言**（forward declaration）と呼ばれることもあります。

▶リスト4.2　関数の前方宣言

```cpp
#include <iostream>

std::string get_message();  // 関数の前方宣言

int main()
{
    auto msg = get_message();  // 定義がまだなくても関数呼び出しができる

    std::cout << msg << std::endl;
}

// 関数の実際の定義
std::string get_message()
{
    return "Hello, forward declaration";
}
```

実行結果
```
Hello, forward declaration
```

4.2.2　定義

　定義（definition）とは、関数やクラスの「中身が具体的にどうなっているか」を記述することです。クラスをインスタンス化するためには、そのクラスがどれぐらいのサイズのメモリ領域を必要としているのかを知る必要がありますが、宣言だけではそのサイズがわからないので定義が必要になります。

　ポインタや参照は、実際にそれらの中身については知らなくても（単なるアドレス値だけなの

で）クラスの宣言だけで、関数の引数や戻り値にすることができます。しかしそのメンバーにアクセスしようとする場合には、宣言だけだとメンバーについては何も書かれていないので、あらかじめ定義が必要になります。

```
class person; // クラスの宣言

void show_person(person* who) // ポインターや参照はクラスの宣言だけで使える
{
    // エラー。クラスがこの時点では定義されていないので、
    // どのようなメンバーがあるかわかっていない
    std::cout << who->get_name() << std::endl;
}
```

これまでは、わざわざ宣言と定義を両方書くことはしてきませんでした。それは、定義には宣言に必要な情報がすべて含まれていて、定義だけで宣言も同時に行われるためです。ただし今後、分割コンパイル（「4.5 分割コンパイル」で後述）などをする際には宣言をヘッダーファイルに記述して、定義をソースファイルに記述するといったテクニックが必要になってきます。

note　変数は宣言だけしかしてきませんでしたが、特に問題なく使用できました。変数は型の定義さえあれば宣言だけで使えるので、暗黙的に定義を含んでいるとも言えますが、基本的に変数の場合は定義ではなく宣言と呼ばれます。分割コンパイルではこのことが問題となってくるので覚えておいてください。

4.2.3　クラス定義中のメンバー関数定義

これまでクラスのメンバー関数はクラスの定義と分けて、別途定義していました。例えば次のような形です。

```
// クラスAの定義
class A
{
public:
    // メンバー関数の宣言
    void member();
};

// メンバー関数の定義
void A::member()
{
    ……
}
```

4.2　宣言と定義

しかしメンバー関数の中身がとても短い場合、このように宣言と定義を分けて記述するのは少々おっくうです。そういった場合にはクラスの定義と同時にメンバー関数の定義を記述することができます。

```cpp
// クラスAの定義
class A
{
public:
    // メンバー関数の定義
    void member()
    {
        ……
    }
};
```

このようにすると、メンバー変数を返すだけの簡単なメンバー関数などがクラス定義と一緒に記述されることになり、よく使うメンバー関数がクラスの定義を見ただけでわかるようになります。

ただ、処理が複雑なメンバー関数までクラス定義と同時に定義してしまうと、クラス定義がとても長いものになってしまって、クラスがどういったメンバーを持っているのかがひと目でわからなくなってしまいます。2〜3行程度の（例えばreturn文しかないような）簡単で、よく使うメンバー関数でのみ、この形で書くようにするのがベターでしょう。

練習問題 4.2

1. 次のプログラムが実行できるように前方宣言を追加してください。

```cpp
#include <iostream>

int main()
{
    sum(10, 5);
}

int sum(int lhs, int rhs)
{
    return lhs + rhs;
}
```

2. リスト3.9のクラスAのメンバー関数すべてを、クラス定義の中で定義するように書き換えてください。

4.2.3 クラス定義中のメンバー関数定義

4.3 スコープ

変数には有効な範囲があります。この範囲のことを**スコープ**（scope）といいます。スコープの外側では変数を参照することができないばかりか、変数は**破棄**（destruct）されてしまいます。破棄された変数はその変数が持っていた値を失ってしまい、たとえプログラムが再び同じところに到達しても、以前の値はなくなってしまいます。

変数はスコープの中でしか有効にならないので、この有効になっている期間のことを変数の**生存期間**（寿命：lifetime）ということもあります。また、特定のスコープの中にある変数のことをローカル変数（local variable）と呼びます。

「3.2 コンストラクターとデストラクター」でデストラクターについて学びましたが、デストラクターが呼ばれるタイミングというのは、実はこのスコープから抜けたときなのです。スコープの終わりにたどり着くか、return 文や break 文などの制御構文、例外の送出（Chapter 10で後述）でプログラムの制御が移ると、スコープから抜けることになります。

4.3.1 関数スコープ

スコープの中でも最もよく使うのは関数スコープでしょう。関数スコープは関数を定義したときの開きブレース（{）から閉じブレース（}）までのことです。関数スコープの中で宣言された変数と関数の仮引数は、関数から処理が戻るときに破棄されます（リスト4.3）。

▶リスト4.3　関数スコープ

```
#include <iostream>

class A
{
public:
    ~A();
};

A::~A()
{
    std::cout << "デストラクター呼び出し" << std::endl;
}

void function_scope(int i)
{
    A a; // 関数スコープから抜けるとデストラクターが呼ばれる
```

```cpp
    std::cout << "関数スコープ" << std::endl;

    if (i > 0)
    {
        return; // 関数の処理がここから呼び出し元に移る
    }

    std::cout << "if文のあと" << std::endl;
}
int main()
{
    // if文の条件がtrueとなるのでreturn文で戻ってくる
    function_scope(10);

    std::cout << std::endl;

    // if文の条件がfalseとなるので関数スコープの終わりにたどり着く
    function_scope(-10);
}
```

実行結果

```
関数スコープ
デストラクター呼び出し

関数スコープ
if文のあと
デストラクター呼び出し
```

　関数呼び出しが完了するたびに関数スコープから抜けることになるので、そのたびにデストラクターが呼ばれています。デストラクターが呼ばれるのは最後の最後なので、メモリリークを防ぎつつ、スコープの中のプログラムが有効な間はそのメモリ領域を使い続けることができます。

4.3.2　その他のスコープ

　if文やfor文、while文でもブレースを使いましたが、これらの文もスコープを構成します。つまりそれら文のスコープから抜ける場合も、変数が破棄されデストラクターが呼ばれます。
　また、ただのブレースで囲うだけでもスコープが作られるので、好きなところで好きな範囲でスコープを作れます（リスト4.4）。

▶リスト4.4　その他のスコープ

```cpp
#include <iostream>

class A
{
public:
    ~A();
};

A::~A()
{
    std::cout << "デストラクター呼び出し" << std::endl;
}

int main()
{
    if (true)
    {
        std::cout << "if文" << std::endl;
        A a;
    }

    std::cout << std::endl;

    for (int i = 0; i < 5; ++i)
    {
        std::cout << "for文(" << i << ")" << std::endl;
        A a;
    }

    std::cout << std::endl;

    {
        std::cout << "ただのスコープ" << std::endl;
        A a;
    }

    std::cout << std::endl;

    std::cout << "main()関数の最後" << std::endl;
}
```

実行結果

```
if文
デストラクター呼び出し

for文(0)
デストラクター呼び出し
for文(1)
デストラクター呼び出し
for文(2)
デストラクター呼び出し
for文(3)
デストラクター呼び出し
for文(4)
デストラクター呼び出し

ただのスコープ
デストラクター呼び出し

main()関数の最後
```

文のスコープは関数の中で何度も、何重にもなって出現します。このときスコープの内側や外側では有効な変数がそれぞれ違います（リスト4.5）。

▶リスト4.5　スコープの内側と外側

```cpp
#include <iostream>

int main()
{
    int i = 42;

    {
        int i = 72; // 異なるスコープでは同じ名前のローカル変数を作ることができる

        // 現在のスコープから順番にさかのぼって最も内側にある変数が使われる
        std::cout << "inner: " << &i << ": " << i << std::endl;

        i = 0; // 内側の変数に代入される
    }

    // 内側のスコープの変数は無効となっているので、外側の変数が使われる
    std::cout << "outer: " << &i << ": " << i << std::endl;
}
```

実行結果

```
inner: 0x7ffc730f2d78: 72
outer: 0x7ffc730f2d7c: 42
```

　内側のスコープでは内側のローカル変数が使われるので、その変更は内側にしか影響しません。アドレスは実行するたびに違う値になりますが、innerとouterの値は必ず異なる値となるため、内側と外側では別の変数であることがわかります。

4.3.3　グローバル変数とstatic変数

　変数の寿命はスコープの長さと等しく、スコープを越えて変数が残ることはありませんでした。
　となると、一番寿命が長いスコープはmain()関数のように思えますが、実はさらに長いスコープがあります。それは**グローバルスコープ**です。
　グローバルスコープで宣言された変数は**グローバル変数**（global variable）といいます。グローバル変数は関数の外側で宣言されたもので、main()関数が始まる前から存在し、main()関数が終了したあとに破棄されます。
　グローバル変数ではない変数のことは**ローカル変数**（local variable）といって区別することがあります。ローカル変数は変数が宣言されたスコープ（かその内側のスコープ）でしか使えませんが、グローバル変数はすべての関数から使うことができる点が違います。
　リスト4.6ではコンストラクターとデストラクターを使ってグローバル変数の寿命を確認しています。

▶リスト4.6　グローバル変数

```
#include <iostream>

class A
{
public:
    A();
    ~A();
};

A::A()
{
    std::cout << "コンストラクター" << std::endl;
}
```

```
A::~A()
{
    std::cout << "デストラクター" << std::endl;
}

A a; // グローバル変数

int main()
{
    std::cout << "main()関数" << std::endl;
}
```

実行結果

```
コンストラクター
main()関数
デストラクター
```

　main()関数の実行が始まる前にコンストラクターが呼ばれ、グローバル変数が初期化されています。そしてmain()関数が終わったあとにデストラクターが呼ばれ破棄されています。

　グローバル変数と似てとても長い寿命を持つ変数には、もう1つ **static変数**(スタティック変数)というものがあります。ローカル変数をstatic変数にすると、スコープから抜けても変数が破棄されず、プログラムが終了するまで残ります。プログラムがもう一度同じところまで到達すると、以前の値をそのまま使うことができます。

　グローバル変数もstatic変数にすることができますが、その場合にはグローバルスコープではなく、ファイルスコープなグローバル変数になります。ファイルスコープなグローバル変数は、そのソースファイルの中でしか使うことができないグローバル変数ですが、分割コンパイル(「4.5 分割コンパイル」で説明)をする際に必要となってくる場合があります。

構文 static変数

```
static type variable-name;
```

　static変数は変数宣言にstaticキーワードを付けたものですが、初期値を与えて初期化することができます。その場合、初期化は初めてその変数宣言にたどり着いた1回目でのみ行われ、2回目以降はただ通り過ぎるだけです(リスト4.7)。

▶リスト4.7　static変数

```cpp
#include <iostream>

int count()
{
    static int counter = 0;
    return ++counter;
}

int main()
{
    std::cout << "1回目: " << count() << std::endl;

    std::cout << "2回目: " << count() << std::endl;

    std::cout << "3回目: " << count() << std::endl;
}
```

実行結果
```
1回目: 1
2回目: 2
3回目: 3
```

　static変数の初期化は1回目でのみ行われるので、count()関数を呼び出すたびにcounter変数が1ずつ増えていくことがわかります。

　static変数になっているローカル変数は、寿命が長くなっているという点以外ローカル変数と同じなので、そのローカル変数が有効なスコープでしか使うことができません。その性質を使うと、変数の変更の影響範囲を必要最低限に抑えることができます。一方グローバル変数はどこからでも使えるので一見便利なようですが、いつどこで変数がどう使われるかがわからなくなってしまいます。そういった変数を使うようになると処理の流れの見通しを立てづらくなり、よいプログラムとはいえなくなってしまいます。

　そのためにも、グローバル変数はstatic変数などを使ってもうまく記述できないような場合にのみ使うようにしてください。

4.3.4 ダングリングポインター

ローカル変数はスコープから抜けると破棄されてしまいますが、破棄される前に取得したアドレスを間違ってスコープの外に持ち出してしまうことがあります[※3]。そのようにすでに破棄された変数を指してしまっているポインターのことを**ダングリングポインター**（dangling pointer）といいます。

ダングリングポインターを介して破棄された変数にアクセスしようとすると、良くてプログラムがクラッシュ、最悪の場合には正しく動いているように見えているだけで、実際にはデータをどんどん破壊しながら暴走することがあります[※4]（リスト4.8）。

▶リスト4.8　ダングリングポインター

```
int* dangling_pointer()
{
    int i = 0;
    return &i; // ダングリングポインター。ローカル変数iの寿命は関数の終了とともに尽きる
}

int main()
{
    int* p = dangling_pointer();
    *p = 42; // 危険。寿命が尽きたローカル変数を変更しようとしている
}
```

> note　C++でダングリングポインターを防ぐことは簡単ではありませんが、スマートポインターなどのテクニックを使って低減させたり、また最近のコンパイラーはダングリングポインターの恐れがある部分に警告を出してくれます。

※3　Rust言語に代表されるように、このような生存期間が過ぎてしまうような参照を禁止しているプログラミング言語も存在します。

※4　「良くてプログラムがクラッシュ」というのはあまり納得ができないかもしれませんが、一番怖いのは重要なデータベースなどを破壊してしまうことです。プログラムがクラッシュして止まってくれればそれ以上データベースが破壊されることはほぼありません。

練習問題 4.3

1. スコープから抜けた際にそのスコープで宣言された変数はどうなるか説明してください。
2. 次のプログラムのカウンターが、0、1、2……と増えていくようにプログラムを修正してください。

```cpp
#include <iostream>

int get_counter()
{
    int counter = 0;
    return counter++;
}

int main()
{
    std::cout << get_counter() << std::endl;
    std::cout << get_counter() << std::endl;
    std::cout << get_counter() << std::endl;
}
```

4.4 初期化構文付き条件分岐

note 初期化構文付き条件分岐はC++17で追加された機能です。比較的新しい機能のため、使用するコンパイラーによっては対応が追いついていない可能性があります。

4.4.1 初期化構文付きif文

条件分岐については前章で説明しましたが、それを拡張した**初期化構文付きif文**というものがあります。

条件分岐では、関数などが返す戻り値を条件の一部として使って分岐することが多くあります。そ

のため分岐のために戻り値を一時的に変数に代入しなければなりませんが、初期化構文付きif文を使うと、これを2行に分けて行うのではなく条件分岐の1行だけで済ませることができます。

初期化構文付きif文は次のような構文になります。

構文 初期化構文付きif文

```
if (type-name variable-name = expr; condition)
{
    if-stmt-body……
}
else
{
    else-stmt-body……
}
```

初期化構文付きif文は、次のような通常のif文と同じ意味になります。

```
{
    type-name variable-name = expr;
    if (condition)
    {
        if-stmt-body……
    }
    else
    {
        else-stmt-body……
    }
}
```

条件文の中で関数の戻り値を1回しか使わないのであれば、特に初期化構文を付けなくてもそのまま条件文を記述できますが、2回3回と使う必要がある場合には効果的です。なぜならその2回3回と使う部分で関数呼び出しをしてしまうと、その回数だけ関数が呼ばれてしまい、意図しない結果となる場合があるからです（リスト4.9）。また、変数のスコープも制限する事ができるので意図しない変数の使い回しなどが起きづらくなります。

▶リスト4.9　条件文と関数呼び出し

```
#include <iostream>

int foo(int value)
{
```

```cpp
        // 何か複雑な処理
        std::cout << "foo: " <<value << std::endl;
        return value;
    }

    bool is_even(int value) // 偶数ならtrueを返す関数
    {
        return value % 2 == 0;
    }

    bool is_zero(int value)
    {
        return value == 0;
    }

    int main()
    {
        // foo(42)の戻り値が0ではない偶数の場合に分岐させているが、
        // 複雑な処理をするfoo()関数が2回呼ばれてしまう
        if (is_even(foo(42)) && !is_zero(foo(42)))
        {
            std::cout << "foo(42)はゼロではない偶数を返しました" << std::endl;
        }
    }
```

上記例を実行すると次のようになります。

実行結果
```
foo: 42
foo: 42
foo(42)はゼロではない偶数を返しました
```

 foo(42)を条件文の中で2回書いているので関数呼び出しが2回行われてしまっています。もしここで1度しか実行してはいけないような処理を行っていた場合、2回実行されてしまい不都合が起きてしまいます。これを回避するには、次のようにif文の前で変数に代入しなければなりません。

```cpp
    int main()
    {
        // foo(42)の戻り値を一度変数に代入
        int result = foo(42);
```

```
        if (is_even(result) && !is_zero(result))
        {
            std::cout << "foo(42)はゼロではない偶数を返しました" << std::endl;
        }
    }
```

この2行に分かれてしまった変数宣言とif文を、初期化構文付きif文では次のように1行で書くことができます。

```
    int main()
    {
        // 初期化構文付きif文で変数宣言とif文を1行で書く
        if (int result = foo(42); is_even(result) && !is_zero(result))
        {
            std::cout << "foo(42)はゼロではない偶数を返しました" << std::endl;
        }
    }
```

4.4.2 初期化構文付きswitch文

switch文も条件分岐の一種ですが、if文と同じく**初期化構文付きswitch文**があります。その構文は、if文と同様に、条件文の前に変数宣言を書くだけです。

構文 初期化構文付きswitch文

```
switch (type-name variable-name = expr; condition)
{
    switch-stmt-body……
}
```

実際は、初期化構文付きswitch文を使う機会はほとんどないはずです。そのため、「そういうものがある」という程度の認識でかまいません。

練習問題 4.4

1. お使いのコンパイラーが初期化構文付き条件分岐をサポートしているか調べてください。コンパイラーのドキュメントを読んでもかまいませんし、実際に初期化構文付き条件分岐があるプログラムをコンパイルして成功するか確認する方法でもかまいません。

2. 初期化構文付き条件分岐を使う利点を説明してください。
3. 次のプログラムでは何が表示されるか説明してください。

```
#include <iostream>

int main()
{
    int i = 42;

    if (int i = 0; i > 0)
    {
        std::cout << "if: " << i << std::endl;
    }
    else
    {
        std::cout << "else: " << i << std::endl;
    }
}
```

4.5 分割コンパイル

4.5.1 コンパイル

ソースファイルをコンピューターが実行できる形式（**実行形式ファイル**）に変換する手順を**コンパイル**（compile）といい、ソースファイルをコンパイルして実行形式ファイルにするプログラムのことを**コンパイラー**（compiler）といいます。

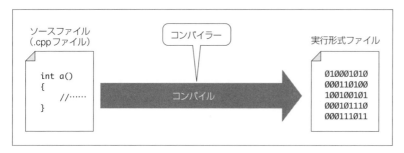

❖図4.1　コンパイル

4.5.2 プリプロセス

コンパイルの直前には、ヘッダーファイルを読み込んだりマクロの展開などの前処理が実施されます。この手順のことを**プリプロセス**（preprocess）といいます。そして、プリプロセスを行うためのプログラムを**プリプロセッサー**（preprocessor）といいます。

プリプロセッサーで行える前処理については「4.9 プリプロセッサー」で説明します。

4.5.3 リンクとビルド

これまで、ただ1つのソースファイルにプログラムを記述してきました。しかし、複雑になればなるほど1つのソースファイルだけでプログラムを作り上げることは難しくなっていきます。そこで、機能ごとにソースファイルを分割してプログラムのメンテナンス性を向上させます。

複数のソースファイルから1つのプログラムを作り上げる手順のことを**ビルド**（build）といいます。コンパイルはソースファイルを実行形式ファイルにすることでしたが、正確にはコンパイルだけでは実行可能なファイルはできあがりません。コンパイルによって作られるファイルはオブジェクトファイルと呼ばれ、それ単体ではプログラムは実行できないからです。ビルドではそれぞれのソースファイルをコンパイルし、ソースファイルの数だけオブジェクトファイルを作ったあとに、それらをすべて結合して実行形式ファイルを作り上げます。その最後の手順のことを**リンク**（link）といい、リンクするためのプログラムのことを**リンカー**[※5]（linker）といいます。

リンクではオブジェクトファイルだけでなく、標準ライブラリを含め、あらかじめ提供されている外部の機能を使うためのライブラリファイルもリンクします。ライブラリをリンクすることで、すでにある機能を自分で作らずに利用できます。

note　広義には、ソースファイルが1つしかない場合に、コンパイルからリンクまでを一括で実行することもコンパイルと呼ぶことがあります。基本的に複数のソースファイルがある場合はビルドと呼ぶので、曖昧になることはほとんどありませんが、普段の会話などではどちらのことを指しているのか、会話の内容から推測する必要があります。

ビルドの手順を詳細に図示すると図4.2のようになります。

※5　リンケージエディターともいいます。

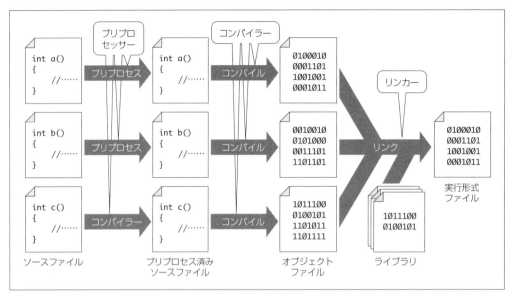

❖図4.2　ビルドの流れ

　ソースファイルを複数に分割してプログラムを組むときには、お互いにどんな関数やクラスを持っているのか、関数宣言やクラス定義だけを集めたヘッダーファイルを用意し、その宣言や定義が必要になったソースファイルでインクルードします（リスト4.10～リスト4.12）。

▶リスト4.10　module.hpp

```
// ヘッダーファイルに必要なのは関数宣言のみ
void show_value(int value);
```

▶リスト4.11　module.cpp

```
// このソースファイルで使う宣言が含まれるためインクルードする
#include "module.hpp"

#include <iostream>

void show_value(int value)
{
    std::cout << "value = " << value << std::endl;
}
```

▶リスト4.12　main.cpp

```cpp
// 前方宣言を取り込む
#include "module.hpp"

int main()
{
    show_value(42);
}
```

実行結果

```
$ c++ -c -o module.o module.cpp

$ c++ -o a.out main.cpp module.o

$ ./a.out
value = 42
```

ビルドするためのコマンドは環境によって違うのであまり詳しく見る必要はありませんが、`main.cpp`はヘッダーファイルしかインクルードしていないため前方宣言しか知らないはずですが、`module.cpp`で定義された関数を呼び出せていることがわかります。

4.5.4　extern変数

　ヘッダーファイルや複数のソースファイルでグローバル変数を宣言してしまうと、それぞれのソースファイルがコンパイルされたときに、それぞれのオブジェクトファイルがグローバル変数の実体を持つようになってしまいます。「変数宣言が暗黙のうちに変数定義まで含んでいる」ことがその原因です。

　コンパイラーは定義を見つけるとそのたびに実体を作ってしまうのですが、リンクの際に複数の実体があるとどれが本物か区別を付けることができません。グローバル変数の実体は特定のソースファイルだけで定義して、その他のソースファイルやヘッダーファイルでは定義されないようにする必要があります。

　変数宣言の際に**extern**キーワードを使うと、コンパイラーが「そのグローバル変数の実体はどこか別の所で定義される」ものとして扱うため、変数の実体を作らなくなります。そのようなexternキーワードがついた変数のことを**extern変数**と呼びます。

　extern変数はグローバルスコープの変数でしか宣言できません。ファイルスコープの（`static`な）グローバル変数はそのソースファイルでしか使えないため、externキーワードを使っても他のソースから使うことはできません。

構文 extern変数

> extern *type-name* *variable-name*;

extern変数は「変数が存在していること」の宣言しかしないため、初期値を与えることはできません。初期値は「externキーワードを付けずに変数宣言をしている箇所」で与える必要があります（リスト4.13、リスト4.14）。

▶リスト4.13　extern変数（main.cpp）

```cpp
#include <iostream>

extern int value; // extern変数

void show_extern_variable(); // 他のファイルの関数の宣言

int main()
{
    std::cout << "main: extern変数のアドレス: " << &value << std::endl;
    std::cout << "main: extern変数の値: " << value << std::endl;

    value = 0;

    show_extern_variable();
}
```

▶リスト4.14　extern変数（variable.cpp）

```cpp
#include <iostream>

int value = 42; // 変数の実体の宣言、初期化はここでしかできない

void show_extern_variable()
{
    std::cout << "extern変数のアドレス: " << &value << std::endl;
    std::cout << "extern変数の値: " << value << std::endl;
}
```

実行結果は以下のようになります。なお、アドレス値は実行するたびに変わります。

実行結果
```
main: extern変数のアドレス: 0x601698
main: extern変数の値: 42
extern変数のアドレス: 0x601698
extern変数の値: 0
```

変数のアドレスを見ると、extern変数と実体のアドレスは同一であり、同じ場所を指しています。同じアドレスなので、extern変数に代入すると実体の方でも値が変わっていることが確認できます。

4.5.5　staticメンバー変数の定義

staticメンバー変数だけはクラス定義時の宣言だけでは不十分で、クラス定義の外側で別途定義が必要でした。もしstaticメンバー変数の定義をヘッダーファイルに書いてしまうと、ソースファイルごとに定義が行われてしまい、やはりリンク時に本物の実体がわからなくなってしまうため、staticメンバー変数の実体もどこか1つのソースファイルでのみ定義する必要があります。

練習問題　4.5

1. ビルドの手順を説明してください。
2. extern宣言を使って他のソースファイルで宣言している変数を読み書きしてください。

4.6　インライン関数

4.6.1　ヘッダーファイルに定義された関数のインライン展開

多くの場合（クラスのメンバー関数かどうかにかかわらず）、プロトタイプ宣言をヘッダーファイルに書いて、その関数本体はソースファイルに記述しました。関数本体がとても小さい場合、ヘッダーに関数定義を書くことができれば、コンパイラーはその関数本体を呼び出し元に**インライン展開**（inline expantion / inlining）して、より深い最適化[6]を行うことができます。

---

[6] より深い最適化とは、例えば「絶対に成り立たない条件を見つけ出して不要な処理を省く」などです。

```
// ヘッダーファイル "inline_func.h"
int zero()
{
    return 0; // 関数本体はとても簡素なもの
}

// ソースファイル "main.cpp"
#include <iostream>
#include "inline_func.h"

int main()
{
    // ヘッダーで定義された関数zero()を呼び出す
    std::cout << zero() << std::endl;
}
```

　`zero()`関数は0を返すだけの非常に単純な関数です。普通は関数呼び出しを行い、その結果を受け取って……となるはずですが、関数本体がとても小さい場合、関数の処理よりも関数呼び出しのほうがコストとなってしまい、パフォーマンスを損なう原因[7]となります。そういった場合には関数の処理と同じことを呼び出す箇所でやってしまい関数呼び出し自体を省略することで、余計なコストを払う必要がなくなります。これがインライン展開です。

```
int main()
{
    // ヘッダーで定義された関数zero()をインライン展開する
    std::cout << 0 << std::endl;
}
```

4.6.2　インライン指定

　そういった場合にインライン関数を使うと問題を解決できます。関数をインライン関数とするのはとても簡単で、関数宣言時に`inline`というキーワードを付け加える（**インライン指定**）だけです。

```
inline int zero(); // インライン関数であることを宣言

// あらかじめインライン関数であることを宣言しているのでinline指定は不要
int zero()
{
    return 0; // 関数本体はとても簡素なもの
```

---

[7] 関数を呼び出すときの実引数をどのようにして渡すかなど、関数を呼び出すためにも前処理が多く必要となるので、小さい関数を高頻度で呼び出すと少なくないコストがかかることになります。

```
}

inline int one() // 関数定義とインライン指定は同時に行ってもOK
{
    return 1;
}
```

注意しなければならないのは、「インライン指定はインライン展開を強制するキーワードではない」ということです。関数本体がとても大きく複雑になっていると、コンパイラーはその関数をインライン展開せずに普通の関数と同じように扱うことがあります。また、もしインライン展開できたとしても、関数本体が大きいと、でき上がるプログラムのサイズが大きくなったり、パフォーマンスに悪影響を及ぼすこともあります。

そのため、インライン指定は特に必要のない機能かと思うかもしれません。しかしインライン指定は、インライン展開の他にもヘッダーファイルに関数の宣言と定義の両方を行うための重要な役割を持ちます。

あるヘッダーファイルが、複数のソースファイルにインクルードされている場合、そのヘッダーファイルに関数を定義すると**単一定義規則**（One Definition Rule：ODR）というルールに違反してしまいます[※8]。ODRはややこしいため詳しい説明は省きますが、簡単に説明するとソースファイルAとソースファイルBでそれぞれ同じ名前の関数が定義されている場合、どちらが正しいかがわからないため重複を禁止するルールです。ODRに違反してしまうとほとんどの場合リンク時にエラーとなります。

ヘッダーファイルで宣言と定義の両方がされた関数は、それらソースファイルAとBの両方に実体ができるので（たとえ内容が同じであっても）どちらが正しいのかを判別することができず、ODR違反となります。しかしインライン指定を行うとこの問題を解決できるようにコンパイラーがうまく調整してくれます。

4.6.3　自動インライン化

クラスの定義時にメンバー関数の宣言だけでなく、同時に定義も行うことができます（リスト4.15）。これまではすべてのメンバー関数を宣言と定義で分けて書いていましたが、1行に収まるような小さい関数であればクラスの定義のときに書いてしまうと、プログラム全体の見通しがよくなるかもしれません。

※8　extern変数が必要だったのもこのODRというルールがあるためです。

▶リスト4.15　メンバー関数を宣言と同時に定義する

```cpp
#include <iostream>

class A
{
    int i;

public:
    // コンストラクターの宣言と定義
    A() : i(0) { }

    // メンバー関数の宣言と定義
    void set_i(int i)
    {
        this->i = i;
    }

    // constメンバー関数も定義できる
    void show() const
    {
        std::cout << i << std::endl;
    }
};

int main()
{
    A a;
    a.show();
    a.set_i(123);
    a.show();
}
```

実行結果
```
0
123
```

　一方であまりに長いメンバー関数をクラス定義のときに書いてしまうと、クラス定義がとても長くなってしまいます。そうするとクラス全体でどういったメンバーがあるのか、何ができるのかというのがわかりづらくなってしまいます。クラス定義のときに一緒に定義するメンバー関数は1〜2行、多くても5〜6行程度、それを超えるようであれば宣言と定義を分けることを考えてください。

ところで、ヘッダーファイルで関数を定義する際は、インライン関数として明示的に指定する必要がありました。クラスの定義はその多くがヘッダーファイルで行われます。その際、クラス定義の中でメンバー関数を定義していると、その定義自体もヘッダーファイルに書かれることになるので、ODR違反の問題が起こるのではないかと考えるかもしれません。

しかしクラス定義の中で書かれたメンバー関数の定義は自動的にインライン関数となります。リスト4.15のクラスAの例ではすべてのメンバー関数（コンストラクターも含む）が、自動的にインライン関数になります。

note もちろん、自動的にインライン関数になるメンバー関数に inline を明示的に指定しても問題ありません。

4.6.4 宣言のみのメンバー関数をinlineにする

クラス定義でメンバー関数の宣言はしたものの定義までは行わない場合、そのメンバー関数は自動的にインライン化されないので注意が必要です。その場合にはメンバー関数の宣言時に明示的にインライン指定（inline）する必要があります。リスト4.16に自動的にインライン関数になる「メンバー関数の定義」と、自動的にインライン関数とならない「メンバー関数の宣言」の例を示します。

▶リスト4.16　宣言のみのメンバー関数のインライン化

```
#include <iostream>

class A
{
    int i;

public:
    // コンストラクターをインライン指定付きで宣言
    inline A();

    // 自動でインラインになるメンバー関数
    void set_i(int i)
    {
        this->i = i;
    }

    // インラインにならないメンバー関数
    void show() const;
```

```cpp
};

A::A() : i(0) { }  // 定義にはinlineは不要

void A::show() const
{
    std::cout << i << std::endl;
}

int main()
{
    A a;
    a.show();
    a.set_i(123);
    a.show();
}
```

実行結果

```
0
123
```

4.6.5 メンバー関数の実装方法を選ぶヒント

　クラスには、単にメンバー変数を取得するためだけの取得関数（getter）や設定関数（setter）を定義しがちです。それらのように、内容がわかりきった（小さな）メンバー関数をクラス定義の際に一緒に定義することで、

- 自動インライン化の恩恵を受けることができる
- 取得するメンバー変数などが近い位置に定義されているのでわかりやすくなる

というメリットが得られます。

　逆に、自動インライン化のためだけにクラス定義中に大きな関数を書いてしまうと、クラスの全容が把握しづらくなるという問題が生じます。メンバー関数をクラス定義中で定義するか、宣言のみにしてinlineを付けてソースファイルに分けるかは、そのメンバー関数の目的や大きさで適宜選択することになります。

> **練習問題 4.6**
>
> 1. インライン指定した関数を1つ定義してください
> 2. 次のクラスのすべてのメンバー関数がインラインとなるように修正してください
>
> ```cpp
> class product
> {
>     int price;
>
> public:
>     product(int price);
>
>     int get_price() const;
>     void set_price(int price);
> };
>
> product::product(int price) : price(price) {}
>
> int product::get_price() const { return price; }
> void product::set_price(int price) { this->price = price; }
> ```

4.7 名前空間

4.7.1 名前空間とスコープ解決演算子

関数や変数、クラスなどは自由に名前を付けることができますが、オーバーロードなどの一部を除き、すでにある名前を別のものに付けることはできません。

例えば次のようなプログラムはエラーとなってしまいます。

```cpp
using awesome_name = int;

class awesome_name // エラー。awesome_nameはすでに使われている
{
    ……
```

```
    };

    int awesome_name;  // エラー。クラス名とは衝突しないがintの別名と衝突する

    void awesome_name()  // エラー。クラス名とは衝突しないが変数名とintの別名と衝突する
    {
        ……
    }
```

　クラス名と変数・関数名など名前衝突のエラーとはならない組み合わせもありますが、どの組み合わせで名前が衝突するのかをすべて覚えるのは大変ですし、そのように重複した名前を多用するプログラムは他の人が読んでも間違えやすいので、基本的に名前は重複しないようにしなければなりません。

　とはいえ、すべてのプログラムを一から組み上げたのであればどの名前を使っているかわかるかもしれませんが、実際にはさまざまなライブラリを使ってプログラムを書いていくため、名前が衝突しないことを確かめるのは至難の業でしょう。名前が衝突してエラーとなればまだわかりやすいかもしれませんが、知らないうちに関数のオーバーロードとなっていたときなどは目も当てられません。

　そこで**名前空間**（namespace）の出番となります。名前空間を使うことで、ライブラリAの関数FとライブラリBの関数Fを区別できるようになります。例えば、標準ライブラリで定義されるものはすべてstd名前空間の中で定義されているので、同じ名前のクラスなどを定義しても衝突しません。

　一方、これまでのように特に名前空間を指定しなかったものは、暗黙的にすべてが**グローバル名前空間**（global namespace）というところに属することになります。

　名前空間の構文は次のとおりです。

構文 名前空間の指定

```
namespace namespace-name
{
    namespace-body……
}
```

　*namespace-body*には関数やクラス、変数や型の別名などおよそほとんどのものを記載でき、それらはすべて*namespace-name*で指定した名前空間に属することになります。

スコープ解決演算子

　ある名前空間にある関数やクラスなどを使いたい場合には、**スコープ解決演算子**（::）を使って、所属する名前空間を一緒に指定する必要があります。

note グローバル名前空間のものを使うときには特に名前空間を指定する必要はありません。

スコープ解決演算子の構文は次のとおりです。

構文 スコープ解決演算子

namespace-name::*type-name variable-name*; // 変数宣言

namespace-name::*function-name*(); // 関数呼び出し

namespace-name::*variable-name*; // 変数の使用

実際に同じ名前の関数を別々の名前空間に置いて、それぞれを呼び分けられることを確認してみましょう（リスト4.17）。

▶リスト4.17　名前空間で区切られた関数と構造体

```
#include <iostream>

namespace A // 名前空間A
{
    struct S // 名前空間Aの構造体S
    {
        int a;
    };

    void foo() // 名前空間Aの関数foo()
    {
        std::cout << "A::foo()" << std::endl;
    }
}

namespace B // 名前空間B
{
    struct S // 名前空間Bの構造体S
    {
        int b;
    };
    void foo() // 名前空間Bの関数foo()
    {
```

4.7.1　名前空間とスコープ解決演算子

```
            std::cout << "B::foo()" << std::endl;
        }
    }

    int main()
    {
        A::foo(); // 名前空間Aにある関数foo()の呼び出し

        B::foo(); // 名前空間Bにある関数foo()の呼び出し

        A::S as; // 名前空間Aの構造体S

        B::S bs; // 名前空間Bの構造体S

        // as = bs; // エラー。名前空間が異なるので別の型として扱われる
    }
```

実行結果

```
A::foo()
B::foo()
```

名前空間で区別することで、互いに影響を与えることなく自由に名前を付けることができます。

4.7.2 ネストした名前空間

　名前空間はその中にさらに名前空間を持つことができます。このようなネストした名前空間を使うと、ライブラリの中でさらに機能ごとに分けたり、ユーザーに公開する必要のない内部実装用の機能をまとめたりして、必要な機能だけを整理して提供できます。

　名前空間のネストは、名前空間の内側にさらに名前空間を書くことで実現できます。

```
    namespace library
    {
        namespace module
        {
            namespace detail
            {
                void internal_function();
            }
        }
    }
```

```
int main()
{
    // ネストした名前空間の内側の関数呼び出し
    library::module::detail::internal_function();
}
```

しかしネストの階層が深くなると、上記の例のように{}の数が多くなってしまい、管理が煩雑になります。そこで（名前空間の中に名前空間しかない単純な場合に限られますが）、省略した記法でネストした名前空間を定義できます。

 ネストした名前空間の省略記法はC++17で追加された機能です。比較的新しい機能のため、使用するコンパイラーによっては対応が追いついていない可能性があります。

構文 ネストした名前空間の省略記法

```
namespace toplevel-namspace-name::nested-namespace-name
{
    ……
}
```

これは次の名前空間とまったく同じ意味になります。

```
namespace toplevel-namespace-name
{
    namespace nested-namespace-name
    {
        ……
    }
}
```

省略記法は1段だけでなく、必要に応じて何段も書くことができます。例えば2段分の名前空間を省略記法で書くと次のようになります。

```
namespace top-level::middle-level::last-level
{
}
```

4.7.2 ネストした名前空間

4.7.3　名前空間の省略

　ある名前空間に属する何かを使うときには、スコープ解決演算子を使って名前空間を指定しなければなりませんでした。しかし実際には、名前空間を指定しなくても問題ない場合がいくつかあります。その理解のために、いったんC++における名前検索の手順を確認しておきましょう。

　最も基本的な名前検索の手順は、上位の名前空間へと1階層ずつ順番に、再帰的に探索してくというものです。具体的には、まず使う側の関数やクラスなどが属する名前空間を起点として該当する名前があるかを検索し、見つからなければ1つ上位の名前空間を起点として同様に検索していきます。グローバル名前空間まで探索して見つからなかった場合にはエラーとなります。

```cpp
void featureX();
void featureY();
void featureZ();

namespace submodule
{
    void featureX();
    void featureY();
    void featureZ();
}

namespace module_a
{
    void featureX();
    void featureY();
    namespace submodule
    {
        void featureX();
        void featureY();
    }
}

namespace module_b
{
    void featureX();
    void featureY();
    namespace submodule
    {
        void featureX();
        void featureY();
    }
```

```
namespace A
{
    void featureX();
    namespace submodule
    {
        void featureX();
    }

    void caller()
    {
        featureX(); // module_b::A::featureXが呼び出される

        // module_b::A::submodule::featureXが呼び出される
        submodule::featureX();

        featureY(); // module_b::featureYが呼び出される

        // module_b::submodule::featureYが呼び出される
        submodule::featureY();

        featureZ(); // グローバル名前空間のfeatureZが呼び出される

        submodule::featureZ(); // submodule::featureZが呼び出される
    }
}
```

usingディレクティブ

using ディレクティブ（using directive）というものを使うと、コンパイラーに対して特定の名前空間の省略を指示することができ、usingディレクティブが宣言されているスコープでのみ名前空間を省略した呼び出しができるようになります。ネストした内側の名前空間のみ省略したい場合には2つ目の記法を使います。

構文 usingディレクティブ

```
using namespace namespace-name;

using namespace namespace-name::nested-namespace-name;
```

4.7.3　名前空間の省略　**225**

```cpp
namespace module::submodule
{
    void feature();
}

void caller()
{
    {
        using namespace module; // このスコープでのみmodule::の省略を指示
        submodule::feature();   // OK
    }

    submodule::feature(); // エラー。using指定はこのスコープでは有効ではない
}
```

using宣言

ここで、using宣言を使って特定の名前を現在のスコープに導入した場合も紹介しておきます。using宣言は構文的にも機能的にもusingディレクティブと似ていますが、違う機能なので混同しないように注意してください。

using宣言は指定した名前のみを今のスコープで使えるようにする宣言です。usingディレクティブが名前空間の省略だったので、名前空間の中にあるものはすべて名前空間を省略ができるようにありましたが、using宣言ではその名前が属する名前空間の他の名前に関しては省略できません。

構文 using宣言を使って名前を導入する

```
using namespace-name::name;

using namespace-name::nested-namespace-name::name;
```

```cpp
namespace module::submodule
{
    void featureA();
    void featureB();
}

void caller()
{
    {
        // module::submodule::featureAのみ直接呼び出せるようにする
        using module::submodule::featureA;
        featureA(); // OK
```

```
        featureB();  //  エラー。featureBはusing宣言の対象外
    }

    featureA();  //  エラー。using宣言はこのスコープでは有効ではない
}
```

 using文を使った結果、他の元々参照できていた名前と一緒になってしまった場合、using文で指定した名前のほうが優先して使われます。

namespaceの別名

usingディレクティブやusing宣言を使って名前空間を省略する以外にも、別名を与えることで短く書けるようにする方法もあります。

構文 namespaceの別名

```
namespace new-namespace-name = nested-namespace-name;
```

usingディレクティブやusing宣言だと完全に省略されてしまい、実際にはどこに属したものを使っているのか読み取りづらくなりますが、別名だと短くなるものの省略できないため、どの名前空間のものを使っているのかがわかりやすくなります。

```
namespace module::submodule
{
    void feature();
}

void caller()
{
    namespace sub = module::submodule;  //  subという別名を与えている

    //  module::submoduleのfeature()を呼び出している
    sub::feature();
}
```

グローバル名前空間からの絶対パスで指定する

名前空間を省略しているつもりがなくても、usingディレクティブやusing宣言によって別の名前空間にあるものが使われてしまう場合などに、グローバル名前空間からの絶対パスを使って名前を指定する方法があります。スコープ解決演算子で名前空間を指定しなければ、グローバル名前空間から始まる名前として検索が行われます。

> **構文** グローバル名前空間からの絶対パスで指定する

```
::namespace-name::name  // グローバル名前空間を起点に探索
```

```
void feature();

namespace module
{
    namespace submodule
    {
        void feature();
    }
    using namespace submodule; // submodule名前空間を省略可能に

    void caller()
    {
        feature(); // module::submodule::featureが呼ばれる

        ::feature(); // グローバル名前空間のfeatureが呼ばれる
    }
}
```

4.7.4 無名名前空間

　名前空間には「名前のない名前空間」というものがあります。何だか矛盾したような名前ですが、これを**無名名前空間**（anonymous namespace）と呼びます。

　無名名前空間は名前空間の一種であり、通常の名前空間と同じく名前を区別するために存在します。しかし無名名前空間は、区別するのが**異なるソースファイルに存在する同じ名前**であることが違います。

　例えば、あるソースファイルの中でのみ使いたい、ちょっとしたヘルパー関数を考えてみましょう。このヘルパー関数は、他のソースファイルから使うことができると意図しない結果をもたらしてしまうかもしれません。しかし、他のソースファイルからの呼び出しを防ぐためだけにわざわざ他のファイルと重複しない名前空間を用意するのは、

- 用意するのが大変
- 名前が長くなるので、使うのも大変

という問題があります。そうした場合に無名名前空間を使うことで、そのソースファイルの中でのみ有効な名前として使うことができます。

　無名名前空間の構文は通常の名前空間から名前を省略しただけのものになります。

構文 無名名前空間

```
namespace
{
    ……
}
```

無名名前空間には名前がないため、無名名前空間の中で定義したものを使うときには名前空間の指定は不要です（リスト4.18）。

▶リスト4.18　無名名前空間の使用

```cpp
#include <iostream>

namespace // 無名名前空間
{
    void say_hello()
    {
        std::cout << "Hello, anonymous namespace" << std::endl;
    }
}

int main()
{
    say_hello(); // 無名名前空間は名前空間の指定がない
}
```

実行結果

```
Hello, anonymous namespace
```

また、無名名前空間の中に名前空間がある場合や、逆に名前空間の中に無名名前空間がある場合は、無名名前空間の部分を飛ばして名前空間の指定をすることになります。

```cpp
namespace
{
    namespace inner_namespace // 無名名前空間の中の名前空間
    {
        void featureX();
    }
}
```

4.7.4　無名名前空間　229

```
namespace outer_namespace
{
    namespace // 名前空間の中の無名名前空間
    {
        void featureY();
    }
}

void caller()
{
    inner_namespace::featureX(); // 外側の無名名前空間の指定はない

    outer_namespace::featureY(); // 内側の無名名前空間の指定はない
}
```

練習問題 4.7

1. `module`名前空間を用意し、その名前空間とグローバル名前空間のどちらにも同じ名前の関数を定義してください。そして、`main()`関数からそれらを呼び分けてください。
2. 1.のプログラムを修正し、`main()`関数で`using`宣言を使って関数名だけで`module`名前空間の下の関数が呼ばれるようにしてください
3. 複数のソースファイルで、同じ名前空間で同じ名前の変数をそれぞれ別の用途で使いたい場合にはどうすればよいか説明してください。

4.8 リンケージ

本節の内容は、C言語で書かれたプログラムとの相互運用のために必要な機能です。C++だけでプログラムを書いている分には必要ないので、基本的に読み飛ばしてしまって問題ありません。

4.8.1　C言語とC++

リンケージ（linkage）とは、C言語で書かれたプログラムを呼び出すときや、C言語からC++で書かれたプログラムを呼び出すときに必要となる機能です。

通常、C++のコンパイラーはC++で書かれた関数をC++からでしか呼べないように出力します。そのためC言語で書かれたプログラムにリンクしたい場合には、その関数をC言語からも呼べるように出力するようコンパイラーに指示しなければなりません。

例えば、次のように書かれたC言語とC++のソースファイルをそれぞれコンパイル・リンクしようとしても、互いに関数を見つけることができずにリンクエラーとなります（リスト4.19、リスト4.20）。

▶リスト4.19　main.c（C言語）

```c
#include <stdio.h>

void call_c(void)
{
    puts("call_c");
}

void call_cpp(void);

int main()
{
    call_cpp();
}
```

▶リスト4.20　call_cpp.cpp（C++）

```cpp
#include <iostream>

void call_c();
void call_cpp()
{
    std::cout << "call_cpp" << std::endl;

    call_c();
}
```

コンパイル・リンクの結果を以下に示します。

実行結果

```
$ cc -c -o main.o main.c

$ c++ -c -o call_cpp.o call_cpp.cpp

$ c++ -o a.out main.o call_cpp.o
call_cpp.o: In function `call_cpp()':
call_cpp.cpp:(.text+0x38): undefined reference to `call_c()'
main.o: In function `main':
main.c:(.text+0x27): undefined reference to `call_cpp'
clang: error: linker command failed with exit code 1 (use -v to see invocation)
```

undefined referenceというのは、日本語では未定義参照と訳されますが、つまり「call_c()を参照しているが、call_c()は定義されていない」というエラーです。実際にはcall_c()関数は存在しているはずなのですが、リンカーがそれを見つけられていないということになります。

このような場合にはリンケージを指定することでコンパイラーがリンクできるように調整します。ただしC言語にはリンケージを指定する方法がないので、

- C++からC言語の関数を呼ぶ場合
- C言語からC++の関数を呼べるようにする場合

のどちらもC++側で指定します。

リンケージを指定するには次の構文を使います。リンケージの指定がない場合にはC++リンケージが使われますが、明示的に指定することもできます。

構文 リンケージ指定

```
// Cリンケージ：C言語とリンクできる関数の宣言・定義
extern "C" return-type function-name(parameters……);

// C++リンケージ：C言語とリンクできない関数の宣言・定義（デフォルトのリンケージ）
extern "C++" return-type function-name(parameters……);
```

先ほどのソースコードにリンケージ指定を追加して正しく動作させると、リスト4.21、リスト4.22のようになります。

▶リスト4.21　main.c（C言語）

```c
#include <stdio.h>

void call_c(void)
{
    puts("call_c");
}

void call_cpp(void);

int main()
{
    call_cpp();
}
```

▶リスト4.22　call_cpp.cpp（C++）

```cpp
#include <iostream>

extern "C" void call_c(); // Cリンケージを指定してC言語の関数を呼べるように
extern "C" void call_cpp() // Cリンケージを指定してC言語から呼べるように
{
    std::cout << "call_cpp" << std::endl;

    call_c();
}
```

コンパイル・リンクの結果を以下に示します。

実行結果

```
$ cc -c -o main.o main.c

$ c++ -c -o call_cpp.o call_cpp.cpp

$ c++ -o a.out main.o call_cpp.o

$ ./a.out
call_cpp
call_c
```

4.8.1　C言語とC++

> **note** Cリンケージを指定した関数はC言語からも使えるようになる必要があるので、C++の機能が一部制限されます。細かい制限事項はたくさんありますが、最も大きな制限はオーバーロードができなくなることです。C言語はオーバーロードを扱えないので、それぞれに違う関数名を与える必要があります。

4.8.2　Cリンケージの一括指定

ヘッダーファイルにはたくさんのプロトタイプ宣言が書かれるので、すべてのプロトタイプ宣言にリンケージ指定を付けるのはとても大変です。もしそのヘッダーファイルに、C言語で書かれた関数のプロトタイプ宣言しか書かれていない場合には、範囲指定でリンケージを指定すると便利です。

構文 範囲指定のリンケージ指定

```
extern "C"
{
    // ここに書かれたプロトタイプ宣言はCリンケージとなる
}
```

もしほとんどがC言語のプロトタイプ宣言で、ごく一部のみC++のプロトタイプ宣言の場合には、Cリンケージを範囲指定し、個別の関数を再度C++リンケージで指定します。

```
extern "C"
{
    …… C言語の関数

    extern "C++" void cpp_function();  // 特定の関数だけC++リンケージに

    extern "C++"  // ネストしたリンケージの範囲指定
    {
        …… C++の関数
    }
}
```

練習問題　4.8

1. Cリンケージが必要となる場面を説明してください。
2. Cリンケージを使わないでC言語のプログラムとリンクできるか試してください。

4.9 プリプロセッサー

プリプロセッサー（preprocessor）とはソースコードをコンパイルする前に実行される前処理プログラムのことでした。プリプロセッサーで行われる前処理では、ヘッダーファイルとの結合やプログラムの一部の無効化などが行われます。

4.9.1 プリプロセッサー命令

プリプロセッサー命令（preprocessor directives：**ディレクティブ**）は、どのような前処理を行う必要があるのかをプリプロセッサーへ指示するための特別な指示文です。

プリプロセッサー命令は**ハッシュ**（#）で始まるさまざまな命令であり、その一例が、何度も登場した#includeです。ハッシュは必ず行頭になければならず、空白のみがハッシュの前に挿入することを許可されています。なお、ハッシュとプリプロセッサー命令の間には空白を書くこともできます。

```
// OK。行頭がハッシュで始まっている
#include <iostream>

// OK。ハッシュまでの空白は無視される
  #include <iostream>

// OK。ハッシュからプリプロセッサー命令の間の空白も無視される
#   include <iostream>

// OK。ハッシュの前後両方に空白を挿入してもよい
  #   include <iostream>

// NG。ハッシュは（空白を除いて）行頭になければならない
foo #include <iostream>

// NG。fooというプリプロセッサー命令だと認識される
# foo include <iostream>
```

#include命令

#includeはヘッダーファイルを読み込むプリプロセッサー命令です。何度も登場してきた#include <iostream>は、iostreamというヘッダーファイルを読み込ませる命令、ということになります。このときプリプロセッサーはすでに読み込んだかどうかを記録していないので、何度もインクルードすると重複してヘッダーファイルを読み込んでしまいます。

標準ライブラリにはいくつもヘッダーファイルが存在していて、どの機能を使いたいかによって読み込ませるヘッダーファイルが変わってきます。例えば文字列を扱う `std::string` クラスを使いたい場合には、`string` ヘッダーファイルを読み込む必要があるので、`#include <string>` と書きます。

`#include` 命令には主に2つの形式があります。

> **構文** #include 命令
>
> ```
> #include <file-name>
>
> #include "file-name"
> ```

どちらも機能的には「ファイルの読み込み」であり、ほとんど動作に違いはありません。一般的に標準ライブラリのような事前に提供されているものを使う場合に上の形式を、プロジェクトの中で用意したヘッダーファイルを読み込む場合には下の形式を使うことが多いでしょう。

コンパイラーはプログラムの先頭から順番に処理していくため、ヘッダーファイルが必要な機能を使う場合には、使っている場所より上に `#include` が必要になります。しかし（細かい説明は省きますが）使うすぐ上で `#include` するとエラーとなる場合がほとんどです。そのためヘッダーファイルの `#include` は基本的にソースファイルの先頭で行うようにしてください。

4.9.2 マクロ

プリプロセッサー命令には、識別子を別の識別子列に置き換える命令もあります。これを**マクロ**（macro）といいます。プリプロセッサーは、マクロを見つけるとあらかじめ定義していた別のトークン列へとそのまま置き換え、ソースコードそのものを変更します。トークンとは、ほとんどの場合識別子と同じ意味ですが、プリプロセッサはコンパイルとは違う処理なので呼び方が異なっています。

マクロを定義する構文は次のとおりです。

> **構文** マクロの定義
>
> ```
> #define macro-name
>
> #define macro-name macro-replacement
> ```

マクロが置き換える文字列は省略可能であり、その場合プリプロセッサーはその識別子をプログラムからただ単に取り除きます。リスト4.23にマクロを使って識別子を別のものに置き換えた例を示します。

▶リスト4.23　マクロを使った識別子の置き換え

```cpp
#include <iostream>

void hello()
{
    std::cout << "hello, world" << std::endl;
}

void goodbye()
{
    std::cout << "goodbye, world" << std::endl;
}

int main()
{
    hello(); // マクロが定義される前は何も置き換わらない

    std::cout << "hello, macro" << std::endl;

#define hello goodbye // helloをgoodbyeに置き換えるマクロ

    hello(); // マクロがhelloをgoodbyeに置き換える

    // 文字列の中に現れるのは識別子ではないのでマクロで置き換わらない
    std::cout << "hello, macro" << std::endl;
}
```

実行結果

```
hello, world
hello, macro
goodbye, world
hello, macro
```

このとき、マクロが展開されたあとのmain()関数は次のようになります。

```cpp
int main()
{
    hello(); // マクロが定義される前は何も置き換わらない

    std::cout << "hello, macro" << std::endl;
```

4.9.2　マクロ　　237

```
        goodbye(); // マクロがhelloをgoodbyeに置き換える

        // 文字列の中に現れるのは識別子ではないのでマクロで置き換わらない
        std::cout << "hello, macro" << std::endl;
    }
```

　実際にコンパイラーに渡されるプログラムは、こちらのプリプロセッサーがマクロによる置き換えを行ったあとのプログラムです。実際に実行結果を見て、何が呼び出されているのか確認しましょう。

　マクロはプリプロセッサーで処理される機能です。そのためこの段階ではまだ名前空間やクラス、関数スコープといったプログラムの構造については認識されないまま処理が行われます。そのためマクロの名前は簡単に他のマクロと衝突してしまうので、できるだけ他のマクロと重複しないように、長めの名前にするのが一般的です。

マクロの定義を消す

　マクロは一度定義すると、その後コンパイルが終わるまで有効になります。`#include`で取り込まれた他のヘッダーファイルのマクロも、同様にすべてが最後まで有効になります。

　しかしマクロがずっと有効になっていると、意図しない置き換えが起きてしまい困ることがあります。こういった場合のためにマクロの定義を消すプリプロセッサー命令があります。このプリプロセッサー命令の構文は次のとおりです。

構文 マクロ定義の取り消し

```
#undef macro-name
```

　この命令の場所に到達すると指定したマクロの定義が消え、それ以後の識別子の置き換えは起こりません（リスト4.24）。

▶リスト4.24　マクロ定義の取り消し

```
#include <iostream>

void hello()
{
    std::cout << "hello, macro" << std::endl;
}

void goodbye()
{
    std::cout << "goodbye, macro" << std::endl;
}
```

```
int main()
{
#define hello goodbye // helloをgoodbyeに置き換えるマクロ

    hello(); // マクロによりgoodbye()に置き換えられる

#undef hello // helloのマクロ定義を消す

    hello(); // helloマクロの定義がなくなったので置き換えは起こらずhello()が呼ばれる
}
```

実行結果

```
goodbye, macro
hello, macro
```

例えば、ヘッダーの中で一部処理を簡単にするためにマクロを定義したら、ヘッダーの最後で#undefをしておくと、そのマクロが不必要に残って他のプログラムに影響を与えるようなことがありません。

関数形式マクロ

ただのマクロは識別子をそのまま別の文字列に置き換えるだけでした。しかしマクロには、**関数形式マクロ**（function style macro）という、引数を与えて置き換える文字列を変更できるものがあります。

構文 関数形式マクロ

#define *macro-name*(*macro-parameter-name*, *macro-parameter-name*……)

#define *macro-name*(*macro-parameter-name*, *macro-parameter-name*……) *macro-replacement*

関数形式マクロも、置き換える文字列を省略することができます（リスト4.25）。

▶リスト4.25 関数形式マクロ

```
#include <iostream>

void hello()
{
    std::cout << "hello, macro" << std::endl;
}
```

4.9.2 マクロ　239

```
#define id(name) name  // 引数で受け取ったものにそのまま置き換える

int main()
{
    id(hello)();  // 関数呼び出しのように関数形式マクロidを呼び出す
}
```

実行結果
```
hello, macro
```

関数形式マクロを展開したあとのmain()関数は次のようになります。

```
int main()
{
    hello();  // id(hello) が hello に置き換わる
}
```

関数形式マクロはほとんど関数に見えるので、簡単な処理を書いてさまざまなところで呼び出す使い方をする場合もありますが、ほとんどの場合は「4.5 インライン関数」で解説したインライン関数を使うべきです。

関数形式マクロも単なるマクロと同じくコンパイルが終わるまで有効なので、たまたま関数形式マクロと同じ名前の関数などがあると問題が起きてしまうためです。どうしても関数形式マクロを使わなければならない場合は、必要がなくなった段階で#undefで無効化したほうがよいでしょう。

4.9.3 結合と展開

##演算子

マクロは展開中に指定されたトークン列に置き換えますが、常に空白で区切るので、そのままではトークンとトークンをつなげた新しいトークンを作ることはできません。

```
#define concatenate(left, right) left right
concatenate(foo, bar)  // => 「foo bar」に置き換わる

#define concatenate(left, right) leftright
concatenate(foo, bar)  // => 「leftright」に置き換わる
```

1つ目の例ではマクロのパラメーターを並べた関数形式マクロですが、空白で区切っているので、その空白も取り除かれないまま置き換わります。2つ目の例では置き換えるトークン列に空白を入れないようにしましたが、この場合にはマクロのパラメーター名と一致しないので、パラメーターを無

視したそのままのトークン列に置き換わります。

トークン列を結合したものに置き換えるには、**##演算子**を使います。##演算子はマクロ定義の中でのみ有効な演算子で、前後のトークンを結合したトークンに置き換わります。

```
#define concatenate(left, right) left ## right
concatenate(foo, bar) // => 「foobar」に置き換わる
```

#演算子

マクロはトークンを別のトークン列に置き換えますが、マクロ定義の中に書かれた（""で囲まれた）文字列は置き換えの対象になりません。

```
#define stringize(value) "value"
stringize(hoge) // => 「"value"」に置き換わる
```

文字列の中もマクロの置き換え対象とならないので、そのままではマクロ展開した結果を文字列にすることができません。

マクロ展開でトークン列を文字列に置き換えたい場合には、**#演算子**を使います。#演算子の直後にあるトークン1つが文字列として展開されます

```
#define stringize(value) # value
stringize(hoge) // => 「"hoge"」に置き換わる

// #演算子の直後のトークン、secondだけが文字列になる
#define complex_macro(first, second, third) first # second third
complex_macro(hoge, fuga, piyo) // => 「hoge "fuga" piyo」に置き換わる
```

マクロ展開の順番

マクロ定義の中で他のマクロを使うこともできます。その際、マクロは展開できなくなるまで何度も展開されていきます。ただし、この展開される順番には注意が必要で、プリプロセッサーによっては若干動作が違うこともあります。

基本的には次の手順で展開されます。

1. 引数を置き換える
2. ##演算子や#演算子を処理する
3. 引数に展開可能なマクロが含まれていた場合、そのマクロを展開する（ただし1.や2.の展開でマクロになったものは除く）
4. 全部置き換えた結果、マクロがあったらそれを展開する

とても複雑なので例をもとに順を追って説明します。

```
#define cat(left, right) left ## right
#define stringize_I(value) # value
```

4.9.3 結合と展開　241

```
#define stringize(value) stringize_I(value)

#define complex_macro(left, right) stringize(cat(left, right))

complex_macro(foo, bar) // => 「"foobar"」に展開される
```

1. まず complex_macro を展開する。このとき引数が置き換わる
   `stringize(cat(foo, bar))`
2. stringize を展開するが、まずはそのまま引数を置き換える
   `stringize_I(cat(foo, bar))`
3. 引数が展開可能なマクロなのでそれを展開する
   `stringize_I(foo ## bar)`
4. cat を展開すると ## 演算子があるので結合する
   `stringize_I(foobar)`
5. 最後のマクロを展開する
   `# foobar`
6. # 演算子を展開する
   `"foobar"`

重要な点は stringize で直接 # 演算子を使っていないところです。引数の展開よりも演算子の展開のほうが先に行われるので、1段マクロをはさまないと思ったようには展開されません。

この例では問題なかったのですが、cat マクロにも同様の問題があるため、実際は cat も1段マクロをはさんだものが使われます。

4.9.4　#if命令

プリプロセッサーの役割は、マクロによりプログラムを置き換えるだけではありません。特定の条件でプログラムを有効にしたり無効にしたりできます。

そのために、#if / #elif / #else / #endif というプリプロセッサー命令を使います。#elif と #else は省略もでき、#elif は複数書くこともできます。このプリプロセッサー命令は #if で始まり必ず #endif で終了します。if 文のようにブレースで区切るのではなく、次のプリプロセッサー命令が出現するまでの間で区切るので、最後にすべてが終わったことを表す #endif が必要となります。

構文 #if

```
#if condition
    true-program……
#elif condition
    elif-program……
#else
    false-program……
#endif
```

上から順番に条件を評価して、どこかの条件が成立した場合に、その部分のプログラムだけが有効になります。もしどの条件も成立しなかった場合は、#elseのプログラムが有効になります。どの条件も成立せず#elseもない場合には、どのプログラムも無効になります。

条件として書くことができるもののうち、よく使うものは表4.5のとおりです。

❖表4.5　#ifで使える主な条件式

条件式	意味
整数	0がfalse、0以外ならtrue
計算式	例えば四則演算など、整数のみで計算できるもの
defined(*macro-name*)	*macro-name*の名前のマクロが定義されていたら1、それ以外は0
macro-name	マクロを展開し、再度条件式として評価

「4.1.5 暗黙的に定義される識別子」で紹介した暗黙的に定義される識別子のうち、次のものはマクロとして定義されているため、プリプロセッサーの条件などに使うことができます。

- __LINE__
- __FILE__
- __cplusplus

リスト4.26に、マクロを使ってプリプロセッサーで条件分岐を行った例を示します。

▶リスト4.26　プリプロセッサーを使ったプログラムの条件分岐

```
#include <iostream>

#define PLUS(a, b) (a + b) // 加算をする関数形式マクロ
#define HOGE

int main()
{
#if PLUS(defined(HOGE), 0)
```

```
    std::cout << "PLUS(defined(HOGE), 0)はtrueです。" << std::endl; // ①
#else
    std::cout << "PLUS(defined(HOGE), 0)はfalseです。" << std::endl; // ②
#endif
}
```

実行結果

PLUS(defined(HOGE), 0)はfalseです。

`#if`の条件式に関数形式マクロを使っていますが、最初にこのマクロ展開が行われ次のようになります。

```
#if (defined(HOGE) + 0)
```

このときHOGEというマクロが定義されているので`defined(HOGE)`は1となり、(1 + 0)を計算すると1になるので、この条件文はtrueとなり①のプログラムが有効となります。

C言語と共通化したヘッダーファイルを作るときによく使うのが、`__cplusplus`と組み合わせた条件文です。`__cplusplus`はC言語では定義されない識別子なので、C言語とC++とで動作を変えたい部分がある場合には、`defined()`と組み合わせることで切り替えることができます。

例えばリンケージ指定はC言語には無い機能なので、ヘッダーファイルを共通化したい場合には次のようにプリプロセッサーで切り替えることが多々行われます。

```
#if defined(__cplusplus)
extern "C" { // C++のときのみこの範囲指定が有効になる
#endif

// …… C言語の宣言など

#if defined(__cplusplus)
} // C++のときのみリンケージ指定の終わり
#endif
```

> **note** 注意すべき点として、プリプロセッサー命令はすべてコンパイルの前に処理が行われます。そのため、実行中にプログラムを切り替えられるif文と違い、`#if`命令で無効化された部分のプログラム（リスト4.26の場合は②）は実行中に切り替えることが絶対にできません。その部分のプログラムはなかったものとして扱われます。

#ifdef命令

プリプロセッサー命令での条件分岐では、多くの場面で`#if`と`defined()`を組み合わせて使います。そのため、これらの組み合わせを簡単に使えるプリプロセッサー命令があります。

> **構文** #ifdefと#ifndef
>
> #ifdef *macro-name*
>
> #ifndef *macro-name*

これらはそれぞれ次の`#if`の代わりに使うことができます。

```
#if defined(macro-name)
```

```
#if !defined(macro-name)
```

ただし、`#elifdef`や`#elifndef`のようなプリプロセッサー命令はないので、その場合には`defined()`を使わなければなりません。

`#if`を使ったCリンケージ指定の切り替えは`#ifdef`を使うと次のように書き換えられます。

```
#ifdef __cplusplus
extern "C" { // C++のときのみこの範囲指定が有効になる
#endif

…… // C言語の宣言など

#ifdef __cplusplus
} // C++のときのみリンケージ指定の終わり
#endif
```

インクルードガード

`#include`命令のところで、何度もインクルードすると重複してヘッダーファイルを読み込んでしまうと説明しましたが、標準ライブラリのヘッダーなどは何度もインクルードされても問題にならないようにうまく回避しています。このテクニックのことを**インクルードガード**（include guard）と言います。標準ライブラリやサードパーティライブラリはすべてインクルードガードされた状態となっているので何度もインクルードしても問題になることはまれです。

インクルードガードは`#ifndef`と`#define`を組み合わせた次のような形をとります。

```
#ifndef UNIQUE_IDENTIFIER
#define UNIQUE_IDENTIFIER

…… // ヘッダーファイル本体
```

```
#endif
```

`#define`が`#ifndef`の内側にあることが重要です。1回目にこのヘッダーファイルがインクルードされたとき、その時点では何もマクロ定義されていないので、`#ifndef`のブロックが有効になります。すると次の`#define`によって（他のヘッダーファイルの識別子と衝突しないようにプログラマーが決めた）ヘッダーファイルを識別するための識別子が定義されます。次にインクルードされたときには1回目で定義した識別子が残っているので`#ifndef`のブロックは無効となり、最初の1回目のみ有効なプログラムが残ります。

このようにして何度インクルードされても問題ないヘッダーファイルが実現されています。

練習問題 4.9

1. `#include`命令は何をする命令なのか説明してください。
2. マクロを使って関数呼び出しが異なる関数呼び出しになるようなプログラムを書いてください。
3. マクロが定義されていたらそのマクロの定義を削除するにはどうすればいいか考えてください。

☑ この章の理解度チェック

1. 前方宣言を使うと何ができるようになるか説明してください。
2. コンパイルしてでき上がったオブジェクトファイルを、最後に1つにまとめて実行可能形式にする手続きと、そのときに使われるツールを答えてください。
3. 引数で受け取った整数の次の整数を返す`next()`関数をインライン関数で定義してください。
4. 3重程度にネストした名前空間に適当なメッセージを表示する関数を定義し、その名前空間の別名を作って呼び出してください。
5. インクルードガードの例を示してください。

Chapter 5

配列、ポインター、右辺値参照

この章の内容

5.1	配列とポインター
5.2	オブジェクトの配列
5.3	newとdeleteの使用
5.4	newとdeleteの詳細
5.5	{}による初期化とstd::initializer_list
5.6	参照渡し
5.7	参照を返す関数
5.8	右辺値参照
5.9	関数ポインターと関数リファレンス
5.10	thisのキャプチャ
5.11	関数ポインターに変換可能なラムダ式

この章では、より複雑なプログラムを作る上でよく使う記法やその注意点について学びます。細かい動作の違いは一見些細なように見えますが、あとになってとても見つけづらいバグを引き起こすことがあります。

特にクラスにはコンストラクターやデストラクターといった特殊なメンバー関数が定義されるので、組み込み型で起こっていたことよりもはるかに多くのことに注意しなければなりません。

5.1 配列とポインター

5.1.1 ポインターへの暗黙変換

配列は、ポインター型への暗黙変換を行えます。配列にはたくさんの要素がありますが、暗黙変換されるときには先頭の要素へのポインターとして変換されます（リスト5.1）。

▶リスト5.1 配列の暗黙変換

```
#include <iostream>

int main()
{
    int array[] = {0, 1, 2, 3};

    std::cout << "先頭のアドレス: " << &array[0] << std::endl;

    int* ptr = array; // 配列からポインターへの暗黙変換

    std::cout << "ポインター : " << ptr << std::endl;
    std::cout << "値: " << *ptr << std::endl;
}
```

実行結果は以下のようになり、ポインターが持つアドレスも、間接参照した値も配列の先頭を指していることがわかります。なお、アドレス値は実行するたびに変わります。

実行結果
```
先頭のアドレス: 0x7ffe3c336020
ポインター : 0x7ffe3c336020
値: 0
```

文字列リテラルも文字の配列なので、同様にポインターへの暗黙変換が可能です。ただし、文字列リテラルは変更不可能な配列なので、`const`修飾されたポインターとなります[1]。

```
const char* string = "string literal"; // OK。文字列リテラルはconstな配列
```

5.1.2 次のアドレス

配列をポインターに変換すると先頭のアドレスとなりましたが、先頭以外の要素にアクセスするには、配列のときと同じく添字演算子を使います（リスト5.2）。

▶リスト5.2　先頭以外の要素

```cpp
#include <iostream>

int main()
{
    int array[] = {0, 1, 2, 3};

    int* ptr = array;

    std::cout << ptr[0] << std::endl;
    std::cout << ptr[1] << std::endl;
    std::cout << ptr[2] << std::endl;
    std::cout << ptr[3] << std::endl;
}
```

実行結果

```
0
1
2
3
```

添字演算子は直接任意の要素にアクセスしますが、ポインターのアドレスを使ってもアクセスできます。変数のアドレスは1を足すと次の要素のアドレスを、1を引くと前の要素のアドレスを指します。1以上を足し引きするとさらに次や前の要素のアドレスとなるので、好きな要素のアドレスを手に入れることができます（リスト5.3）。

---

[1] C言語では`const`修飾されていない配列だったため、一部のコンパイラーでは互換性のために`const`でないポインターに変換できることもありますが、C++では本来エラーなので注意してください。

▶リスト5.3　先頭以外のアドレス

```
#include <iostream>

int main()
{
    int array[] = {0, 1, 2, 3};

    int* ptr = array;

    ptr += 2; // 2番目の要素のアドレス
    std::cout << *ptr << std::endl;

    ++ptr;    // 3番目の要素のアドレス
    std::cout << *ptr << std::endl;

    ptr -= 2; // 1番目の要素のアドレス
    std::cout << *ptr << std::endl;

    --ptr;    // 0番目の要素のアドレス
    std::cout << *ptr << std::endl;
}
```

実行結果
```
2
3
1
0
```

5.1.3　配列と引数

　配列のコピーを作ることができないのは、引数であっても同じです。しかし関数の引数として配列を記述することは可能です。ただしその際、引数に記述された配列は配列ではなく、ポインターとして宣言されたものとして扱われます。そのため、次のプロトタイプ宣言はどちらも同じ意味となります。

```
void function(int array[5]); // OK

void function(int* array); // 上の宣言と同じ意味
```

ポインターと同じ意味となってしまうので、配列の長さが違っていても関数呼び出しはできてしまうことに注意してください。

```
void function(int array[5]);

int main()
{
    int array[4] = {};

    function(array); // OK。ポインターへの暗黙変換が行われる
}
```

5.1.4　配列の型と別名

配列はポインターに暗黙的に変換できますが、配列自体はポインター型ではなく「配列の型」というものを持っています。ただし、配列へのポインター型や配列への参照型は、普通のポインター型や参照型の宣言とは表記方法が大きく異なるので注意が必要です。

構文 配列の型、ポインターと参照

> *type-name*[*array-length*]　// 配列の型
>
> *type-name* (*)[*array-length*]　// 配列へのポインター型
>
> *type-name* (*pointer-name)[*array-length*] = & *array-name*;　// 配列へのポインターの宣言
>
> *type-name* (&)[*array-length*]　// 配列への参照型
>
> *type-name* (& *reference-name*)[*array-length*] = *array-name*;　// 配列への参照の宣言

括弧を忘れたり*や&の位置が異なったりすると別の意味になるので注意してください。

```
int* pointer[10]; // 長さ10のint*型の配列（int*型の変数が10個並んでいる）

int& (reference)[10]; // エラー。長さ10のint&型の配列。ただし参照型の配列は作れない
```

また長さが異なる配列はそれぞれ別の型を持っています。仮引数のときのように勝手に無視されたりはしません。

```
int array[5] = {0, 1, 2, 3, 4};

// arrayはint[5]型なのでint[10]型へのポインターには代入できない
int (*pointer)[10] = &array; // エラー
```

配列へのポインターや参照は型に配列の長さの情報を持っているので、範囲for文で走査することもできます（リスト5.4）。

▶リスト5.4　配列のポインターと参照

```cpp
#include <iostream>

int main()
{
    int array[5] = {0, 1, 2, 3, 4};;

    int (*ptr)[5] = &array; // 配列へのポインター

    for (int e : *ptr) // ポインターなので間接参照演算子が必要
    {
        std::cout << e << std::endl;
    }

    std::cout << std::endl;

    int (&ref)[5] = array; // 配列への参照

    for (int e : ref) // 参照なので間接参照演算子は不要
    {
        std::cout << e << std::endl;
    }
}
```

実行結果
```
0
1
2
3
4

0
1
2
3
4
```

配列へのポインターや参照は括弧があり少々使いづらいので、必要となった場合には型に別名を与えるとよいでしょう。

```
using int_array = int[5];

int_array array; // 長さ5のint型の配列

int_array* aptr = &array; // 長さ5のint型の配列へのポインター

int_array& aref = array; // 長さ5のint型の配列への参照

usin int_array_pointer = int (*)[5];

int_array_pointer ptr = &array;    // 長さ5のint型の配列へのポインター

using int_array_reference = int (&)[5];

int_array_reference ref = array; // 長さ5のint型の配列への参照
```

特に配列へのポインターや参照を返す関数の戻り値の型は、とても複雑で読みづらくなるので別名を使うべきです。

```
// 長さ10のint型配列へのポインターを返す関数
int (*function(int a))[10]
{
    ……
}
```

練習問題 5.1

1. 次のプログラムに、配列を逆順にするreverse()関数を定義してください。reverse()関数は配列とその配列の長さを受け取ります。

    ```
    #include <iostream>

    // reverse()関数をここに定義する

    int main()
    {
        int array[] = {0, 1, 2, 3, 4};
    ```

5.1.4 配列の型と別名

```
        reverse(array, 5);   // 引数は配列とその長さ

        std::cout << array[0] << std::endl;
        std::cout << array[1] << std::endl;
        std::cout << array[2] << std::endl;
        std::cout << array[3] << std::endl;
        std::cout << array[4] << std::endl;
    }
```

2. ポインターのみを使って（範囲for文や添字演算子を使わずに）配列の要素を列挙してください。

5.2 オブジェクトの配列

5.2.1 オブジェクトの配列と初期化

　C++ではクラスも組み込み型と同じように配列を作ることができます。組み込み型の配列では、初期値を渡さなければ初期化されず、一方配列の長さと同じ数だけ初期値を渡すことで、それぞれが初期化されていました。しかしそのクラスがコンストラクターを定義していた場合、どうやってコンストラクターに引数を渡せばよいのでしょうか。

　（関数形式の）**明示的な型変換**（explicit type conversion（function notation））と呼ばれる、コンストラクター呼び出しを行ってインスタンスを返す記法を使うことができます。これは途中の変数を作ることなく、関数呼び出しの実引数に使うインスタンスを作ったりする際に使います。

構文 関数形式の明示的な型変換

type-name(*arguments*……)

type-name{*arguments*……}

```
    // 明示的な変換を使ってインスタンスを作り、関数の引数として渡す
    void foo(A{"name", 42});
```

配列内の初期化する各要素について、この明示的な型変換を並べていくと、配列の各要素を目的どおりに初期化できます。

　リスト5.5では3つの三角形をそれぞれ異なった大きさで初期化して、その面積をそれぞれ表示しています。

▶リスト5.5　3つの三角形の初期化と面積の表示

```cpp
#include <iostream>

class Triangle
{
    int m_height;       // 高さ
    int m_base_length;  // 底辺の長さ

public:
    explicit Triangle(int height, int base_length);

    int height() const;
    int base_length() const;
};

Triangle::Triangle(int height, int base_length)
    : m_height(height), m_base_length(base_length)
{
}

int Triangle::height() const
{
    return m_height;
}

int Triangle::base_length() const
{
    return m_base_length;
}

int main()
{
    Triangle triangles[] =
    {
        Triangle{10, 20}, // 配列の各要素のコンストラクターにそれぞれ引数を渡している
        Triangle{20, 30},
```

5.2.1　オブジェクトの配列と初期化

```
        Triangle{40, 50},
    };

    for (auto& tri : triangles)
    {
        std::cout << "面積: " << (tri.base_length() * tri.height() / 2)
            << std::endl;
    }
}
```

実行結果

面積: 100
面積: 300
面積: 1000

このように、クラスであっても必要な数だけ配列にして走査することができます。また、コンストラクターをオーバーロードしていても、呼び出したいコンストラクターに合った引数を渡せば問題ありません。

なお、コンストラクター呼び出しの数よりも配列のほうが長い場合、先頭から順番に渡した引数で初期化され、足りない分はデフォルトコンストラクターが呼び出されるようになります（リスト5.6）。そのためデフォルトコンストラクターがない場合にはエラーとなります。

▶リスト5.6　オブジェクトの配列とコンストラクター呼び出し

```
#include <iostream>

class A
{
    std::string m_name;
    int         m_value;

public:
    explicit A(std::string name, int value);
    explicit A(std::string name);
    A(); // デフォルトコンストラクター
    void show() const;
};

A::A(std::string name, int value) : m_name(name), m_value(value)
{
```

```cpp
}

A::A(std::string name) : A(name, -1)
{
}

A::A() : A("default")
{
}

void A::show() const
{
    std::cout << m_name << " " << m_value << std::endl;
}

int main()
{
    A a[4] =
    {
        A{"first", 42}, // 1つ目のコンストラクター呼び出し
        A{"second"},    // 2つ目のコンストラクター呼び出し
                        // 3つ目以降はデフォルトコンストラクターが自動で呼び出される
    };

    a[0].show();
    a[1].show();
    a[2].show();
    a[3].show();
}
```

実行結果
```
first 42
second -1
default -1
default -1
```

クラスを配列にするときの注意点ですが、配列とはいえオブジェクトなのでもちろんデストラクターの呼び出しが必ず行われます。そのため、デストラクターで多くの処理をするようなクラスを不必要に大きな配列として作ってしまうと、要素の数だけデストラクターの処理が走ってしまい、場合によっては処理速度に影響を与えます。デストラクターで必要以上の処理をしないのは当然ですが、

配列も必要な長さにとどめておくのがよいでしょう。

　また、クラスに限らず配列は（気付かないうちに）危険な操作ができてしまうことが多いので、標準ライブラリが提供しているコンテナクラスを使ったほうが安全であり、かつ便利です。配列については頭の片隅に置いておく程度で、普段はコンテナクラスを使うようにしていれば問題ありません。コンテナクラスについてはChapter 12で解説します。

5.2.2　動的配列

　配列というのはプログラムを書いたときに長さが決まっていて、プログラムの実行中にその長さを変えることはできません。このような配列を特に**固定長配列**（fixed length array）と呼びます。

　しかしプログラムを書いたときに配列の長さが決まっていないということのほうが実際は多くあります。あとから増えたり、逆に減ったり、そういったことは通常の配列では行うことができません。

　std::vectorは固定長配列と同じように扱えますが、その長さはあとから自由に変えることができます。このように長さが変わる配列を**動的配列**（dynamic array）といいます[2]。

　std::vectorの詳細な使い方は「12.2 std::vector」で説明しますが、簡単な使い方だけ紹介しておきます。

　std::vectorを使って動的配列を作るには次のようにします。std::vectorを使うには<vector>ヘッダーをインクルードします。

```
#include <vector>

class A
{
    ……
};

std::vector<int> int_vector; // int型の動的配列

std::vector<A> A_vector; // クラスAの動的配列
```

　std::vectorに見慣れない<int>や<A>というものが付いていますが、これはテンプレート引数というものです。テンプレート引数についてはChapter 9で解説しますが、std::vectorはテンプレートという機能を使っており、テンプレート引数に好きな型を書くとその型用のstd::vectorをコンパイラーが自動的に生成します。上記例ではint型用のstd::vectorの変数（int_vector）とクラスA用のstd::vectorの変数（A_vector）を宣言しています。

---

[2]　C++にはないのですが、C言語（特に1999年に策定されたC99と呼ばれるバージョン）では「可変長配列」（variable length array）というものがあります。こちらは増やしたり減らしたりはできないのですが、初期化時に変数を使ってその長さを変えられます。C++ではいくつかの理由により採用が見送られているので、本書では説明しません。

動的配列は宣言しただけでは中身が空の配列となっています。通常の配列のときと同じく、{}を使って初期値を与えることもできます。またsize()メンバー関数を使うと動的配列の現在の長さがわかります（リスト5.7）。

構文 size()メンバー関数

```
std::size_t size() const;
```

▶リスト5.7　動的配列

```cpp
#include <vector>
#include <iostream>

int main()
{
    std::vector<int> empty; // 空の動的配列
    std::cout << "empty.size(): " << empty.size() << std::endl;

    std::vector<int> array = {10, 20, 30, 40, 50}; // {}を使って初期化
    std::cout << "array.size(): " << array.size() << std::endl;

    // 範囲for文で走査もできる
    for (int e : array)
    {
        std::cout << e << std::endl;
    }
}
```

実行結果

```
empty.size(): 0
array.size(): 5
10
20
30
40
50
```

動的配列は通常の配列と同じように、添字演算子（[]）を使って各要素に直接アクセスできます。このとき添字演算子で使うインデックスはやはり0オリジンとなっています（リスト5.8）。

▶リスト5.8　添字演算子

```
#include <vector>
#include <iostream>

int main()
{
    std::vector<int> array = {0, 5, 10, 15, 20};

    std::cout << "array[0] = " << array[0] << std::endl;
    std::cout << "array[1] = " << array[1] << std::endl;
    std::cout << "array[2] = " << array[2] << std::endl;
    std::cout << "array[3] = " << array[3] << std::endl;
    std::cout << "array[4] = " << array[4] << std::endl;
}
```

実行結果

```
array[0] = 0
array[1] = 5
array[2] = 10
array[3] = 15
array[4] = 20
```

通常の配列ではできない操作、例えばあとから追加や削除するなどについてはいくつか種類があるのですが、現時点では最もよく使う、「最後に追加する」操作を行うpush_back()メンバー関数と、「最後を削除する」操作を行うpop_back()メンバー関数のみ解説します。それ以外については「12.2 std::vector」を参照してください。

構文　push_back() / pop_back()メンバー関数

```
void push_back(const T& value);

void pop_back();
```

push_back()メンバー関数の引数の型のTはテンプレート引数で渡した型と同じものになります。pop_back()メンバー関数は何も戻り値を返さないので、削除した要素が必要であればあらかじめコピーしておく必要があります（リスト5.9）。

▶リスト5.9　push_back() / pop_back()メンバー関数

```cpp
#include <vector>
#include <iostream>

int main()
{
    std::vector<int> list;

    list.push_back(42); // 末尾に42を追加
    list.push_back(0);  // 末尾に0を追加

    for (int e : list)
    {
        std::cout << e <<  std::endl;
    }

    std::cout << std::endl;

    list.pop_back();        // 最後の要素を削除
    list.push_back(-10); // 末尾に-10を追加

    for (int e : list)
    {
        std::cout << e <<  std::endl;
    }
}
```

実行結果

```
42
0

42
-10
```

練習問題 5.2

1. 次のプログラムがコンパイルできるようにクラスを修正してください。初期値は好きな値でかまいません。

    ```
    class product
    {
        int        id;
        std::string name;
        int        price;

    public:
        explicit product(int id, std::string name, int price)
          : id(id), name(name), price(price) {}
    };

    int main()
    {
        product p[4] =
        {
            product{1, "smart phone", 60000},
            product{2, "tablet", 35000},
        };
    }
    ```

2. 1.のプログラムをstd::vectorを使って書き直してください。初期化時に長さを指定する方法は説明していないので、要素を追加して4要素になるようにします。

5.3 newとdeleteの使用

　クラスに限らず、仮引数やローカル変数は関数などのスコープから出ると自動的に破棄されていました。使う変数がそのスコープの中でだけ使えればよいのであればそれで十分なのですが、実際には生存期間が不明確なオブジェクトが必要になるケースがほとんどです。いつ必要になるかわからない、いくつ必要かわからない、いつ不要になるかもわからない、そんなときにはオブジェクトの**動的確保**（dynamic allocation）を行います。

オブジェクトを動的確保すると、スコープの影響を受けない**フリーストア**（free store）からオブジェクトを格納するのに必要な領域を確保します[※3]。フリーストアに用意されたオブジェクトはスコープを抜けても自動で破棄されることがなくなる代わりに、不要になったらそのたびにプログラマーが破棄しなければならない点には注意してください。

さらに特別な注意点として、メモリの動的確保は失敗してしまう場合があります。その理由の多くは、動的確保に使えるメモリが足りなくなっているということです。例えば、システムが用意できるメモリよりも大きなサイズのオブジェクトを確保しようとした場合や、たくさんのオブジェクトを動的確保してメモリが不足した場合などです。

そのような場合に、後述のnew演算子は std::bad_alloc 例外を送出します[※4]（例外についてはChapter 10を参照）。しかし現時点では特に気にすることはありません。というのも、最近のコンピューターは十分に大きなメモリを搭載しているうえ、仮想メモリという技術で物理メモリ以上のサイズを扱えるため、メモリを極端に多く使うようなプログラムを書かない限り、動的確保に失敗することはほぼないからです。

C++では動的確保のために**new演算子**と**delete演算子**という専用の構文を使います。

構文 new演算子とdelete演算子

```
type* variable = new type;

delete variable;
```

new演算子は、*type*で指定した型のオブジェクトを1つ動的確保して、そのオブジェクトのアドレス値を返します。このとき、通常はデフォルトコンストラクターによって初期化が行われ、new演算子からポインターを受け取ったときには、もうオブジェクトの初期化が終わった状態となります。

一方、delete演算子はnew演算子で確保したオブジェクトを破棄するために使います。デストラクターも同時に呼ばれるので、delete演算子を呼んだあとはそのオブジェクトを使ってはいけません。またnew演算子で動的確保したオブジェクト以外をdelete演算子に渡してもいけません。

実際にnew演算子とdelete演算子を使ってみましょう（リスト5.10）。

[※3] もし他のプログラミング言語を知っているのであれば、**ヒープ**（heap）という単語を聞いたことがあるかもしれません。C++では、厳密にはフリーストアとヒープは違うものとして扱われますが、実用上は同じものとして覚えても問題ありません。

[※4] 非常に古いコンパイラーや一部の特別な環境では「例外を送出せずにヌルポインターを返す」という実装も存在します。しかしこの動作はC++の標準とは異なっているので、そういった特別な環境でプログラムを書くことがない限り例外が送出されると考えて問題ありません。

▶リスト5.10　new演算子とdelete演算子

```cpp
#include <iostream>

int* local()
{
    int i = 42; // ローカル変数
    return &i;  // 警告！ ダングリングポインター
}

int* dyn_alloc()
{
    int* ptr = new int; // int型のオブジェクトを動的確保
    *ptr = 42;   // 動的確保したint型のオブジェクトにアクセス
    return ptr; // 動的確保したものはスコープから出ても破棄されない
}

int main()
{
    // local()で作ったローカル変数はもう破棄されているので、
    // このオブジェクトを参照してはいけない
    // int* l = local();
    // std::cout << *l << std::endl;

    // 動的確保したオブジェクトは関数から戻っても破棄されないので有効
    int* d = dyn_alloc();
    std::cout << *d << std::endl;
    delete d; // 自動で破棄されないので、不要になったらプログラマーが破棄する

    // 破棄したあとのオブジェクトはもう無効になっているので参照してはいけない
    // std::cout << *d << std::endl;
}
```

実行結果

```
42
```

`local()`関数はローカル変数へのポインターを返しています。しかし、これだと関数から返った時点でこのローカル変数の寿命が尽きてしまい、関数の呼び出し元に戻ってきた時点でポインターが指し示す先は無効となっています（ダングリングポインター）。

一方、動的確保する`dyn_alloc()`関数では、ポインターが関数から戻ったとしても、ポインターが指し示すオブジェクトは、ローカル変数のように自動で破棄されることはありません。そのため、

オブジェクトは有効なまま使うことができます。このオブジェクトの生存期間は「delete演算子で破棄するまで」なので、メモリリークを防ぐためにも、使わなくなったら忘れずにdelete演算子を呼ばなければなりません。

練習問題 5.3

1. new演算子でクラスを動的確保してください。このときクラスのコンストラクターとデストラクターがいつ呼ばれたのかわかるようにしてしてください。
2. 1.で修正したプログラムからdelete演算子を削除したらどうなるか考えてください。また、実際にどうなるのか実行して確かめてください。

5.4 newとdeleteの詳細

前節ではnew演算子とdelete演算子の基本的な使い方を学びました。

実際のアプリケーションを開発するにあたって、基本的な動的確保だけでは機能として不足している部分があります。それは「割り当てたオブジェクトに初期値を与える機能」と「配列の動的確保の機能」です。本節ではそれら2つの機能について解説します。

5.4.1 割り当てたオブジェクトに初期値を与える

まずは、割り当てたオブジェクトに初期値を与える方法について説明します。先ほどnew演算子の説明の中で、「通常はデフォルトコンストラクターで初期化する」と述べましたが、new演算子に対してコンストラクターへの引数を渡すことにより、適切なコンストラクターを使ってオブジェクトを初期化することができます。

new演算子にコンストラクターへの引数を渡す構文は次のとおりです。

構文 new演算子にコンストラクターへの引数を渡す

```
variable = new type(arguments……);

variable = new type{arguments……};
```

使う括弧の違いは通常のコンストラクター呼び出しとまったく同じです（つまり{}のほうは危険な変換ができないようになっています）。コンストラクターへの引数の数を増やしたい場合も、通常のコンストラクター呼び出しと同じようにカンマ区切りで好きな数にできます。

また一応、引数をまったく渡さなければデフォルトコンストラクター呼び出しとなりますが、括弧を書かない場合と意味としてはまったく同じなので、その際はどちらを使ってもかまいません。

例えば、整数を動的確保する際に初期値を与えるには次のようにnew演算子を用います（リスト5.11）。

▶リスト5.11　整数の動的確保

```cpp
#include <iostream>

int main()
{
    int* p = new int(42);

    std::cout <<
        "生命、宇宙、そして万物についての究極の疑問の答え: " <<
        *p << std::endl;

    delete p; // delete演算子は通常のまま
}
```

実行結果
```
42
```

同様にクラスを動的確保する例はリスト5.12のとおりです。{}を使っている点にも注目してください。

▶リスト5.12　クラスの動的確保

```cpp
#include <iostream>

class Triangle
{
    float height;
    float width;

public:
    explicit Triangle(float height, float width);
```

```cpp
    float area() const;
};

Triangle::Triangle(float height, float width)
    : height(height), width(width)
{
}

float Triangle::area() const
{
    return height * width / 2;
}

int main()
{
    // コンストラクターへの引数が複数の場合はカンマで区切る
    Triangle* tri = new Triangle{10.0f, 5.0f};

    std::cout << "三角形の面積: " << tri->area() << std::endl;

    delete tri; // クラスでもdelete演算子は通常のまま
}
```

実行結果

```
三角形の面積: 25
```

5.4.2　配列の動的確保

　次に、配列を動的確保する場合について説明します。通常の配列はあらかじめプログラムに記載した長さしか確保することができませんが、動的確保を使うと実行時に好きな長さで確保することができます。このため、寿命は関数スコープで問題ないとしても、いくつ必要になるか実行時までわからないという場合には動的確保を行う必要があります。

> *note* 配列の動的確保は上手く扱わないとメモリリークやバッファーオーバーランなどを簡単に引き起こせてしまうので、特別な理由がない限り標準ライブラリのコンテナクラスを使うことをおすすめします。

配列を動的確保するためのnew演算子とdelete演算子は、これまでのように1つだけ確保する場合とは若干異なる構文になります。そのため混同しないように注意してください。また、new演算子の戻り値の型とdelete演算子が受け取る変数の型は、1つだけのnew／delete演算子とまったく同じポインターになるため、気付かず間違ってしまうことが多くあります。注意しましょう。

構文 配列の動的確保

> *type** *variable* = new *type* [*array-length*];
>
> *type** *variable* = new *type* [*array-length*] {*initial-values*……};

構文 動的確保した配列のdelete

> delete [] *variable*;

new演算子では、配列のときに出てきた[]を使って、配列と同様に必要な数を指定します。new演算子から返されるポインターは動的確保した配列の先頭へのアドレスです。

一方、delete演算子では[]を書く必要はありますが配列の長さについては指定する必要はありません。そのため、間違って通常のdelete演算子を使ってしまうというミスがとても多くあります。配列用のnew演算子を使った場合は、必ず配列用のdelete演算子を使わなければならないこと[※5]に注意してください。

またdelete演算子は各要素について呼ぶのではなく、動的確保した配列につき1回のみ呼び出します。各要素のデストラクターはすべてdelete演算子が呼び出すので、このときいくつ確保したのかを覚えておく必要はありません。

ところで、new演算子の2番目の構文では配列の各要素の初期値を渡しています。先ほど紹介した、コンストラクターへ引数を渡す構文と似ていますが、カンマ区切りで各要素を指定することに注意してください。クラスを使っていて各要素のコンストラクターにさらに引数を渡したい場合には、「5.2 オブジェクトの配列」と同様に関数形式の明示的な変換を使ってコンストラクター呼び出しをすることができます。

もし渡した初期値の数が実際に確保した配列の長さより短い場合には、足りない分はデフォルトコンストラクターを使って初期化されます。逆に実際に確保した長さより初期値の数のほうが多かった場合には、new演算子は（メモリの確保に失敗した場合とは異なる）std::bad_array_new_length例外を送出します。配列の動的確保は、実行時にならないと初期化リストの初期値が不足しているかどうかがわからないので、初期化リストの長さにかかわらず、デフォルトコンストラクターが定義されていないとエラーとなります。

それでは実際に配列の動的確保を行ってみましょう（リスト5.13）。

[※5] たとえ配列のnew演算子で1要素だけの配列を確保しても、必ず配列のdelete演算子を使わなければなりません。

▶リスト5.13　オブジェクト配列の動的確保

```cpp
#include <iostream>
#include <string>

class Object
{
    std::string name;

public:
    Object() : object("NO NAME") { }
    explicit Object(std::string name) : name(name) { }
    ~object();

    void show_name() const;
};

Object::~Object()
{
    std::cout << "Objectのデストラクター " << std::endl;
}

void Object::show_name() const
{
    std::cout << "object name: " << name << std::endl;
}

int main()
{
    // 配列のnew演算子。戻り値の型がポインターであることに注意
    Object* obj = new Object[10]
    {
        Object{"first"},
        Object{"second"},
        // これ以降の要素はデフォルトコンストラクターで初期化される
    };

    obj[0].show_name();
    obj[1].show_name();
    obj[2].show_name();

    // 配列のdelete演算子。各要素の（ここでは10個の）デストラクターがすべて呼ばれる
    delete [] obj;
}
```

```
実行結果
object name: first
object name: second
object name: NO NAME
objectのデストラクター
objectのデストラクター
objectのデストラクター
objectのデストラクター
objectのデストラクター
objectのデストラクター
objectのデストラクター
objectのデストラクター
objectのデストラクター
objectのデストラクター
```

構文自体はそれほど変わりありませんが、似ているからこそミスをしてしまいがちです。配列の動的確保をするときには、通常の動的確保以上に注意して使うようにしてください。

練習問題 5.4

1. コンストラクターがオーバーロードしているクラスを作り、new演算子で動的確保したときにコンストラクターを呼び分けてください。
2. 1.で作ったクラスで、配列の動的確保をしてください。このときに、できるだけ各要素が違うコンストラクターで初期化されるようにしてください。

5.5 {}による初期化とstd::initializer_list

5.5.1 {}による初期化

変数の初期化の構文には何通りかあり、どれも基本的に同じと説明してきました。

しかし、厳密にはすべて違います。特にブレース「{}」（波かっこ：brace）を使ったものと、それ以外のかっこ「()」（丸かっこ：parenthesis）や=を使ったものでは、エラーになったり意図しな

いコンストラクター呼び出しになったりするものがあります。組み込み型の初期化で問題になることは少ないのですが、コンストラクター呼び出しでは問題になりやすくなります。また、これまでに説明してこなかった初期化の方法もあるため、本項ではそれらの違いについて解説しておきます。

リスト5.14にいくつか例を示します。

▶リスト5.14　引数を持つコンストラクター呼び出しのさまざまな例

```
class A
{
    int m_v;
    std::string m_n;

public:
    A(int, std::string);
    A(float);
};

A::A(int v, std::string n)
    : m_v(v)
    , m_n{n} // ① OK。メンバー初期化リストでも{}を使うことができる
{
}

A::A(float)
    : A{-1, "float"} // ② OK。委譲コンストラクターでも{}を使うことができる
{
}

int main()
{
    A ap(42, "0"); // ③ 普通に()を使う
    A ab{42, "0"}; // ④ OK。()の代わりに{}を使うことができる

    A bp = A(42, "0");   // ⑤ OK。関数形式の明示的な型変換
    A bb = A{42, "0"};   // ⑥ OK。bpの初期化と同等

    A cp = (42, "0");    // ⑦ エラー。A(int, std::string)の呼び出しにはならない
    A cb = {42, "0"};    // ⑧ OK。bbの初期化と同等

    A dp = (42, 0.0);    // ⑨ 要注意。A(int, std::string)ではなくてA(float)が呼ばれる
    A db = {42, 0.0};    // ⑩ エラー。doubleからstd::stringへの変換はできない
```

```
    double pi = 3.1415926536;
    A ep(pi);           // ⑪ OKだがdoubleからfloatへの暗黙変換が行われる
    A eb{pi};           // ⑫ エラー。doubleからfloatへは安全に変換できない
}
```

①から⑥はこれまでに見てきたコンストラクター呼び出しと、それを{}に置き換えたものとなります。いずれも問題なく使用することができます。

⑦のようなコンストラクター呼び出しの構文はないためエラーとなりますが、⑧のように{}を使ってクラスの初期化を行うことができます。この書式は、配列やC言語での構造体の初期化で使われていた構文と似た書き方です。このときコンストラクターがあるのであれば、与えた初期値によってコンストラクターが呼ばれますが、1つもコンストラクターを定義しなかった場合（コンパイラーが自動的に生成するものは除きます）には、メンバー変数に順番に初期値が与えられます[※6]。

しかしC++のクラスは単なる配列やC言語の構造体と違い、コンストラクターを定義できるため別の問題も引き起こします。⑨と⑩は、2つ目の値が文字列リテラルから浮動小数点数へと変わっていますが、⑦や⑧とは逆の結果となっています。第2引数の型が異なっている（doubleとstd::string）ので⑩がエラーになるのは正しいのですが、⑨がエラーとならないのはなぜでしょうか。

⑨では「カンマ演算子」というものが使われていると見なされてしまっています。カンマ演算子はあまり使う機会がないため詳しい説明は省略しますが、カンマ演算子は最後（最も右側）の値を演算子の結果として返すので、42は無視されて A dp = 0.0; という形に置き換わり、A(float)はexplicitが付いていないのでこのコンストラクターが呼ばれてしまうという結果となります。

⑪ではdoubleの値を使って初期化していますが、floatはdoubleよりも精度が悪く、変換の結果、元のdoubleの値をfloatで正確に表現できない可能性があります。このように変換の過程で悪くなるような変換のことを**縮小変換**（narrowing conversion）といいます。一方{}では縮小変換は禁止されているので、⑫は自動的にエラーとなります。組み込み型においても{}を使った初期化では縮小変換は禁止されています。

このように、{}を使った初期化を使うと気付かないうちにさまざまな変換が行われておかしなデータになったり、まったく意図していないコンストラクター呼び出しになったりするようなケースを未然に防ぐことができます。

まずは{}でプログラムを記述してみて、その際どうしても問題が発生するようなら他の方法で初期化するという癖を付けておくとよいでしょう。

また、空の{}が必要になるケースも存在します。クラスや構造体がデフォルトコンストラクターを持っている場合は問題ないのですが、コンパイラー生成のデフォルトコンストラクターに任せる場合、組み込み型のメンバー変数の初期値は不定値となります。特に、**const**な構造体変数やクラスのインスタンスを作りたい場合には初期化が必須となる（「1.2.2 const修飾子」で説明したように、

[※6] ただしすべてのメンバーがpublicとなっている必要があるなどいくつか制限があります。

constな変数は初期化が必要だったことを思い出してください）ので、{}を使って0で初期化されることを明示的に指示する必要があります。

```
struct S
{
    int memberA;
};

S s;              // OK。ただしmemberAは不定値
const S cs;       // エラー。メンバー変数に初期値が必要
const S ics{};    // OK。memberAは0で初期化される
```

特に、デフォルトコンストラクターを呼び出すために{}ではなく()と書くと、変数宣言ではなく関数宣言と解釈されてしまうので、{}を使う癖を付けておくのが無難です。

```
const int b{};  // OK。ciは0で初期化される

const int p();  // 注意。戻り値の型がconst intで引数がない関数p()の宣言
```

5.5.2　std::initializer_list

動的配列のように、「具体的な個数は決まっていないけれど、同じ型の値をいくつも受け取りたい」ということがあります。普段はChapter 12で説明する標準ライブラリのコンテナを使って受け渡しを行えば十分ですが、余計なメモリは使いたくない場合や、配列のように初期化リストを使って初期化をしたい場合には`std::initializer_list`という特別な型を使うことで実現できます（リスト5.15）。

▶リスト5.15　std::initialiser_listの使用例

```cpp
#include <iostream>
#include <initializer_list> // std::initializer_listを使うのに必要

class int_vector
{
    std::size_t m_size;
    int* m_array;

public:
    int_vector(std::initializer_list<int> init);
    ~int_vector();
```

```cpp
        std::size_t size() const
        {
            return m_size;
        }
        int at(int n) const
        {
            return m_array[n];
        }
};

// std::initializer_listを受け取るコンストラクター
int_vector::int_vector(std::initializer_list<int> init)
    : m_size{init.size()}, m_array{new int [init.size()]}
{
    // std::initializer_listの中身を使って動的配列を初期化する
    for (std::size_t i = 0; i < init.size(); ++i)
    {
        array[i] = init[i];
    }
}

int_vector::~int_vector()
{
    delete [] array;
}

int main()
{
    // 配列のようにstd::initializer_listを使って初期化
    int_vector iv = {0, 1, 2, 3, 4, 5};

    std::cout << "iv.size() = " << iv.size() << std::endl;
    std::cout << "iv.at(3) = " << iv.at(3) << std::endl;
}
```

実行結果

```
v.size() = 6
v.at(3) = 3
```

このstd::initializer_listは、コンストラクターでしか使えないというわけでもないのですが、使いどころが難しいので、むやみに使うと余計なバグを生み出す原因となります。ただ、標準ライブラリは必要に応じてstd::initializer_listを受け取るオーバーロードを適切に提供しているので、多くの場合は自分でstd::initializer_listを使うことはないでしょう。

練習問題　5.5

1. 次のプログラムがエラーになる理由を説明してください。

    ```
    int main()
    {
        double d = 0.0;
        float f { d }; // エラー
    }
    ```

2. std::initializer_list<int>を受け取るコンストラクターを定義してください。コンストラクターの中では受け取ったstd::initializer_listの中身を列挙してください。

5.6　参照渡し

　オブジェクトを関数の実引数として渡した場合、その関数スコープ内でだけ有効なコピーが作成されます。そのコピーは関数のスコープから抜ける際に自動的にデストラクターが呼ばれます。このことは、正しくコピーコンストラクターを実装していれば直接的に大きな問題となることは少ないのですが、少なからずパフォーマンスに影響を与えてしまいます。

　この問題を解決する最も一般的な方法は、関数がオブジェクトの参照を受け取るようにすることです。参照はオブジェクトのコピーを作らないため、先に挙げたような問題を解決できます。しかし、非constな参照は、元のオブジェクトを変更してしまう可能性があることには注意しなければなりません。もし関数が元のオブジェクトを変更しないのであれば、constな参照を受け取るようにすることで、パフォーマンスに影響を与えることなく、変更してしまうような操作も禁止することができます。

　オブジェクトのコピーが作られるような関数の呼び出し方を**値渡し**（call by value）といい、参照を渡す呼び出し方を**参照渡し**（call by reference）といいます。クラスや構造体など、多くのデータ

を扱う場面では参照渡しを使うのが一般的ですが、プログラムの内容によっては値渡しのほうがきれいなプログラムを書ける場合があります。すべての値渡しが問題になるわけではないことは覚えておいてください。

それではオブジェクトのアドレスとコンストラクター、デストラクターを使って確認してみましょう（リスト5.16）。

▶リスト5.16　オブジェクトの値渡しと参照渡し

```
#include <iostream>

class Marker
{
public:
    Marker();
    ~Marker();
};

Marker::Marker()
{
    std::cout << "コンストラクター: " << this << std::endl;
}

Marker::~Marker()
{
    std::cout << "デストラクター: " << this << std::endl;
}

void copy(Marker m)
{
    std::cout << "copy: " << &m << std::endl;
}

void reference(const Marker& m)
{
    std::cout << "reference: " << &m << std::endl;
}

int main()
{
    Marker m;
```

```
    std::cout << "値渡し前" << std::endl;
    copy(m);
    std::cout << "値渡し後" << std::endl;

    std::cout << "参照渡し前" << std::endl;
    reference(m);
    std::cout << "参照渡し後" << std::endl;
}
```

リスト5.16を実行すると、次のような出力になります。なお、アドレスの値は実行するたび変わります。

実行結果

```
コンストラクター : 0x7ffd056d8dae
値渡し前
copy: 0x7ffd056d8daf
デストラクター : 0x7ffd056d8daf
値渡し後
参照渡し前
reference: 0x7ffd056d8dae
参照渡し後
デストラクター : 0x7ffd056d8dae
```

値渡しをした場合、関数から処理が戻ってくる直前でデストラクター呼び出しが、それも main() 関数内で作ったインスタンスのアドレスとは異なった仮引数のオブジェクトのアドレスで行われています。アドレスが異なっているので、main() 関数で作ったオブジェクトと仮引数のオブジェクトは別物であることがわかります。一方、参照を受け取る場合には、値渡しの場合で行われたデストラクター呼び出しがなく、仮引数のアドレスも実引数として渡したオブジェクトのアドレスとなっています。このことからも、値渡しの場合にはオブジェクトがコピーされており、参照を受け取る場合にはコピーが起こらないことがわかります。

練習問題 5.6

1. 引数を値で受け取る関数を呼び出す場合と、参照で受け取る関数を呼び出す場合はそれぞれ何と呼ぶか説明してください。

5.7 参照を返す関数

関数の引数としてオブジェクトの参照を受け渡しできたように、関数からオブジェクトの参照を返すこともできます。引数ほど多くの場所で使うことはないのですが、これは一部（特にChapter 6で説明する演算子のオーバーロード）で非常に役に立つ機能です。

5.7.1 グローバル変数の参照を返す関数

まずはグローバル変数の参照を返す、簡単な関数の例を見てみましょう（リスト5.17）。

▶リスト5.17　グローバル変数を参照で返す

```cpp
#include <iostream>

int x;
int& get_x() // 参照を返す関数
{
    return x; // 参照を返すときであっても特別なことはしなくてよい
}

int main()
{
    x = 10;
    int& y = get_x(); // 返された参照をそのまま参照として受け取る
    y = 100;
    std::cout << x << std::endl;
}
```

実行結果
```
100
```

ごく普通に値を返すようにしてグローバル変数の参照を返しています。また戻り値として受け取るほうも参照として受け取っています。そして参照なので、その変数の値を書き換えると元の変数の値も書き換わります。

ここで注意してもらいたいのが「4.3 スコープ」でも説明した、「変数の生存期間」についてです。先ほどの例ではグローバル変数の参照を返したので、その生存期間については特に気にする必要はありませんでした。しかし例えば関数の中で宣言されたローカル変数の参照を返した場合はどうでしょう。

これはダングリングポインターのときと同じように、無効な変数への参照を返す**ダングリングリファレンス**（dangling referrence）となってしまいます。参照を返す場合に限ったことではないのですが、参照それ自体は生存期間については情報を一切持たないので、特に参照を返すときにはその生存期間がどれぐらいなのか意識しておく必要があります。

5.7.2 メンバー変数の参照を返す関数

パフォーマンスの問題などから、メンバー関数がメンバー変数を参照で返すということもよく行われます（もちろんメンバー関数に限った話ではありません）。特にコピーできなかったり、コピーの処理が非常に大きなメンバー変数を返したりするときです。

その返されたメンバー変数を受け取る側がただメンバー変数の中を見たり直接変更したい場合には参照で受け取り、オブジェクトに影響を与えないようコピーを作って別の用途に使うなど、呼び出す側にコピーするのかしないのかの選択肢を与えることができます（リスト5.18）。

▶リスト5.18　メンバー変数を参照で返す

```cpp
#include <iostream>
#include <string>

class Object
{
    std::string name;

public:
    Object(std::string name);

    const std::string& get_name() const;
};

Object::Object(std::string name) : name{name}
{
    // 文字列をメンバー変数のnameにコピー
}

const std::string& Object::get_name() const
{
    return name; // nameを参照で返す
}
```

```
int main()
{
    Object obj{"とても大きなオブジェクト"};
    // メンバー変数への参照を取得。コピーが起きないので高速
    const std::string& name = obj.get_name();
    std::cout << name << std::endl;
}
```

実行結果

とても大きなオブジェクト

　リスト5.18では、オブジェクトの名前を取得するメンバー関数でメンバー変数の参照を返しています。こうすることでオブジェクトのコピーを避けつつ、受け取る側は欲しい情報を得ることができます。もちろんconstな参照として返しているので、クラスの外部からメンバー変数を変更することはできません。

5.7.3　参照を返した場合の型推論

　関数が参照を返すとき、その戻り値を受け取る変数を型推論に任せようとすると一体どのような型になるのでしょうか。リスト5.19の例では型推論を使って参照を受け取っています。

▶リスト5.19　参照を返す関数の型推論

```
#include <iostream>

// 受け取った参照をそのまま返す関数
int& id(int& i)
{
    return i;
}

int main()
{
    int i = 42;

    auto j = id(i); // jは参照？それとも値？

    j = 0; // 参照であればiが変わっているはず

    std::cout << i << std::endl;
}
```

もしjが参照に推論されていればiの参照を受け取っているはずなので、変更すればiの値も変更され、0が画面に出力されるはずです。

リスト5.19を実行すると次のような結果となります。

実行結果
```
42
```

42が出力されたということは、jは変数iの参照ではないということを示しています。つまり、autoは参照ではなく値になるように型推論しているというわけです。

autoを使って参照として型推論したい場合には次のように記述します。

構文 参照型への型推論

> auto& *reference-name* = *expression*;

リスト5.19を参照となるように型推論するとリスト5.20のようになります。

▶リスト5.20　参照の型推論

```cpp
#include <iostream>

// 受け取った参照をそのまま返す関数
int& id(int& i)
{
    return i;
}

int main()
{
    int i = 42;

    auto& j = id(i); // 参照に型推論

    j = 0; // 参照なのでiが変わる

    std::cout << i << std::endl;
}
```

実行結果
```
0
```

5.7.3　参照を返した場合の型推論

練習問題 5.7

1. 次のプログラムには問題があります。どのような問題か説明してください。

    ```cpp
    int& function()
    {
        int value = 0;
        return value;
    }

    int main()
    {
        int& value = function();
        value = 10;
    }
    ```

2. getter / setterではなく、メンバー変数への参照を直接返すメンバー関数を定義してください。そしてそれをconstメンバー関数でもオーバーロードしてください。

5.8 右辺値参照

変数・引数・数値といった何かの「値」は、大きく分けると**左辺値**（left hand side value）と**右辺値**（right hand side value）という2つに分類されます。

このうち変数や引数（正確には仮引数）は左辺値と呼ばれ、値を代入することができるものを指します。一方、数値リテラルは右辺値と呼ばれ、値を代入することはできません。例えば次のような式はエラーとなります。

    1 = 0; // エラー。1は右辺値なので、代入することはできない

右辺値にはリテラル以外にも（参照ではない）関数の戻り値や関数形式の明示的な型変換なども該当します。

5.8.1 通常の参照と右辺値参照

通常の参照は左辺値でのみ初期化ができ、右辺値ではできません[7]。**右辺値参照**（r-value reference）はそのような通常の参照とは少し異なり、右辺値への参照のみを格納できる機能です。

構文 右辺値参照

type&& *variable* = *R-value*;

右辺値参照は右辺値でのみ初期化ができる一方、左辺値では初期化できません。しかしとてもややこしいのですが、右辺値参照型の変数は左辺値です。参照は他の参照型変数を参照できますが、右辺値参照は他の右辺値参照型変数を参照することはできません。色々な組み合わせを実際に試してみて、コンパイラーがどの組み合わせをエラーとするのかを確認してみてください[8]。

```
int& a = 1;    // エラー。通常の参照は右辺値で初期化できない
int v;
int&& b = v;   // エラー。右辺値参照は左辺値で初期化できない
int&& c = b;   // エラー。右辺値参照型変数は左辺値なので、右辺値参照を初期化できない
int& d = b;    // OK。右辺値参照型変数は参照なので参照を初期化できる

a = 10;        // OK。参照は左辺値なので右辺値を代入できる
b = 10;        // OK。右辺値参照は左辺値なので右辺値を代入できる
```

5.8.2 右辺値のアドレス

 note この項では、右辺値と左辺値に関する少々複雑な内容を解説します。そのため最初はこの項を一旦読み飛ばしてもよいでしょう。

右辺値参照には右辺値を参照できるだけでなく、値を代入することもできます。しかし右辺値自体に代入することはできないはずなので、参照とはいえ奇妙に感じるかもしれません。

右辺値参照への値の代入とは、一体どのようなことなのでしょうか。例として、次のように、1への参照を持つ右辺値参照に0を代入した場合を考えてみましょう。代入によって1が0になってしまうのでしょうか。

※7　実はconstな参照は右辺値への参照を持つことができますが、特別な動作なので説明は割愛します。
※8　最近のコンパイラーでは問題ありませんが、右辺値参照が登場した2009年頃のコンパイラーは右辺値参照の実装が不完全でエラーとなるべき組み合わせでエラーとならない場合があるので注意してください。

```
int&& i = 1; // 1への右辺値参照
i = 0; // OK。iは左辺値

if (1 == 0) // 1 == 0となってしまったのか？
{
    ……
```

左辺値の場合、オブジェクトが同じものであるかを調べるにはアドレス値を使って確認しました。それでは、右辺値はどのようなアドレス値を持っているのでしょうか。

実は右辺値のアドレスを取ろうとするとエラーとなります。このエラーは、右辺値が有効なアドレスを持っていないことを表しています。

```
int* p = &0; // エラー。右辺値のアドレスは取れない
```

言い換えれば、右辺値は「メモリ上のどこかにある変数」というわけではないのです。

ここで、右辺値参照型変数は左辺値だったことを思い出しましょう。左辺値ということは代入できる先が必要であり、何かしらのアドレスを持っているはずです。実際に同じ右辺値から作られた異なる右辺値参照型変数のアドレスを確認すると、リスト5.21のようになります。

▶リスト5.21　右辺値参照のアドレス

```cpp
#include <iostream>

int main()
{
    int&& i = 0;
    int&& j = 0; // 0からもう一つ右辺値参照を作る

    std::cout << "&i: " << &i << std::endl;
    std::cout << "&j: " << &j << std::endl;
}
```

リスト5.21を実行すると、実行するたびに値は変わりますが、次のようにそれぞれ異なったアドレスを持つことが確認できます。つまり、同じ右辺値を使った右辺値参照であっても、右辺値参照として参照するときにはそれぞれ別のオブジェクトが作られているというわけです。

実行例

```
&i: 0x7ffd88aeec08
&j: 0x7ffd88aeec0c
```

これらのことから、冒頭で触れた「1 == 0となってしまうのか」という疑問への答えは、「なら

ない」だとわかります（リスト5.22）。

▶リスト5.22　冒頭のプログラム

```cpp
#include <iostream>

int main()
{
    int&& i = 1; // 1への右辺値参照
    i = 0; // OK。iは左辺値

    if (1 == 0) // 1 == 0となってしまったのか？
    {
        std::cout << "1 == 0" << std::endl;
    }
    else
    {
        std::cout << "1 != 0" << std::endl;
    }
}
```

実行結果

```
1 != 0
```

5.8.3　右辺値参照のオーバーロード

右辺値参照は通常の参照とは異り、オーバーロードすることができます（リスト5.23）。

▶リスト5.23　参照と右辺値参照のオーバーロード

```cpp
#include <iostream>

void show(int& v)
{
    std::cout << "参照: " << v << std::endl;
}

void show(int&& v) // 右辺値参照で受け取るオーバーロード
{
    std::cout << "右辺値参照: " << v << std::endl;
```

```cpp
}

int main()
{
    int v = 1;
    show(v);  // 変数は左辺値
    show(42); // 数値は右辺値
}
```

実行結果

```
参照: 1
右辺値参照: 42
```

このように実引数に変数を渡した場合、変数は左辺値なので参照のオーバーロードが呼ばれますが、リテラルは右辺値なので右辺値参照のオーバーロードが呼ばれます。ごくまれに右辺値の場合（もしくはその逆に参照の場合）に高速な処理をすることができることがあるので、右辺値参照でオーバーロードすることで効率のよいプログラムを書けることがあります。

5.8.4　ムーブコンストラクター

クラスはコピーコンストラクターを定義して、インスタンスがコピーされるときの動作を定義できました。

似たようなコンストラクターとして、**ムーブコンストラクター**（move constructor）というものも定義することができます。コピーコンストラクターはconst参照を受け取っていたのに対し、ムーブコンストラクターは右辺値参照を受け取るコンストラクターです。

コピーコンストラクターとムーブコンストラクターは、同一クラス上で両者を定義することができますし、どちらかだけにすることもできます。コピーコンストラクターとムーブコンストラクターの役割の違いについては「5.8.5 コピーとムーブ」で説明します。

構文　ムーブコンストラクター

```
class class-name
{
public:
    class-name(class-name&& variable-name); // ムーブコンストラクター
};
```

「3.3.3 コピーコンストラクター」のリスト3.7（145ページ）をムーブコンストラクターを実装する

形に書き換えるとリスト5.24のようになります。

▶リスト5.24　ムーブコンストラクター

```
#include <iostream>
#include <string>
#include <utility>

class person
{
    std::string m_name;
    int         m_age;

    person(int age) : m_age{age} {}

public:
    person() : person{-1} {}
    person(std::string name, int age)
        : m_name{name}, m_age{age} {}

    person(person&& ohter); // ムーブコンストラクター

    const std::string& name() const { return m_name; }
    int age() const { return m_age; }
};

// ムーブコンストラクター
person::person(person&& other)
  : m_name{other.m_name}, m_age{other.m_age}
{
    std::cout << "ムーブコンストラクター呼び出し" << std::endl;
}

int main()
{
    person alice{"alice", 15};

    // ムーブコンストラクターで初期化
    person move{std::move(alice)};

    std::cout << move.name() << std::endl;
    std::cout << move.age() << std::endl;
}
```

5.8.4　ムーブコンストラクター

> **実行結果**
>
> ムーブコンストラクター呼び出し
> alice
> 15

　`std::move()`関数（`<utility>`ヘッダーが必要）は左辺値を強制的に右辺値として扱えるようにするヘルパー関数です。変数`alice`は右辺値ではないので、そのまま渡そうとしてもムーブコンストラクターを呼び出せずにエラーとなってしまいます。そこで`std::move()`関数で左辺値から右辺値参照へと変換すると、ムーブコンストラクターを呼び出すことができるようになります。

5.8.5　コピーとムーブ

　コピーコンストラクターとムーブコンストラクターは、どちらも他のインスタンスをもとに初期化するためのコンストラクターですが、その役割には明確な違いがあります。

　コピー（copy）とは文字通り複製という意味で、元のインスタンスとメンバー変数が同じになるように初期化します。ただしメンバー変数が動的確保したポインターを持っていた場合、多重解放しないように、新たにメモリ領域を動的確保して変数をコピーするのが一般的です。

　ただ、メモリの動的確保はパフォーマンスにとても重大な影響を及ぼすことがあり、コピーを数多く行うと、プログラム全体の処理が非常に遅くなってしまうことがあります。

　一方、**ムーブ**（move）では、コピーとは異なり**所有権の移動**（ownership transfer）を行います。コンストラクターで動的確保されたメモリ領域はデストラクターで破棄されるため、オブジェクトの一部と見なすことができますが、実際にはインスタンスとは別のメモリ領域に置かれているものであり、インスタンスの破棄とは直接的には関係しません。そのためインスタンスの一部というよりも、インスタンスがそのメモリ領域を**所有**していると考えることができます。所有権の移動とは、その「所有しているメモリ領域」を他のインスタンスに譲渡するという考え方だといえます。

　所有権の移動を理解するために、「あなたがどこかからか土地を購入して家を建てる」ということを例に話を進めましょう。その場合、土地がメモリ領域の比喩だとすると、土地の購入とはメモリの動的確保に相当します。

　その土地に建てられた家（インスタンス）を誰かに渡すために、一旦コピーを作る、つまり同じだけの広さの土地を購入して家を建てるのは、時間的・金銭的なコストが非常にかかり、大変な作業となることでしょう。しかし、元の土地と建物がもう不要なのであれば、コピーを作らずにその土地と建物の権利を他人に譲渡（つまり所有権の移動）することで、簡単に実現可能です。

　プログラムもこれと同じで、ムーブのほうがコピーよりも処理が早く、メモリ領域の無駄も少なくなります。またムーブ元のインスタンスは、ムーブしたあとにはメモリ領域の所有権を持っていないので、ヌルポインターなどを代入してメモリ領域にアクセスできないようにするとよいでしょう（リスト5.25）。

▶リスト5.25　所有権の移動

```cpp
#include <iostream>
#include <utility>

// 家を表すクラス
class home
{
    int* m_land; // 土地

public:
    explicit home(std::size_t size)
       : m_land{new int[size]} {}

    ~home() { delete [] m_land; }

    home(home&& other);

    int* land() const { return m_land; }
};

home::home(home&& other)
  : m_land{other.m_land} // まずムーブ元のポインターをコピーする
{
    // ムーブ元のポインターを空にする
    // これでこのポインターを持っているのはこのオブジェクトだけになる（所有権の移動）
    other.m_land = nullptr;
}

int main()
{
    home A{100};

    std::cout << "Aの土地のアドレス: " << A.land() << std::endl;

    // Aはもう使わなくなったので、AからBに所有権を移動
    home B{std::move(A)};

    std::cout << "Bの土地のアドレス: " << B.land() << std::endl;
    std::cout << "移動後のAの土地のアドレス: " << A.land() << std::endl;
}
```

5.8.5　コピーとムーブ

実行結果は以下のようになります。なお、アドレス値は実行するたびに変わります。

実行結果
```
Aの土地のアドレス: 0x69e150
Bの土地のアドレス: 0x69e150
移動後のAの土地のアドレス: 0
```

所有権の移動を含む一連の動作は**ムーブセマンティクス**（move semantics）とも呼ばれ、標準ライブラリは、そのほとんどが対応しています。

ムーブセマンティクスはインスタンスを値で受け取る関数の呼び出しでよく見かけます。引数として渡しているインスタンスを関数から戻ってきたあとでは使わない場合、引数として渡す際にムーブすると、コピーしないで関数にインスタンスを渡すことができます。

もちろん、関数から処理が返ってきたあともそのインスタンスを使い続けるのであれば、無理にムーブせずコピーしましょう。しかし、もうインスタンスを使うことがないのであれば、積極的にムーブすることでパフォーマンスを損なわないプログラムが書けます。

```cpp
void some_function(home home); // 値で受け取る関数

{
    home A;

    some_function(A); // コピーで渡す。この後もまだAを使う

    some_function(std::move(A)); // もうAは使わないのでムーブで渡す
}
```

練習問題 5.8

1. 右辺値参照を受け取る関数を定義し、何か変数を実引数にして呼び出してください。
2. ムーブコンストラクターとコピーコンストラクターを定義して呼び分けてください。

5.9 関数ポインターと関数リファレンス

5.9.1 関数へのポインター

　関数はコンピューターへの命令を集めたものですが、その命令自体もメモリ上のどこかに置かれます。つまり関数もまた変数と同じようにアドレスを持ち、それを格納するポインター型（**関数ポインター型**）も存在します。関数ポインターの型は次のように構文が少々特殊なため、慣れないうちは難しく感じるかもしれません。

構文 関数ポインター型

return-type（*variable-name）（*parameters*……） = &*function-name*；

　注意点として、ポインター変数名の周りの括弧は必ず書かなければなりません。括弧を忘れたり＊の位置が変わると、「ポインターを返す関数」に意味が変わってしまいます。また戻り値の型や引数の型・数は、代入しようとする関数のものと同じでなければなりません。

```
int sum(int x, int y);

// エラー。型が一致しない
float (*pointer)(float, float) = &sum;

// エラー。引数の数が一致しない
int (*pointer)(int, int, int) = sum;
```

　関数ポインターから関数を呼び出す場合には、間接参照演算子（＊）を使う必要はありません。通常の関数と同じように変数に対して引数を与えると、そのポインター変数が示す先の関数が呼ばれます（リスト5.26）。

▶リスト5.26　関数ポインターの宣言と指し示す関数の呼び出し

```
#include <iostream>

int identity(int v)
{
    return v;
}
```

```
int square(int v)
{
    return v * v;
}

int main()
{
    // 関数ポインターを宣言しidentityで初期化する
    int (*func)(int) = &identity;

    // 関数ポインターを経由してidentityを呼び出す
    std::cout << "func(4): " << func(4) << std::endl;

    // 関数ポインターにsquareのアドレスを代入する
    func = &square;

    // 関数ポインターを経由してsquareを呼び出す
    std::cout << "func(4): " << func(4) << std::endl;
}
```

実行結果

```
func(4): 4
func(4): 16
```

5.9.2 関数リファレンス

　変数にポインター型があったように、関数にもポインター型がありました。それと同様に、変数に参照型があるように、関数にも参照型（**関数リファレンス**）があります。関数リファレンスは参照型なので、変数の参照型と同じようにあとから参照先を変更することができません。参照先を変えないのであれば直接その関数を呼び出してしまえばよいので、関数リファレンスは変数の参照ほど使われません。

　関数リファレンスもほとんど関数ポインターと同じ構文を持ちます。呼び出すときも関数ポインターと変わりません。

構文 関数リファレンス

return-type (&*variable-name*)(*parameters*……) = *function-name*;

ポインターから参照に変わったときと同じく、*から&へと変わっていますが、戻り値の型や引数の型、その数が一致しなければならないことは関数ポインターと同じです（リスト5.27）。

▶リスト5.27　関数リファレンスの例

```
#include <iostream>

int identity(int v)
{
    return v;
}

int square(int v)
{
    return v * v;
}

int main()
{
    // 関数リファレンスを宣言しidentityで初期化する
    int (&func)(int) = identity;

    // 関数リファレンスを経由してidentityを呼び出す
    std::cout << "func(4): " << func(4) << std::endl;

    // func = square; // エラー。関数リファレンスは参照先をあとから変更できない
}
```

実行結果
```
func(4): 4
```

5.9.3　高階関数

関数ポインターや関数リファレンスを引数に持っていたり、戻り値として返す関数を**高階関数**（higher order function）といいます。高階関数は関数の動作をカスタマイズするために使われます（リスト5.28）。

▶リスト5.28　高階関数

```cpp
#include <iostream>

// predicateがtrueを返した要素のみをコンソールに出力する関数
void filtered_show(int (&array)[5], bool (*predicate)(int))
{
    for (int e : array)
    {
        if (predicate(e))
        {
            std::cout << e << std::endl;
        }
    }
}

// 奇数ならtrueを返す関数
bool is_odd(int v)
{
    return (v % 2) == 1;
}

// 5より小さいならtrueを返す関数
bool is_less_than_5(int v)
{
    return v < 5;
}

int main()
{
    int array[] = {5, 10, 3, 0, 1};

    filtered_show(array, &is_odd);

    std::cout << std::endl;

    filtered_show(array, &is_less_than_5);
}
```

実行結果

```
5
3
```

```
1
3
0
1
```

`filtered_show()`関数は高階関数になっていて、受け取った関数を呼び出した結果`true`になった場合のみコンソールに出力しています。この呼び出すときに渡す関数を変えることで出力結果を変えることができます。

関数ポインターや関数リファレンスも配列のときと同じく括弧があり扱いづらいので、別名を用意して使うのがよいでしょう。

```cpp
using predicate = bool (int); // 関数型の別名

predicate* fptr = &is_odd;    // 関数ポインター

predicate& fref = is_odd;     // 関数リファレンス

using predicate_ptr = bool (*)(int); // 関数ポインター型の別名

predicate_ptr ptr = &is_less_than_5; // 関数ポインター

using predicate_ref = bool (&)(int); // 関数リファレンス型の別名

predicate_ref ref = is_less_than_5;  // 関数リファレンス
```

特に関数へのポインターや参照を返す高階関数は、配列のポインターや参照を返す関数と同じく戻り値の型が非常に複雑になるため別名を使うべきです。

```cpp
// int (float)型の関数へのポインターを返す関数
int (*function(int a, int b))(float)
{
    ......
}
```

練習問題 5.9

1. 自由に関数を定義し、関数ポインターを使ってその関数を呼び出してください。
2. 高階関数とはどのような関数か説明してください。

5.10 thisのキャプチャ

5.10.1 メンバー変数のキャプチャ

　メンバー関数の中でラムダ式を使う場合、メンバー変数をキャプチャできないという問題があります。直感的には普通のローカル変数などのようにキャプチャされるのが自然に思えるかもしれませんが、残念ながら仕様でメンバー変数のキャプチャは禁止されています。

　例えば次のように、メンバー変数をコピーでキャプチャに指定してもエラーとなります。これは参照のキャプチャであっても同様です。

```cpp
class C
{
    int a; // キャプチャしたいメンバー変数

public:
    void show_a()
    {
        [a]() // エラー。メンバー変数を直接キャプチャできない
        {
            std::cout << "C::a = " << a << std::endl;
        }();
    }
};
```

5.10.2 thisポインターのキャプチャ

　一方、メンバー関数の中で使える特別なポインターthisをコピーキャプチャすることは可能です[※9]。thisをコピーでキャプチャすることによって、ラムダ式の内部でメンバーにアクセスすることができるようになります。このときラムダ式の内部ではthisを使うことなく、メンバー関数と同じようにメンバー名を直接使えます。

```cpp
class C
{
    int a;

public:
```

※9　thisポインターを参照でキャプチャすることはできません。

```cpp
    void show_a()
    {
        [this]() // OK。メンバー変数ではなくthisポインターをキャプチャする
        {
            // OK。this->aと同じ意味になる
            std::cout << "C::a = " << a << std::endl;
        }();
    }
};
```

ここで注意しなければならないのは、キャプチャしているのはthisポインターだけだということです。thisをmutable指定していないラムダ式でコピーしたとしても、thisポインターの指す先は変更可能なままです。

```cpp
class C
{
    int a;
public:
    void set_a(int value)
    {
        [this, value]() // mutable指定していない
        {
            a = value; // OK。this->a = value;と同等で、aへvalueが代入される
        }();
    }
};
```

コピーしているのはthisポインターなので、ラムダ式を定義しているメンバー関数それ自体がconst指定されている場合には、その内部のラムダ式のthisもconst指定されたものとなります。

```cpp
class C
{
    int a;
public:
    void set_a(int value) const // メンバー関数それ自体にconst指定をする
    {
        [this, value]() mutable // たとえラムダ式にmutable指定をしたとしても、
        {
            // エラー。コピーしたthisポインターの型はconst C*なので、変更はできない
            a = value;
        }();
    }
};
```

5.10.2　thisポインターのキャプチャ

5.10.3 インスタンス全体のコピー

note インスタンス全体のコピーはC++17で追加された機能です。比較的新しい機能のため、使用するコンパイラーによっては対応が追いついていない可能性があります。

thisポインターのキャプチャはあくまでポインターのキャプチャのため、ラムダ式の内部で元のオブジェクトを変更できてしまいました。ラムダ式の内部での処理にはコピーしたものを使いたいという場合、thisポインターのキャプチャでは不十分です。

こういった場合のために、キャプチャリストに*thisを指定することでインスタンスそれ自体を丸ごとコピーすることができます。このときラムダ式にmutable指定がなければ、メンバー関数がconst指定されているかにかかわらず、コピーしたインスタンスは変更不可能となります（リスト5.29）。

▶リスト5.29　オブジェクト全体をコピーするキャプチャ

```cpp
#include <iostream>

class C
{
    int a;
public:
    explicit C(int a) : a{a} { }

    void copy_and_set(int value) const // constメンバー関数なので
                                       // メンバー変数は変更できない
    {
        std::cout << "copy_and_set: a == " << a << std::endl;

        [*this, value]() mutable // thisが指し示す先のインスタンスを丸ごとコピー
        {
            std::cout << "lambda: a == " << a << std::endl;
            a = value; // OK。ただし、aはコピーされたインスタンスのaを変更する
            std::cout << "lambda: a == " << a << std::endl;
        }();

        std::cout << "copy_and_set: a == " << a << std::endl;
    }
};
```

```
int main()
{
    C c{42};

    c.copy_and_set(0);
}
```

このプログラムを実行した結果は次のようになります。

実行結果

```
copy_and_set: a == 42
lambda: a == 42
lambda: a == 0
copy_and_set: a == 42
```

ラムダ式内部の a は値が変更されていますが、メンバー関数から見える a については何も変更が行われていません。これはラムダ式がキャプチャするときにインスタンス全体をコピーしたものをキャプチャするためです。

練習問題 5.10

1. 次のプログラムをコンパイルできるように修正してください。

```
class A
{
    int value = 0;

public:
    void set(int value) { this->value = value; }
    void foo();
};

void A::foo()
{
    auto lambda = []()
    {
        std::cout << value << std::endl;
    };
```

```
            lambda();
        }

        int main()
        {
            A a;
            a.set(42);
            a.foo();
        }
```

2. インスタンス全体のコピーをキャプチャして、thisポインターのキャプチャと動作が違うことを確認してください。

5.11 関数ポインターに変換可能なラムダ式

　ラムダ式はその場で関数を定義できる機能ですがラムダ式と普通の関数との大きな違いの一つはキャプチャの有無です。キャプチャはローカル変数をラムダ式の中で使えるようにする機能ですが、他の関数のローカル変数を参照できない通常の関数では同じことはできません。

　もしキャプチャを使わない場合は、ラムダ式を（面倒にはなるものの）普通の関数に書き換えることができます（リスト5.30）。

▶リスト5.30　ラムダ式の書き換え

```cpp
#include <iostream>

int function(int a, int b, int c)
{
    std::cout << "function(" << a << ", " << b << ", " << c << ")"
    << std::endl;
}
```

```cpp
int main()
{
    function(0 ,1, 2);

    auto lambda = [](int a, int b, int c)
    {
        std::cout << "lambda(" << a << ", " << b << ", " << c << ")"
            << std::endl;
    };

    lambda(0, 1, 2);
}
```

実行結果

```
function(0, 1, 2)
lambda(0, 1, 2)
```

　普通の関数に書き換えることができるのであれば、普通の関数と同じように関数ポインターや関数リファレンスに代入できたほうが便利になることがあります。例えばC言語で書かれた「関数ポインターを受け取る」関数にラムダ式を渡せば、その関数も他のC++のプログラムと同じように扱うことができるでしょう。

　実際に、キャプチャがないラムダ式は関数ポインターや関数リファレンスに変換できるようになっており、このような場合にも対応できます。

```cpp
auto lambda = [](int a) { return a; };

int (*fptr)(int) = lambda; // ラムダ式を関数ポインターに変換
```

もちろん変数を介さずに直接、関数ポインターや関数リファレンスに代入することもできます。

```cpp
int (*fptr)(int) = [](int a) { return a; };
```

練習問題 5.11

1. 関数ポインターに変換可能なラムダ式はどのようなものか説明してください。

☑ この章の理解度チェック

1. int型の配列を動的確保して、その確保したアドレスを返すallocate()関数を定義してください。なお、allocate()関数は引数として確保する配列の長さのみを受け取ります。また、動的確保した配列のすべての要素を0で初期化してください。

2. int型の参照を受け取り、0でクリアするclear()関数を定義してください。

3. 参照を受け取る関数と、右辺値参照を受け取る関数をオーバーロードし、それらを呼び分けてください。

4. 期待される出力結果が出力されるようにenumerate()関数を追加してください。

```cpp
#include <iostream>

void show(int v)
{
    std::cout << v << std::endl;
}

int main()
{
    int array[] = {1, 2, 3, 5, 7, 11, 13};

    std::size_t length = sizeof(array) / sizeof(array[0]);
    enumerate(array, array + length, show);
}
```

期待される実行結果は以下のとおりです。

実行結果

```
1
2
3
5
7
11
13
```

5. 4.で修正したプログラムのshow()関数をラムダ式に書き換えてください。

Chapter 6

演算子オーバーロード

この章の内容

- 6.1 演算子オーバーロードの基本
- 6.2 算術演算子のオーバーロード
- 6.3 項数の異なる算術演算子のオーバーロード
- 6.4 ビット演算子のオーバーロード
- 6.5 関係演算子と論理演算子のオーバーロード
- 6.6 添字演算子のオーバーロード
- 6.7 ポインター関連演算子のオーバーロード
- 6.8 関数呼び出し演算子のオーバーロード
- 6.9 フレンドな演算子オーバーロード
- 6.10 代入演算子の詳細
- 6.11 変換関数の作成方法

本章では、引数の型や数を変えただけの単なる関数のオーバーロードではない、演算子のオーバーロードについて説明します。**演算子オーバーロード**とは新しいクラスを作った際に、そのクラスと演算子の動作を関連付けることで他のデータ型を同じように自然な形で扱えるようにする機能です。演算子オーバーロードはとても強力な機能ですが、演算子から期待される振る舞いから逸脱したオーバーロードしてしまうと逆にプログラムの理解を妨げる原因となるので注意が必要です。

6.1 演算子オーバーロードの基本

演算子オーバーロードは多くの点で関数オーバーロードととてもよく似ています。とはいえ、まったく同じというわけではありません。

例えば、関数オーバーロードに制限はほとんどありませんが、演算子オーバーロードではいくつかの制限があります。制限の例としては、ユーザーが定義した何かしらのクラスと対応付ける必要があることなどが挙げられます。組み込み型だけで構成された演算子オーバーロードはエラーとなります。また、演算子が受け取れる引数の数も変更することもできません。

演算子オーバーロードは基本的に関数の宣言・定義と同じように書くことができますが、関数名の部分だけ **operator**(オペレーター) キーワードとオーバーロードする演算子の記号という組み合わせでなければなりません。演算子オーバーロードの書き方は大きく分けて、拡張したいクラスのメンバーにする方法と、メンバーにしない方法の2通りがあります。どちらもできることが少しずつ異なるので、オーバーロードする演算子や目的に応じて使い分ける必要があります。メンバー関数にしない方法でのオーバーロードは一般にフレンド関数にすることが多いため、後ほど「6.9 フレンドな演算子オーバーロード」で説明します。

6.1.1 演算子オーバーロードの構文

演算子オーバーロードは、次のような構文で記述します。

構文 演算子オーバーロード

```
class class-name
{
public:
    // メンバー関数としての演算子#のオーバーロード宣言
    return-type operator#(parameters……);
```

```
    return-type operator#(parameters……)
    {
        // インラインで定義した場合
    }
};

return-type class-name::opertor#(parameters……)
{
    // メンバー関数としての演算子#の定義
}

return-type operator#(parameters……)
{
    // 非メンバー関数としての演算子#のオーバーロード定義
}
```

#の部分には、オーバーロードしたい演算子の記号がそれぞれ入ります。オーバーロードできる演算子の一覧は表6.1のとおりです。

❖表6.1　オーバーロードできる演算子

算術演算子	a++ a-- ++a --a +a -a a+b a-b a*b a/b a%b
シフト演算子	>> <<
比較演算子	== != < <= > >=
ビット演算子	& ^ ~
論理演算子	&& | !
ポインター関係演算子	*a &a -> ->*
new / delete 演算子	new new[] delete delete[]
カンマ演算子	,
代入演算子	= += -= *= /= %= <<= >>= &= ^= |=
関数呼び出し演算子	()
添字演算子	[]

本書でこれらすべてを紹介することはできませんが、主要な演算子についてはそれぞれ説明しています。

> *note* 代入に使う=もオーバーロードできますが、代入演算子は「3.2 コンストラクターとデストラクター」で説明した特殊なメンバー関数に含まれるため、他の演算子とは違いいくつかの注意点があります。その詳細については後ほど「6.10 代入演算子の詳細」で説明します。

6.1.2 演算子オーバーロードの規則・制限

引数の数はオーバーロードする演算子ごとに決まっており、変更することはできません。例えば+という演算子は、正の数を表す+（+10など）と2つの数を足す+（1+2など）という2通り存在しますが、それぞれ

- 引数が0個のメンバー関数
- 引数が1個のメンバー関数

としてオーバーロードすることができます。

正の数を表す+は単項演算子なので演算の対象となるオブジェクトを1つ受け取る必要があります。しかしメンバー関数となっているので、thisポインターがその対象となるオブジェクトを指します。そのため単項演算子のオーバーロードに引数はありません。一方、二項演算子の場合にはthis1つだけでは左右両辺のオブジェクトを指すことができません。この場合にはthisポインターは演算子の左辺となり、右辺は引数として呼ばれます。

また元の演算子が持つ優先順位や結合順序は変更することはできません。例えば加算の+と乗算の*とであれば、括弧が付かない限り乗算のほうが優先順位が高いですが、それはオーバーロードであっても同様です。また、優先順位が同じ乗算の*と除算の/では、左にある演算子から結合します。

6.2 算術演算子のオーバーロード

それでは、まず自作の整数を扱うクラスを算術演算子（四則演算）に対応させて、オーバーロードの基本を学んでいきましょう。最初に演算子オーバーロードを使わずに整数クラス（Integer）を作成してみます（リスト6.1）。

▶リスト6.1　演算子オーバーロードを使わない整数クラス

```cpp
#include <iostream>

class Integer
{
    int value;

public:
    // 組み込みの整数型のように扱いたいのでexplicitは付けない
    Integer(int value) : value{value} { }

    Integer add(const Integer& other) const; // 加算
    Integer sub(const Integer& other) const; // 減算
```

```cpp
    Integer mul(const Integer& other) const; // 乗算
    Integer div(const Integer& other) const; // 除算

    void show() const;
};

Integer Integer::add(const Integer& other) const
{
    return Integer{value + other.value};
}

Integer Integer::sub(const Integer& other) const
{
    return Integer{value - other.value};
}

Integer Integer::mul(const Integer& other) const
{
    return Integer{value * other.value};
}

Integer Integer::div(const Integer& other) const
{
    return Integer{value / other.value};
}

void Integer::show() const
{
    std::cout << "Integer.value = " << value << std::endl;
}

int main()
{
    Integer x = 10;
    Integer y = 3;
    Integer z = 7;

    auto v = x.sub(y.div(y)).add(z.mul(x));

    v.show();
}
```

実行結果
```
Integer.value = 79
```

　個々の関数の中身自体はそれほど難しくはないはずですが、複雑な式を組み立てようとすると、括弧の閉じ位置を見間違えてしまったり、どの順番で計算されるのかがわからなくなってしまうことがあります。そこで、リスト6.1のIntegerクラスを、演算子を使った形に書き換えてみましょう（リスト6.2）。

▶リスト6.2　演算子を使ったIntegerクラス

```cpp
#include <iostream>

class Integer
{
    int value;

public:
    Integer(int value) : value{value} { }

    Integer operator+(const Integer& rhs) const; // 加算
    Integer operator-(const Integer& rhs) const; // 減算
    Integer operator*(const Integer& rhs) const; // 乗算
    Integer operator/(const Integer& rhs) const; // 除算

    void show() const;
};

Integer Integer::operator+(const Integer& rhs) const
{
    return Integer{value + rhs.value};
}

Integer Integer::operator-(const Integer& rhs) const
{
    return Integer{value - rhs.value};
}

Integer Integer::operator*(const Integer& rhs) const
{
    return Integer{value * rhs.value};
}
```

```cpp
Integer Integer::operator/(const Integer& rhs) const
{
    return Integer{value / rhs.value};
}

void Integer::show() const
{
    std::cout << "Integer.value = " << value << std::endl;
}

int main()
{
    Integer x = 10;
    Integer y = 3;
    Integer z = 7;

    auto v = x - y / y + z * x;

    v.show();
}
```

実行結果

```
Integer.value = 79
```

　比べてみるとわかりますが、メンバー関数の名前を単純に対応する演算子のものに置き換えただけで、自作のクラスで演算子を使った式を書くことができるようになりました。演算子のオーバーロードを使うことで、よく見知った記述でプログラムを書くことができるため、クラスの細かい内容を知らなくても使えるという利点が得られます。

　一方、よく見知っているからこそ、イメージとかけ離れた動作をすると非常にわかりづらいバグを生み出しかねません。例えば四則演算の記号が入れ替わっているような状況（+が乗算、*が加算など）を想像してみるとよいでしょう。そのため、算術演算子に限らず他の演算子でも、その記号から得られる動作のイメージに近くなるようにすることが重要です。

　算術演算子には剰余も含まれていますが、四則演算のオーバーロードと全く同じ方法でオーバーロードできます。

練習問題　6.2

1. 浮動小数点数を扱うクラス`Float`を定義して、`Float`どうしで加減算をできるように演算子オーバーロードをしてください。
2. **1.**で作成した`Float`クラスに乗算と除算の演算子オーバーロードを追加してください。

6.3 項数の異なる算術演算子のオーバーロード

6.3.1 加減算と符号を表す＋と-

加算に使う+と減算に使う–は、整数の正負を表す演算子でも使われます。この加減算と符号演算の両方をサポートしたい場合には、どのようにオーバーロードすればよいのでしょうか？

C++では、このように1つの記号が複数の意味を持つことがありますが、同じ記号に異なる意味を持たせる場合、引数の数が違うオーバーロードを作ることでこれを実現しています。

例として、`Integer`クラスで加減算と符号演算の両方をサポートしてみましょう（リスト6.3）。加減算は引数が1つの演算子、符号は引数がない（0個の）演算子となります。

▶リスト6.3　加減算と符号演算をサポートするIntegerクラス

```cpp
#include <iostream>

class Integer
{
    int value;

public:
    Integer(int value) : value{value} { }

    Integer operator+(const Integer& rhs) const; // 加算
    Integer operator-(const Integer& rhs) const; // 減算

    Integer operator+() const; // 符号を変えない
    Integer operator-() const; // 符号を反転する
```

```cpp
    void show() const;
};

Integer Integer::operator+(const Integer& rhs) const
{
    return Integer{value + rhs.value};
}

Integer Integer::operator-(const Integer& rhs) const
{
    return Integer{value - rhs.value};
}

Integer Integer::operator+() const
{
    return *this;
}

Integer Integer::operator-() const
{
    return Integer{-value};
}

void Integer::show() const
{
    std::cout << "Integer.value = " << value << std::endl;
}

int main()
{
    Integer x = 10;
    Integer y = 3;
    Integer z = 7;

    auto v = x - -y + +z;

    v.show();
}
```

実行結果

```
Integer.value = 20
```

C++の演算子は基本的に意味が異なれば項数も異なるので、そのまま引数の数が違う演算子オーバーロードを書けば対応する演算子が呼ばれます。

6.3.2 インクリメント演算子とデクリメント演算子

基本的には同じ記号を使う演算子でも意味が異なれば項数も異なります。しかし、項数が同じになってしまう例外もあります。その例外は**インクリメント演算子**と**デクリメント演算子**です。

これらは、どちらも項となる変数に1足すか1引く処理を行う単項演算子ですが、それぞれ**前置**と**後置**の2種類が存在します。前置も後置も単項演算子ですが、それぞれ

- 前置インクリメント（++a）：足した結果の値を返す
- 後置インクリメント（a++）：足す前の値を返す

というように動作が異なるため、別々のオーバーロードにしなければなりません。

幸いなことにインクリメント（デクリメント）演算子に二項演算子はないので、後置については第2項にint型を受け取る二項演算子として定義することで、後置をオーバーロードするようになります[1]。覚えづらいですが、この例外はインクリメント演算子とデクリメント演算子しかないので安心してください。

それでは実際にIntegerクラスにインクリメント・デクリメント演算子の前置・後置、合計4通りのオーバーロードを追加してみましょう（リスト6.4）。

▶リスト6.4 インクリメント・デクリメント演算子（前置・後置）の例

```cpp
#include <iostream>

class Integer
{
    int value;

public:
    Integer(int value) : value{value} { }

    Integer& operator++(); // 前置インクリメント演算子
    Integer& operator--(); // 前置デクリメント演算子

    // 後置は第2項にint型を受け取る関数としてオーバーロード
    Integer operator++(int); // 後置インクリメント演算子
```

---

[1] 二項演算子として定義しますが、実際には単項演算子であり、受け取ったint型の引数は使用してはいけません。また、int型以外ではエラーとなります。

```cpp
    Integer operator--(int); // 後置デクリメント演算子

    void show() const;
};

Integer& Integer::operator++()
{
    // 前置は変更したあとの値（つまり自分自身）を返すので、
    // メンバー変数を変更してから自分自身を参照で返す
    ++value;
    return *this;
}

Integer& Integer::operator--()
{
    --value; // デクリメントは足す代わりに引く
    return *this;
}

Integer Integer::operator++(int)
{
    // 後置は変更前の値を返さないといけないので、
    // 先に自分自身のコピーを作っておく
    auto tmp = *this;
    ++*this;    // 動作に一貫性を持たせるため前置を呼び出す
    return tmp; // コピーしておいた変更前の値を返す
}

Integer Integer::operator--(int)
{
    auto tmp = *this;
    --*this;
    return tmp;
}

void Integer::show() const
{
    std::cout << "Integer.value = " << value << std::endl;
}
```

```
int main()
{
    Integer x = 10;

    ++x;
    x.show();

    x++;
    x.show();

    --x;
    x.show();

    x--;
    x.show();
}
```

実行結果

```
Integer.value = 11
Integer.value = 12
Integer.value = 11
Integer.value = 10
```

　一般的に、動作をそろえるためにインクリメント（もしくはデクリメント）の処理は前置で記述して、後置の処理の中で前置の処理を呼び出すことが多いです。後置はコピーを返す必要があり、前置の中で後置の処理を呼び出すようにすると無駄が発生する場合があるためです。
　また、「6.10.2 複合代入演算子」で説明する += (-=) をオーバーロードしている場合には、前置もそれら演算子を呼び出すようにすることで、動作に一貫性を持たせることもよく行われます。

練習問題 6.3

1. 練習問題6.2で作成したFloatクラスに正負を表す+と-の演算子をオーバーロードしてください。
2. 前置のインクリメント演算子と後置のインクリメント演算子をオーバーロードして、それぞれ呼び分けられていることを確認してください。

6.4 ビット演算子のオーバーロード

ビット演算子はあまり使う機会がないかもしれませんが、算術演算子と同じようにオーバーロードできます（リスト6.5）。

▶リスト6.5　ビット演算子の例

```cpp
#include <iostream>

class Integer
{
    int value;

public:
    Integer(int value) : value{value} { }

    Integer operator|(const Integer& rhs) const; // ビット和
    Integer operator&(const Integer& rhs) const; // ビット積
    Integer operator^(const Integer& rhs) const; // ビット排他的論理和

    Integer operator~() const; // ビット反転

    void show() const;
};

Integer Integer::operator|(const Integer& rhs) const
{
    return Integer{value | rhs.value};
}

Integer Integer::operator&(const Integer& rhs) const
{
    return Integer{value & rhs.value};
}

Integer Integer::operator^(const Integer& rhs) const
{
    return Integer{value ^ rhs.value};
}
```

```
Integer Integer::operator~() const
{
    return Integer{~value};
}

void Integer::show() const
{
    std::cout << "Integer.value = " << value << std::endl;
}

int main()
{
    Integer x = 0b0011;
    Integer y = 0b1100;
    Integer z = 0b1001;

    auto v = ~(x ^ y) | (z & x)

    v.show();
}
```

実行結果

-15

6.5 関係演算子と論理演算子のオーバーロード

関係演算子（比較演算子）と**論理演算子**はこれまでの演算子とは違い、自身のコピーや参照を返すのではなく真偽値を返す演算子です。真偽値を返すことで、条件文や標準ライブラリに自然な形で自作のクラスを組み込むことができます。

特に、関係演算子は矛盾が起きないようすべてを実装するのは手間となる（そしてバグの元になる）ため、基準となる1つか2つの演算子のみ実装し、他の演算子は基準の演算子を使って実装するのが一般的です。

6.5.1 関係演算子

まず、リスト6.6に関係演算子6種類をオーバーロードした例を示します。小なり（<）を使って他の関係を表すのは最初のうちは混乱するかもしれませんが、重要な論理演算なので、実際に値を入れてみるなどして動作をしっかり確認してください。

▶リスト6.6　関係演算子の例

```cpp
#include <iostream>

class Integer
{
    int value;

public:
    Integer(int value) : value{value} { }

    bool operator==(const Integer& rhs) const;
    bool operator!=(const Integer& rhs) const;

    bool operator<(const Integer& rhs) const;
    bool operator>(const Integer& rhs) const;
    bool operator<=(const Integer& rhs) const;
    bool operator>=(const Integer& rhs) const;
};

bool Integer::operator==(const Integer& rhs) const
{
    return value == other.value;
}

bool Integer::operator!=(const Integer& rhs) const
{
    // ==を呼び出してその否定を返す
    return !(*this == rhs);
}

bool Integer::operator<(const Integer& rhs) const
{
    return value < rhs.value;
}
```

```cpp
bool Integer::operator>(const Integer& rhs) const
{
    // 左右を入れ替えて小なりを呼ぶと大なりの結果になる
    return rhs < *this;
}

bool Integer::operator<=(const Integer& rhs) const
{
    // 大なりを否定した結果が小なりイコールの結果になる
    return !(rhs < *this);
}

bool Integer::operator>=(const Integer& rhs) const
{
    // 左右を入れ替えて小なりイコールを呼ぶと
    // 大なりイコールの結果になる
    return rhs <= *this;
}

int main()
{
    Integer x = 10;
    Integer y = 3;

    if (x != y)
    {
        std::cout << "x != y はtrue" << std::endl;
    }
    else
    {
        std::cout << "x != y はfalse" << std::endl;
    }

    if (y >= x)
    {
        std::cout << "y >= x はtrue" << std::endl;
    }
    else
    {
        std::cout << "y >= x はfalse" << std::endl;
    }
}
```

実行結果

```
x != y はtrue
y >= x はfalse
```

標準ライブラリは「小なり」さえ実装されていれば、ほとんど上手く動作するように作られているので、「小なり」を基準として実装するのが基本です。

特にChapter 12で紹介するアルゴリズムはその最たる例となっています。「小なり」から他の関係も導き出せるようにしておいてください。

6.5.2　論理演算子

論理演算子も関係演算子と同様に真偽値を返す演算子です。単項・二項問わず、論理演算子は一般的に条件文が返した真偽値をもとにしたり組み合わせたりして、さらに真偽値を返すために使われます。ただ、真偽値を返す変換関数（「6.11 変換関数」参照）を用意すれば、論理演算子をわざわざオーバーロードする必要はほとんどありません。そのため論理演算子をオーバーロードする機会にはなかなか巡り合わないかもしれません。

もちろん、クラスの内部処理の関係で、型変換演算子を使って真偽値を取得するよりも、論理演算子を使うことで速く処理できるような場合があればオーバーロードしてもよいでしょう。

> note　オーバーロードではない二項論理演算子には「短絡評価（ショートサーキット）」(short circuit evaluation) という機能がありますが、オーバーロードした演算子が呼ばれる際にはこの短絡評価は適用されません。
> そのこともあり、二項論理演算子がオーバーロードされることはまれとなっています。

特に速くなるわけではないですが、これまでのIntegerクラスを使って論理演算子をオーバーロードしてみましょう（リスト6.7）。比較のため型変換演算子も定義していますが、これの説明については後ほど行います。

▶リスト6.7　論理演算子の例

```
#include <iostream>

class Integer
{
    int value;

public:
    Integer(int value) : value{value} { }
```

```cpp
    bool operator!() const; // 単項の論理否定演算子

    bool operator&&(const Integer& rhs) const;
    bool operator||(const Integer& rhs) const;
};

bool Integer::operator!() const
{
    return value != 0;
}

bool Integer::operator&&(const Integer& rhs) const
{
    return value && rhs.value;
}

bool Integer::operator||(const Integer& rhs) const
{
    return value || rhs.value;
}

int main()
{
    Integer x = 10;
    Integer y = 3;
    Integer z = 0;

    if (x && y)
    {
        std::cout << "xとyはどちらも0ではない" << std::endl;
    }
    if (z || x)
    {
        std::cout << "zとxの少なくともどちらかは0ではない" << std::endl;
    }
    if (!z)
    {
        std::cout << "zは0" << std::endl;
    }
}
```

実行結果

```
xとyはどちらも0ではない
zとxの少なくともどちらかは0ではない
zは0
```

練習問題 6.5

1. 関係演算子の小なり（a ＜ b）と論理演算子を使って他の5種類の関係演算子（== != <= > >=）を表してください。

6.6 添字演算子のオーバーロード

添字演算子は、配列のように複数の要素がある中から特定の要素にアクセスするために使われる演算子です。標準ライブラリに含まれるいくつかのコンテナもこの添字演算子をオーバーロードしており、配列に似た方法でアクセスできるようになっています。

固定長の配列を扱うクラスを作って試してみましょう（リスト6.8）。

▶リスト6.8　固定長の配列を扱うクラス

```
#include <iostream>

class Array
{
    int buffer[100];

public:
    int& operator[](int index); // 添字演算子

    std::size_t size() const { return 100; }
};

int& Array::operator[](int index)
{
```

```
        return buffer[index];
    }

    int main()
    {
        Array array;

        for (std::size_t i = 0; i < array.size(); ++i)
        {
            array[i] = i;
        }

        std::cout << array[10] << std::endl;
    }
```

実行結果
```
10
```

今回は単に配列をラップするだけのクラスですが、さまざまなデータ構造に対して同じようなインターフェイスを提供できます。数値（インデックス）以外の引数を受け取ることもできるので、連想配列（associative array）のような特別なアクセス方法を提供することも可能です。連想配列は数値ではない他の値を使って要素にアクセスできるコンテナで、標準ライブラリでも用意されています。「12.5 std::setとstd::map」で詳しく解説します。

練習問題 6.6

1. 添字演算子を使うとどのようなことができるか説明してください。

6.7 ポインター関連演算子のオーバーロード

C++では、算術演算や論理演算だけでなく、ポインターを扱う演算子についても他の演算子と同様にオーバーロードできます。特に間接参照演算子（*）とアドレス演算子（&）は、それぞれ乗算

演算子とビットアンド演算子と同じ記号を使用しますが、項数が異なるため同じ記号であっても問題なくオーバーロードできます。

　ポインター関連演算子をオーバーロードする機会はほとんどないかもしれませんが、専用のスマートポインター（smart pointers）を自作する際などに活躍します。スマートポインターは`delete`し忘れを防ぐ機能や、`delete`できるタイミングが難しいポインターを扱う場合にとても役に立つライブラリです。

6.7.1　簡単なスマートポインターの例

　簡単な例として何も管理しないスマートポインターを作ってみましょう（リスト6.9）。このスマートポインターはまったくスマートではありませんが、この実装は他のスマートポインターと役割を区別しつつ（比較的）安全にポインターを扱うためにしばしば用いられます。

▶リスト6.9　何も管理しないスマートポインター

```cpp
#include <iostream>

class int_observer_ptr
{
    int* pointer;

public:
    explicit int_observer_ptr(int* pointer)
        : pointer{pointer} { }

    int& operator*() const; // 間接参照演算子
};

// ポインタークラス自体はconstであっても、
// ポインターが指し示す先はconstではないので非const参照を返す
int& int_observer_ptr::operator*() const
{
    return *pointer;
}

int main()
{
    int value = 0;

    int_observer_ptr pointer{&value};
```

```
    std::cout << *pointer << std::endl;

    value = 42;

    std::cout << *pointer << std::endl;
}
```

実行結果
```
0
42
```

　この例では、単にint型の変数を参照するだけのクラス（オブザーバーポインター）を定義しています。int型のポインターを扱うだけであれば少なくとも間接参照演算子があれば十分ですが、構造体やクラスを扱う場合にはそれだけだとメンバーへのアクセスが面倒になってします。

6.7.2　アロー演算子のオーバーロード

　「3.6 オブジェクトポインター」で説明したとおり、クラスのメンバーなどにポインターを経由してアクセスする際にはアロー演算子（->）を使います。C++ではこのアロー演算子もオーバーロードして、よりポインターに近い操作を提供することができます（リスト6.10）。

▶リスト6.10　アロー演算子をオーバーロードしたオブザーブドポインター

```
#include <iostream>

class A
{
    int value;

public:
    explicit A(int value) : value{value} { }
    void show() const;
};

void A::show() const
{
    std::cout << "A.value: " << value << std::endl;
}
```

```cpp
class A_observer_ptr
{
    A* pointer;

public:
    explicit A_observer_ptr(A* pointer)
        : pointer{pointer} { }

    A& operator*() const;   // 間接参照演算子
    A* operator->() const;  // アロー演算子
};

// int型のときと同じく非constな参照を返す
A& A_observer_ptr::operator*() const
{
    return *pointer;
}

// アロー演算子はポインターを返さなければならないことに注意
A* A_observer_ptr::operator->() const
{
    return pointer;
}

int main()
{
    A a{42};

    A_observer_ptr pointer{&a};

    (*pointer).show(); // 間接参照演算子を使ってメンバー関数にアクセス

    pointer->show(); // アロー演算子を使ってメンバー関数にアクセス
}
```

実行結果

```
A.value: 42
A.value: 42
```

アロー演算子は演算子の中でも少し特殊であり、必ずポインター型で返さなければならないという

規則[2]があります（他の演算子はほぼどのような型を返してもよい）。そのためスマートポインター以外の用途ではなかなか使う機会がありません。

6.7.3　std::unique_ptr

標準ライブラリが提供するスマートポインターにはいくつか種類がありますが、ここでは最も基本で最もよく使うスマートポインターである`std::unique_ptr`（`<memory>`ヘッダーが必要）について説明します。

`std::unique_ptr`は、`new`演算子を使って確保されたメモリ領域がメモリリークしないように、デストラクターで自動的に`delete`演算子を呼び出します。デストラクターで`delete`演算子を呼び出すので、`new`演算子で確保したメモリ領域はその`std::unique_ptr`の変数のスコープと同じだけの寿命を持ちます。

ただし、ムーブコンストラクターを持っているので、寿命が尽きる前に他の`std::unique_ptr`へメモリ領域の所有権を移動すると、より長い期間メモリ領域を使用することができます。一方、コピーコンストラクターは持っていないので二重解放の危険性はありません。

`std::unique_ptr`は`std::vector`と同じくテンプレート機能を使って実装されているので、管理したいメモリ領域の型をテンプレート引数として渡す必要があります（リスト6.11）。

▶リスト6.11　std::unique_ptr

```
#include <memory>
#include <utility>
#include <iostream>

class A
{
public:
    A()
    {
        std::cout << "コンストラクター" << std::endl;
    }

    ~A()
    {
        std::cout << "デストラクター" << std::endl;
    }
```

---

[2] 正確には最終的にポインター型になる型を返さなければならないのですが、ややこしくなるのでポインター型だけにすることをおすすめします。

```cpp
};

std::unique_ptr<A> allocate()
{
    std::cout << "allocate()" << std::endl;
    std::unique_ptr<A> ptr{new A{}};

    // メモリ領域の所有権を戻り値として関数スコープの外側に移動する
    return std::move(ptr);
}

int main()
{
    {
        std::unique_ptr<A> ptr; // 空のstd::unique_ptr。nullptrで初期化される

        std::cout << "関数呼び出しの前" << std::endl;

        ptr = allocate(); // allocate()が確保したメモリ領域の所有権を受け取る

        std::cout << "関数呼び出しのあと" << std::endl;
    }
    std::cout << "スコープのあと" << std::endl;
}
```

実行結果

```
関数呼び出しの前
allocate()
コンストラクター
関数呼び出しのあと
デストラクター
スコープのあと
```

　allocate()関数の中で確保されたメモリ領域は、関数呼び出しが終了してもデストラクターが呼ばれていません。関数スコープは関数呼び出しが終了した段階、つまり"関数呼び出しのあと"というメッセージの前までに終了しているはずですが、メモリ領域の所有権が戻り値を介してptrに移ったのでptrが破棄される段階まで先延ばしされました。

　ptrが破棄されるのはmain()関数の内側のスコープが終了したタイミングです。これは"関数呼び出しのあと"というメッセージと、"スコープのあと"というメッセージの間であり、実際に実行

結果もそのタイミングでデストラクターが呼ばれています。

このようにして、std::unique_ptrはメモリ領域が使われている間管理します。

std::unique_ptrはポインター型と同じように振る舞うために、アロー演算子と間接参照演算子の両方を演算子オーバーロードしています。

```
class A
{
public:
    void foo();
};

std::unique_ptr<A> ptr{new A{}};

ptr->foo(); // アロー演算子を使ってメンバー関数を呼び出す

A& ref = *ptr; // 間接参照演算子を使って参照する
```

std::unique_ptrをより簡単に作るためにstd::make_unique()関数というヘルパー関数も提供されています。std::make_unique()関数は、渡された実引数を使って、動的確保とコンストラクター呼び出しを一気に行います。

```
class A
{
public:
    explicit A(int a, float b);
};

// std::unique_ptr<A>{new A(0, 1.0f)} を返す
auto ptr = std::make_unique<A>(0, 1.0f);
```

6.7.4　アドレス演算子のオーバーロード

ポインター関連の演算子でもう1つ例を挙げるとするならば、アドレス演算子があります。これはオブジェクトのポインターを取得する演算子ですが、あまりむやみにこの演算子をオーバーロードしてしまうと、本当にそのオブジェクト本来のアドレスが欲しい場合に困ったことになりかねません。「一応オーバーロードができる」ということだけ心にとどめておいて、演算子のオーバーロードをしない、もしくはデバッグ用にメッセージを出力した上でthisポインターを返す程度にしておくのがよいでしょう（リスト6.12）。

▶リスト6.12　アドレス演算子のオーバーロード

```cpp
#include <iostream>

class A
{
public:
    A* operator&(); // アドレス演算子
    const A* operator&() const;
};

A* A::operator&()
{
    std::cout << "this: " << this << std::endl;
    return this;
}

const A* A::operator&() const
{
    std::cout << "this(const): " << this << std::endl;
    return this;
}

int main()
{
    A a;

    A* pointer = &a;
}
```

実行結果は以下のようになります。なお、アドレス値は実行するたびに変わります。

実行結果

```
this: 0x69e1a0
```

練習問題 6.7

1. `std::unique_ptr`はどのような機能を提供しているか、コード例とともに説明してください。

6.7.4　アドレス演算子のオーバーロード

6.8 関数呼び出し演算子のオーバーロード

　これまで、通常の関数やメンバー関数などを使って、適切な単位で処理をまとめてきました。そしてそれらの関数を呼び出すときには、呼び出したい関数名のあとに引数として渡したい変数や値を括弧で囲むことで、処理が関数に移りました。

　クラスは関数呼び出し演算子をオーバーロードすることで、オブジェクトも普通の関数を呼び出すように()で処理を呼び出すことができます。そのように関数呼び出し演算子をオーバーロードしたオブジェクトのことを、特に**関数オブジェクト**（function object）と呼びます。

　関数オブジェクトにすることで、通常の関数ではできなかった「状態」を持てるようになります。関数呼び出し演算子を使って呼び出すことと、通常のメンバー関数として呼び出すことには大きな差はないため、それだけではあまり活用する機会がありませんが、Chapter 9で紹介するテンプレートと組み合わせることで、極めて柔軟な処理を書くことができます。

　ここでは、関数呼び出し演算子のオーバーロードの方法だけを例で示し（リスト6.13）、テンプレートについての詳細な解説は後ほどChapter 9で行います。

▶リスト6.13　関数呼び出し演算子のオーバーロード

```cpp
#include <iostream>

// 呼び出されるたびにカウントして現在値を返すカウンタークラス
class Counter
{
    int value;

public:
    Counter() : value{0} {}

    int operator()(); // 引数を受け取らない関数呼び出し演算子のオーバーロード
    int operator()(int n); // 仮引数1つの関数呼び出し演算子のオーバーロード

    void show() const;
};

// 引数がないときにはインクリメントして今のカウンター値を返す
int Counter::operator()()
{
    return ++value;
}
```

```cpp
// 引数で具体的な増減値が与えられたときにはその数だけ増減させる
int Counter::operator()(int n)
{
    return value += n;
}

void Counter::show() const
{
    std::cout << "Counter.value = " << value << std::endl;
}

int main()
{
   Counter c;

   c();
   c();
   c();
   c(-3);

   c.show();
}
```

実行結果

```
Counter.value = 0
```

練習問題 6.8

1. 関数呼び出し演算子をオーバーロードしたクラスから作られたオブジェクトのことを特に何と呼ぶでしょうか。

6.9 フレンドな演算子オーバーロード

フレンド関数については「3.8 フレンド関数の概要」で説明しましたが、ここでは演算子のオーバーロードでフレンド関数を使用する場合について説明します。

これまで演算子のオーバーロードはクラスのメンバー関数として説明してきました。しかし一部の演算子（特に二項演算子）については、メンバー関数よりも通常の関数としないと上手く動かない場合があります。

二項演算子をメンバー関数にしてしまうと、インスタンスが演算子の左辺にあった場合には正しくオーバーロードされるのですが、右辺にある場合にはオーバーロードは呼ばれません[※3]。自分で作成した整数クラスと組み込みの整数型とで加算ができるようにしたい場合、Integer{1} + 2 も左右を入れ替えた 1 + Integer{2} も同じ計算をしてほしいはずですが、演算子オーバーロードがメンバー関数となっていると前者の場合にしか対応させることができません。

このようなとき、演算子オーバーロードをメンバー関数ではなく通常の関数として定義することで、どちらの場合にも対応することができます。多くの場合、演算子はクラスのプライベートメンバー変数などを使っているので、単なる通常の関数でなくフレンド関数とすることで、カプセル化によるアクセス制御を維持したまま演算子をさまざまな状況に対応させることができます。

自作の整数クラスとC++の整数型とで加減算ができるようにオーバーロードした例をリスト6.14に示します。

▶リスト6.14　Integerクラスと言語の整数型で加減算ができるようにする

```
#include <iostream>

class Integer
{
    int value;

public:
    explicit Integer(int value) : value{value} { }

    // メンバー関数で実装することもできる
    friend Integer operator+(const Integer&, int);

    // メンバー関数では実装できない
    friend Integer operator+(int, const Integer&);
```

[※3] thisポインターが左辺を指すことを思い出してください。左辺のメンバー関数を呼び出すので、オブジェクトが右辺にあった場合ただの引数になってしまいます。

```cpp
    friend Integer operator-(const Integer&, int);
    friend Integer operator-(int, const Integer&);

    void show() const;
};

Integer operator+(const Integer& lhs, int rhs)
{
    // フレンド関数なので、プライベートメンバーにアクセスできる
    return Integer{lhs.value + rhs};
}

// Integerのインスタンスが右辺にくる+はこのオーバーロードが使用される
Integer operator+(int lhs, const Integer& rhs)
{
    return Integer{lhs + rhs.value};
}

Integer operator-(const Integer& lhs, int rhs)
{
    return Integer{lhs.value - rhs};
}

Integer operator-(int lhs, const Integer& rhs)
{
    return Integer{lhs - rhs, rhs.value};
}

void Integer::show() const
{
    std::cout << "value: " << value << std::endl;
}

int main()
{
    Integer ten{10};

    Integer result = 1 + ten - 8;

    result.show();
}
```

実行結果

```
value: 3
```

練習問題 6.9

1. 演算子をフレンド関数としてオーバーロードしたほうがよいのはどのような演算子か説明してください。
2. 練習問題 6.2 の **2.** のプログラムの演算子オーバーロードをフレンド関数として定義し直してください。

6.10 代入演算子の詳細

　演算子オーバーロードの中でも特別なものが**代入演算子**です。代入演算子も特殊なメンバー関数の一種であり、基本的にクラスは暗黙的に代入演算子を持っています[※4]。暗黙的に定義される代入演算子は、クラスが持つそれぞれのメンバー変数をもう一方にそれぞれ代入します。

6.10.1 コピー代入演算子とムーブ代入演算子

　代入演算子にはコピー代入演算子とムーブ代入演算子の2通りがありますが、それぞれ役割が異なります。
　コピー代入演算子はその名のとおり、あるオブジェクトが持つメンバー変数などの値を他のオブジェクトにコピーするときに使われ、コピー元オブジェクトは変更されません（変更できません）[※5]。一方ムーブ代入演算子は、ムーブコンストラクターと同じくオブジェクトが持つ特別なリソースなどの所有権を他のオブジェクトに明け渡すために使われます。
　リスト6.15に簡単なコピー代入演算子のオーバーロードの例を示します。

[※4] 一部の条件により定義されない場合もあります。
[※5] 厳密に言うと必ずしも変更できないわけではないのですが、普通は変更できません。

▶リスト6.15　コピー代入演算子のオーバーロード

```cpp
#include <iostream>

class Integer
{
    int value;

public:
    Integer(int value) : value{value} { }

    Integer& operator=(const Integer& rhs);
    void show() const;
};

// コピー代入演算子はコピー元のオブジェクトを変更できないので
// const参照で受け取る
Integer& Integer::operator=(const Integer& rhs)
{
    std::cout << "コピー: " << value << " -> " << rhs.value << std::endl;
    value = rhs.value; // 値をコピーする
    return *this;
}

void Integer::show() const
{
    std::cout << "value: " << value << std::endl;
}

int main()
{
    Integer x = 42;
    Integer y = 10;

    y = x; // コピー

    y.show();
}
```

実行結果

```
コピー: 10 -> 42
value: 42
```

ほとんどの場合はデフォルトで定義される代入演算子で問題ないのですが、メンバー変数をそのままコピーしてしまっては困る場合があります。例えば、コンストラクターで確保した動的メモリへのポインターをメンバー変数で持っていた場合、デフォルトで定義されるコピー代入演算子はポインターの値のみコピーして、ポインターが指す先のオブジェクトなどは複製しません。

ここでコピー／ムーブコンストラクターを思い出してください。先ほどのポインターの値をコピーしたオブジェクトと、コピー元のオブジェクトの2つをそのままデストラクターで解放してしまうと、その動的メモリを解放しようとするオブジェクトが2つあることになってしまい、2つ目のオブジェクトが破棄されるタイミングで多重解放が起きてしまいます。

そこで、代入演算子をオーバーロードしてコピー先で必要な動的メモリを新たに確保する処理を書くことで、多重解放の問題を解決することができます。

なお、コピー／ムーブコンストラクターのときと同じく、デストラクターやコピー／ムーブコンストラクター、代入演算子をユーザーが記述した場合には、それぞれのコンストラクター／代入演算子は自動的には定義されなくなってしまいます。必要に応じて自分で用意する必要があることに注意してください。

6.10.2 複合代入演算子

複合代入演算子となることができる通常の二項演算子と代入演算子をそれぞれ定義しても自動で複合代入演算子とはなりません。そのため二項演算子を定義する場合には、対応する複合代入演算子も定義することが一般的です。

多くの場合その中身は二項演算子と代入演算子を呼び出すだけのものですが、より効率的な処理やCPU命令がある場合にはそちらを実装することで、高速なプログラムにすることができます。リスト6.16に利用例を示します。

▶リスト6.16　複合代入演算子の例

```
#include <iostream>

class Integer
{
    int value;

public:
    Integer(int value) : value{value} { }

    Integer& operator+=(const Integer& rhs); // 加算
    Integer& operator-=(const Integer& rhs); // 減算
    Integer& operator*=(const Integer& rhs); // 乗算
    Integer& operator/=(const Integer& rhs); // 除算
```

```cpp
    void show() const;
};

Integer& Integer::operator+=(const Integer& rhs)
{
    value += rhs.value;
    return *this;
}

Integer& Integer::operator-=(const Integer& rhs)
{
    value -= rhs.value;
    return *this;
}

Integer& Integer::operator*=(const Integer& rhs)
{
    value *= rhs.value;
    return *this;
}

Integer& Integer::operator/=(const Integer& rhs)
{
    value /= rhs.value;
    return *this;
}

void Integer::show() const
{
    std::cout << "Integer.value = " << value << std::endl;
}

int main()
{
    Integer x = 10;
    Integer y = 3;
    Integer z = 7;

    z *= x;
    y /= y;
    x -= y;
```

```
    x += z;

    x.show();
}
```

実行結果
```
Integer.value = 79
```

　一般に、二項演算子は元のオブジェクトには変更を加えず、計算した結果を新しいオブジェクトとして返します。一方、複合代入演算子の場合は代入まで行うのでconstメンバー関数にはできず、また自分自身を参照で返します。演算子の違いにより元のオブジェクトを変更するかしないか、一貫して動作を分けるのがバグが少なくわかりやすいプログラムを書くうえで理想です。

練習問題　6.10

1. 練習問題6.9の **2.** のFloatクラスにコピー代入演算子を定義してください。

6.11 変換関数の作成方法

6.11.1 変換関数とは

　変換関数（conversion functions）とは、「3.2 コンストラクターとデストラクター」で紹介した「特殊なメンバー関数」の一つで[6]、オブジェクトを他の型のオブジェクトにキャストなどで変換できるようにするために使われます。
　コンストラクターと同じく、意図しない変換が知らないうちに行われてしまうことがあるため、変換関数の使用は必要最低限にする必要があります。

---

[6] explicit指定されていないコンストラクターは**変換コンストラクター**と呼ばれることもあり、広義では変換関数の一種とされることもあります。

構文 変換関数

```
class class-name
{
public:
    operator return-type();  // 変換関数（戻り値の型を書く場所に注意）
    operator return-type() const;  // オブジェクトがconstなときに呼ばれる
};

class-name::operator return-type()
{
    ......
}

class-name::operator return-type() const
{
    ......
}
```

変換関数の使用例

よくある使用方法として、「そのオブジェクトが有効か無効かをbool型で返す」変換関数が挙げられます。このような変換関数を定義することで、if文などの条件文が書きやすくなることがあります（リスト6.17）。

▶リスト6.17　bool型への変換関数を定義したheapクラス

```
class heap
{
    int* i;

public:
    heap() : i{nullptr} { }

    ~heap()
    {
        delete i;
    }

    bool create();
```

```cpp
    // bool型に変換する
    operator bool() const;
};

bool heap::create()
{
    // true/falseになるので、if文でそのまま条件分岐できる
    if (*this) // bool型への変換関数が呼ばれる
    {
        return false;
    }

    i = new int{};
    *i = 0;
    return true;
}

heap::operator bool()const
{
    return i != nullptr;
}

int main()
{
    heap h;

    if (!h)
    {
        std::cout << "変換関数がfalseを返しました" << std::endl;
    }

    std::cout << "heap::create()呼び出し" << std::endl;
    h.create();

    if (!h)
    {
        std::cout << "変換関数がfalseを返しました" << std::endl;
    }

    std::cout << "終了" << std::endl;
}
```

> **実行結果**
>
> 変換関数がfalseを返しました
> heap::create()呼び出し
> 終了

　標準ライブラリでも、スマートポインターなどbool型への変換関数を提供しているクラスがあります。
　別の例として、リスト6.18にverctor3dクラスをvector4dクラスに変換する変換関数を定義し、利用するコードを示します。

▶リスト6.18　vector3d / vector4dクラスと変換関数

```cpp
class vector4d
{
    float x, y, z, w;

public:
    explicit vector4d(float x, float y, float z, float w)
        : x{x}, y{y}, z{z}, w{w} {}

    friend vector4d add(const vector4d& lhs, const vector4d& rhs);
};

vector4d add(const vector4d& lhs, const vector4d& rhs)
{
    vector4d ret
    {
        lhs.x + rhs.x,
        lhs.y + rhs.y,
        lhs.z + rhs.z,
        lhs.w + rhs.w
    };
    return ret;
}

class vector3d
{
    float x, y, z;

public:
    explicit vector3d(float x, float y, float z)
        : x{x}, y{y}, z{z} {}
```

6.11.1　変換関数とは　341

```cpp
    // vector3dをvector4dに変換する変換関数
    operator vector4d() const;
};

vector3d::operator vector4d() const
{
    // 3次元ベクトルを対応する4次元ベクトルに変換する
    vector4d ret{x, y, z, 0.0f};
    return ret;
}

int main()
{
    vector3d v1{1, 2, 3}, v2{0, 1, 0};

    vector4d a = v1; // vector3dをvector4dに変換する（①）

    // OK。vector4dのフレンド関数である演算子オーバーロードが呼ばれる（②）
    vector4d b = v1 + v2;
}
```

　リスト6.18のmain()関数では、1つ目の例（①）として変換関数の一般的な使い方を示しています。vector3dのすべての要素を取り出してvector4dのコンストラクターを呼び出してもかまいませんが、ベクトルのように一般的でよく知られた変換方法があるものに関しては、変換関数を提供しておくと便利ですし、ささいなミスを防ぐことができます。

　しかし2つ目の例（②）ではv1とv2のどちらもvector4d型ではないにもかかわらず、「vector4d型のフレンド関数であるadd()関数」が呼ばれています。これはvector3dにはvector4dへの変換関数が定義されているので、add()関数を呼び出す際に暗黙的に変換関数が使われるからです。

　このように単なる変換関数では暗黙的に型変換が行われてしまうことが多々あります。最初に説明したとおり、この暗黙的な変換には十分注意する必要があります。次項で説明しますが、変換関数もコンストラクターと同じくexplicit指定を行うことができ、暗黙的な変換を防ぐことができます。

6.11.2　explicitで暗黙的型変換を防ぐ

　先ほど説明したように、何も指定していない変換関数は暗黙の型変換が働いてしまい、意図しない変換が行われてしまう恐れがあります。そこで、変換関数でもコンストラクターと同じく、explicit指定することでこれを回避できます（リスト6.19）。

▶リスト6.19　explicit指定した変換関数

```cpp
class A
{
public:
    operator int() const { return 0; }
};

class B
{
public:
    // explicit指定されたintへの変換関数
    explicit operator int() const { return 0; }
};

int main()
{
    A a;
    int ia = a;   // OK。変換関数はexplicit指定されていない
    char ca = a;  // OK。intに暗黙変換されたあと、charに代入される

    B b;
    int ib = b;   // エラー。変換関数がexplicit指定されているので、
                  // Bからintへの暗黙変換は行われない
    char cb = b;  // エラー。intへの暗黙変換が禁止されているのでcharへも代入できない

    int j(b);                         // OK。変数jは変換関数の戻り値で初期化される
    int k = static_cast<int>(b);      // OK。明示的にキャストした場合は変換関数が呼ばれる
}
```

「3.3 初期値を受け取るコンストラクター」で説明した「explicit指定されたコンストラクター」に似ています。コンストラクターの項では説明しませんでしたが、明示的にキャストを行った場合はどちらの場合（コンストラクターも変換関数）も正しく変換関数が呼ばれます。

また、いくつかの条件下（例えばif文など）では、boolへの変換関数は（たとえexplicitであっても）必要に応じて呼ばれることになっています。そのため標準ライブラリのスマートポインターなど、よく条件分岐に使われるクラスではexplicit指定したboolへの変換関数を用意し、意図しない変換を防ぎつつ使いやすくしています。

6.11.3 変換関数の注意点

変換関数とは、あくまで必要に応じてオブジェクトを変換する機能を提供するものであって、オブジェクトそのものが他の型になってしまうわけではありません。そのため、リスト6.20のようにオブジェクトを返す変換関数があっても、そのオブジェクトのメンバー関数を呼ぶことはできません。

▶リスト6.20　オブジェクトを返す変換関数

```
#include <iostream>

class A
{
public:
    void foo() { std::cout << "A::foo" << std::endl; }
};

class B
{
    A a;

public:
    // メンバー変数のaを返す変換関数
    operator A&() { return a; }
};

int main()
{
    B b;
    b.foo(); // エラー。Bはfooというメンバー関数を持たない
}
```

foo()関数を呼ぶためにはキャストを行い、対応する変換関数を呼ぶ必要があります。

練習問題 6.11

1. 暗黙の型変換による変換関数呼び出しを防ぐにはどうすればよいか説明してください。

2. 次のプログラムがコンパイルできるように修正してください。

   ```cpp
   class A
   {
   public:
       void foo() const { }
   };

   class B
   {
       A a;

   public:
       operator const A&() { return a; }
   };

   int main()
   {
       B b;

       b.foo(); // エラー
   }
   ```

☑ この章の理解度チェック

1. 演算子オーバーロードの制限について説明してください。

2. 後置のインクリメント演算子とデクリメント演算子をオーバーロードするには、前置のものとどこを変える必要がありますか。

3. 四則演算ができる整数クラスを作ってください。

4. コンストラクターで動的確保したオブジェクトのポインターを受け取り、管理するスマートポインターを作ってください。このスマートポインターは、デストラクターで`delete`演算子を呼び出して管理しているメモリ領域を解放してください。またアロー演算子と間接参照演算子の演算子オーバーロードも追加してください。

Chapter 7

継承

この章の内容

- 7.1 アクセス制御
- 7.2 継承時のコンストラクター／デストラクターの動作
- 7.3 派生クラスへのポインター
- 7.4 仮想関数の詳細
- 7.5 多重継承
- 7.6 仮想基底クラス
- 7.7 派生、オーバーライドの抑止

本章では、クラスの大きな機能の一つ、**継承**についてより細かく解説していきます。「3.5 継承の概要」では継承の基本的な使い方しか説明しませんでしたが、本章ではより発展的な使い方について説明します。

本章で説明する機能のすべてを頻繁に使うというわけではないのですが、知っていると特定のケースで効率的にプログラムを書くことができるようになります。そのため最初はさっと読み流し、実際に必要になったときに読み直すという形でも問題ありません。

7.1 アクセス制御

7.1.1 基底クラスのアクセス制御

基底クラスから派生するときに、`public`アクセス修飾子を多く使います。Chapter 3で学んだように、`public`アクセス修飾子で派生した場合、

- 基底クラスの公開メンバーは、そのまま派生クラスの公開メンバーに
- 基底クラスの非公開メンバーは、派生クラス自身からもアクセスできない非公開メンバーに

なります。しかし`private`アクセス修飾子を使用して派生すると、基底クラスのすべてのメンバーが派生クラスの非公開メンバーとなり、たとえ基底クラスで公開されていたメンバーであっても、派生クラスの外からはまったくアクセスできなくなります。

この機能は「別物だが機能的に近いクラスを作る」際に既存のプログラムを再利用するために使われることがしばしばあります。実際はそのようにしてプログラムを再利用することはあまり推奨はできず、再利用したいクラスをメンバー変数として持っておき、必要に応じてメンバー関数などを追加して使えるようにするべきです。しかしながら内部で使う際に仮想関数をオーバライドして使う必要があるなど、他の方法でどうしても実現できないような場合にのみ使うようにしてください。

```cpp
#include <iostream>

class Base
{
    void private_member()
    {
        std::cout << "Base::private_member()" << std::endl;
    }

public:
    void public_member()
    {
```

```cpp
            std::cout << "Base::public_member()" << std::endl;
        }
    };

    class Derived : private Base // 非公開で派生
    {
    public:
        void member_test();
    };

    void Derived::member_test()
    {
        private_member(); // エラー。基底クラスの非公開メンバーにはアクセスできない
        public_member();  // OK。基底クラスの公開メンバーにはアクセスできる
    }

    int main()
    {
        Base base;
        Derived derived;

        base.private_member();    // エラー。
        base.public_member();     // OK。派生クラスがprivateで派生していても、
                                  // それは基底クラス自身に影響は与えない

        derived.private_member(); // エラー。
        derived.public_member();  // エラー。privateで派生しているので
                                  // 非公開メンバーとなっている
    }
```

7.1.2　被保護メンバーの使用

　公開メンバーはクラスの外部にも、派生クラスにも公開されるメンバーです。一方、非公開メンバーはクラスの外部には公開されず、派生クラスにも公開されることはありません。

　派生クラスの多くは基底クラスを拡張したクラスとなるはずであり、一般的に基底クラスが持つメンバー変数や関数にアクセスできたほうがより柔軟な拡張ができます。とはいえ、本来外部に公開したくない内部処理を公開メンバーにすると、カプセル化を維持するのが困難になります。

　そこで利用されるのが**被保護メンバー**（protected members）です。被保護メンバーとは、非公開メンバーのようにクラスの外部には公開しないものの、派生クラスからはアクセスできるメンバーのことです。被保護メンバーを使えば基底クラスであれ派生クラスであれ、そのメンバーには外部から

のアクセスができないので、カプセル化を維持したまま、派生クラスに共通の内部処理を安全に提供することができます（リスト7.1）。

派生クラスというのは、本来基底クラスからしてみるとクラスの外部にあるものなので、外部に公開はしたくないが派生クラスには公開したいというのは矛盾した要求です。その矛盾を無理やり何とかするのが被保護メンバーなので、やむにやまれぬ事情がない限り使うべきではありません。

▶リスト7.1　非保護メンバー

```
#include <iostream>

class Base
{
// 被保護メンバー
protected:
    void protected_member()
    {
        std::cout << "Base::protected_member()" << std::endl;
    }
};

class Derived : public Base
{
public:
    void member_test();
};

void Derived::member_test()
{
    // OK。基底クラスの被保護メンバーには派生クラスからアクセスできる
    protected_member();
}

int main()
{
    Derived derived;

    // エラー。publicで派生しても被保護メンバーは外部からアクセスできない
    // derived.protected_member();

    // OK。公開メンバーには外部からもアクセスできる
    derived.member_test();
}
```

実行結果

```
A::protected_member()
```

練習問題 7.1

1. 基底クラスをprivateで継承すると、基底クラスの公開メンバーは派生クラスにおいてどのようになりますか。

7.2 継承時のコンストラクター／デストラクターの動作

　クラスは通常のメンバー変数やメンバー関数の他に、コンストラクターやデストラクターといった特別なメンバー関数も持つことができました。本節では、これらコンストラクターやデストラクターが、継承の際どのように動作するかを見ていきましょう。

7.2.1 呼び出しの順序

　まずコンストラクターは、（厳密ではありませんが）最も基底にあるクラスのコンストラクターから順番に処理され、より派生したクラスのコンストラクター呼び出しへと向かっていきます。これは派生クラスのコンストラクターが呼び出される際、すでに基底クラスの構築が完了していることを意味します。そのため、派生クラスのコンストラクターの中で、基底クラスに依存した処理を記述することができます。

　一方、デストラクターはコンストラクターと逆に、最も派生したクラスのデストラクターから順に基底クラスに向かって呼び出されていきます。コンストラクターで基底クラスの何らかのリソースを取得していたとしても、この仕組みにより基底クラスが破棄される前にそれを返却することができ、継承を使っていてもRAIIを正しく実現することができます。

　リスト7.2の例で、コンストラクターとデストラクターの呼び出し順を確認しましょう。

▶リスト7.2　継承関係にあるクラスのコンストラクター／デストラクターの呼び出し順

```
#include <iostream>

class Base
{
public:
    Base() { std::cout << "Baseコンストラクター" << std::endl; }
    ~Base() { std::cout << "Baseデストラクター" << std::endl; }
};

class Derived : public Base
{
public:
    Derived() { std::cout << "Derivedコンストラクター" << std::endl; }
    ~Derived() { std::cout << "Derivedデストラクター" << std::endl; }
};

class MoreDerived : public Derived
{
public:
    MoreDerived() { std::cout << "MoreDerivedコンストラクター" << std::endl; }
    ~MoreDerived() { std::cout << "MoreDerivedデストラクター" << std::endl; }
};

int main()
{
    MoreDerived more_derived;
    std::cout << "オブジェクト構築完了" << std::endl;
}
```

実行結果

```
Baseコンストラクター
Derivedコンストラクター
MoreDerivedコンストラクター
オブジェクト構築完了
MoreDerivedデストラクター
Derivedデストラクター
Baseデストラクター
```

7.2.2 コンストラクターの引数

「3.3 初期値を受け取るコンストラクター」で見たように、コンストラクターは引数を受け取ることも、オーバーロードすることもできました。それでは、基底クラスのコンストラクターに何らかの引数を渡したい場合にはどのようにすればよいのでしょうか。

まず派生クラスのコンストラクターに引数を渡すのはこれまでと同じくオブジェクトを作る際に渡せばよいのですが、メンバー初期化リストを使ってさらにそこから基底クラスのコンストラクターに必要な引数を渡すことができます。

構文 基底クラスのコンストラクターに引数を渡す

```
// コンストラクターの定義
class-name::class-name(parameters……)
    // 基底クラスのコンストラクター呼び出し
    : base-class-name{arguments……}
    , member{initial-value}, member{initial-value}……
{
    // コンストラクター本体
}
```

「3.3 初期値を受け取るコンストラクター」で説明したコンストラクターの定義と見比べてみましょう。似通っていることがわかるはずです。基底クラスのコンストラクター呼び出しでも、委譲コンストラクターやメンバー初期化リストのときと同様に、ブレース「{}」ではなく丸かっこ「()」を使うこともできます。

基底クラスのコンストラクター呼び出しは必須というわけではなく、省略した場合基底クラスはデフォルトコンストラクターを使って初期化します。なおこの際、基底クラスのコンストラクター呼び出しは他のメンバー変数の初期化よりも前に書いておくと混乱が少なくなります。というのも、メンバー初期化リストに書かれた順番に初期化が行われるのではなく、まず最初に基底クラスのコンストラクター呼び出しから行われるからです。

それではリスト7.3で実際に意図したコンストラクターが呼ばれているのか確かめてみましょう。

▶リスト7.3 基底クラスのコンストラクター呼び出し

```
#include <iostream>

class Base
{
public:
```

```cpp
    Base()
    {
        std::cout << "Baseデフォルトコンストラクター " << std::endl;
    }

    explicit Base(int i)
    {
        std::cout << "A引数付きコンストラクター：" << i << std::endl;
    }
};

class Derived : public Base
{
public:
    explicit Derived(int i) : Base{i} {}
};

int main()
{
    Derived derived{42};
}
```

実行結果

```
Base引数付きコンストラクター：42
```

　BaseのデフォルトコンストラクターではなくDerivedのコンストラクターで指定した引数付きのコンストラクターが呼ばれています。

練習問題 7.2

1. 派生クラスと基底クラスのコンストラクターとデストラクターがどういう順番で呼ばれているか確認してください。
2. 派生クラスのコンストラクターから、基底クラスの引数があるコンストラクターを呼び出してください。

7.3 派生クラスへのポインター

「3.6 オブジェクトポインター」では、クラスそれ自体のポインターであるthisポインターについて説明しました。派生クラスであってもその基本原則は変わることがありません。しかし派生クラスは単なるクラスと違って、基底クラスがあるのでもう少し発展的な使い方が可能です。

派生クラスは基底クラスのメンバーを継承しているので、あたかも基底クラスであるかのように使うことができました。つまり基底クラスのメンバーだけあれば問題ないような場合、例えば基底クラスへのポインターや参照を引数として受け取るような関数がある場合に、派生クラスを渡すことができれば非常に便利です。

実際にそのような基底クラスへのポインターや参照に派生クラスのポインターや参照を代入することはできます（リスト7.4）。

▶リスト7.4　派生クラスへのポインター

```
#include <iostream>

class Base
{
public:
    void method_Base();
};

void Base::method_Base()
{
    std::cout << "Base::method_Base()" << std::endl;
}

class Derived : public Base
{
public:
    void method_Derived();
};

void Derived::method_Derived()
{
    std::cout << "Derived::method_Derived()" << std::endl;
}
```

```cpp
int main()
{
    Derived derived;

    // OK。DerivedはBaseのメンバー関数を継承しているので呼び出せる
    derived.method_Base();

    // OK。もちろんDerivedのメンバー関数も呼び出せる
    derived.method_Derived();

    // 基底クラスへの参照は派生クラスからも作れる
    Base& base = derived;

    // OK。Baseのメンバー関数へはBaseの参照からたどることができる
    base.method_Base();
}
```

実行結果

```
Base::method_Base()
Derived::method_Derived()
Base::method_Base()
```

リスト7.4では参照しか使っていませんが、参照をポインターにしても同じ結果となります。

逆に、基底クラスは派生クラスのメンバー全部を持っているわけではないので、基底クラスのインスタンスを派生クラスへのポインターや参照に代入できません。例えばリスト7.4のmain()関数を次のように置き換えるとエラーとなります。

```cpp
int main()
{
    Derived derived
    Base& base = derived

    // エラー。参照先の実際のインスタンスがBであってもAの参照からはたどれない
    base.method_Derived();

    // エラー。実際のインスタンスが派生クラスであっても、
    // 基底クラスから派生クラスへの参照は作れない
    Derived& r = base;
}
```

練習問題 7.3

1. 派生クラスのポインターを基底クラスのポインターに代入するとどうなるか説明してください。

7.4 仮想関数の詳細

仮想関数については「3.5 継承の概要」で（簡単にですが）解説しました。ただ、そのときはまだあまり仮想関数の詳細を説明していなかったので、実際どのように使われるかについて、あまり実感がわかなかったことでしょう。しかし被保護メンバーや派生クラスのポインターの扱いなどを理解した今では、多くの場面における仮想関数の重要性もつかめるはずです。

7.4.1 仮想関数（再び）

仮想関数は、基底クラスの動作そのものを派生クラスから変更する機能です。常に派生クラスだけを使うような状況ではあまり使われませんが、関数が基底クラスのポインターや参照しか受け取らないような場面で動作を変えるために使われます。

基底クラスしか受け取らないような関数であっても、仮想関数の「基底クラスの動作を変えることができる」機能を使うことで、基底クラスに見せかけつつ、派生クラスでオーバーライドしたメンバー関数の呼び出しを行わせるといったことが可能になります（リスト7.5）。

note 派生クラスで引数の数や型を変えたオーバーロードをおこなっても、基底クラスの動作を変更できません。基底クラスのポインターから呼び出せるのは基底クラスのメンバー関数だけです。

▶リスト7.5 基底クラスのポインターを使った仮想関数呼び出し

```
#include <iostream>

class Base
{
public:
    virtual void method();
};
```

```cpp
void Base::method()
{
    std::cout << "Baseのメンバー関数" << std::endl;
}

class Derived : public Base
{
public:
    // Base::method()をオーバーライド
    void method() override;
};

void Derived::method()
{
    std::cout << "Derivedでオーバーライドしたメンバー関数" << std::endl;
}

int main()
{
    Derived derived;
    Base& base = derived; // 基底クラスへの参照を取得

    // 基底クラスへの参照経由であっても、
    // 仮想関数はDerivedでオーバーライドしたほうが呼ばれる
    base.method();
}
```

実行結果

Derivedでオーバーライドしたメンバー関数

7.4.2　型指定して基底クラスのメンバー関数を呼び出す

　仮想関数とは基底クラスの動作を変更する機能です。多くの場合、基底クラスの動作を踏襲しつつ、さらにそこに機能を追加するために使われます。基底クラスの動作に機能を追加するための具体的な方法としては、派生クラスで定義したオーバーライド関数から基底クラスのメンバー関数を呼び出すことが考え付くことでしょう。しかしこの呼び出しは、方法を間違えると「止まらないプログラム」になってしまうため注意が必要です。

リスト7.6に間違った方法での呼び出しを示します。

▶リスト7.6　間違った方法

```cpp
#include <iostream>

class Base
{
public:
    virtual void method();
};

void Base::method()
{
    // 基底クラスでの実装：派生クラスから呼び出されることを期待する
    std::cout << "Base::method()" << std::endl;
}

class Derived : public Base
{
public:
    void method() override;
};

void Derived::method()
{
    std::cout << "Derived::method()" << std::endl;
    Base* base = this; // 基底クラスへのポインターを取得
    base->method();    // 基底クラスのメンバーを呼んでいる……つもり
}

int main()
{
    Derived derived;
    derived.method(); // オーバーライドしたメンバー関数の呼び出し
}
```

この例ではDerived::method()メンバー関数が呼び出され、そのなかでBase::method()メンバー関数が呼び出されることを期待しています。しかし仮想関数の動作を思い出してください。仮想関数とは、基底クラスのポインターや参照から派生クラスのメンバー関数を呼ぶ機能でした。そのためBase::method()メンバー関数を呼び出しているつもりでも、実は自分自身をもう一度呼び出

7.4.2　型指定して基底クラスのメンバー関数を呼び出す

す**再帰呼び出し**（recursive call）となってしまいます。再帰呼び出し自体は通常のプログラムでも使われますが、この例では無限に再帰呼び出しをするので、終了しないプログラムとなってしまいます。

　基底クラスのメンバー関数を正しく呼び出すためには、関数呼び出しの際にどのクラスのメンバーを呼び出すのか型指定します。リスト7.6の場合、型指定した呼び出しは`Base::method()`メンバー関数となります。

```
void Derived::method()
{
    std::cout << "Derived::method()" << std::endl;
    Base::method(); // どのクラスのメンバーかを指定しての呼び出し
    // this->Base::method(); // このように書くこともできる
}
```

7.4.3　非公開メンバーの仮想関数

仮想関数が非公開メンバーであった場合はどうなるのでしょうか。

　もちろん仮想関数かどうかにかかわらず、非公開メンバーには派生クラスからであってもアクセスすることはできません。しかし基底クラスの実装を呼び出すことはできないものの、オーバーライドすることだけは可能です（リスト7.7）。

▶リスト7.7　非公開メンバーの仮想関数

```
#include <iostream>

class Base
{
    // 非公開な仮想関数
    virtual void method();

public:
    void call_method() { method(); }
};

void Base::method()
{
    std::cout << "Base::method()" << std::endl;
}

class Derived : public Base
{
    // 基底クラスで非公開となっていてもオーバーライドだけはできる
```

```cpp
        void method() override;
};

void Derived::method()
{
    std::cout << "Derived::method()" << std::endl;
    // Base::method(); // エラー。Base::methodは非公開メンバーなので呼び出せない
}

int main()
{
    Derived derived;
    derived.call_method(); // 非公開メンバーのオーバーライドが呼び出される
}
```

実行結果

```
Derived::method()
```

このように、非公開メンバーであってもオーバーライドだけはでき、正しく派生クラスでオーバーライドした関数が呼ばれます。しかし、基底クラスのメンバーは非公開であることに変わりないので、デフォルトの動作などを引き継ぐことができません。

とはいえ基底クラスの動作を引き継げないことがデメリットになることはあまりありません。仮想関数は本当に動作に違いを出したいほんの一部だけで使い、残りの共通部分は通常の公開メンバー関数として基底クラスに実装されることが多いからです。ちょうどリスト7.6の`method()`メンバー関数と`call_method()`メンバー関数のような感じに使われ、共通化したい部分は`call_method()`メンバー関数に実装していきます。

7.4.4　仮想デストラクター

デストラクターを仮想関数にすることもでき、そのようなデストラクターのことを **仮想デストラクター**（virtual destructor）と呼びます。また、デストラクターが仮想関数となっているクラスのことを **ポリモーフィック**（polymorphic）なクラスと呼びます[1]。ポリモーフィックなクラスは、オブジェクト指向における **ポリモーフィズム**（多態性：polymorphism）を実現するひとつの方法です[2]。

---

[1] 厳密には、仮想関数を持ったクラスはすべてポリモーフィックではあるのですが、デストラクターが仮想関数となっていないクラスのことを指してポリモーフィックであるということはあまりありません。
[2] あまりそう認識はされていませんが、もうひとつはChapter 9で説明するテンプレートです。

仮想デストラクターは、動的確保した継承を使ったオブジェクトを解放するときに、正しいデストラクターが呼ばれるようにするための機能です。仮想デストラクターを使わなかった場合、次のプログラムはデストラクターの呼び出しが不完全になってしまいます（リスト7.8）。

▶リスト7.8　不完全なデストラクター呼び出し

```cpp
#include <iostream>

class Base
{
public:
    ~Base()
    {
        std::cout << "Base::~Base()" << std::endl;
    }
};

class Derived : public Base
{
public:
    ~Derived()
    {
        std::cout << "Derived::~Derived()" << std::endl;
    }
};

Base* allocate()
{
    // 派生クラスを動的確保するが、
    // 関数の戻り値の型が基底クラスへのポインターになっているので
    // 暗黙変換によって基底クラスへのポインターが返される
    return new Derived{};
}

int main()
{
    auto ptr = allocate(); // 基底クラスへのポインターが返される

    delete ptr; // 注意。コンパイルできるが問題があるコード
}
```

実行結果
```
Base::~Base()
```

　allocate()関数で派生クラスを動的確保していますが、戻り値の型が基底クラスへのポインターとなっているので、allocate()関数からは基底クラスへのポインターとして返されてしまいます。

　一方main()関数の中では動的確保されたオブジェクトを解放していますが、受け取っているポインターは基底クラスへのポインターのため、delete演算子は基底クラスのデストラクター呼び出しを行ってしまいます。すると、このオブジェクトは派生クラスのインスタンスであるにもかかわらず、派生クラスのデストラクターは呼ばれることがなく、派生クラスで確保したメモリ領域などがリークしてしまいます。

　virtualを付けて基底クラスのデストラクターを仮想関数にすると、オブジェクトを実体化したときの派生クラスのデストラクターでオーバーライドするので、基底クラスへのポインターしか持っていなくても、delete演算子が正しく派生クラスのデストラクターを呼び出すことができます（リスト7.9）。

▶リスト7.9　仮想デストラクター（部分）

```cpp
class Base
{
public:
    virtual ~Base() // 仮想デストラクター
    {
        std::cout << "Base::~Base()" << std::endl;
    }
};
```

実行結果
```
Derived::~Derived()
Base::~Base()
```

　派生クラスのデストラクターは省略してもコンパイラーが必ず自動的にデストラクターをオーバライドするので、基底クラスのデストラクターさえ仮想デストラクターとなっていればわざわざ派生クラスで空のデストラクターを定義する必要はありません。

　仮想デストラクターは一見万能なようですが、実行時のパフォーマンスに対してとても大きな影響を与えることがあります。プログラムをオブジェクト指向で作っており、ポリモーフィズムが必要になる場面以外では仮想デストラクターを使うべきではありません。

練習問題 7.4

1. 仮想関数を持つ基底クラスと、その基底クラスから派生した派生クラスを使って、基底クラスのポインターから仮想関数を呼び出すと派生クラスでオーバーライドしたメンバー関数が呼び出されることを確認してください。
2. 基底クラスの非公開仮想関数は派生クラスでオーバーライドできるかどうか説明してください。
3. 仮想デストラクターが必要になる例を示してください。

7.5 多重継承

これまでクラスの派生といえば基底クラス1つのみから行われるものでした。しかし、場合によっては複数のクラスを混ぜたような多機能なクラスが必要になることもあります。C++では複数のクラスを基底クラスにして継承することができます。このように複数のクラスを基底クラスにすることを**多重継承**(multiple inheritance)といいます。

リスト7.10に、BaseAとBaseBという2つのクラスを継承したクラスDerivedの例を示します。

▶リスト7.10 多重継承

```cpp
#include <iostream>

class BaseA
{
public:
    void method_BaseA()
    {
        std::cout << "BaseA::method_BaseA()" << std::endl;
    }
};

class BaseB
{
public:
    void method_BaseB()
    {
        std::cout << "BaseB::method_BaseB()" << std::endl;
```

```cpp
        }
};

class Derived
    : public BaseA
    , public BaseB  // 2つ目のクラスを継承
{
public:
    void method_Derived()
    {
        std::cout << "Derived::method_Derived()" << std::endl;
    }
};

int main()
{
    Derived derived;
    derived.method_BaseA();    // BaseAから継承したメンバー関数の呼び出し
    derived.method_BaseB();    // BaseBから継承したメンバー関数の呼び出し
    derived.method_Derived();  // Derivedで定義したメンバー関数の呼び出し

    BaseA& base_a = derived;    // DerivedはBaseAの派生クラスなのでBaseAとして扱える

    // base_a.method_BaseB();   // エラー。BaseAの参照を使っているので、
                                // BaseBのメンバー関数を呼び出せない
    //base_a.method_Derived();  // エラー。同様にDerivedではないので呼べない

    BaseB& base_b = derived;    // DerivedはBaseBの派生クラスでもあるので
                                // BaseBとしても扱える
    //base_b.method_Derived();  // エラー。BaseA同様
    //base_b.method_Derived();  // エラー。BaseA同様
}
```

実行結果

```
BaseA::method_A()
BaseB::method_B()
Derived::method_Derived()
```

BaseAとBaseBの両方を継承したクラスDerivedは、BaseAとBaseBどちらの機能も兼ね備えているため、どちらのメンバー関数も使うことができます。また、どちらの基底クラスへのポイン

ター・参照へも代入できます。

　図3.1（156ページ）で使った関係図を使って多重継承を表すときには、派生クラスからそれぞれの基底クラスに向かって矢印を描きます（図7.1）。

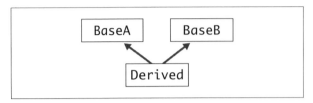

❖図7.1　多重継承での関係図

さらに多くのクラスから派生している場合には、基底クラスの数だけ同じように矢印を描きます。

7.5.1　多重継承の注意点

　多重継承は一見便利なように思えますが、クラスの継承関係をより複雑にしかねないので使う場面を見極める必要があります。

　実際に、オブジェクト指向をサポートする言語で多重継承を許可している言語はそう多くありません。むしろプログラムを複雑にしてしまうので禁止されてしまうほどです。しかしそういった言語では、多重継承ができない代わりに**インターフェイス**（interface）という仕組みが提供されていることが多く、ほとんどの多重継承が必要な場面はインターフェイスで対応することができます。

　C++はインターフェイスを提供していないため、インターフェイスの代わりとして多重継承を使用していることがほとんどです。まずはシンプルな継承で対応するようにして、どうしても難しいような場合にのみ多重継承を使うようにするとよいでしょう。

7.5.2　多重継承時の基底クラスのコンストラクター呼び出し

　「7.2.2 コンストラクターの引数」で基底クラスのコンストラクターへ引数を渡す方法について説明しましたが、多重継承の場合にはどうしたらよいのでしょうか。実はそれほど難しいことはなく、継承している基底クラスの数だけ対応するコンストラクター呼び出しを列挙するだけです（リスト7.11）。

▶リスト7.11　基底クラスのコンストラクター呼び出し

```
#include <iostream>

class BaseA
{
```

```cpp
    int value;

public:
    explicit BaseA(int value) : value{value} { }

    void show_BaseA()
    {
        std::cout << "BaseA.value = " << value << std::endl;
    }
};

class BaseB
{
    int value;

public:
    explicit BaseB(int value) : value{value} { }

    void show_BaseB()
    {
        std::cout << "BaseB.value = " << value << std::endl;
    }
};

class Derived : public BaseA, public BaseB
{
public:
    Derived(int a, int b);
};

Derived::Derived(int a, int b)
    : BaseA{a} // BaseAのコンストラクターへ引数を渡す
    , BaseB{b} // BaseBのコンストラクターへ引数を渡す
{
}

int main()
{
    Derived derived{42, 72};
    derived.show_BaseA();
    derived.show_BaseB();
}
```

7.5.2　多重継承時の基底クラスのコンストラクター呼び出し

実行結果

```
BaseA.value = 42
BaseB.value = 72
```

　このとき注意しなければならないのは、列挙する基底クラスのコンストラクター呼び出しのリストは、継承している順番と一致させておいた方がよいということです。一致していなくてもエラーにはなりませんが、非常にわかりづらいバグを生んでしまうことがあります。というのも、基底クラスのコンストラクター呼び出しは、継承している順番通りにされる事になっているためです。初期化リストに書いた順番で初期化されると思ってしまっていると、想像していた順番と異なった順番で初期化されてしまうので、原因を特定するのに時間がかかってしまいます。

```cpp
class MoreDerived : public BaseA, public BaseB
{
public:
    // エラーにはならないが、想定とは違う動作をするかもしれないプログラム
    Derived(int a, int b) : BaseB{b}, BaseA{a} { }
};
```

7.5.3　曖昧な呼び出しと基底クラス名の指定

　多重継承のとてもわかりやすい問題に、どの基底クラスから派生したのかが曖昧（ambiguous）になるという問題があります。例えばリスト7.12のような継承関係を考えてみましょう。

▶リスト7.12　曖昧なメンバー呼び出し（エラー）

```cpp
#include <iostream>

class Base
{
    int value;

public:
    Base(int value) : value{value} { }
    void show();
};

void Base::show()
{
    std::cout << "this: " << this << std::endl
        << "this->value: " << value << std::endl;
}
```

```cpp
class DerivedA : public Base
{
public:
    DerivedA(int value) : Base{value} { }
};

class DerivedB : public Base
{
public:
    DerivedB(int value) : Base{value} { }
};

// DerivedAもDerivedBもBaseから派生していることに注意
class MoreDerived : public DerivedA, public DerivedB
{
public:
    MoreDerived(int d_a, int d_b)
        : DerivedA{d_a}, DerivedB{d_b}
    {
    }
};

int main()
{
    MoreDerived more_derived{42, 72};

    // DerivedAとDerivedB、どちらのBase::show()が使われる？
    more_derived.show();

    // DerivedAとDerivedB、どちらのBaseへの参照が代入される？
    Base& base = more_derived;

    base.show();
}
```

このプログラムのクラスの継承関係を図示すると図7.2のようになります。

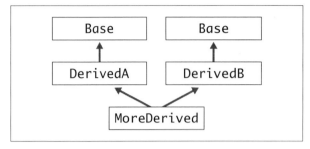

❖図7.2 曖昧な基底クラス

同じクラスBaseでも、DerivedAのBaseとDerivedBのBaseの2つがあります。

このような場合、C++ではどちらのBase::show()を呼び出せばよいのかわからずエラーとなります。もちろん、このような継承関係にあるクラスが作れないというわけではありませんが、Baseに関する曖昧な使い方はすべてエラーとなります。

実行結果

```
$ c++ -o prog prog.cpp
prog.cpp: In function 'int main()':
prog.cpp:44:18: error: request for member 'show' is ambiguous
     more_derived.show();
                  ^~~~
prog.cpp:11:6: note: candidates are: void Base::show()
 void Base::show()
      ^~~~
prog.cpp:11:6: note:                 void Base::show()
prog.cpp:47:18: error: 'Base' is an ambiguous base of 'MoreDerived'
     Base& base = more_derived;
```

なので、どちらの基底クラスのものを使おうとしているのか、リスト7.13のように曖昧にならないよう指定すれば問題ありません。

▶リスト7.13 曖昧さの解決（部分）

```cpp
int main()
{
    MoreDerived more_derived{42, 72};

    // DerivedAが継承したBase::show()の呼び出し
    more_derived.DerivedA::show();
```

```
    // DerivedBが継承したBase::show()の呼び出し
    more_derived.DerivedB::show();

    // DerivedAの参照を経由してBaseへの参照を取得
    Base& base1 = static_cast<DerivedA&>(more_derived);

    // DerivedAの参照を経由したので、DerivedAが継承したBase::show()の呼び出し
    base1.show();

    // DerivedBの参照を経由してBaseへの参照を取得
    Base& base2 = static_cast<DerivedB&>(more_derived);

    // DerivedBの参照を経由したので、DerivedBが継承したBase::show()の呼び出し
    base2.show();
}
```

実行結果

```
this: 0x7ffe94234f18
this->value: 42
this: 0x7ffe94234f1c
this->value: 72
this: 0x7ffe94234f18
this->value: 42
this: 0x7ffe94234f1c
this->value: 72
```

note 通常、このような呼び出しをしなければならない状況にはほとんど巡り合わないはずです。しかし、多重継承と関係ない普通の継承であっても基底クラスを指定した呼び出しは使えるので、一応呼び出し方法は覚えておいて損はないでしょう。

練習問題 7.5

1. 2種類の基底クラスを定義し、それらを多重継承した派生クラスを作ってください。
   派生クラスがどちらの基底クラスのメンバーも持っていることを確認してください。

2. 多重継承した場合、基底クラスのコンストラクター呼び出しの順番はどのような順番になるか説明してください。

7.6 仮想基底クラス

多重継承では、継承関係によって基底クラスが曖昧になってしまう場合がありました。前節ではそういった場合に、どの基底クラスかを指定することで意図した基底クラスのメンバーを呼び出していました。C++ではそういう方法の他に**仮想基底クラス**（virtual base class）という仕組みも提供されています。

7.6.1 ひし形継承

仮想基底クラスを使用しない場合では、重複する基底クラスは複数存在していました。リスト7.12の例では、DerivedAの基底であるBaseと、DerivedBの基底であるBaseの2つです。

仮想基底クラスを使用すると、DerivedAかDerivedBなのかに関係なく、Bはただ1つしか存在しないようにクラスが作成されます。この場合基底クラスはただ1つしか存在しないので、前節でエラーになったようなメンバー関数呼び出しも曖昧になることなく呼び出すことができます。

仮想基底クラスを使った場合のクラスの継承関係は図7.3のようになります。

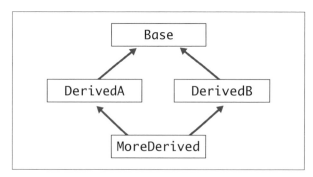

❖図7.3　仮想基底クラス

前節で紹介した曖昧な基底クラスの関係図と見比べてみると、Baseが1回しか出現しないことがわかります。仮想基底クラスを使った継承は図示したときにひし形に見えることから、**ひし形継承**や**ダイヤモンド継承**と呼ばれています。

派生クラスで仮想基底クラスを指定するためには、継承する際に仮想基底クラスとしたい基底クラスをvirtualというキーワードを使って指定します（リスト7.14）。

▶リスト7.14　仮想基底クラスの例

```
#include <iostream>

class Base
{
public:
    void method_Base()
    {
        std::cout << "Base: " << this << std::endl;
    }
};

// DerivedAは仮想基底クラスとしてBaseを継承する
class DerivedA : virtual public A
{
public:
    void method_DerivedA()
    {
        std::cout << "DerivedA: " << this << std::endl;
    }
};

// DerivedBは仮想基底クラスとしてBaseを継承する
class DerivedB : virtual public A
{
public:
    void method_DerivedB()
    {
        std::cout << "DerivedB: " << this << std::endl;
    }
};

// DerivedAもDerivedBもBaseから派生しているが、
// Baseは仮想基底クラス指定されているので
// MoreDerivedにはBaseはただ1つしか存在しない
class MoreDerived : public DerivedA, public DerivedB
{
public:
    void method_MoreDerived()
    {
        std::cout << "MoreDerived: " << this << std::endl;
```

7.6.1　ひし形継承

```cpp
    }
};

int main()
{
    MoreDerived more_derived;

    // これらのメンバー関数はこれまでどおり普通に継承されるので呼び出せる
    more_derived.method_DerivedA();
    more_derived.method_DerivedB();
    more_derived.method_MoreDerived();

    // 今までは曖昧だったが、Baseは仮想基底クラスなので
    // 曖昧にならず呼び出すことができる
    more_derived.method_Base();

    // こちらも曖昧にならずBaseの参照を取得できる
    Base& base = more_derived;
}
```

実行結果

```
DerivedA: 0x7ffc03c9cca0
DerivedB: 0x7ffc03c9cca8
MoreDerived: 0x7ffc03c9cca0
Base: 0x7ffc03c9cca0
```

　Baseが本当に1つしか存在しないのか、つまりDerivedAから見たBaseとDerivedBから見たBaseが同じものかどうかはthisポインターを見ればわかります。一度DerivedAとDerivedBそれぞれの参照を経由して確認してみましょう（リスト7.15）。

▶リスト7.15　DerivedAとDerivedBからの見え方の違い（部分）

```cpp
int main()
{
    MoreDerived more_derived;

    std::cout << "DerivedA" << std::endl;
    DerivedA& derived_a = more_derived;
    derived_a.method_Base();
```

```cpp
        std::cout << std::endl;

        std::cout << "DerivedB" << std::endl;
        DerivedB& derived_b = more_derived;
        derived_b.method_Base();
}
```

実行結果

```
DerivedA
Base: 0x7fffd68555c0

DerivedB
Base: 0x7fffd68555c0
```

どちらも同じアドレスとなったので、仮想基底クラスはただ1つだということがわかります。

7.6.2 仮想基底クラスのコンストラクター呼び出し

仮想基底クラスでは、単純な多重継承と違い、基底クラスはただ1つしかありません。この場合、基底クラスのコンストラクターはどの派生クラスから受け取った引数で初期化されるのでしょうか。最初に呼ばれたときでしょうか、それとも最後でしょうか。

実は、仮想基底クラスのコンストラクター呼び出しは、インスタンスを生成するときのクラスのコンストラクターで呼び出すことになっています。リスト7.16の例で見てみましょう。

▶リスト7.16　仮想基底クラスのコンストラクター呼び出し

```cpp
#include <iostream>
class Base
{
public:
    explicit Base(int value)
    {
        std::cout << value << std::endl;
    }
};

class DerivedA : virtual public Base
{
public:
```

```cpp
    DerivedA() : Base{1} {}
};

class DerivedB : virtual public Base
{
public:
    DerivedB() : Base{2} {}
};

class MoreDerived : public DerivedA, public DerivedB
{
public:
    // 仮想基底クラスのコンストラクター呼び出し
    MoreDerived() : Base{3} {}
};

// 定義されているクラスの中で最も派生しているクラス
class MoreMoreDerived : public MoreDerived
{
public:
    // ここでも仮想基底クラスのコンストラクター呼び出し
    MoreMoreDerived() : Base{4} {}
};

int main()
{
    // 最も派生しているMoreMoreDerivedではなく、
    // MoreDerivedのインスタンスを生成するときには
    // どのコンストラクターで渡した値が出力される？
    MoreDerived more_derived;
}
```

実行結果

```
3
```

少々奇妙に思うかもしれませんが、このとき画面には`MoreDerived`のコンストラクターで渡した3のみが出力されます。この中では`MoreMoreDerived`が最も派生しているクラスになりますが、実際に作ろうとしているインスタンスの型は`MoreDerived`です。そのため、そのインスタンスの中で最も派生しているクラスは`MoreDerived`となるので、`MoreDerived`のコンストラクターでの呼び出しのみが使われます。

ただし、DerivedAやDerivedBで書いたコンストラクター呼び出しがまったく無駄かというと、今度はDerivedAやDerivedBのインスタンスを生成するときには必要になります。そのため、すべての派生しているクラスで適切な引数で初期化するようにしておく必要があります。

練習問題　7.6

1. ひし形継承を行ってください。このとき基底クラスの引数を受け取るコンストラクターが呼び出されるようにし、どこのコンストラクター呼び出しが使われたかわかるようにしてください。

7.7　派生、オーバーライドの抑止

クラスは基本的に、他のクラスを制限なく基底クラスにして派生することができます。しかし、派生クラスでどのように変更されるかがわからないため、意図しない動作を防ぐためにも派生やオーバーライドを防ぎたいことがあります。本節ではそのための機能を解説します。

7.7.1　クラスのfinal指定

特に指定しない場合、クラスは他のクラスの基底クラスとなることができますが、それ以上派生されないように指定することもできます。派生されないようにする場合には、このクラスは「これ以上派生できない」という指定である**final指定**をします。

```
class Base
{
};

// もうこれ以上派生できなくする
class FinalClass final : public Base
{
};

// エラー。final指定されたクラスを継承することはできない
class MoreDerived : public FinalClass
{
};
```

note final指定することを常に考えておく必要はありませんが、派生されることを想定していないコードを書くときなど（型やサイズが決め打ちになっている場合など）では必要となるでしょう。

7.7.2 仮想関数のfinal指定

　クラス全体に対する派生の禁止ではなく、仮想関数のオーバーライドを個別に抑制することもできます。これまでオーバーライドを明示するために使っていた**override**指定子の代わりに**final指定子**を使うことで、その仮想関数がそれ以上オーバーライドできないと指定できます。

　仮想関数のオーバーライドを禁止しただけではクラスの派生を禁止することはできません。クラスの派生を禁止するにはクラス自体を`final`指定する必要があります。

```
#include <iostream>

class Base
{
public:
    virtual void method1()
    {
        std::cout << "Base::method1()" << std::endl;
    }

    virtual void method2()
    {
        std::cout << "Base::method2()" << std::endl;
    }
};

class Derived : public Base
{
public:
    // このメンバーはこれ以上オーバーライドできない
    void method1() final
    {
        std::cout << "Derived::method1()" << std::endl;
    }
```

```cpp
        // こちらは単なるオーバーライド
        void method2() override
        {
            std::cout << "Derived::method2()" << std::endl;
        }
    };

    class MoreDerived : public Derived
    {
    public:
        // エラー。Derivedでfinal指定されているので
        // オーバーライドすることができない
        void method1() override;

        // OK。オーバーライドをさらにオーバーライドすることはできる
        void method2() override
        {
            std::cout << "MoreDerived::method2()" << std::endl;
        }
    };
```

練習問題 7.7

1. それ以上クラスが派生されるのを防ぐにはどうすればいいか説明してください。
2. 仮想関数を持った基底クラスから派生し、その仮想関数のそれ以上のオーバーライドを禁止した派生クラスを定義してください。

☑ この章の理解度チェック

1. 仮想関数が基底クラスの動作を変えている様子を例示してください。
2. 仮想デストラクターが必要になるのはどのような場面か説明してください。
3. ひし形継承とはどのような継承か説明してください。

Chapter 8

入出力システム

この章の内容

- 8.1 C++の入出力の基礎
- 8.2 書式設定された出力
- 8.3 その他のテキスト入出力関数
- 8.4 入出力マニピュレーターの使用
- 8.5 ファイル入出力の基本
- 8.6 書式不定のバイナリ入出力
- 8.7 ランダムアクセス
- 8.8 入出力状態のチェック

本章では、これまで何気なくずっと使ってきた入出力システムについて、より掘り下げた解説を行います。

入出力システムは、プログラムと人とがやりとり（インタラクション）する最も基本的な方法です。ボタンを表示したり、文字の色を変えたり、画像を表示したりといった複雑なことは標準の機能だけではできませんが、文字列の入出力さえできれば対話をするBot（ボット）を作ったり、ゲームを作ったり[1]とさまざまなことができます。

C++では、C言語で古くからサポートされてきた方法（printf()関数やscanf()関数など）に加え、言語機能をフル活用した入出力用のクラスが提供されています。C++で追加された入出力機能の一例が、これまで使ってきたstd::coutやstd::cinです。これらはC言語で提供されていた入出力システムと違い、継承やオーバーロードを使うことで自分のクラスを自然な形でC++の入出力システムに組み込むことができます。

さまざまな理由から「この入出力システムこそが最上のもの」とはいえませんが、標準ライブラリが提供している機能であり、多くの要求を満たすことができるため多くの場面で使うことになるでしょう。

8.1　C++の入出力の基礎

C++の入出力システムは、C言語で提供されていたものと同じく**ストリーム**（stream）を通じて行われます。ストリームはさまざまな入出力に関連するデバイスを抽象化したものであり、文字を順番に出力したり入力したりする機能を持っています。

ストリームに接続しているデバイスは、画面やキーボード、ファイルといったようにそれぞれ形態がまったく異なりますが、ストリームによりプログラマーは一貫したインターフェイスで扱うことができます。

ストリームは標準で表8.1に示す4つが用意されています。

❖表8.1　4つのストリーム

ストリーム	デフォルトで接続されるデバイス	入出力オブジェクト	C言語でのストリーム
標準入力	キーボード（コンソール入力）	std::cin	stdin
標準出力	画面（コンソール出力）	std::cout	stdout
標準エラー出力	画面（コンソール出力）	std::cerr	stderr
バッファー付き標準エラー出力	画面（コンソール出力）	std::clog	―

---

[1] 現在の状況を表す簡単なテキスト画面に表示し、さまざまなコマンドを与えて迷路を探索していくDunnetというゲームがあります。

実際にはそれぞれのストリームに対し、文字エンコーディングの違いでさらに数種類の標準クラスが提供されますが、本書ではその詳細は割愛します。また、一番下の「バッファー付き標準エラー出力」は特殊な用途でしか使うことがないものであり、実質的にはC言語と同じ

- 標準入力
- 標準出力
- 標準エラー出力

の3通りを覚えておけば問題ありません。

これらのオブジェクトは、`<iostream>`ヘッダーの中で定義された非常に複雑な構造を持つテンプレートクラスの実体です。テンプレートクラスについてはChapter 9で解説しますが、「1つのひな形となるクラスを作っておくと、さまざまな型に対応した定義をコンパイラーが自動で生成する」というC++の機能です。

`std::cin`は入力を専門に行う`std::basic_istream`テンプレートクラスをもとに作られ、他の3つのストリームは出力を専門に行う`std::basic_ostream`テンプレートクラスをもとにして作られています。テンプレートクラスはそれらだけでなく、入力と出力のどちらもできる`std::basic_iostream`テンプレートクラスや、ファイルを扱うためにそれらの基本的なテンプレートクラスから派生したテンプレートクラスなどがあります。

本書では、それらテンプレートクラス名から`basic_`を取り除いた`std::istream`、`std::ostream`そして`std::iostream`を使用します。これらは、最も一般的に使用されるエンコーディングに特化したクラスです。これらテンプレートクラスは高水準入出力（人間にわかりやすいテキストの処理）をサポートするために使用され、数値のフォーマット（桁数や右詰め左詰めといった処理）や空白の処理などを行います。

この他に、直接使うことはまずないと思いますが、低水準入出力（コンピューターが扱いやすいデータ処理）をサポートするための`std::basic_streambuf`というテンプレートクラスが、直接デバイスとやり取りを行います。

note　高水準入出力に使われるテンプレートクラスも内部的には低水準入出力を使用しているため、特別なデバイスをサポートさせたい場合にはそのデバイス用に`std::basic_streambuf`から派生した入出力クラスを作り、高水準入出力で使用するデバイスとしてセットすることで自動的に対応することができます。
なお`std::basic_streambuf`を直接扱うのは少々難しい部分があるので、本書では説明しません。

8.2 書式設定された出力

これまで、何かしらの値を出力するときには標準ライブラリがデフォルトで提供していたフォーマットが常に使われていました。例えば整数であれば10進数で、桁数は値によって変わりました。

単なるデバッグ用途とかであれば特に気にせずそのまま使えたかもしれませんが、その出力がもう少し意味を持つもの、例えば書類で指定された書式で出力したい場合などは、少々不適切かもしれません。

浮動小数点数を例にすると、そのまま出力した場合はよく見慣れた123.456のような表示になりますが、これを自分で科学技術表記（1.23456e+2）にしようとすると案外大変です（もしよければ挑戦してみてください）。標準ライブラリによる出力では、そういったよく使われる書式に関して、ユーザーがわざわざ整形しなくとも表示できるような機能が提供されています。

8.2.1 std::ios::fmtflagsフラグ

先ほどの浮動小数点数の科学技術表記のように、単に表示の方法を変えるだけのものであれば、入出力オブジェクトに対してフラグを設定することで簡単に切り替えることができます。

このフラグには表8.2のようなものがあります。

❖表8.2 主なフラグ

std::ios::fmtflags	効果
std::ios::boolalpha	bool型を出力するときにtrueとfalseで出力する
std::ios::dec	数値を10進数で出力する
std::ios::fixed	浮動小数点数を固定表記（123.456000）で出力する
std::ios::hex	数値を16進数で出力する
std::ios::internal	中央揃え（何桁の中央に揃えるかは別の方法で指定する）
std::ios::left	左詰めで出力する
std::ios::oct	数値を8進数で出力する
std::ios::right	右詰めで出力する（何桁の右詰めかは別の方法で指定する）
std::ios::scientific	浮動小数点数を科学技術表記（1.234560e+02）で出力する
std::ios::showbase	数値を出力するときに、8進数なら0を、16進数なら0xを先頭に付与する

フラグはこの他にもまだありますが、その全部を使うことはないでしょうし、覚える必要もありません。主要なものをいくつか覚えておけば大抵の用途では事足ります。

例えば、先ほどの浮動小数点数を科学技術表記にするもの（scientific）や、16進数表記に変更するもの（hex）、bool値を文字列で出力する（boolalpha）ようなフラグさえ覚えていれば普段のデバッグでも十分に役立ちます。特別なパターンとしては、std::ios::fixedとstd::ios::scientificを同時にセットすると、浮動小数点数を表示するときに16進数表記になります。

ストリームオブジェクトにセットされているフラグを取得するには`flags()`メンバー関数を、フラグをセットするには`setf()`メンバー関数を使用し、すでにセットしてあるフラグをアンセットするには`unsetf()`メンバー関数を使用します。なお、`setf()`メンバー関数は指定したフラグをセットするだけでなく、セットする直前のフラグ状態を戻り値として返します。特定の関数の中でのみフラグをセットしたいというときに、この戻り値をうまく使うと関数から処理を戻すときにフラグを戻すのが楽になります。

構文 フラグの取得・セット・アンセット

```
std::ios::fmtflags flags() const;

std::ios::fmtflags setf(std::ios::fmtflags fmtfl);

void               unsetf(std::ios::fmtflags fmtfl);
```

`fmtflags`型や各フラグ値は`std::ios`クラスで定義されています(厳密には違いますが、多くの場合そのように扱って問題ありません)。また、これらメンバー関数はすべてのストリームオブジェクトが持っているため、入力でも出力でも使用できます(リスト8.1)。

▶リスト8.1　std::ios::fmtflagsを使った書式設定

```cpp
#include <iostream>

int main()
{
    // 通常表記で浮動小数点数を出力
    std::cout << 123.456f << std::endl;

    // 通常表記で整数を出力
    std::cout << 123456 << std::endl;

    // 科学技術表記に変更
    std::cout.setf(std::ios::scientific);

    // 科学技術表記で出力される
    std::cout << 123.456f << std::endl;

    // 整数には影響なし
    std::cout << 123456 << std::endl;

    // 16進数表記に変更
    std::cout.setf(std::ios::hex);
```

```cpp
    // 浮動小数点数は16進数表記にはならない（が科学技術表記のまま）
    std::cout << 123.456f << std::endl;

    // 整数は16進数で表示されることを期待するが……
    std::cout << 123456 << std::endl;

    // 10進数表記をアンセット
    std::cout.unsetf(std::ios::dec);

    // 16進数表記だけがセットされているので16進数表記になる（★）
    std::cout << 123456 << std::endl;
}
```

実行結果

```
123.456
123456
1.234560e+02
123456
1.234560e+02
123456
1e240
```

★の箇所は少々戸惑うかもしれません。標準では8進数・10進数・16進数での表記をサポートしているので、単にhexフラグをセットしただけだとどの表記方法を使用するのかが曖昧になってしまいます。デフォルトでは10進数なので、他の表記方法に変更するには一度現在の表記方法をアンセットして、フラグが曖昧にならないようにする必要があります。

flags()メンバー関数とsetf()メンバー関数にはそれぞれオーバーロードが存在します。

構文 flags()関数とsetf()関数のオーバーロード

```cpp
std::ios::fmtflags flags(std::ios::fmtflags fmtfl);

std::ios::fmtflags setf(std::ios::fmtflags fmtfl, std::ios::fmtflags mask);
```

1引数版のsetf()メンバー関数は指定したフラグのみをセットしましたが（他のフラグに影響を与えない）、引数を受け取るflags()メンバー関数はすべてのフラグを与えられたフラグの組み合わせとおりに変更します。これは、setf()メンバー関数や無引数版flags()メンバー関数で取得したフラグの状態にリセットするために使われます。

2引数版のsetf()メンバー関数は1引数版と同じく指定したフラグをセットするために使用しますが、第2引数maskで指定したフラグを全部クリアしたうえで、maskとfmtflのビットand演算(&)を取った値をセットします。これは先ほどのstd::ios::decやstd::ios::hexのように排他にする必要があったり、組み合わせる必要があったりする場合に使用されます。マスクはひとつひとつフラグを指定して作ってもいいですが、あらかじめよく使う組み合わせは標準が用意しています（表8.3）。

❖表8.3 マスク

std::ios::fmtflags	概要
std::ios::adjustfield	left、internal、rightの組み合わせ
std::ios::basefield	dec、hex、octの組み合わせ
std::ios::floatfield	scientific、fixedの組み合わせ

flags()メンバー関数とsetf()メンバー関数の利用例をリスト8.2に示します。

▶リスト8.2　flags()とsetf()のオーバーロード

```
#include <iostream>

int main()
{
    auto dephault = std::cout.flags(); // デフォルトのフラグを保存

    std::cout.setf(std::ios::scientific);

    // basefieldをクリア、つまり基数に関するフラグをクリア
    std::cout.setf(std::ios::hex, std::ios::basefield);

    std::cout << 123.456f << std::endl; // 科学技術表記
    std::cout << 123456 << std::endl;   // 16進数表記

    std::cout.flags(dephault); // デフォルトにリセット

    std::cout << 123.456f << std::endl; // 通常表記
    std::cout << 123456 << std::endl;   // 10進数表記
}
```

実行結果

```
1.234560e+02
1e240
123.456
123456
```

8.2.1　std::ios::fmtflagsフラグ　387

> **Column** 「default」と「dephault」
>
> 　リスト8.2ではデフォルト値を保存しておくのにdephaultという変数を使っています。これはdefaultのタイプミスではありません。
> 　defaultはswitch文で使用するキーワードなので、変数名にすることができません。そのためキーワードになっているものを変数名にしたいときには、音が似た文字に置き換えることがよく行われます（classの代わりにklassなど）。

8.2.2　さらに柔軟な書式設定

　フラグではON／OFFしかできないので細かい書式の調整ができません。引数を与えることで、もう少し柔軟に書式を設定できるものがあります。それが幅（桁）・精度・充填文字の3つです。

構文 幅（width）・精度（precision）・充填文字（fill）の関数

```
std::streamsize width() const;
std::streamsize width(std::streamsize wide);

std::streamsize precision() const;
std::streamsize precision(std::streamsize prec);

char            fill() const;
char            fill(char ch);
```

　それぞれ、引数がないものと引数を受け取るオーバーロードがあります。これらは先ほどのflags()メンバー関数やsetf()メンバー関数と似たような動作、つまり現在の値かセットする前の値を返します。またstd::streamsizeは標準ライブラリの中で何らかの整数型として定義されますが、具体的な型については特に気にする必要はありません。

　width()メンバー関数は、出力幅（桁）を設定するために使います。例えば100を出力するときに幅が6と設定されていた場合、6桁になるように充填文字も合わせて出力されます。その際、デフォルトでは右詰めになるように空白が出力されます。もし設定した幅よりも実際の数値の桁数が大きかった場合、切り詰められたりすることはなくすべての桁が出力されます。

　precision()メンバー関数はwidth()メンバー関数に似た機能を提供しますが、浮動小数点数の精度に影響します。あまり細かく出す必要がない場合や、もっと細かい値まで出力したい場合にはこのメンバー関数で調整できます。デフォルトでは小数点以下を含めて6桁（有効桁数6桁）となっていますが、整数部分が優先して出力されます。

`fill()`メンバー関数は、先ほども話題に出てきた充填文字を設定します。デフォルトでは空白が使用されますが、余った桁を0で埋めたい場合には充填文字に`'0'`（数値の0ではなく文字の`'0'`です）を設定すれば、空白の代わりに`'0'`が出力されます。

`width()`を使う際には、特に注意すべきことがあります。それは、いくつかの入出力処理が内部で`width(0)`を呼び出してしまうということです。そのため一度設定しても場合によっては幅が書き換えられていることがあるので、`width()`に関しては使用するたびに設定しておくのが安心です。

これらの利用例をリスト8.3に示します。

▶リスト8.3　width()関数・precision()関数・fill()関数の利用例

```
#include <iostream>

int main()
{
    std::cout.width(6);
    std::cout << 123 << std::endl;

    std::cout.width(6);
    std::cout << 123456789 << std::endl;

    std::cout.precision(6);
    std::cout << 1234.5678f << std::endl;

    std::cout.precision(6);
    std::cout.width(8);
    std::cout.fill('#');
    std::cout << 1234.5678f << std::endl;
}
```

このプログラムの出力は次のようになります。

実行結果

```
   123
123456789
1234.57
#1234.57
```

先ほどのフラグと組み合わせて、どのように書式が設定されるか、いろいろ試してみるとよいでしょう。

8.2.2　さらに柔軟な書式設定

練習問題 8.2

1. 円周率を科学技術表記でコンソールに出力してください。
2. 整数を8進数8桁、右詰めで充填文字には – を使って表示してください。例えば1234は"-----2322"と表示してください。

8.3 その他のテキスト入出力関数

直接の入出力は柔軟な一方、何から何まで自分で処理しなければならないので若干わずらわしくなることがあります。整数や浮動小数点数の変換は不要でテキストとして入力したい場合や、確保済みのバッファーを使用してほしい場合などにはget()メンバー関数のオーバーロードやgetline()メンバー関数を使用するとよいでしょう。

構文 get()メンバー関数のオーバーロードとgetline()メンバー関数

```
std::istream& get(char* buf, std::streamsize num);
std::istream& get(char* buf, std::streamsize num, char delim);

std::istream& getline(char* buf, std::streamsize num);
std::istream& getline(char* buf, std::streamsize num, char delim);
```

get()メンバー関数は第1引数のbufに最大でnum - 1文字コピーし、必ず最後にヌル文字を付け加えます。またget()メンバー関数は改行文字を見つけてもそこで終了します。このとき改行文字はストリームに残ったまま次の入力まで残ります。もし次もまたget()メンバー関数で入力しようとすると、改行文字はストリームに残ったままなので1文字目から改行文字を見つけて何もコピーしないまま終わります。

get()メンバー関数のもう1つの形式（3引数版）は1つ目とよく似ていますが、終了するときの文字が改行文字ではなく引数で指定した文字になります。空白や専用で決めておいた区切り文字などで区切って入力したい場合に使用します。つまり区切り文字に改行文字を指定すると2引数版と同じ動作となります。

getline()メンバー関数はget()メンバー関数とほとんど同じ動作をします。ただ1点違いがあるとすれば、get()メンバー関数は区切り文字をストリームに残したまま終了するのに対し、getline()メンバー関数はそれを取り除いてから終了します。区切り文字が単なる区切りでしかない場合にはgetline()メンバー関数を、区切り文字と続くデータで意味を持つ場合にはget()メン

バー関数を使用するとよいでしょう。

これらの利用例をリスト8.4に示します。

▶リスト8.4　書式を持たないテキストの入力

```cpp
#include <iostream>

int main()
{
    char buffer[256];
    std::cin.getline(buffer, 256); // 改行文字が見つかるまで読み込み、改行文字を取り除く

    // getline()はヌルで終端するのでそのまま文字列として出力して問題ない
    std::cout << "buffer: " << buffer << std::endl;

    // , を区切り文字として読み込み、区切り文字は残しておく
    std::cin.get(buffer, 256, ',');

    // get()もヌルで終端するのでそのまま出力に使って問題ない
    std::cout << "buffer: " << buffer << std::endl;

    std::cin.get(buffer, 256, ',');
    // 先頭に前回の区切り文字が残っているので
    // バッファーは空になる
    if (buffer[0] == '\0')
    {
        std::cout << "バッファーは空" << std::endl;
    }
}
```

実行結果

```
buffer: Hello, string input
buffer: Hello
バッファーは空
```

練習問題　8.3

1. getline()メンバー関数を使って空行（何も入力せずに Enter キーだけ押下した行）が入力されるまで入力された行を出力し続けてください。各ループの最初には必ず何かプロンプトを表示してください。

8.4 入出力マニピュレーターの使用

標準入出力ライブラリでは、各種の書式設定で書式を変更することができました。しかし、それらの設定はストリームオブジェクトのメンバー関数として用意されていて、入出力の途中でちょっと変更するといったことを簡単には行えません。

そこで、標準ライブラリではそれらを入出力の途中で簡単に変更できる**入出力マニピュレーター**（I/O manipulator）を提供しています。

例えば、std::ios::boolalphaフラグに対応するマニピュレーターはstd::boolalphaであったり、precision()メンバー関数に対応するマニピュレーターはstd::setprecisionであったりする、といったようにさまざまな種類が用意されています。フラグに関しては逆にフラグをクリアするためのマニピュレーターも存在し、それぞれのマニピュレーター名の頭にnoを付けた名前になっています（表8.4）。

❖表8.4 主なマニピュレーター

マニピュレーター	効果	補足
std::boolalpha	対応するフラグをセットする	フラグをクリアするstd::noboolalphaもある
std::dec、std::hex、std::oct	対応するフラグをセットする	dec、hex、octのうちセットしなかったフラグはアンセットされる
std::left、std::internal、std::right	対応するフラグをセットする	left、internal、rightのうちセットしなかったフラグはアンセットされる
std::fixed、std::scientific	対応するフラグをセットする	fixed、scientificのうちセットしなかったフラグはアンセットされる
std::hexfloat	浮動小数点数を16進数表記にする	—
std::showbase	対応するフラグをセットする	フラグをクリアするstd::noshowbaseもある
std::setfill(char c)	充填文字をcにする	—
std::setprecision(int p)	精度をpにする	—
std::setw(int w)	幅（桁）をwにする	—

メンバー関数を使ったフラグのセットや値の設定では出力（もしくは入力）時しか意味を持たないものであっても入力（もしくは出力）ストリームオブジェクトに設定可能ですが、マニピュレーターでは出力にしか影響を与えないものに関しては出力用しか用意されていません。そのため間違った（意味のない）設定をしようとしてもコンパイルエラーとなるので、勘違いや間違いを防ぐこともできます。

なお、これまで入出力関連の機能を扱うときには<iostream>ヘッダーだけをインクルードしていれば問題ありませんでしたが、一部の入出力マニピュレーターは<iomanip>というヘッダーで定義されているため、マニピュレーターを使用する際にはそのヘッダーも併せてインクルードする必要があります。マニピュレーターがどのヘッダーで定義されているかを覚えるのは大変なのでマニピュレーターを使うときには常に<iomanip>をインクルードしてしまうのが簡便です。

マニピュレーターの利用例をリスト8.5に示します。

▶リスト8.5　マニピュレーター

```cpp
#include <iostream>
#include <iomanip>   // 入出力マニピュレーターを使用するために必要

int main()
{
    // std::hexマニピュレーターによって16進数での表示に切り替わる
    std::cout << std::hex << 1234 << std::endl;

    // マニピュレーターで浮動小数点数の精度を変更する
    std::cout << std::setprecision(6) << 1234.5678f << std::endl;

    // フラグをセットしても、マニピュレーターでクリアできる
    std::cout.setf(std::ios::boolalpha);
    std::cout << std::noboolalpha << true << std::endl;
}
```

実行結果

```
4d2
1234.57
1
```

本書では説明しませんが、マニピュレーターは関数や関数オブジェクトとして実装されているので、独自のマニピュレーターを作ることもできます。

練習問題　8.4

1. 円周率を科学技術表記でコンソールに出力してください。ただしマニピュレーターを使ってください。
2. マニピュレーターを使用して整数を10進数8桁、右詰めで充填文字には0を使って表示してください。例えば1234は"00001234"と表示してください。

8.5 ファイル入出力の基本

これまで入出力として、画面のコマンド入出力だけを扱ってきました。もしプログラムの実行に必要なデータを毎回手で打ち込み、得られた結果を紙などにメモするのであれば、それだけでも何とかなるかもしれません。しかしそういった場合は、入出力に使うデータをファイルとして保存したりそれを読み込んだりするのが一般的でしょう。

これまで扱ってきた標準入出力ストリームと同じような方法で、ファイルの入出力を行えます。ただ、どのファイルで入出力するかはプログラムが始まらないとわからないので、標準入出力ストリームのようにあらかじめオブジェクトが用意されているわけではありません。

そのためユーザーが**ファイルストリームオブジェクト**を作成し、対象となるファイルを指定して開く（オープン）操作が必要になります。また、ファイル入出力の処理が終わったら閉じる（クローズ）操作も必要ですが、クローズはデストラクターに任せることも可能です。

8.5.1 ファイルストリーム

ファイルストリームは`std::basic_iostream`テンプレートクラスなどからさらに派生した`std::basic_fstream`テンプレートクラスを使います。本書では`std::iostream`のときと同じく、`basic_`を取り除いた以下の3つを使用します。

```
std::ifstream in;      // 入力用
std::ofstream out;     // 出力用
std::fstream  inout;   // 入出力用（両用）
```

標準入出力オブジェクト（`std::cout`など）には入出力両用というものはありませんでしたが、ファイル入出力では1つのファイルで入力と出力を両方行う場合があり、そういった際に使うことができるクラスも用意されています。また、`std::fstream`は`std::ifstream`からも`std::ofstream`からも派生しているので、それらの代わりに関数に渡すことも可能です。例えば「2.6 コンソールからの入力」で使った`std::getline()`関数に渡すこともできます。

ファイルを開くにはコンストラクターにファイル名を渡すか、デフォルトコンストラクターでオブジェクトを作成した後、`open()`メンバー関数を使います。また、ファイルを閉じるにはファイルストリームオブジェクトのデストラクターを使うか、`close()`メンバー関数を使います。

構文 コンストラクターと`open()`メンバー関数、`close()`メンバー関数

```
fstream(const std::string& filename, std::ios::openmode mode = default-openmode);

void open(const std::string& filename, std::ios::openmode mode = default-openmode);

void close();
```

modeのデフォルト引数はストリームによって異なり、std::ifstreamではstd::ios::inが、std::ofstreamではstd::ios::outが、std::fstreamではstd::ios::inとstd::ios::outの両方が指定されます。それぞれの意味については次項を参照してください。

それではファイル入出力の簡単な例を見てみましょう（リスト8.6）。

▶リスト8.6　ファイルの入出力

```
#include <iostream>
#include <iomanip>
#include <fstream> // ファイルの入出力には<fstream>ヘッダーを使用する
#include <string>

int main()
{
    std::ofstream out; // ファイル出力用のオブジェクトを作成する
    out.open("hello_file.txt"); // ファイルをオープンする

    out << "Hello, File IO" << std::endl; // ファイルに文字列を出力する
    out << std::setprecision(4) << std::scientific << 12.34567f << std::endl;

    out.close(); // 操作が終わったのでクローズ

    // 入力用のオブジェクトを作成するのと同時にオープンもできる（ofstreamでも同じ）
    std::ifstream in{"hello_file.txt"};

    std::string line;
    std::getline(in, line); // ファイルから1行入力する
    float f;
    in >> f;

    std::cout << line << std::endl; // ファイルから読み込んだ1行を画面に出力する
    std::cout << f << std::endl;    // 読み込んだ浮動小数点数も出力

    // in.close(); を呼ばなくても、デストラクターが自動でクローズする
}
```

実行結果

```
Hello, File IO
12.346
```

出力でも入力でも、これまで使用してきた`std::cout`や`std::cin`とまったく同じように入出力して、マニピュレーターも使用しています。入力側ではマニピュレーターを使用していませんが、出力できる形式であれば多くの場合適切に変換されます。

　このように標準ライブラリの入出力では、実際に入出力されるデバイス（画面やファイル）は抽象化されており、一貫したインターフェイスが提供されているので、実際に使用する際にはどんなデバイスに接続されているかを気にする必要がありません。

8.5.2　ファイルオープンのモードフラグ

　ファイルをオープンする際、どのような用途・状態でオープンするかを表すモード（mode）を指定するために`std::ios::openmode`というフラグ（モードフラグ：表8.5）を渡すことができます。

❖表8.5　ファイルオープンのモードフラグ

モードフラグ	意味
`std::ios::in`	入力可能なようにオープンする
`std::ios::out`	出力可能なようにオープンする
`std::ios::app`	出力がファイルの末尾に追加される
`std::ios::ate`	オープンするときにファイルの末尾にシーク（8.7節参照）する
`std::ios::trunc`	すでにファイルが持っているデータを破棄してからオープンする
`std::ios::binary`	バイナリモードでオープンする

　これらのモードフラグは`open()`メンバー関数の第2引数か、コンストラクターの第2引数で渡すことができ、またビットor演算子（|）を使って複数組み合わせることもできます。なお、もし途中でモードを変えたくなった際には、一度ファイルをクローズしてから再度オープンする必要があることに注意してください。

　フラグの指定を省略した場合も、何かしらのフラグを与えた場合でも、`std::ifstream`と`std::ofstream`は暗黙的にそれぞれ`in`と`out`を設定します。しかし`std::fstream`は省略した際には`in`と`out`の両方が設定されますが、何かフラグを与えた場合には`in`も`out`も暗黙的には指定されません。ミスを防ぐためにも、何か他のフラグを指定する場合には`in`と`out`を適切に指定するようにしておくのがよいでしょう。

　`std::ios::app`と`std::ios::ate`は、一見似たような機能を提供するのですがそれぞれの動作は少々違います。`std::ios::ate`はファイルをオープンしたそのときにだけ、ファイルの末尾にシーク（読み込み／書き込み位置の変更：「8.7 ランダムアクセス」を参照）するので、再度シークすれば好きな位置から読み書きできます。一方、`std::ios::app`はオープンした直後は（`std::ios::ate`がなければ）先頭を指し示したままですが、何か出力する直前に必ずファイルの末尾にシークしてから出力します。何かのログファイルのように、常に末尾に追加していくほうがよいファイルは、`std::ios::app`でオープンすることでファイルに元々あったデータを破壊せずに出力できます。

`std::ios::trunc`は、オープンする際にファイルが持っているデータをすべて破棄してからオープンします。作業用のファイルなど、オープンしたときに常に空であるべきファイルに対して使用するとよいでしょう。

`std::ios::binary`は改行の動作を変更するフラグです。改行を表す文字はOSごとに少しずつ違うため、ユーザーがその違いを気にする必要がないよう、入出力時に改行文字を調整するかしないかを指定できます。ログファイルなど、改行が具体的にどの文字で行われているか気にする必要がない場合、テキストモードでオープンすることでそれらの調整を自動で行います。一方1バイト単位での処理が必要な場合や、そもそも文字列データを扱わない場合、そのような暗黙の変換があると意図したデータになりません。その場合には`std::ios::binary`を指定することでバイナリモードでオープンし変換を無効化します。なお、`std::ios::binary`フラグを指定しない限り、常にテキストモードでオープンされます（リスト8.7）。

▶リスト8.7　ファイルオープンのフラグ利用例

```cpp
#include <iostream>
#include <fstream>
#include <string>

int main()
{
    std::ofstream out;

    // テキストモードで書き出し用（暗黙）に空にしてからオープン
    out.open{"hello_file.txt", std::ios::out | std::ios::trunc};

    out << "Hello, File IO" << std::endl;

    out.close();

    // テキストモードで読み込み用（明示）にオープン
    std::ifstream in{"hello_file.txt", std::ios::in};

    std::string line;
    std::getline(in, line);

    std::cout << line << std::endl;
}
```

実行結果

```
Hello, File IO
abcde
```

8.5.2　ファイルオープンのモードフラグ　397

8.5.3 ファイルオープンの失敗

　ファイルをオープンしようとした際に、「そもそも失敗してしまう」という場合があります。例えば、書き込み禁止ファイルに対して書き込みでオープンした場合や、存在しないファイルを読み込みでオープンした場合などです。

　たとえオープンに失敗してもデフォルトではそのまま処理が続行されてしまうので、実際にはオープンできたかどうかを確かめる必要があります。その方法はいくつかあるのですが、最も楽な方法としては is_open() メンバー関数があります。is_open() メンバー関数は、ファイルストリームが何かのファイルをオープンしている場合に true を返すだけの簡単な関数です（リスト8.8）。

構文 is_open()メンバー関数

```
bool is_open() const;
```

▶リスト8.8　ファイルオープンの成功／失敗を確かめる

```cpp
#include <fstream>
#include <iostream>

int main()
{
    // 読み込みのみのファイルを書き込みでオープンしようとしている
    std::ofstream of{"readonly.txt"};

    if (of.is_open()) // ファイルオブジェクトが実際にオープンできたのかを確かめる
    {
        std::cout << "オープン成功" << std::endl;
    }
    else
    {
        std::cout << "オープン失敗" << std::endl;
    }
}
```

実行結果

オープン失敗

　これは単純にオープンが成功しているかどうかしかわからないので、ファイルのオープンに失敗した際より詳しく原因を調べるためには、標準ライブラリでは提供されていない、OSやシステムごとに提供されている機能を使う必要があります。

8.5.4 ファイルの終端

ファイルには必ず終わりがあります。ファイルに出力していくときにはファイルの終端（**EOF**：End Of File）は必要に応じて延びていくので気にする必要はありませんが、ファイルから入力するときには必ずファイルの終端について考えなければなりません。ファイルの終わりの後ろには入力できるようなデータが何もないためです。

現在の入力ストリームがファイルの終端にあるかどうかはeof()メンバー関数を使うことで調べることができます（リスト8.9）。

構文 eof()メンバー関数

```
bool eof() const;
```

▶リスト8.9　ファイルの末尾

```cpp
#include <iostream>
#include <fstream>

int main()
{
    std::ofstream out{"hello_eof.txt"};

    out << "Hello, EOF";

    out.close();

    std::ifstream in{"hello_eof.txt"};

    std::string line;
    // 1行読み込み（このファイルは1行だけなのでこれですべて読み終わる）
    std::getline(in, line);

    std::cout << line << std::endl;
    std::cout << "ファイル末尾? " << std::boolalpha << in.eof() << std::endl;
}
```

実行結果

```
Hello, EOF
ファイル末尾? true
```

練習問題 8.5

1. ファイルの入出力両方をすることができるファイルストリームの型は何か説明してください。
2. ファイルを読み込んで画面に表示するプログラムを書いてください。その際、表示するファイルはそのソースコード自身にしてください。

8.6　書式不定のバイナリ入出力

　先ほどのテキストモードでの入出力は、テキストデータの入出力を目的とするには最適でした。しかしファイルの中にはより直接コンピューターで扱う形式、つまり書式不定の**バイナリ形式**で入出力したい場合があります。書式不定のバイナリ形式は人が読んで認識する必要がないので、コンピューターの制御に使うデータを直接読み書きでき、大変柔軟性があります。

　バイナリ入出力をする場合にはバイナリモードでファイルを開くことをおすすめします。テキストモードだと改行文字の変換が行われてしまう場合があり、バグや混乱の元となります。

8.6.1　1バイトの入出力

　C++ではさまざまな方法で書式を持たないファイル入出力をサポートしていますが、その中で最も低水準なものはget()とput()という2つのメンバー関数です。これらは、1バイトだけ入力／出力することができます。

構文 get()メンバー関数とput()メンバー関数

```
std::istream& get(char& ch);

std::ostream& put(char ch);
```

　get()メンバー関数はストリームから1バイト読み込んでchに格納し、使用したストリームを返します。put()メンバー関数はchの値をストリームに1バイトだけ書き込み、こちらもまた使用したストリームを返します。その際、読み書きする際に書式を使ったような変換は行われません。つまり0という数値は0という値として1バイト読み書きされ、'0'という文字としては出力されません。

▶リスト8.10　バイナリ入出力の例

```
#include <fstream>

int main()
{
    std::ofstream out{"hello_binary.bin", std::ios::binary};

    // 人間が文字として認識できない数値を直接出力
    out.put(1);

    // ストリームが返されるのでこのように連続して呼ぶことができる
    out.put(2).put(3);

    out.close();

    char a, b, c;
    std::ifstream in{"hello_binary.bin", std::ios::binary};

    // 1バイトを直接入力
    in.get(&a);
    in.get(&b).get(&c); // get()関数も同様に連続して呼べる
    std::cout << "a: " << a << std::endl;
    std::cout << "b: " << b << std::endl;
    std::cout << "c: " << c << std::endl;
}
```

実行結果
```
a: 1
b: 2
c: 3
```

　入力ストリームでは次の1バイト（文字）を簡単に取得できると便利なことがあります。これまでに説明したget()メンバー関数では先に格納先の変数が必要となっていたので、今の文字を取得するのが少々面倒でした。次のメンバー関数を使用すると、戻り値として取得できるのでちょっと確認する程度には便利です（リスト8.10）。

構文　get()メンバー関数とpeek()メンバー関数

```
int get();

int peek();
```

8.6.1　1バイトの入出力　　401

どちらのメンバー関数も入力ストリームから1バイトだけ入力しますが、get()メンバー関数は入力したバイトをストリームから取り除き、peek()メンバー関数はストリームに残したままになります。1バイト確認して処理を分岐するような場合に、その1バイトを含めてデータとして扱いたいかどうかで使い分けるとよいでしょう。

ところで、これら引数を持たないget()メンバー関数やpeek()メンバー関数は、char型ではなくint型の値を返しています。1バイトを表すのはchar型なのに、なぜなのでしょうか。答えはファイルの終端にあります。

これまでに見てきた書式不定の入力関数では、ストリーム自身への参照が戻り値として返されたので、それをもとにeof()メンバー関数で調べることができました。しかし今回のget()メンバー関数やpeek()メンバー関数ではそれができないので、ファイルの終端にあるのかどうかを調べられません。そこでchar型では収まらない特別な定数、EOFをファイルの終端を表す定数として返すことで判別できるようにしています（リスト8.11）。

▶リスト8.11　1引数版のget()メンバー関数と無引数版のget()メンバー関数

```
#include <iostream>
#include <fstream>

int main()
{
    std::ofstream out{"hello_eof.txt"};

    out << "Hello, EOF" << std::endl;

    out.close();

    std::ifstream in{"hello_eof.txt"};

    char c;
    if (!in.get(c).eof())
    {
        // eofがtrueにならなかったら入力できている
        std::cout << "1文字入力 (in.get(c)) : " << c << std::endl;
    }
    else
    {
        std::cout << "EOF (in.get(c))" << std::endl;
    }

    int ci = in.get();
    if (ci != EOF)
```

8.6　書式不定のバイナリ入出力

```
    {
        // ciがEOFでないなら有効な文字を入力できた
        std::cout << "1文字入力 (in.get()) : "
            << static_cast<char>(ci) << std::endl;
    }
    else
    {
        std::cout << "EOF (in.get())" << std::endl;
    }
}
```

実行結果

```
1文字入力 (in.get(c)) : H
1文字入力 (in.get()) : e
```

8.6.2　ブロックのバイナリ入出力

1バイトだけの入出力ですべてを賄うのはとても大変なので、一定のサイズをブロックとして一気に入出力するほうが一般的です。ブロックでの入出力にはread()メンバー関数とwrite()メンバー関数を使用します。

構文 read()メンバー関数とwrite()メンバー関数

```
std::istream& read(char* buf, std::streamsize num);

std::ostream& write(const char* buf, std::streamsize num);
```

get()メンバー関数やput()メンバー関数との違いは、読み書きするバッファーをポインターで指定する点と、読み書きするサイズを指定しなければならない点です。write()メンバー関数はバッファーからnumバイトをストリームに書き込み、read()メンバー関数はストリームからnumバイトを読み込んでバッファーに書き込みます。

もしread()メンバー関数で読み込んでいる最中にファイルの終端にたどり着いてしまった場合は、それまで読み込んだデータだけバッファーに書き込んで処理が返ってきます。

実際に読み込んだサイズはgcount()メンバー関数で調べることができます。

構文 gcount()メンバー関数

```
std::streamsize gcount() const;
```

gcount()は直前に読み込んだバイト数を返します。それまでに読み込んだ総バイト数ではないことに注意してください（リスト8.12）。

▶リスト8.12　ブロックでの入出力

```cpp
#include <fstream>
#include <iostream>

int main()
{
    std::ofstream out{"hello_binary.bin", std::ios::binary};

    const char value[] = {0, 1, 2};
    out.write(value, sizeof(value)); // 3バイトだけ書き込む

    out.close();

    std::ifstream in{"hello_binary.bin", std::ios::binary};

    char buffer[10];
    in.read(buffer, 10); // 10バイト読み込もうとする

    std::cout << in.gcount() << std::endl; // 実際に読み込んだバイト数
}
```

実行結果

```
3
```

練習問題　8.6

1. 適当な長さのメッセージをバイナリとしてファイルに出力し、そのファイルを再度バイナリとして読み込んでください。また、読み書きしたデータが一致しているか確認してください。

8.7 ランダムアクセス

これまで見てきたファイル入出力は先頭から順番に最後に向かって入出力してきましたが、実際にはファイルの狙った位置で読み書きしたいということがあります。

もしそれが今読み書きしている場所より後ろの場所であれば、（パフォーマンスには問題がありますが）目的の場所に着くまで何度も読み書きすれば取りあえず移動はできます。しかし今読み書きしている場所より前には移動できませんし、出力ストリームでは既存のデータを破壊することになるのであまり賢い方法ではありません。

こういった場合にファイル入出力では**ランダムアクセス**（random access）という機能が提供されています。ランダムアクセスでは、これから読み書きする場所を自由に移動することができます。ランダムアクセスするときには何度も読み書きして移動するようなことをしないので、パフォーマンスも大きく向上します。

一方、ランダムアクセスではない、先頭から順番に読み書きしていく方法を**逐次アクセス**（sequential access）といいます。一般的にはこれら2つを組み合わせて、ランダムアクセスで目的の位置に移動してからある程度まとまったデータの読み書きを逐次アクセスで行うのが一般的です。

8.7.1 現在の位置を変更する

入出力ストリームの現在の位置を変更するには、入力出力それぞれ次のメンバー関数を使用します。

構文 ストリームの位置を変更するメンバー関数

```
std::istream& seekg(std::ios::pos_type position);

std::ostream& seekp(std::ios::pos_type position);
```

`seekg()`メンバー関数は入力ストリームの位置を変更し、`seekp()`メンバー関数は出力ストリームの位置を変更します。自由な位置に移動することを**シーク**（seek）といいますが、入力はgetの頭文字、出力はputの頭文字を組み合わせた名前になっています。

`std::ios::pos_type`型は標準ライブラリが定義する何かしらの整数型で、移動したいファイルの先頭からの絶対位置をバイト数で与えます。

8.7.2 現在の位置を知る

さて、移動する方法だけあっても現在の位置がわからなければ10バイト先が先頭から何バイトな

のかわかりません。現在の入力ストリームの先頭からの位置を調べるには`tellg()`メンバー関数を、出力ストリームの先頭からの位置を調べるには`tellp()`メンバー関数を使用します。

構文 tellg()とtellp()

```
std::ios::pos_type tellg() const;

std::ios::pos_type tellp() const;
```

現在の位置からの相対位置にシークするには、`tellg()`メンバー関数や`tellp()`メンバー関数で取得できる現在位置に、移動したい分加減算すれば目的の位置になります。このとき加減算するには`std::streamoff`型を使う必要がありますが、これは整数型からキャストが可能となっています（リスト8.13）。

▶リスト8.13　現在の位置から相対位置にシーク

```cpp
#include <fstream>
#include <iostream>
#include <string>

int main()
{
    std::ofstream out{"hello_seek.txt"};

    out << "Hello, File IO" << std::endl;

    std::cout << "現在位置: " << out.tellp() << std::endl;

    out.seekp(7); // 7バイト目に移動

    out << "File Seek" << std::endl; // 上書き

    out.close();

    std::ifstream in{"hello_seek.txt"};

    in.seekg(in.tellg() + std::streamoff{12}); // 現在の位置から12バイト後ろにシーク

    std::string line;
    std::getline(in, line);

    std::cout << line << std::endl;
}
```

実行結果

現在位置: 15
Seek

相対位置でのシークはこれ以外にも方法があります。

構文 seekg()とseepkp()

```
std::istream& seekg(std::ios::off_type offset, std::ios::seekdir origin);
```

```
std::ostream& seekp(std::ios::off_type offset, std::ios::seekdir origin);
```

これらのオーバーロードは相対位置の基準となる場所（origin）と、そこからの相対位置（offset）を指定する方法で自由な位置にシークします。originに指定できる値は表8.6にある定数です。

❖表8.6　originに指定できる値

定数	意味
std::ios::beg	ファイルの先頭
std::ios::cur	現在の位置
std::ios::end	ファイルの最後

note　通常はstd::ios::begとstd::ios::curだけ覚えておけば問題ありません。ほとんどの場合、（現在の位置から）何バイト戻ってもう1回読み直したい、先頭からやり直したいといった、すでに過ぎた場所に戻ろうとするときに使用するからです。

練習問題　8.7

1. ファイルに"Hello, world"と出力してください。その後"Hello, file seek"となるようにしてください。ファイルストリームは一度開いたら再度開き直したりせずに同じものを使い続けてください。

8.8　入出力状態のチェック

　ファイルに限らず入出力には必ずエラーがつきものです。読み込み中にファイルの終端にたどり着いてしまったというのも、データに不足があるという一種のエラーといえます。このようなエラーなどの状態に関する情報をストリームオブジェクトでは`std::ios::iostate`型という値で保存して、プログラマーが入出力にエラーがなかったかを確認することができます（表8.7）。

❖表8.7　std::ios::iostate型の値

値	意味
std::ios::goodbit	エラーが起きなかった
std::ios::eofbit	ファイルの終端に到達した
std::ios::failbit	致命的ではないエラーが起きた
std::ios::badbit	（復旧できないような）致命的なエラーが起きた

　エラー情報を取得する方法は2通りあり、それは`std::ios::iostate`の値を直接取得する方法、そしてその値をもう少し扱いやすく`bool`で取得できるようにしたメンバー関数を使う方法です。

8.8.1　現在の情報の取得

　直接現在の情報を取得するには`rdstate()`メンバー関数を使用します。

構文　rdstate()メンバー関数

```
std::ios::iostate rdstate() const;
```

　何もエラーが起きていない場合には`rdstate()`メンバー関数は`std::ios::goodbit`を返します。それ以外の場合にはエラーフラグを組み合わせた値が返されます。
　`rdstate()`メンバー関数はすべての情報が取れる代わりに、実際にはビット演算をしてどのフラグがセットされているか調べる必要があります。特定のエラー状態のみを調べたい場合にはそれぞれ専用のメンバー関数を使用するのが楽でよいでしょう。

構文　状態を調べるメンバー関数

```
bool good() const;

bool eof() const;
```

```cpp
bool fail() const;

bool bad() const;
```

　good()メンバー関数は何もエラーフラグがセットされていない場合にtrueを返します。eof()メンバー関数は「8.5.4 ファイルの終端」でも軽く触れましたが、それとfail()メンバー関数、そしてbad()メンバー関数はそれぞれのフラグがセットされている場合にtrueを返します（リスト8.14）。

▶リスト8.14　エラーフラグの取得例

```cpp
#include <iostream>
#include <fstream>

int main()
{
    std::ifstream in{"hello_error.txt"};

    while (in.good())
    {
        in.get();
        auto state = in.rdstate();
        if (state & std::ios::eofbit)
        {
            std::cout << "EOFに到達しました" << std::endl;
        }
        else if (state & std::ios::failbit)
        {
            std::cout << "致命的ではないエラーが見つかりました" << std::endl;
        }
        else if (state & std::ios::badbit)
        {
            std::cout << "致命的なエラーが見つかりました" << std::endl;
        }
    }
}
```

実行結果

EOFに到達しました

上の例ではコマンドライン引数で指定されたファイルを何かしらエラーが見つかるまで読み込み続けます。もし何も問題が起きずに最後までファイルが読み込めた場合にはEOFの報告のみが出力されるはずです。

8.8.2 エラーフラグのクリア

エラーフラグは一度セットされると、通常は勝手にリセットされません（より多くのフラグがセットされる場合はありえます）。もし何かしらの方法でエラーとなった原因を取り除くことができた場合、そのフラグをクリアしなければ続きの処理をすることができません。

フラグをクリアするにはclear()メンバー関数を使用します。

構文 clear()メンバー関数

```
void clear(std::ios::iostate flags = std::ios::goodbit);
```

flagsをデフォルト値のstd::ios::gooditにするとすべてのフラグをクリアできます。もしフラグを特定の状態にしたい場合には、そのフラグの組み合わせをflagsに渡すことで設定できます（リスト8.15）。

▶リスト8.15　エラーフラグのクリア

```cpp
#include <iostream>
#include <fstream>

int main()
{
    std::ifstream in{"in_file.txt"};

    auto state = in.rdstate();

    std::cout << "init: " << state << std::endl;

    in.clear(std::ios::badbit | std::ios::failbit);

    state = in.rdstate();

    std::cout << "bad/fail: " << state << std::endl;

    in.clear();
```

```
        state = in.rdstate();

        std::cout << "clear: " << state << std::endl;
}
```

実行結果
```
init: 0
bad/fail: 5
clear: 0
```

練習問題 8.8

1. 好きなファイルを読み込み用に開いてファイルの末尾に移動してください。そのときのストリームのエラー状況を確認してください。次にその状態で1文字読み込んで、ストリームのエラーの状況がどう変わったか確認してください。

✓ この章の理解度チェック

1. 任意の整数を16進数の16桁左揃え、充填文字は '=' で表示してください。
   マニピュレーターを使用してもかまいません。

2. コンソールからファイル名を入力し、入力ファイル名からファイル入力用のストリームを開いてください。開いたストリームから1行だけ入力し、入力した1行をコンソールに出力してください。

3. バイナリ入力でファイルから100バイトほどブロック入力してください。

4. 入力ストリームの現在の位置を取得する方法を説明してください。

Chapter → 9

テンプレート

この章の内容

- 9.1 関数テンプレート
- 9.2 クラステンプレート
- 9.3 仮想関数とstaticメンバー
- 9.4 特殊化
- 9.5 型推論
- 9.6 非型テンプレートパラメーター
- 9.7 参照の推論と完全転送
- 9.8 依存名
- 9.9 可変引数テンプレート
- 9.10 型特性
- 9.11 ラムダ式の引数の型推論
- 9.12 クラステンプレートのテンプレートパラメーターの型推論

ジェネリックプログラミング（総称的プログラミング：generic programming）とは、プログラムの処理を特定のデータ型に限定しないで記述するプログラミングパラダイム（手法、枠組み）の一つです。

通常プログラムは`int`型用の関数は`int`型のみ扱え、`float`型用の関数は`float`型のみ扱えるように特定のデータ型と処理とが密接に関連した状態で書かれます。そのため`int`型以外の整数型であったり、`float`型以外の浮動小数点数型であったり、他の型でも同じような処理をしたいとなったとしても、型だけが異なる同じ処理を、必要な数だけコピーしてオーバーロードする必要があります。

そのときもし、処理の一部を変更しなければならなくなった場合はどうなるでしょうか。たくさん作ったコピーのすべてを同じように変更する必要が生じてしまいます。そしてその際、「1つのオーバーロードだけ変更を忘れてしまった」「2つは変更する場所を間違えてしまった」などのように、バグが生じてしまう可能性がとても高くなってしまいます。

C++に組み込まれている、総称的プログラミングのための機能は**テンプレート**（templates）と呼ばれています[1]。テンプレートをすべて理解するには、それこそテンプレートだけを解説する本が出るくらい、極めて複雑な言語仕様を理解しなければなりません。そのため、本書では個別の機能についての紹介はしますが、それらを組み合わせて複雑なテンプレートを作るようなことはしません。

> **note**
> テンプレートを駆使したプログラムはしばしばコンパイルに必要な時間を増大させます。また、とても複雑な規則の上に成り立っているのでコンパイラーもよくクラッシュしてしまいます。何事もほどほどがよいのです。

9.1 関数テンプレート

テンプレートの最も基本的な使い方は**関数テンプレート**（function templates）です。関数テンプレートは、関数の引数や戻り値をさまざまな型で使えるようにします。機能の名前としては関数テンプレートですが、特定の関数テンプレートを指し示すときには「`foo()`テンプレート関数」のように呼んだりします。

次に関数テンプレートの定義・宣言の基本的な構文を示します。

---

[1] C++以外の言語では同様の機能を**ジェネリクス**（generics）と呼ぶことがあります。

> **構文** 関数テンプレートの定義・宣言

```
// 関数テンプレートの宣言
template <typename template-parameter1, typename template-parameter2……>
return-type function-name(parameters……);

// 関数テンプレートの定義
template <typename template-parameter1, typename template-parameter2……>
return-type function-name(parameters……)
{
    function-body……
}
```

`template`で始まる行により、続く関数が関数テンプレートであると示しています。そして`<`と`>`で囲まれたところに**テンプレートパラメーター**（template parameter）を必要な数だけ記述します。テンプレートパラメーターは関数テンプレートの中でだけ使える「型のような何か」で、関数テンプレートの定義の段階では具体的な型は決まっていません。テンプレートパラメーターは戻り値の型の代わりにも、引数の型の代わりにも使うことができます。

テンプレートパラメーターのリストでは`typename`というキーワードを使っていますが、`typename`キーワードの代わりに`class`キーワードを使うこともできます。`typename`キーワードでも`class`キーワードでも意味としてはまったく同じものです。どちらでも好きなほうを使ってかまいません。

関数テンプレートを呼び出すには次のようにします。

> **構文** 関数テンプレートの呼び出し

```
function-name<template-argument1, template-argument2……>(argument……)
```

関数名と実引数の間で`<`と`>`を使って具体的な型をテンプレートの引数として渡します。すると、テンプレートパラメーターを使っていた箇所がすべて、指定された型に**置換**（置き換わり：substitution）されます。すべてのテンプレートパラメーターが何かしらの具体的な型に置き換わった段階で、それらの型を使った関数のコピーが作られます。このコピーが作られることを**実体化**（instantiation）といいます[※2]。実体化していない関数テンプレートはまだ具体的な型が決まっていない、つまり具体的な処理が決まっていないので呼び出すことができません。

実際に関数テンプレートを使った場合と、使っていない場合とを比較してみましょう。まずは、関数テンプレートを使わない（オーバーロードによる）例をリスト9.1に示します。

[※2] クラスのところでも実体化という言葉が出てきましたが、混乱しないようにしてください。特に後ほど説明するクラステンプレートではどちらの意味（テンプレートの実体化とクラスの実体化）にも取れてしまいます。

▶リスト9.1　オーバーロードによるint / floatの積和演算

```cpp
#include <iostream>

// 整数の積和演算
int fused_multiply_add(int a, int b, int c)
{
    int r = a * b + c;
    return r;
}

// floatの積和演算
float fused_multiply_add(float a, float b, float c)
{
    // 関数の本体での計算は整数とまったく同じ
    float r = a * b + c;
    return r;
}

int main()
{
    // 整数版のオーバーロード呼び出し
    std::cout << fused_multiply_add(1, 2, 3) << std::endl;

    // float版のオーバーロード呼び出し
    std::cout << fused_multiply_add(1.23456f, 1.23456f, 1.23456f) << std::endl;

    // 想定していなかったdoubleを使った呼び出し
    // 複雑なオーバーロード解決（どのオーバーロードを呼び出すかを決める手順）の
    // プロセスによって、この呼び出しはintのオーバーロードが呼ばれるようになる
    std::cout << fused_multiply_add(1.23456, 1, 1.23456) << std::endl;
}
```

　実際の呼び出しでは、main()関数の中の3つ目のコードのように、想定していなかった（オーバーロードが書かれていない）型が引数として渡される場合があります。その際、型変換ができずにコンパイルエラーとなれば気付くことができるのでよいのですが、この例のように暗黙の型変換が発生してしまうと、知らないうちに意図しない計算が行われてしまうことがあります。

　そこで、関数テンプレートを使ってリスト9.2のように書き直してみましょう。

▶リスト9.2　関数テンプレートによるint / floatの積和演算

```
#include <iostream>

// 関数テンプレートでの積和演算
// この段階ではまだテンプレートパラメーターのTは具体的な型が決まっていない
template <typename T>
T fused_multiply_add(T a, T b, T c) // 戻り値の型にも仮引数にも使える
{
    T r = a * b + c; // ローカル変数の型にも使える
    return r;
}

int main()
{
    // 関数テンプレートをintで実体化して呼び出し
    std::cout << fused_multiply_add<int>(1, 2, 3) << std::endl;

    // 関数テンプレートをfloatで実体化して呼び出し
    std::cout << fused_multiply_add<float>(1.23456f, 1.23456f, 1.23456f)
        << std::endl;

    // 関数テンプレートをdoubleで実体化して呼び出し
    std::cout << fused_multiply_add<double>(1.23456, 1.23456, 1.23456)
        << std::endl;
}
```

実行結果

```
7
2.7587
2.7587
```

　関数テンプレートでは、呼び出すときに実際に必要な型が決まります。そのため、処理を記述しているときにはそれほど対応漏れを考える必要がありません。例えば、自分で数値を扱うクラスを作ってそれを使いたいと思ったときにも、関数テンプレートであれば関数本体には手を加える必要がありません。呼び出すときにそのクラスをテンプレート引数として指定すればよいだけです。

　テンプレート引数には好きな型を渡すことができますが、見境なく何でも渡せるわけではありません。テンプレートパラメーターをその型で置換したときに、エラーになるような関数呼び出しなどがあった場合にはそのままエラーとなります。例えば次のように加減算の演算子しか用意していなかった整数型を、乗算の演算子を使っている関数テンプレートに渡した場合などです（リスト9.3）。

▶リスト9.3　関数呼び出しができずエラーになる例

```cpp
#include <iostream>

// 関数テンプレートでの積和演算
template <typename T>
T fused_multiply_add(T a, T b, T c)
{
    T r = a * b + c;
    return r;
}

class Integer
{
    int value;

public:
    Integer(int value) : value{value} { }

    // 加減算のみ用意されている
    friend Integer operator+(Integer lhs, Integer rhs)
    {
        return Integer{lhs + rhs};
    }
    friend Integer operator-(Integer lhs, Integer rhs)
    {
        return Integer{lhs - rhs};
    }

    int get_value() const { return value; }
};

int main()
{
    // 関数テンプレートをIntegerで実体化して呼び出そうとするが、乗算がないのでエラー
    std::cout <<
        fused_multiply_add<Integer>(1, 2, 3).get_value() << std::endl;
}
```

実行結果

```
$ c++ prog.cpp
prog.cpp:7:16: error: invalid operands to binary expression ('Integer' and
'Integer')
    Type r = a * b + c;
             ~ ^ ~
prog.cpp:33:9: note: in instantiation of function template specialization
'fused_multiply_add<Integer>' requested here
        fused_multiply_add<Integer>(1, 2, 3).get_value()
        ^
1 error generated.
```

クラスのメンバー関数であっても関数テンプレートにすることができます（リスト9.4）。

▶リスト9.4　メンバー関数を関数テンプレートにする例

```
class S
{
public:
    // 宣言と同時に定義も与える場合
    template <typename T>
    void foo(T value)
    {
        ……
    }

    // 宣言と定義を分ける場合
    template <typename T>
    void bar(T value);
};

// 普通のメンバー関数定義にtemplateが付いただけ
template <typename T>
void S::bar(T value)
{
    ……
}

int main()
{
    S s;
```

```
    s.foo<int>(0);

    s.bar<float>(0.0f);
}
```

なお、メンバー関数であってもなくても、関数テンプレートを呼び出そうとする場所から関数テンプレート本体の定義が見えている必要があります。なぜなら呼び出すときに具体的な型が決まって実体化するので、実体化しようとするときにその本体がわからないと、どのようなプログラムを出力したらよいのかコンパイラーがわからないからです。なので、一般的にテンプレートはすべてヘッダーファイルに記述することになります。

練習問題 9.1

1. 任意の型の引数を1つ受け取りそれをそのまま返す関数テンプレート、id()関数を定義してください。
2. 1.で定義したid()関数をさまざまな型の値で呼び出してください。

9.2 クラステンプレート

テンプレートの基本的な使われ方のもう1つは**クラステンプレート**（class templates）です。これは関数テンプレートよりも複雑な一方、さまざまな用途に使用される機能です。

クラスとは元々データとそのデータの操作を1カ所にまとめたものでした。これをテンプレートにするということは、データ・操作の両方のコピーがテンプレート引数ごとに作られることになります。クラステンプレートでも、実際の型を渡してコピーを作ることを実体化といいます。クラステンプレートの実体化と、クラスのインスタンスを作る実体化は異なりますが、同じ言葉を使います。混乱しやすいですが、普段はあまり「クラステンプレートの実体化」とはわざわざ言わないので、あくまで用語がそうであるという程度の認識で問題ありません。

同じクラステンプレートを使っていたとしても、テンプレート引数が異なった場合、その実際の型はそれぞれ異なるということに注意してください。クラステンプレートとテンプレート引数までがセットになって1つの型として扱われます。

クラステンプレートも関数テンプレートのときと同じく、機能としてはクラステンプレートという

名前ですが、特定のクラステンプレートを指し示すときには、「std::basic_iostreamテンプレートクラス」などと呼びます。

9.2.1 メンバー関数を持たない場合

まずメンバー関数を持たないクラスをテンプレートにするには以下のようにします。

構文 メンバー関数を持たないクラステンプレート

```
template <typename template-parameter1, typename template-parameter2……>
class class-name
{
    class-body……
};


class-name<template-argument1, template-argument2……> variable;
```

テンプレートパラメーターはクラス本体のどこでも使用できます。例えば、要素の型をテンプレートパラメーターにした2次元ベクトル型はリスト9.5のようになります。

▶リスト9.5　クラステンプレートにした2次元ベクトル型

```cpp
#include <iostream>

template <typename T>
class vector2d
{
public:
    // テンプレートパラメーターで渡された型でメンバー変数を宣言
    T x;
    T y;
};

void show(int v)
{
    std::cout << "int: " << v << std::endl;
}

void show(float v)
{
    std::cout << "float: " << v << std::endl;
}
```

```
int main()
{
    // float型の2次元ベクトルを定義
    vector2d<float> f2d{10.0f, 20.0f};

    // int型の2次元ベクトルを定義
    vector2d<int> i2d{10, 20};

    // エラー。同じクラステンプレートを使っているが、テンプレート引数が異なるので別の型
    // i2d = f2d;

    f2d.x = -10.0f; // メンバーへのアクセス方法は通常のクラスと同じ

    show(i2d.y); // int型のオーバーロードが呼ばれる
    show(f2d.y); // float型のオーバーロードが呼ばれる
}
```

実行結果

```
int: 20
float: 20
```

メンバー関数を持たないクラステンプレートは、ほとんど通常のクラスと同じように扱うことができるのでそれほど難しくはないでしょう。

9.2.2 メンバー関数を持つ場合

クラステンプレートがメンバー関数を持つ場合、クラスの定義の中でメンバー関数の定義まで記述してしまえばそれほどややこしくはないのですが、定義を別にしたい場合には、単なるクラスのメンバー関数がテンプレートだったときの構文と少し似たように書く必要があります。

```
template <typename T>
class S
{
public:
    // メンバー関数の定義をクラス定義の中で書く場合にはそれほど難しくない
    void foo()
    {
        ……
    }
```

```
        void bar();  // 本体の定義を分ける場合
    }

    // クラステンプレートSのメンバー関数定義
    template <typename T>
    void S<T>::bar()
    {
        ……
    }
```

リスト9.4 (419ページ) での例とよく見比べてみてください。テンプレートパラメーターがクラスに付くのか、メンバー関数に付くのかで定義のしかたが少し異なるだけなので、初めのうちはよく見ないとクラスがテンプレートなのか、関数がテンプレートなのかを見間違えてしまいます。そのため慣れるまでは、どちらのテンプレートであってもクラス定義の中で書いてしまうことで、そういった混乱を防ぐことができます。クラスや関数がだんだん大きくなったら、分けることを考えてもよいでしょう。ただしこのときに分けたメンバー関数の定義は、ヘッダーファイルに記載しておかなければコンパイラーが実体化するときにどう実体化したらよいのかわからなくなってしまいます。

これらを組み合わせることで、クラステンプレートのメンバー関数を関数テンプレートすることも可能です。おそらく初めのうちは、このようなクラスに出会うことは少ないでしょう。今の段階では「そういうこともできる」という程度の認識でかまいません。

```
    template <typename T>
    class S
    {
    public:
        // クラス定義の中でメンバー関数テンプレートも書いてしまう場合
        template <typename U>
        void foo(U value)
        {
            ……
        }

        // 宣言と定義を分けて書く場合
        template <typename U>
        void bar(U value);
    };

    template <typename T>  // クラステンプレートのためのtemplate
    template <typename U>  // メンバー関数テンプレートのためのtemplate
    void S<T>::bar(U value)
    {
```

9.2.2 メンバー関数を持つ場合

```
        ……
    }
```

ここでは2行に分けてtemplateを書いていますが、これを1つにまとめたり上下を入れ替えたりすることはできません。この順番で記述する必要があります。

練習問題 9.2

1. クラステンプレートを1つ定義し、メンバー関数を定義してください。このメンバー関数の定義はクラステンプレートの定義の中に記述してください。
2. 1.で定義したクラステンプレートのメンバー関数の定義をクラステンプレートの外側に記述してください。

9.3 仮想関数とstaticメンバー

9.3.1 仮想関数テーブル

　仮想関数はその仕組み上、テンプレート関数にすることができません。仮想関数を使って呼び出される派生クラスのメンバー関数は、オブジェクトの初期化のタイミングでその実体へのアドレスを**仮想関数テーブル**（virtual function table、vtable）へと登録します。そうすることで、基底クラスへのポインタや参照で受け取ったとしても、仮想関数テーブルを経由してオーバーライドした派生クラスのメンバー関数を呼び出しています（リスト9.6）。

▶リスト9.6　仮想関数のイメージ（コンパイルできない）

```
class Base
{
protected:
    // 仮想関数テーブル
    struct
    {
        // 仮想関数へのポインター
        vfunc-pointer foo_vfunc;
    } vtable;
```

```cpp
public:
    // 仮想関数のBaseにおける本体
    void foo_body() { …… }

    void foo()
    {
        // 仮想関数を使った本体の呼び出し
        vtable.foo_vfunc();
    }

    Base()
    {
        vtable.foo_vfunc = &foo_body; // Base::foo_bodyへのアドレスを設定する
    }
};

class Derived : public Base
{
public:
    // 仮想関数のDerivedにおける本体
    void foo_body() { …… }

    Derived()
    {
        vtable.foo_vfunc = &foo_body; // Derived::foo_bodyへのアドレスで上書きする
    }
};

int main()
{
    Derived d;

    d.foo(); // 仮想関数呼び出し
}
```

　仮想関数テーブルを使って呼び出すためには、仮想関数へのポインター型がクラス定義の段階で決まっている必要があります。そのため、呼び出すまで具体的な型が決まらないテンプレート関数は、仮想関数テーブルを用意することができず、仮想関数にすることができません。

9.3.2 クラステンプレートで仮想関数を扱う

関数テンプレートを仮想関数にできない一方、クラステンプレートは仮想関数を新たに作ったり、オーバーライドしたりすることができます。あくまでクラスがテンプレートとなっているだけなので、そのクラスが実体化されれば（テンプレートパラメーターが決まれば）メンバー関数の型も決まるからです。

ただ、テンプレートパラメーターを使った仮想関数や仮想関数のオーバーライドには注意が必要です。もし、オーバーライドしたい基底クラスの仮想関数や、クラステンプレートから派生したクラスでのオーバーライドで型が異なってしまうと、エラーになったりオーバーライドが不完全になったりしてしまいます（リスト9.7）。

▶リスト9.7 オーバーライドがエラーになる例

```cpp
class Base
{
public:
    virtual void foo(int i)
    {
        std::cout << "Base::foo()" << std::endl;
    }
};

template <typename T>
class Derived : public Base
{
public:
    // Baseのfooをオーバーライドしているつもりだが、
    // Tに渡されるテンプレート引数によって動作が異なる
    void foo(T val) override
    {
        std::cout << "Derived::foo()" << std::endl;
    }
};

int main()
{
    Derived<int> di; // fooがオーバーライドされる場合
    // 仮想関数を経由した派生クラスのメンバー呼び出し
    static_cast<Base&>(di).foo();
```

```
        // エラー。仮想関数の仮引数の型が異なってしまいオーバライドが失敗する
        // Derived<float> df;
}
```

9.3.3 クラステンプレートでstaticメンバーを扱う

　staticメンバーに関しては通常のクラスと大きく変わることはありません。ただ、staticメンバーであっても、テンプレート引数が確定しないことには実体化ができないため、他のテンプレートと同様の制限を受けます。staticメンバー変数の場合、変数の実体を定義しなければなりませんが、それにもやはりテンプレートの指定が必要になります。

　このとき注意しなければならないのは、同じクラステンプレートのstaticメンバー変数であっても、実体が異なれば別の変数として扱われるということです。インスタンス間で値を共有しようとstaticメンバー変数を使ったとしても、もしテンプレート引数が異なると別の実体が作られるので値は正しく共有されません（リスト9.8）。

▶リスト9.8　staticメンバーを持つクラステンプレート

```
#include <iostream>

template <typename T>
class S
{
public:
    static int value;
};

// たとえstaticメンバー変数の型がテンプレートパラメーターにまったく依存していなくても
// テンプレートの記述は必須
template <typename T>
int S<T>::value = 0;

int main()
{
    // 初期値はどちらも0を与えている
    std::cout << "S<int>::value: " << S<int>::value << std::endl;
    std::cout << "S<float>::value: " << S<float>::value << std::endl;

    // それぞれのstaticメンバー変数のアドレスを表示
    std::cout << "&S<int>::value: " << &S<int>::value << std::endl;
```

```
    std::cout << "&S<float>::value: " << &S<float>::value << std::endl;

    S<int>::value = 42; // int型で作ったstaticメンバー変数を変更する

    // staticメンバー変数自体がそれぞれのクラスの実体ごとに作られるので
    // S<float>::valueは変更されない
    std::cout << "S<int>::value: " << S<int>::value << std::endl;
    std::cout << "S<float>::value: " << S<float>::value << std::endl;
}
```

実行結果は以下のようになります (アドレス値は実行するたびに変わります)。

実行結果

```
S<int>::value: 0
S<float>::value: 0
&S<int>::value: 0x603184
&S<float>::value: 0x603188
S<int>::value: 42
S<float>::value: 0
```

もしどうしても異なる実体間でも共有したい場合には、テンプレートになっていないstaticメンバー変数を持つだけの基底クラスを作って、それを継承するという方法があります (リスト9.9)。

▶リスト9.9　staticメンバーを持つ基底クラスを継承するクラステンプレート

```
#include <iostream>

struct S_shared
{
    static int value;
};

// クラステンプレート間で共有できる変数
int S_shared::value = 0;

template <typename T>
class S : public S_shared
{
};
```

```
int main()
{
    std::cout << "S<int>::value: " << S<int>::value << std::endl;
    std::cout << "S<float>::value: " << S<float>::value << std::endl;

    // それぞれのstaticメンバー変数のアドレスを表示
    std::cout << "&S<int>::value: " << &S<int>::value << std::endl;
    std::cout << "&S<float>::value: " << &S<float>::value << std::endl;

    S<int>::value = 42; // int型の実体を通してstaticメンバー変数を変更する

    // クラステンプレートの実体は異なるが、大本の基底クラスはただ1つなので変数が共有される
    std::cout << "S<int>::value: " << S<int>::value << std::endl;
    std::cout << "S<float>::value: " << S<float>::value << std::endl;
}
```

実行結果

```
S<int>::value: 0
S<float>::value: 0
&S<int>::value: 0x00007FF79DD6D174
&S<float>::value: 0x00007FF79DD6D174
S<int>::value: 42
S<float>::value: 42
```

そのstaticメンバー変数がどのような目的で使われるのかを考えて、適切なほうを選ぶとよいでしょう。

練習問題 9.3

1. クラステンプレートでも仮想関数が使えることを確認してください。このとき仮想関数の機能である、基底クラスの動作を変更する機能が働くことを確認してください。
2. 関数テンプレートを仮想関数にできない理由を説明してください。
3. クラステンプレートがstaticメンバー変数を持っていた場合、テンプレートパラメーターが変わるとそのstaticメンバー変数はどうなるか説明してください。

9.4 特殊化

テンプレートは1つの定義だけでさまざまな型に対応できる便利な機能です。しかし1つのテンプレートですべてがうまくいくとも限りません。

例えばあるライブラリが提供する2次元ベクトルのクラスは、x()メンバー関数とy()メンバー関数がそれぞれ「非公開メンバー変数への参照を直接返す」という実装だったとします。しかし、あなたが作ったベクトルクラスはgetX()メンバー関数とgetY()メンバー関数でX／Yそれぞれを取得し、setX()メンバー関数とsetY()メンバー関数でX／Yそれぞれを設定する実装かもしれません。この場合1つのテンプレートでどちらにも対応することは基本的に不可能です。

自分が作ったベクトルクラスはオーバーロードで対応したらどうでしょうか。残念ながらテンプレート関数と、通常の関数オーバーロードの両方が与えられていた場合、どちらを呼び出したらよいのかコンパイラーは判断できないのでエラーとなってしまいます。

 SFINAE（Substitution Failure Is Not An Error）[※3]という難しい機構を使うと可能だったりするのですが、SFINAEは本書の範囲から外れるのでここでは説明しません。

テンプレートにはそういった場合に使える**特殊化**（specialization）という機能があります。特殊化は指定したテンプレート引数のときに、違うテンプレートの定義を使うように指示する機能です。テンプレートの定義そのものが切り替わるので、オーバーロードで起きていたような曖昧な呼び出しにはなりません。

9.4.1 明示的特殊化

特殊化の中で最もオーソドックスなものは、すべてのテンプレートパラメーターを限定してしまう**明示的特殊化**（explicit specialization）です。明示的特殊化はすべてのテンプレートパラメーターに特定の型を指定したうえで、異なるテンプレートの定義を与えます。

実体化のときにすべてのテンプレート引数が明示的特殊化で指定したものと一致した場合、通常のテンプレートの代わりに明示的特殊化で定義したテンプレートを使用します。このときの通常のテンプレートを**プライマリテンプレート**（primary template）と呼んで区別します。

テンプレートの明示的特殊化の時点ではプライマリテンプレートは必須ではありませんが、テンプレートの前方宣言は必要です。テンプレートの前方宣言がないと一体どのようなテンプレートパラメーターが必要なのかがわからないからです。

※3 「すふぃねー」と発音することが一般的。

明示的特殊化の構文はプライマリテンプレートの定義に近いものになっています。

構文 明示的特殊化

```
template <>
return-type function-name<specialized-type1, specialized-type2……>(parameters……)
{
    function-body……
}

template <>
class class-name<specialized-type1, specialized-type2……>
{
    class-body……;
};
```

関数名・クラス名の隣の、<>で囲まれたところで明示的特殊化するテンプレート引数のリストを書きます。このテンプレート引数の数は、プライマリテンプレートで宣言したテンプレートパラメーターの数、順番と一致している必要があります。すべてのテンプレートパラメーターを特定の型に限定するのが明示的特殊化なので当然といえば当然です。

実際に明示的特殊化を使って、実装が異なる2次元ベクトル型の違いを吸収してみましょう（リスト9.10）。

▶リスト9.10　関数テンプレートの明示的特殊化

```cpp
#include <iostream>

// データだけを持っている2次元ベクトルの構造体
struct vector2d
{
    int x;
    int y;
};

// getter / setterを経由する2次元ベクトルクラス
class Vec2
{
    int m_x;
    int m_y;
```

9.4.1　明示的特殊化　431

```cpp
public:
    int getX() const { return m_x; }
    int getY() const { return m_y; }

    void setX(int x) { m_x = x; }
    void setY(int y) { m_y = y; }
};

// テンプレートの前方宣言
template <typename Vector>
void show_vector(Vector v);

// 2次元ベクトルクラスで明示的特殊化したテンプレート
// 前方宣言があればプライマリテンプレートがなくても特殊化はできる
template <>
void show_vector<Vec2>(Vector v)
{
    // Vec2が持つメンバー関数を経由して取得
    std::cout << "Vec2{x: " << v.getX() << ", y: " << v.getY() << "}"
        << std::endl;
}

// プライマリテンプレートは特殊化のあとでも定義できる
template <typename Vector>
void show_vector(Vector v)
{
    // プライマリテンプレートはxとyのメンバー変数に直接アクセスする前提
    std::cout << "{x: " << v.x << ", y: " << v.y << "}" << std::endl;
}

int main()
{
    vector2d st{10, 20};

    show_vector<vector2d>(st); // プライマリテンプレートが選択される

    Vec2 cl;
    cl.setX(-20);
    cl.setY(-10);

    show_vector<Vec2>(cl); // 明示的特殊化したテンプレートが選択される
}
```

実行結果

```
{x: 10, y: 20}
Vec2{x: -20, y: -10}
```

　vector2dの場合にはプライマリテンプレートが使われますが、Vec2の場合には明示的特殊化したテンプレートが選択されるので、意図したとおりにメンバー関数を使ったテンプレートが選択されます。明示的特殊化はオーバーロードではないため、プライマリテンプレートとの間で呼び出しが曖昧になることもありません。

　もしプラマリテンプレートとして使える共通の処理を上手く用意することができないようであれば、プライマリテンプレートは定義せずに、特殊化のみ定義するということもできます。プライマリテンプレートが定義されていない状態で、どの特殊化にも一致しないようなテンプレートの使用はエラーとなります。

　クラステンプレートの明示的特殊化も、関数テンプレートの明示的特殊化と要領は同じです（リスト9.11）。

▶リスト9.11　クラステンプレートの明示的特殊化

```cpp
#include <iostream>
#include <string>

template <typename T>
class A
{
public:
    std::string name() const
    {
        return "Aのプライマリテンプレート";
    }

    void common_method()
    {
        std::cout << "共通動作" << std::endl;
    }
};

template <>
class A<int>
{
public:
    std::string name() const
```

```cpp
    {
        return "Aをintで明示的特殊化したテンプレート";
    }

    // プライマリテンプレートとまったく同じ動作をする場合でも、
    // 明示的特殊化したテンプレートでも定義する必要がある
    void common_method()
    {
        std::cout << "共通動作" << std::endl;
    }
};

int main()
{
    A<float> f; // プライマリテンプレートが使われる

    std::cout << f.name() << std::endl;

    A<int> i; // 明示的特殊化したテンプレートが使われる

    std::cout << i.name() << std::endl;
}
```

実行結果

Aのプライマリテンプレート
Aをintで明示的特殊化したテンプレート

リスト9.11にはプライマリテンプレートにも明示的特殊化したテンプレートにも同じメンバー関数が定義されています。特殊化は継承とは違い、プライマリテンプレートの機能が引き継がれるわけではない点に注意してください。

note そもそも複数の特殊化が必要になる場面とは、あまりテンプレートの便利さを活かせていないことに他ならないので、そもそもテンプレートではなくオーバーロードを使ったり別のクラスにしてしまったりするほうが適しているのではないかなど、考え直す必要があるといえます。

9.4.2 部分特殊化

明示的特殊化はすべてのテンプレートパラメーターを指定して特殊化する方法ですが、一部だけを指定して特殊化する**部分特殊化**（partial specialization）もあります。部分特殊化ではテンプレートパラメーターを選択的に限定することができます。部分特殊化はクラステンプレートのみの機能で、関数テンプレートでは行うことができません。

構文 部分特殊化

```
template <template-parameters……>
class class-name<template-or-specialized-parameters……>
{
    class-body……
};
```

構文はほとんど明示的特殊化と同じですが、限定しなかったテンプレートパラメーターの部分は、再度テンプレートパラメーターを使って指定します（リスト9.12）。

▶リスト9.12　部分特殊化

```
#include <iostream>

// プライマリテンプレート
template <typename A, typename B, typename C>
struct Tuple
{
    A a;
    B b;
    C c;

    void show() const
    {
        std::cout << '{' << a << ", " << b << ", " << c << '}' << std::endl;
    }
};

// 2番目のテンプレートパラメーターをvoid限定した部分特殊化
template <typename A, typename C> // 限定していない部分を埋めるための
                                  // テンプレートパラメーター
struct Tuple<A, void, C> // 限定しなかった部分はテンプレートパラメーターを使う
{
```

```
    A a;
    C c;

    void show() const
    {
        std::cout << '{' << a << ", " << c << '}' << std::endl;
    }
};

int main()
{
    // 2番目のテンプレートパラメーターがvoidなので、部分特殊化が使われる
    Tuple<int, void, float> t = {42, 3.1415};

    t.show();
}
```

部分特殊化したほうの構造体はメンバー変数bを持っていない2要素だけの構造体であり、show()メンバー関数もそれに合わせてaとcの2つだけが表示されるようになっています。実行結果からも、2つだけが表示されていることから部分特殊化したほうの構造体が使われていることがわかります。

実行結果

```
{42, 3.1415}
```

部分特殊化は、他のテンプレートと組み合わせることでさらに複雑な特殊化も可能ですが、あまりにも複雑になってしまうため本書では割愛します。

練習問題 9.4

1. 関数テンプレートの明示的特殊化をして異なるメッセージが表示されるようにしてください。
2. テンプレートパラメーターの型のメンバー変数を持つクラステンプレートを明示的特殊化して`void`型に対応させてください。
3. 部分特殊化と明示的特殊化の違いを説明してください。

9.5 型推論

型推論(type deduction)とは値や変数、式の型を使ってコンパイラーが変数や引数の型を決定する機能です。プログラミング言語によってその程度は異なりますが、C++では式の結果から決定される型をautoや関数テンプレートのテンプレート引数として利用するために使います。本節では変数や関数における型推論について解説しますが、より発展的なクラステンプレートのための型推論については「9.13 クラステンプレートのテンプレートパラメーターの型推論」で解説します。

9.5.1 autoを使った型推論

autoを使った型推論をすると、複雑な型をいちいち書かずに済むためプログラムが簡潔になり見通しがよくなるうえ、値や式に変更があった際に型を書き直す手間が減ります。ネストした型が使われているような場面で、型名を間違えたり間違った型を使ってしまったりなど些細なミスを防ぐのに特に威力を発揮します(リスト9.13)。

▶リスト9.13 autoを使った型推論の例

```cpp
#include <iostream>
#include <vector>

int main()
{
    std::vector<int> v{10, 20, 30};

    // ネストした型はとても長ったらしくて、しかもミスしてしまうかもしれない
    // std::vector<T>::referenceはT&を表すネストした型名である
    // エラー。型を間違えてしまった(昔はvはstd::vector<float>だったのかもしれない)
    std::vector<float>::reference r = v[0];

    // 添え字を使ってアクセスしているため
    // 型を書かなくても要素への参照を取得しているだろうと考えられる
    // 添字演算子を使っているから要素への参照を取得しているはずだ、とわかるので
    // autoを使っても型の予想がついて読むときに齟齬があまり生まれない
    const auto& cr = v[0];
}
```

autoでの型推論はこれまで変数宣言のために使ってきました。しかしそれだけではなく関数の戻り値も型推論するようにできます。戻り値の型推論は普通の関数であっても十分便利ですが、関数テ

ンプレートで特に威力を発揮します。テンプレートパラメーターに依存した型は特に長くなりますが、戻り値の型をテンプレートパラメーターだけで記述するのはとても困難です（リスト9.14）。

▶リスト9.14　戻り値の型推論

```
#include <iostream>
// A，B，Cがそれぞれ違う型だった場合、計算結果の型は簡単にはわからない
// 戻り値の型にautoと指定すれば戻り値の型をreturn文から推論する
template <typename A, typename B, typename C>
auto fused_multiply_add(A a, B b, C c)
{
    return a * b + c;
}

int main()
{
    // 受け取った引数をもとに計算して適切な型で返す
    // （この場合、式中における暗黙の型変換規則によりdoubleで返される）
    std::cout << fused_multiply_add<double, int, float>(1.23456, 2, 1.23456f)
        << std::endl;
}
```

実行結果

```
3.70368
```

note 単なるautoによる型推論以外にもdecltype(auto)という型推論の指定もありますが、こちらはautoではうまくいかない特別な状況下のみで使うものなので、本書では説明を省略します。多くの場合autoでの型推論だけで十分です。

9.5.2　関数テンプレート呼び出し時の型推論

　これまでは、関数テンプレートの呼び出しの際にテンプレート引数をすべて指定したうえで呼び出していましたが、型推論に任せると、通常の関数呼び出しのように、何も指定せず呼び出せるようになります。簡単な関数テンプレートの呼び出しであればすべて型推論に任せてしまうのが簡潔でよいでしょう（リスト9.15）。

▶リスト9.15　関数テンプレート呼び出し時の型推論の例

```cpp
#include <iostream>

template <typename Type>
Type fused_multiply_add(Type a, Type b, Type c)
{
    return a * b + c;
}

int main()
{
    // 引数からTypeをintと推論して呼び出し
    std::cout << fused_multiply_add(1, 2, 3) << std::endl;

    // 引数からTypeをfloatと推論して呼び出し
    std::cout << fused_multiply_add(1.23456f, 1.23456f, 1.23456f) << std::endl;

    // 引数からTypeをdoubleと推論して呼び出し
    std::cout << fused_multiply_add(1.23456, 1.23456, 1.23456) << std::endl;
}
```

実行結果

```
5
2.7587
2.7587
```

　この関数テンプレートは3つの引数すべてで同じテンプレートパラメーターを使っているため、呼び出し時の引数がすべて同じ型に推論される場合、このテンプレートパラメーターがその型となります。ただ、1つでも違う型の引数があった場合にはコンパイラーはどの型を使えばよいかがわからないのでエラーとなります（リスト9.16）。

▶リスト9.16　どの型を使えばよいかわからない（エラー）

```cpp
#include <iostream>

template <typename Type>
Type lea(Type ptr, Type stride, Type count, Type offset)
{
    return ptr + stride * count + offset;
}
```

```
int main()
{
    int i = 0;
    // 引数の型が1つだけ違う（先頭はint*で残りはint）ので、
    // コンパイラーがどちらの型をTypeにしたらよいか判断できずエラー
    std::cout << lea(&i, 16, 4, 2) << std::endl;
}
```

テンプレートパラメーターが引数ごとに違うものを使っていた場合には、それぞれのテンプレートパラメーターがそれぞれの引数から推論されるためエラーにはなりません（リスト9.17）。

▶リスト9.17　引数ごとに異なるテンプレートパラメーターを利用している例

```
#include <iostream>

// 引数がそれぞれ違ったテンプレートパラメーターを使っている
template <typename P, typename S, typename C, typename O>
auto lea(P ptr, S stride, C count, O offset)
{
    return ptr + stride * count + offset;
}

int main()
{
    int i = 0;

    // int*, int, int, intでそれぞれ推論される（戻り値の型はautoで推論され、int*となる）
    std::cout << lea(&i, 16, 4, 2) << std::endl;
}
```

実行結果

```
0x7fff78e0e604
```

9.5.3　テンプレートパラメーターの一部を型推論する

テンプレートパラメーターのすべてで型推論しなければならないわけではありません。テンプレートパラメーターを一部だけ明示的に指定して、残りを型推論に任せるということもできます。ただし

指定できるのはテンプレートパラメーターの先頭から順番になります。関数テンプレートを定義する際に、自分で指定できたほうが便利なテンプレートパラメーターを前のほうに、推論させたほうが便利なテンプレートパラメーターを後ろにすると使いやすい関数テンプレートになります（リスト9.18）。

▶リスト9.18　テンプレートパラメーターの部分的な推論

```cpp
#include <iostream>

// 戻り値を推論ではなく、テンプレート引数で指定した型で返すようにしたテンプレート
template <typename R, typename A, typename B, typename C>
R fused_multiply_add(A a, B b, C c)
{
    return static_cast<R>(a * b + c);
}

int main()
{
    // 計算結果はfloat型で返してほしいが、
    // 先頭の引数は内部的にはdouble型で計算してほしいため
    // それだけ指定し、あとはコンパイラーに推論させる
    std::cout << fused_multiply_add<float, double>(1.23456f, 2, 3)
        << std::endl;
}
```

実行結果

```
5.46912
```

狙った型で処理してほしい場合や引数の型そのままではオーバーロードをうまく解決できない場合など、型推論だけでは解決できないような場合は必ずあるので、そういった場合にだけ指定するとあとからプログラムを読み返した場合などにその意図をくみ取りやすくなります。

テンプレートパラメーターの指定は先頭から順番にしか行えません。そのため、「途中のテンプレートパラメーターだけを指定したい」ということはできません。「目的のテンプレートパラメーターまでの間にあるテンプレートパラメーターをすべて指定する」「引数自体をキャストなどで目的の型にする」といった方法か、関数テンプレートの定義を変更できるならばテンプレートパラメーターの順番を変えることを検討する必要があります（リスト9.19）。

▶リスト9.19　途中のテンプレートパラメーターを指定する例

```cpp
#include <iostream>

template <typename A, typename B, typename C>
auto fused_multiply_add(A a, B b, C c)
{
    return a * b + c;
}

int main()
{
    // 2つ目のテンプレート引数（B）をfloat型にしたいが、
    // そのためにはAのテンプレート引数も指定しなければならない
    std::cout << fused_multiply_add<float, float>(1.23456f, 2, 3) << std::endl;

    // Aのテンプレート引数を推論させたいので、2つ目のテンプレート引数を指定ではなく、
    // 引数自体をキャストして推論させる
    std::cout << fused_multiply_add(1.23456f, static_cast<float>(2), 3)
        << std::endl;
}
```

実行結果

```
5.46912
5.46912
```

9.5.4　引数からクラステンプレートのパラメーターを推論する

仮引数がテンプレートパラメーターを使ったクラステンプレートになっている場合、実引数からテンプレートパラメーターを推論することもできます。クラステンプレートを値で受け取る場合だけでなく、参照やポインターで受け取る場合でも推論が可能です（リスト9.20）。

▶リスト9.20　クラステンプレートのパラメーターの推論

```cpp
#include <iostream>

template <typename T>
struct A
{
```

```
        T value;
};

// 実引数からテンプレートパラメーター Tが推論される
template <typename T>
T get_value(A<T> a)
{
    return a.value;
}

int main()
{
    A<int> ai{42};

    // A<int>からテンプレートパラメーターはintに推論される
    std::cout << get_value(ai) << std::endl;

    A<double> ad{3.1415};

    // A<double>からテンプレートパラメーターはdoubleに推論される
    std::cout << get_value(ad) << std::endl;
}
```

実行結果
```
42
3.1415
```

　実際にテンプレートパラメーターが何に推論されたかどうかは、実行時型情報（Chapter 11参照）を使ったり、特殊化を使うことで確認できます。特殊化を使ってテンプレートパラメーターが何に推論されたかを確かめるには、リスト9.21のようにするとよいでしょう。

▶リスト9.21　特殊化を使って推論結果を知る

```
#include <iostream>
#include <string>

// ヘルパークラスの前方宣言
template <typename T>
class helper;
```

```cpp
// intのときに使われるヘルパークラス
template <>
class helper<int>
{
public:
    static std::string name() { return "int"; }
};

// doubleのときに使われるヘルパークラス
template <>
class helper<double>
{
public:
    static std::string name() { return "double"; }
};

template <typename T>
struct A
{
    T value;
};

template <typename T>
void deduce(A<T> a)
{
    // 推論されたTを使ってヘルパークラスのstaticメンバー関数を呼び出す
    std::cout << helper<T>::name() << std::endl;
}

int main()
{
    A<int> ai;

    deduce(ai); // aiから推論されるTを表示する

    A<double> ad;

    deduce(ad); // aiから推論されるTを表示する
}
```

実行結果
```
int
double
```

helperテンプレートクラスはintとdoubleで明示的特殊化して、それぞれのname()メンバー関数が返す文字列を変えています。こうすることで、テンプレートパラメーターが変わるとそれに応じて得られる文字列も変わります。

このヘルパークラスを使うことでdeduce()テンプレート関数のテンプレートパラメーターがintなのかdoubleなのかを判別できるようになります。

9.5.5 型推論の制限

型推論にもいくつかの制限があります。

まず、autoで変数を宣言する場合には初期値を与えないと型推論できませんでした。元々、型推論は式の型を見て型を決定するため、当然といえば当然です。

```
auto a; // エラー。aをどの型にしたらよいかコンパイラーは判断できない。

a = 0; // あとから代入しててもさかのぼって推論はできない
```

次に、1つの文で複数の変数を宣言する場合には、すべてで同じ型に推論されなければなりません。1つの推論結果が他の変数にも適用されるということはありません。

```
auto a = 0, b = 0; // OK。aとbはどちらもint型

// エラー。iはint、fはfloatの値が渡されているので
// どちらの型にしたらよいかコンパイラーは判断できない
auto i = 0, f = 1.0f;

auto x = 0, y; // エラー。xはintだけどyは……?
```

関数テンプレートにおいては、引数になっていないテンプレートパラメーターは推論ができません。関数内部でしか使われないテンプレートパラメーターや、戻り値でしか指定されないテンプレートパラメーターは、必ず呼び出し時に指定しなければなりません。

```
// RとABは引数に使われていないテンプレートパラメーター
template <typename R, typename AB, typename A, typename B, typename C>
R fused_multiply_add(A a, B b, C c)
{
    AB ab = a * b;
    return static_cast<R>(ab + c);
}
```

```
// エラー。 戻り値の使われ方からさかのぼってRの推論はできず、また引数にないABは推論できない
float r = fused_multiply_add(1.23456, 2, 1.23456f);
```

さらに、よくあるミスなのですが、ネストした型の一部としてテンプレートパラメーターを使っている場合には推論できません。例えば次のような例です。

```
template <typename T>
auto addressof(typename std::vector<T>::reference r) // 引数はネストした型
{
    return &r;
}

std::vector<int> v;
addressof(v[0]); // Tをintに推論してほしい……
```

ネストした型は、クラステンプレートの中でさまざまな処理がされたあとにその型が決まります。そのためネストした型からさかのぼって、そのクラステンプレートのテンプレート引数を推論することはできません。

ただし、他の引数から推論できる場合や、ネストしていない場合には推論できます。

```
template <typename T>
void assign(typename std::vector<T>::iterator i, T value)
{
    *i = value;
}

std::vector<int> v{10, 20, 30};
// v.begin()だけから推論はできないが、第2引数を使って推論して、
// そのTを使って第1引数の型を求める
assign(v.begin(), 40);
```

練習問題 9.5

1. 関数の戻り値の型にautoと書くと何が行われるか説明してください。
2. 関数テンプレートのテンプレートパラメーターを指定せずに、型推論を使って関数テンプレートを呼び出してください。
3. クラステンプレートを関数の仮引数にしてください。このときクラステンプレートのテンプレートパラメーターは、関数呼び出しから型推論できるようにしてください。

9.6 非型テンプレートパラメーター

9.6.1 値を受け取るテンプレート

これまでテンプレートパラメーターは型を受け取るものでしたが、テンプレートパラメーターは型だけでなくコンパイル時に扱える値も受け取ることができます。このようなテンプレートパラメーターのことを**非型テンプレートパラメーター**（Non-Type Template Parameter：NTTP）といいます。テンプレートパラメーターはその組み合わせで型だけ受け取るようにも、値だけ受け取るようにも、また値と型の両方受け取ることもできます。

非型テンプレートパラメーターは`typename`キーワードの代わりに受け取りたい値の型を書きます（リスト9.22）。

構文 非型テンプレートパラメーター

```
template <type-name template-parameter……>
```

コンパイル時に使える型は主に整数型やポインター型ですが、基本的に整数型しか使われません。

▶リスト9.22 非型テンプレートパラメーター

```cpp
#include <iostream>

template <int i>
void show_nttp()
{
    std::cout << "show_nttp<" << i << ">()" << std::endl;
}

int main()
{
    show_nttp<0>();

    show_nttp<42>();
}
```

実行結果

```
show_nttp<0>()
show_nttp<42>()
```

9.6.2 型推論する非型テンプレートパラメーター

 型推論する非型テンプレートパラメーターはC++17で追加された機能です。比較的新しい機能のため、使用するコンパイラーによっては対応が追いついていない可能性があります。

非型テンプレートパラメーターに具体的な型名ではなく auto と書くと、その非型テンプレートパラメーターの型を引数から型推論します（リスト9.23）。

▶リスト9.23　非型テンプレートパラメーターの型推論

```
#include <iostream>

// 非型テンプレートパラメーターを型推論する
template <auto i>
void show_nttp()
{
    std::cout << "show_nttp<" << i << ">()" << std::endl;
}
int main()
{
    show_nttp<0>();

    show_nttp<42>();
}
```

実行結果

```
show_nttp<0>()
show_nttp<42>()
```

練習問題　9.6

1. 関数テンプレートのテンプレートパラメーターで整数値を受け取ってください。関数テンプレートでは受け取ったテンプレートパラメーターを表示してください。
2. 1.で作った関数テンプレートを整数型以外の値も受け取れるように変更してください。

9.7 参照の推論と完全転送

9.7.1 参照渡し

関数テンプレートで参照渡しをする場合、テンプレートパラメーターの使い方によって2通りの書き方があります。

1つ目はテンプレートパラメーター自体を参照型にする方法です。これは型推論をさせる場合には使えませんが、関数呼び出しのときにテンプレート引数として参照型を指定する方法です。

```
template <typename T>
void foo(T variable)
{
    ……
}

int i = 0;

// テンプレート引数Tをint&にして呼び出し
// Tをそのままint&に置き換えた void foo(int& variable) という関数を呼び出す
foo<int&>(i);

// 型推論させた場合、Tはint&型ではなく、int型に推論されるので参照渡しにはならない
foo(i); // void foo(int variable)
```

2つ目はテンプレートパラメーターに&を付けた型で仮引数を宣言する方法です。これは常に参照渡しになるようにテンプレートが実体化されます。

```
template <typename T>
void foo(T& variable)
{
    ……
}

int i = 0;

// テンプレートパラメーター Tをintにしても、
// 関数テンプレートの宣言に&が付いているので必ず参照渡しになる
foo<int>(i); // void foo(int& variable)
```

```
// 型推論を使っても参照渡しとなる
// テンプレートパラメーターTはint型に推論される
foo(i); // void foo(int& variable)
```

どちらを使うほうがよいかは関数テンプレートの処理によって異なるので、常に参照渡しとなってほしいのか、ユーザーが選択できるようになっていたほうがよいのかで適切なほうを選ぶ必要があります。

また参照だけでなくconstについても参照と同じ規則で型推論などがされます。そしてそれらを組み合わせた、常にconstで参照で受け取る関数テンプレートというのがよく使われます。

```
// 常に引数をconst参照で受け取るテンプレート
template <typename T>
void foo(const T& variable)
{
    ……
}
```

9.7.2　フォワーディング参照

> *note* 英語ではforwarding referencesと呼ばれている機能ですが、一般的に使われている訳語がないため、便宜上本書ではフォワーディング参照と呼んでいます。この機能が追加されたC++11では**ユニバーサル参照**（universal references）と呼ばれていましたが、C++標準化委員会が2014年10月にforwarding referencesと呼ぶことに決定しました。

フォワーディング参照 は右辺値参照とテンプレートを組み合わせたときに特別な動作をする参照のことです。テンプレートではない関数では右辺値参照に左辺値を渡すことはできませんが、テンプレート引数を使った右辺値参照を関数テンプレートの仮引数として使うと、右辺値だけでなく左辺値も受け取ることができるテンプレートとして動作します。

```
// 右辺値参照で受け取る関数テンプレートを定義したつもりだが
template <typename T>
void foo(T&& value)
{
    ……
}

int i = 0;

foo(i); // OK。左辺値を渡すことができる
```

```
foo<int&>(i);  // OK。参照型のテンプレート引数を明示的に渡すこともできる

foo(0);  // OK。右辺値も渡すことができる

const int j = 0;

foo(j);  // OK。constな変数を渡すとconst参照として呼び出される

foo<const int&>(j);  // OK。const参照もテンプレート引数に明示的に渡すことができる
```

このとき、それぞれの呼び出しでテンプレート引数Tが推論される型は、左辺値の場合にはそれぞれの参照型、右辺値の場合には非参照型となります。

```
foo(i);  // T => int&

foo(0);  // T => int

foo(j);  // T => const int&
```

ただややこしいことに、constを付けるとそれはフォワーディング参照ではなくconstな右辺値参照となってしまい、左辺値を渡すことはできません。

```
template <typename T>
void foo(const T&& value);  // フォワーディング参照ではなくconstな右辺値参照

int i = 0;

foo(i);  // エラー。フォワーディング参照ではないので左辺値を渡すことができない
```

フォワーディング参照は左辺値にもマッチしてしまうので、時として意図していないオーバーロード呼び出しとなってしまう可能性があります。そういった場合には、左辺値を受け取る関数テンプレートを別途用意しておくことで、消去法で右辺値でのみ呼ばれる関数テンプレートとなります（リスト9.24）。

▶リスト9.24　フォワーディング参照とオーバーロード

```cpp
#include <iostream>

// 左辺値を受け取るテンプレート
template <typename T>
void foo(T& value)
{
    std::cout << "void foo(T& value)" << std::endl;
}
```

```cpp
// 右辺値を受け取るテンプレート
template <typename T>
void foo(T&& value)
{
    std::cout << "void foo(T&& value)" << std::endl;
}

int main()
{
    int i = 0;

    foo(i);

    foo(0);
}
```

実行結果

```
void foo(T& value)
void foo(T&& value)
```

　また、フォワーディング参照は関数テンプレートのテンプレートパラメーターを使った場合のみの動作です。クラステンプレートのメンバー関数として関数テンプレートを定義したときに、クラステンプレートのテンプレートパラメーターを使ってもフォワーディング参照とはなりません。

```cpp
template <typename T>
class A
{
public:
    // 関数テンプレートのテンプレートパラメーターのみフォワーディング参照となるので
    // U&&はフォワーディング参照だが、T&&はただの右辺値参照
    template <typename U>
    void foo(T&& t, U&& u);
};

A<int> a;

int i = 0;

a.foo(i, 0); // エラー。iは左辺値なので右辺値参照には渡せない
```

9.7.3 完全転送

完全転送(perfect forwarding)とは、フォワーディング参照と組み合わせて使われるテクニックのことです。

右辺値参照型の変数は左辺値であったことは覚えているでしょうか。フォワーディング参照を使って右辺値参照となった場合でも、その規則は変わることはなくその仮引数は左辺値として扱われます。つまりフォワーディング参照を使った場合、仮引数はどのような場合でも左辺値となるので、再度その仮引数を右辺値もしくは左辺値として別の関数に渡したい場合、そのままでは元々の実引数がどちらであったかが区別できません(リスト9.25)。

▶リスト9.25　フォワーディング参照の仮引数

```cpp
#include <iostream>
#include <utility> // std::move

void show_value_category(int& value)
{
    std::cout << "参照" << std::endl;
}

void show_value_category(int&& value)
{
    std::cout << "右辺値参照" << std::endl;
}

// フォワーディング参照の仮引数をそのまま渡す
template <typename T>
void direct(T&& value)
{
    show_value_category(value);
}

// フォワーディング参照の仮引数をstd::move()関数を通して渡す
template <typename T>
void move(T&& value)
{
    show_value_category(std::move(value));
}
```

```
int main()
{
    int i = 0;

    direct(i);
    direct(0);

    std::cout << std::endl;

    move(i);
    move(0);
}
```

実行結果
```
参照
参照

右辺値参照
右辺値参照
```

　direct()関数では仮引数をそのまま渡していますが、左辺値の場合も右辺値の場合も左辺値としてオーバーロードが呼ばれています。一方move()関数では右辺値として渡されるようにstd::move()関数を使っていますが、今度は左辺値の場合でも右辺値として扱われてしまっています。

　<utility>ヘッダーで定義されているstd::forward()関数を使うとフォワーディング参照の仮引数を上手に区別して関数を呼び出すことができます。完全転送とは、std::forward()関数を使った右辺値と左辺値を区別した関数呼び出しのことを言います。

　std::forwardは関数テンプレートとなっていて、そのテンプレートパラメーターには呼び分けたいフォワーディング参照の仮引数に使ったテンプレートパラメーターを指定します（リスト9.26）。

▶リスト9.26　完全転送（部分）

```
template <typename T>
void forward(T&& value)
{
    // 完全転送
    show_value_category(std::forward<T>(value));
}
```

```
int main()
{
    int i = 0;

    forward(i);
    forward(0);
}
```

実行結果

参照
右辺値参照

　フォワーディング参照に実引数として渡していたものが左辺値であるか右辺値であるかに応じて、それぞれ適切なオーバーロードが呼ばれていることから、適切に呼び分けられたことがわかります。

練習問題　9.7

1. 常にconst参照で引数を受け取る関数テンプレートを定義してください。
2. フォワーディング参照を使って左辺値と右辺値の両方を受け取れる関数テンプレートを定義してください。
3. 完全転送を行うために使う関数を説明してください。

9.8　依存名

9.8.1　typenameキーワード

　テンプレートは便利な半面とても複雑になりがちです。特にテンプレートの中に出てくる型や変数が、テンプレートパラメーターを使っている場合、**依存**（dependent）しているといい、それら型名や変数名のことを特に**依存名**（dependent name）といいます。テンプレートは複雑で、依存名が型名なのか変数名なのかがわかりづらいので、型名に関しては特別なキーワードを付けることになっています。

例えば、リスト9.27のような2次元ベクトル型の内積を返す関数はエラーとなってしまいます。

▶リスト9.27　2次元ベクトル型の内積を返す関数（エラー）

```
struct vector2d
{
    using value_type = float;

    float x;
    float y;
};

template <typename Vector>
Vector::value_type // 依存名
dot_product(const Vector& lhs, const Vector& rhs)
{
    return lhs.x * rhs.x + lhs.y * rhs.y;
}

int main()
{
    vector2d a{10, 20};
    vector2d b{20, 30};

    dot_product<vector2d>(a, b);
}
```

実行結果

```
$ c++ prog.cpp
prog.cpp:12:1: error: missing 'typename' prior to dependent type name 'Vector
::value_type'
Vector::value_type // 依存名
^~~~~~~~~~~~~~~~~~
typename
1 error generated.
```

一見するとdot_product()関数は、テンプレートパラメーターであるVector内で定義しているvalue_typeという型を返すことを意図しているように見えます。しかしvalue_typeというのはテンプレート引数によっては型ではなく、staticメンバー変数などを指すかもしれません。このように、value_typeはテンプレート引数に依存してしまうため、value_typeが「型」であるとコンパイラーに指示するためにtypenameキーワードを使用します（リスト9.28）。

▶リスト9.28 typenameキーワードを使用して型であることを明示する

```
#include <iostream>

struct vector2d
{
    using value_type = float;

    float x;
    float y;
};

template <typename Vector>
typename Vector::value_type // typenameキーワードを使って
                            // 依存名が型であることをコンパイラーに教える
dot_product(const Vector& lhs, const Vector& rhs)
{
    return lhs.x * rhs.x + lhs.y * rhs.y;
}

int main()
{
    vector2d a{10, 20};
    vector2d b{20, 30};

    std::cout << dot_product<vector2d>(a, b) << std::endl;
}
```

実行結果

800

　typenameキーワードは、テンプレートパラメーターのネストした型を直接使っていなくても、リスト9.29のように「テンプレートパラメーターを使ったテンプレートのメンバー型」など、テンプレートパラメーターに依存していれば必要になります。しかし、必要のない場合にtypenameを使用してもエラーにはならないので、不安な場合や、わかりやすくするためにtypenameを使うのは問題ありません[4]（リスト9.29）。

※4　C++03と呼ばれる古い規格では必要な場所以外での使用はエラーとなっていたので、古いコンパイラーではエラーとなってしまう場合があります。

▶リスト9.29　テンプレートパラメーターのメンバー型ではない型に対するtypename

```
#include <vector>

template <typename T>
typename std::vector<T>::reference // Tを使っているのでtypenameが必要
at(std::vector<T>& v, std::size_t i)
{
    return v[i];
}

template <typename T>
typename std::size_t // Tに依存してないので本来はtypenameは不要だが、エラーではない
size(const std::vector<T>& v)
{
    return v.size();
}

int main()
{
    std::vector<int> v = {0, 1, 2, 3};

    // std::vector自体はテンプレートだが、main()関数は関数テンプレートではなく、
    // テンプレートパラメーターを使っているわけではないので、これは依存名ではない
    std::vector<int>::reference r = at(v, 0);
}
```

依存名はややこしい規則ですが、これを上手く使えるようになると、リスト9.29のat()関数やsize()関数のように、ネストした型名を使ってプライマリテンプレートだけでさまざまなパターンに対応できるようになります。

9.8.2　別名

テンプレートパラメーターに依存した型名を使うにはtypenameキーワードが必要ですが、ただでさえテンプレートを使っているだけでも型名が長くなってしまいがちです。そんなとき、テンプレートパラメーターの全部もしくは一部を指定したテンプレートに、別名（alias）を付けることができれば便利です。

エイリアステンプレート（alias template）は、まさにテンプレートのように見えつつ、別名を付

けることができる機能です[※5]。

エイリアステンプレートは次のような構文で宣言します。

構文 エイリアステンプレート

```
template <template-parameter1, template-parameter2……>
using alias-name = template-expression;
```

別名を付けるテンプレートは、エイリアステンプレートのテンプレートパラメーターを複数回使ってもかまいませんし、まったく使わなくても問題ありません。しかし使っていなくても、別名を使う際には全てのテンプレートパラメーターにテンプレート引数を与える必要があります。

ネストした型がテンプレートパラメーターに依存している場合、やはりエイリアステンプレートの宣言でも typename が必要となりますが、エイリアステンプレートの中で依存名であることが解決されているので、そのエイリアスを使う側では typename が不要となります。そのため、エイリアスを効果的に使うと複雑だったテンプレートが簡潔になります（リスト9.30）。

▶リスト9.30　エイリアステンプレートの利用例

```
#include <vector>

// エイリアステンプレート
template <typename T>
// この型はTに依存するのでtypenameが必要
using vector_reference = typename std::vector<T>::reference;

template <typename T>
vector_reference<T> // Tを使っているが、エイリアスの中で依存名が解決しているので
                    // ここでは不要
at(std::vector<T>& v, std::size_t i)
{
    return v[i];
}
```

この例では、テンプレート関数 at の戻り値の型はTに依存しているので本来 typename が必要でしたが、エイリアステンプレートの中で依存名であることが解決されているので不要となります。実際のところ、この例のような単純な型名でエイリアステンプレートを使ってもそれほどメリットはないのですが、「9.10 型特性」で説明する標準ライブラリのクラステンプレートを多く使うような場合

[※5] エイリアステンプレートで付けられた別名を使ってテンプレートの特殊化をする場合には注意が必要です。詳しくは説明しませんが多くの場合その特殊化を使うことができなくなってしまいます。

には大変便利です。

　エイリアステンプレートは特殊化ができないので、特殊化のようにテンプレートパラメーターによって動作を変更したい場合には、特殊化したクラステンプレートを用意して、それを使った別名を作ることがあります。

9.8.3　template限定子

　`template`限定子は、依存名がテンプレートであったときに必要となる`template`キーワードの用法です。依存名が型名だったかどうかで`typename`が必要となりましたが、`template`限定子は依存名がクラステンプレートなのか関数テンプレートなのかにかかわらず必要となります。

構文　template限定子

```
// 依存名が関数テンプレートのときの関数呼び出し
dependent-name.template member-name<template-parameters……>(parameters……)

// 上記同様にアロー演算子を使った関数テンプレートの呼び出し
dependent-name->template member-name<template-parameters……>(parameters……)

// 依存名が関数テンプレートなstaticメンバー関数の呼び出し
dependent-name::template member-name<template-parameters……>(parameters……)

// 依存名がテンプレートでクラステンプレートやエイリアス、その他staticメンバー変数等のとき
dependent-name::template member-name<template-parameters……>
```

　いずれの場合でもメンバー名の前に`template`キーワードを付けてメンバー関数の呼び出しや、ネストした型名の取得をします（リスト9.31）。

▶リスト9.31　template限定子

```
#include <iostream>

template <typename T>
class A
{
public:
    A() {}

    template <typename U>
    A(A<U>) {}
```

```
        template <typename U>
        using rebind = A<U>;

        template <typename U>
        void foo()
        {
            std::cout << "A<T>::foo<U>()" << std::endl;
        }

        template <typename U>
        void bar(U u)
        {
            std::cout << "A<T>::bar<U>(" << u << ")" << std::endl;
        }
    };

    template <typename U, typename T>
    void call_foo(A<T>& a)
    {
        // template限定子を使っていても、依存名が型名の場合にはtypenameキーワードが必要
        typename A<T>::template rebind<U> b = a;

        b.template foo<int>(); // 依存名のメンバー関数呼び出し

        // 依存名がテンプレートであっても型推論が使われるときにはtemplate限定子は不要
        b.bar(42);
    }

    int main()
    {
        A<int> a;

        call_foo<void>(a);
    }
```

実行結果

```
A<T>::foo<U>()
A<T>::bar<U>(42)
```

template限定子は複雑であるにもかかわらず使う場面はほとんどないので、普段は意識する必要はありませんが、ごくごくまれに使うことがあるので頭の片隅に置いておいてください。

練習問題 9.8

1. ネストした型名が依存名であるときにはどうすればよいか説明してください。
2. エイリアステンプレートを使うことでtypenameが不要になることを確認してください。

9.9 可変引数テンプレート

　本書では説明していませんが、C言語では関数に好きな数だけ実引数を渡したい場合に**可変引数**[6]（variadic argument）を使用します。しかし、可変引数には次のような問題があります。

- 型の情報がなくなってしまうので安全に引数を扱うことができない
- いくつ引数が渡されたのかわからない
- 常にコピーされてしまう

　特に上2つは、安全なプログラムを書くのが難しくなってしまうため、実際にさまざまなセキュリティ上の問題を作り出してきました。

　C++ではC言語よりも型を無視したプログラムを書けないように気を配っている[7]ので、可変引数はできるだけ使わずに**可変引数テンプレート**（variadic templates）という機能を使います。可変引数テンプレートはテンプレートなので、個別の引数の型や引数の数を正しく扱えますし、参照で受け取れるので（もちろん値で受け取ってもよいのですが）余計なコピーの心配をする必要がありません。また、可変引数テンプレートは関数テンプレートだけでなくクラステンプレートでも使うことができるので、より柔軟なクラステンプレートを作ることもできます。

　可変引数テンプレートは次のような構文になります。

---

[6] **可変長引数**という場合もある
[7] 暗黙の型変換のようにデータが欠損したり、危険なポインタの使い方でint型ではない変数にint型としてアクセスしたりするような、型を無視したような使い方は、C言語では許されていた部分もあります。しかし、バグのもとになるのでC++ではできるだけエラーになるようになっています。

構文 可変引数テンプレート

```
template <typename... template-parameter-pack>
return-type function-name(template-parameter-pack... function-parameter-pack);

template <typename... template-parameter-pack>
return-type function-name(template-parameter-pack... function-parameter-pack)
{
    funciton-body……
}

template <typename... template-parameter-pack>
class class-name;

template <typename... template-parameter-pack>
class class-name
{
    class-body……
};
```

上記構文中では、省略を表す三点リーダーと区別がつきにくいかもしれませんが、ピリオドを3つ（...）打つと、それが可変引数テンプレートの意味となります。

9.9.1 テンプレートパラメーターパックと展開

可変引数テンプレートで使うテンプレートパラメーターや、そのテンプレートパラメーターを使った仮引数のことをそれぞれ**テンプレートパラメーターパック**（template parameter pack）や**関数パラメーターパック**（function parameter pack）と呼んで、これまで扱ってきたテンプレートパラメーターや仮引数と区別します。また実際に、テンプレートパラメーターパックは、これまでのテンプレートパラメーターと少々扱いが異なります。

まず、複数のテンプレートパラメーターが1つのテンプレートパラメーターパックに収まるため、テンプレートパラメーターパックの変数を作ることはできません。また、関数パラメーターパックも複数の引数を1つのパラメーターパックとして扱うため、変数のように直接操作できません。パラメーターパックの要素を扱うには**展開**（expansion）をしなければなりません。

展開の構文は可変引数テンプレートの構文中に見られるパラメーターパックの宣言と似て、ピリオド3つ（...）を使います（リスト9.32）。

▶リスト9.32　パラメーターパックの展開（部分）

```
template <typename... T>
void function(T&&... args);

// 引数の数が可変なテンプレート関数
template <typename... T>
void foo(T... args)
{
    function<T...>(args...); // ここの...はどちらも展開構文
    // 例えばfoo<int, float, char>(1, 2.f, 3)と呼び出された場合、実体化のときに
    // void foo(int args_1, float args_2, char args_3)のようになるので
    // パラメーターパックが展開されると
    // function<int, float, char>(args_1, args_2, args_3)
    // に置き換わる
}
```

　展開はすべての要素をカンマ区切りのリストに置き換えるような操作であり、特定の要素にアクセスする**抽出**（extract）ではないことに注意しなければなりません。残念ながら現在のC++において、パラメーターパックの何番目にアクセスするというような操作をするためには、テンプレートを使いこなした、いくつかのヘルパーを用意してやらなければなりません。そのため、現段階では「標準ライブラリを使うときに困らない」くらいを目標にして学習するほうがよいでしょう。

　参照やフォワーディング参照を可変引数テンプレートとしたい場合にはT&...やT&&...と記述します。&の位置に注意してください。

9.9.2　さまざまなパラメーターパックの展開

　展開の際にパラメーターパックのすべての要素に関数や演算を適用することもできます。受け取った引数をさらに別の可変引数テンプレートへ渡したりする際に、必ずと言ってよいほど使われる機能です。

```
template <typename... T>
void function(T&&... args);

// 引数の数が可変なテンプレート関数
template <typename... T>
void foo(T&&... args)
{
    // 引数をすべて別の関数に完全転送する
    function(std::forward<T>(args)...);
```

```
        // foo<int, float, char>(1, 2.0f, 3) と呼び出された場合、実体化のときに
        // void foo(int args_1, float args_2, char args_3)のようになるので
        // パラメーターパックが展開されると
        //   function(std::forward<int>(args_1),
        //            std::forward<float>(args_2),
        //            std::forward<char>(args_3));
        // に置き換わる
    }
```

注目してほしいのは、完全転送の際にテンプレートパラメーターパックと関数パラメーターパックの両者を指定している点です。以下の例で ... の付く位置と展開のしかたを確認してください。

```
X<T...>(t...)   // X<T0, T1, ...>(t0, t1, ...)
X<T...>(t)...   // X<T0, T1, ...>(t0), X<T0, T1, ...>(t1), ...
X<T>(t...)...   // X<T0>(t0, t1, ...), X<T1>(t0, t1, ...), ...
X<T>(t)...      // X<T0>(t0), X<T1>(t1), ...
```

展開のときに該当するパラメーターパックが複数あった場合、すべてのパックが同時にかつそれぞれの要素を順番に抽出されます。先ほどの例では、この機能を使って引数の各要素を適切な型で完全転送していました。また、展開する際には、それぞれのパラメーターパックが持っている要素数がすべて同じでなければエラーとなります。

9.9.3　テンプレートパラメーターパックの要素数

テンプレートパラメーターパックの要素数を取得するにはsizeof...演算子を使います。パラメーターパックの展開構文と似ているので注意が必要です。

構文 テンプレートパラメーターパックの要素数取得

sizeof...(*parameter-pack*)

もし...の位置を間違えてsizeof(T...)やsizeof(T)...としてしまうとパラメーターパックの展開になってしまいます。

パラメーターの個数がわかると、それをもとに処理を変更したりエラーにすることができたりします。使うパラメーターパックは、テンプレートパラメーターパックでも関数パラメーターパックでもかまいません。どちらも同じ値を返します（リスト9.33）。

▶リスト9.33　パラメーターパックの要素数

```
#include <iostream>

template <typename... T>
void count_params(T... args)
{
    std::cout << "テンプレートパラメーターパックの要素数は " << sizeof...(T)
        << std::endl;

    std::cout << "関数パラメーターパックの要素数は " << sizeof...(args)
        << std::endl;
}

int main()
{
    count_params(0);

    count_params(1, 2, 3);
}
```

実行結果

```
テンプレートパラメーターの数は 1
関数パラメーターの数は 1
テンプレートパラメーターの数は 3
関数パラメーターの数は 3
```

練習問題 9.9

1. 可変引数テンプレートが任意の個数の引数を受け取れることを、テンプレートパラメーターパックの要素数を使って確認してください。
2. テンプレートパラメーターパックの展開を行って関数呼び出しをした結果、適切なオーバーロードが呼び出されることを確認してください。

9.10 型特性

型特性（type traits）とは、その型がどういった特徴を持っているのかを調べる機能です。特にテンプレートにおいて、具体的な型に限定しないものの、型の特徴によって処理を変えたりする場合に使います。もちろん実際には調べるだけでなく、constを追加したり、参照型から単なる型を取得したりとさまざまな処理ができます。型特性は標準ライブラリの<type_traits>ヘッダーで提供されますが、非常に多くのテンプレートが提供されているため、本書ではそのごく一部のみを紹介します。

9.10.1 述語のクラステンプレート

型特性で最も基本的なものは、型がどのような種類のものであるかを調べる、**述語**（predicate）[8]のクラステンプレートです。例えばstd::is_integral<T>はTが整数型かどうかを調べることが、std::is_class<T>はTがクラスかどうかを調べることができます。これらのテンプレートはvalueというbool型のstaticメンバー変数を持っていて、trueかfalseかで結果を取得できます。

述語のテンプレートのうち、主要ないくつかを表9.1に抜粋します。

❖表9.1　述語のテンプレート

テンプレート	意味
std::is_integral<T>::value	Tが整数型ならtrue
std::is_floating_point<T>::value	Tが浮動小数点数型ならtrue
std::is_class<T>::value	Tがクラス型ならtrue
std::is_pointer<T>::value	Tがポインター型ならtrue
std::is_lvalue_reference<T>::value	Tが（左辺値）参照型ならtrue
std::is_rvlaue_reference<T>::value	Tが右辺値参照型ならtrue
std::is_const<T>::value	Tがconst付きの型ならtrue
std::is_signed<T>::value	Tが符号を扱える数値型ならtrue
std::is_unsigned<T>::value	Tが符号なしの数値型ならtrue

述語のテンプレートはstatic_assertと組み合わせるのが基本的な使い方です。static_assertは、コンパイル時に条件文がfalseとなると強制的にコンパイルエラーにする構文です。

---

[8] 「〜は〜である」というような関係をboolで返すものを述語と呼びます。

構文 static_assert

```
static_assert(compile-time-condition);

static_assert(compile-time-condition, "message");
```

static_assertに渡すことができる条件文はコンパイル時に評価できるものである必要がありますが、一般的に述語のクラステンプレートを使います。第2引数にはエラーとなった理由などを説明するメッセージを与えることができますが、省略することもできます。

note static_assertの第2引数を省略する記法はC++17で追加された機能です。比較的新しい機能のため、使用するコンパイラーによっては対応が追いついていない可能性があります。

テンプレートが期待していたようなテンプレート引数ではなかった場合に誤動作を防ぐため、そこでメッセージとともに強制的にコンパイルエラーにすることで、ユーザーはテンプレートの正しい使い方を知ることができます（リスト9.34）。

▶リスト9.34　述語のテンプレートの利用例

```cpp
#include <type_traits>

template <typename T>
class vector2d
{
    static_assert(std::is_signed<T>::value,
                "Tは符号を扱える数値型である必要があります");

    T x;
    T y;

public:
    ……
};

vector2d<float> vf;       // OK
vector2d<int> vi;         // OK
vector2d<unsigned int> vu; // エラー
```

実行結果

```
$ c++ prog.cpp
prog.cpp: In instantiation of 'class vector2d<unsigned int>':
prog.cpp:15:24:   required from here
prog.cpp:6:38: error: static assertion failed: Tは符号を扱える数値型である必要があります
    6 |     static_assert(std::is_signed<T>::value, "Tは符号を扱える数値型である必要があります");
      |
```

この例では、負数を扱える2次元ベクトル型にしたいので、間違って符号がない数値型で実体化されるときにはエラーになるようにしています。述語のテンプレートが返すのはbool型の値なので、否定や論理and演算子（&&）と論理or演算子（||）といった演算子でより複雑な条件を作ることもできます。

9.10.2　別の型に変換するテンプレート

型特性では、述語以外に型を別の型に変換するテンプレートもいくつか提供されています。述語だけですべてを適切に扱うのは難しいため、その前処理として目的の型になるように使ったり、テンプレートの中でテンプレートパラメーターを調整したりするために使います。型を扱うテンプレートはtypeというネストした型を持っていて、これが変換した結果の型になります。

主要なものを表9.2に示します。

❖表9.2　型を扱うテンプレート

テンプレート	意味
std::remove_const<T>::type	Tにconstが付いていた場合constを消した型
std::remove_reference<T>::type	Tが参照もしくは右辺値参照の場合、参照ではない型
std::add_const<T>::type	Tにconstが付いていない場合 const T
std::add_lvalue_reference<T>::type	Tが参照もしくは右辺値参照型ではない場合にT&にした型
std::add_rvalue_reference<T>::type	Tが参照もしくは右辺値参照型ではない場合にT&&にした型
std::make_unsigned<T>::type	符号付き整数型のTに対して対応する符号なしの整数型
std::make_signed<T>::type	符号なし整数型のTに対して対応する符号付きの整数型

気付いた方もいるかもしれませんが、テンプレートの中でこれらの型特性テンプレートを使う場合には依存名となることがほとんどなのでtypenameが必要となります。しかし、標準ライブラリではあらかじめエイリアステンプレートを提供しているので、通常はそれらを使うのがよいでしょう。表9.2に対応するエイリアステンプレートは、表9.3のようにテンプレート名に_tを付けたものになります。

❖表9.3 型特性テンプレート用のエイリアステンプレート

エイリアステンプレート	対応するテンプレート
std::remove_const_t<T>	typename std::remove_const<T>::type
std::remove_reference_t<T>	typename std::remove_reference<T>::type
std::add_const_t<T>	typename std::add_const<T>::type
std::add_lvalue_reference_t<T>	typename std::add_lvalue_reference<T>::type
std::add_rvalue_reference_t<T>	typename std::add_rvalue_reference<T>::type
std::make_unsigned_t<T>	typename std::make_unsigned<T>::type
std::make_signed_t<T>	typename std::make_signed<T>::type

例えば、受け取った引数を確実にコピーした値で返したい場合など、テンプレートパラメーターをそのまま使うと、テンプレート引数に参照が含まれている可能性もあります。さらにconstが付いていると、ムーブできないなど少々厄介なことが起きかねません。そういった場合にはリスト9.35のようにテンプレートを使用すると値で返すようになります。

▶リスト9.35 参照型でも値を返す

```
#include <iostream>

template <typename T>
class A
{
    T value;

public:
    explicit A(T value) : value{value} { }

    T& get_value() { return value; }
};

// Tが参照型であっても値をコピーしたクラスAを返すようにする
template <typename T>
A<std::remove_const_t<std::remove_reference_t<T>>> make_A(T value)
{
    return A<std::remove_const_t<std::remove_reference_t<T>>>{value};;
}

int main()
{
    int i = 42;
    std::cout << &i << std::endl;
```

9.10 型特性

```
    A<int&> r{i};

    std::cout << &r.get_value() << std::endl;

    // 明示的に参照を使って実体化しても、型特性テンプレートによって値で返すようになる
    auto x = make_A<int&>(i);
    std::cout << &x.get_value() << std::endl;
}
```

実行結果

```
0x7ffdd75db1ec
0x7ffdd75db1ec
0x7ffdd75db1d8
```

constや参照を消していくテンプレートは、述語のテンプレートと組み合わせて使うことが多いでしょう。調べたい型から余計な修飾子を落としていくほうが、すべての組み合わせを論理or演算子（||）でつなげるよりもはるかに簡単だからです。

種類は述語のテンプレートほど多くはありませんが、場合によっては述語のテンプレートよりも多く使うかもしれません。表9.2や表9.3で示したような主要なものは覚えておくと便利でしょう。

練習問題　9.10

1. 特定の条件でコンパイルを強制的にエラーにするには何を使えばよいか説明してください。
2. 型特性のうち、述語のテンプレートを1つ説明してください。

9.11　ラムダ式の引数の型推論

ラムダ式はその場で簡単に関数を定義できることに主眼を置いているので、引数についても型推論を使って短く書けるようになっています。

ラムダ式の仮引数の型をautoやautoの参照などとすると、その仮引数の型は呼び出されるときの実引数から推論されます。このような「引数の型推論をするラムダ式」を**ジェネリックラムダ式**

（generic lambdas）と呼びます（リスト9.36）。

▶リスト9.36　autoを使った引数の推論

```
#include <iostream>
#include <string>

std::string type(int)
{
    return "int";
}

std::string type(const char*)
{
    return "const char*";
}

int main()
{
    auto lambda = [](const auto& value) // valueの型は呼び出し時の引数から推論される
    {
        std::cout << type(value) << std::endl;
    };

    lambda(42);

    lambda("type deduction");
}
```

実行結果

```
int
const char*
```

推論された型はテンプレートパラメーターのように何かしらの名前が付いているわけではありません。そのため、推論された型と同じ型の変数を使いたい場合には、さらにそのパラメーターから型推論する必要があります。

```
[](auto x)
{
    decltype(x) y = ……; // xの型を推論
};
```

もし何度も推論された型をラムダ式の中で使うようであれば、using宣言を使って別名を与えるのが便利です。

練習問題 9.11

1. ジェネリックラムダ式とはどのようなラムダ式か説明してください。
2. 第1引数に受け取ったものを表示するジェネリックラムダ式を定義し、任意の型の引数で呼び出してください。

9.12 クラステンプレートのテンプレートパラメーターの型推論

note クラステンプレートのテンプレートパラメーターの型推論はC++17で追加された機能です。比較的新しい機能のため、使用するコンパイラーによっては対応が追いついていない可能性があります。

クラステンプレートのテンプレートパラメーターの型推論（class template argument deduction）はクラステンプレートを使う際にそのテンプレートパラメーターをコンストラクターの実引数から型推論する機能です。クラステンプレートのテンプレートパラメーターは、多くの場合コンストラクターの仮引数の型として使われるので、呼び出されるコンストラクターの実引数の型からクラステンプレートのテンプレートパラメーターを型推論します。

型推論をさせるには、リスト9.37のようにクラス変数を宣言するときにテンプレート引数を省略します。

▶リスト9.37 テンプレートパラメーターの型推論

```
#include <iostream>
#include <initializer_list>

// T型の要素を持つコンテナ
template <typename T>
class Container
{
```

```cpp
    T* ptr               = nullptr;
    std::size_t count = 0;;

public:
    // countで指定された数、initを使って初期化する
    explicit Container(const T& init, std::size_t count);

    // {}を使った初期化
    Container(std::initializer_list<T> init);

    ~Container() { delete [] ptr; }

    void show() const;
};

template <typename T>
Container<T>::Container(const T& init, std::size_t count)
  : ptr{new T[count]}, count{count}
{
    for (std::size_t i = 0; i < count; ++i)
    {
        ptr[i] = init;
    }
}

template <typename T>
Container<T>::Container(std::initializer_list<T> init)
  : ptr{new T[init.size()]}, count{init.size()}
{
    std::size_t i = 0;
    for (auto& e : init)
    {
        ptr[i++] = e;
    }
}

template <typename T>
void Container<T>::show() const
{
    for (std::size_t i = 0; i < count; ++i)
    {
        std::cout << ptr[i] << std::endl;
```

```
        }
}

int main()
{
    // 本来は Container<std::string> と書くが、コンストラクターの実引数から型推論する
    // 第1引数がテンプレートパラメーターTを使っていて、std::stringが渡されているので
    // Tはstd::stringに推論される
    Container s{std::string{"Hello"}, 3};

    s.show();

    std::cout << std::endl;

    Container i = { 0, 1, 2, 3 }; // これも同様に初期化リストから型推論する

    i.show();
}
```

実行結果

```
Hello
Hello
Hello

0
1
2
3
```

標準ライブラリが提供しているほとんどのクラステンプレートはこの型推論に対応しているので、std::vectorなどもテンプレート引数を指定することなく使うことができます。

```
std::vector v = { 1, 2, 3, 5, 7, 11 }; // OK。std::vector<int>に推論される
```

コンストラクターの実引数から推論するので、コンストラクターがクラステンプレートのテンプレートパラメーターを使っていないと推論できずにエラーとなります。

またよくやってしまう間違いなのですが、コンストラクター自身のテンプレートパラメーターからは推論ができません。

```
template <typename T>
class A
{
public:
    A(); // デフォルトコンストラクターはTを使っていない

    template <typename U>
    A(U u); // コンストラクターはテンプレートだが、
            // クラステンプレートのテンプレートパラメーターが使われていない
};

A x; // エラー。デフォルトコンストラクターからは推論できない

A y{ 0 }; // エラー。クラスのテンプレートパラメーターではないTなので推論できない
```

これ以外にも別の方法で型推論させるための**推定ガイド**（deduction guide）というものも存在しますが、これを使いこなすにはテンプレートを自在に操れるようになる必要があるので本書では省略します。また、推定ガイドは基本的にアプリケーションプログラムの中で使うことはなく、標準ライブラリやサードパーティのライブラリを提供するようなプログラマーが使う機能です。

練習問題 9.12

1. クラステンプレートのテンプレートパラメーターをコンストラクターに渡す引数から型推論してください。

✓ この章の理解度チェック

1. クラステンプレートのメンバー関数として関数テンプレートを定義してください。関数テンプレートの定義はクラステンプレートの外で行ってください。
2. 部分特殊化したクラステンプレートを定義し、プライマリテンプレートと部分特殊化したクラステンプレートの両方のインスタンスを生成してください。
3. 可変引数テンプレートな関数テンプレートを定義し、その引数をすべて別の可変引数な関数テンプレートに完全転送してください。
4. 関数テンプレートを定義し、引数が整数型でないときにコンパイルエラーになるようにしてください。
5. クラステンプレートのテンプレートパラメーターの型推論では、コンパイラーは何をもとにテンプレートパラメーターを決定するか説明してください。

例外処理

この章の内容

- 10.1 例外処理の基礎
- 10.2 例外処理の詳細
- 10.3 new演算子の例外処理
- 10.4 標準例外

10.1 例外処理の基礎

C++には**例外処理**（exception handling）というエラー処理機構が存在します。例外処理とは、何かエラーが起きた箇所で、そのエラーに関する情報を持った**例外オブジェクト**（exception object）を**投げる**（throw）と、その例外を**捕まえる**（catch）ことができるまで呼び出し元をさかのぼる機能のことです。

例えば「5.3 newとdeleteの使用」ではnew演算子がstd::bad_alloc例外を投げうると説明しましたが、この例外も捕まえなければどんどんさかのぼっていってしまいます。

例外を捕まえた関数は、その例外の中身を見てログに出力したり、ユーザーにエラーがあったことを通知したり、その原因を取り除いて再試行したりできます。

10.1.1 throw / try / catch

例外処理にはthrow文とtryブロック、そして（必要に応じていくつかの）catch節が使われます。

まず、throw文で例外オブジェクトを投げます。その際、tryブロック内から投げられた例外のみが続くcatch節で捕まえられます。もし何もtryブロックで例外が投げられなければ、どのcatch節も実行されず、そのまま次に進みます。

catch節にはそのcatch節が受け取る例外オブジェクトの型を記述できます。記述した型と一致する、もしくはその型の派生クラスの例外オブジェクトが投げられた場合、該当するcatch節の処理が行われます。もし型が一致しなければそのcatch節は何もせず、次のcatch節が例外を捕まえようとします。

throw文はどこにでも書けるため、いつでも好きなときに例外を投げることができますが、catch節はtryブロックとセットになって使用しなければならない点に注意してください。

> *note* catch節のことを特に**例外ハンドラー**（exception handler）と呼ぶことがあります。

 tryブロックとcatch節

```
try
{
    statement……
}
catch (type variable)
{
```

```
    statement……
}
```

構文 例外を投げる

```
throw exception-object;
```

基本的にthrow文で投げることのできる例外オブジェクトに対する制限はありませんが、標準ライブラリで提供されているstd::exceptionクラスから派生したクラスを目的に応じて作り、それを投げるのが一般的です（リスト10.1）。

 std::exceptionクラスやそれ以外の標準ライブラリにおける例外は後ほど「10.4 標準例外」で解説します。

▶リスト10.1　例外を投げて捕まえる例

```cpp
#include <iostream>

void throw_zero()
{
    std::cout << "例外を投げる前" << std::endl;

    // int型のオブジェクトを例外オブジェクトとして投げる
    // tryブロックがなくても例外を投げることはできる
    throw 0;

    std::cout << "例外を投げたあと" << std::endl;
}

int main()
{
    // tryブロックの中で投げられた例外はcatch節で捕まえるか、
    // さらにこの関数の呼び出し元が捕まえる
    try
    {
        std::cout << "関数呼び出し前" << std::endl;
        throw_zero(); // この関数の中で例外が投げられる
        std::cout << "関数呼び出し後" << std::endl;
    }
```

```
    catch (int e) // 例外オブジェクトをここで捕まえる
    {
        std::cout << "投げられた例外オブジェクトの値は " << e << " です"
            << std::endl;
    }
    std::cout << "捕まえたあと" << std::endl;
}
```

実行結果

```
関数呼び出し前
例外を投げる前
投げられた例外オブジェクトの値は 0 です
捕まえたあと
```

上の例では、とても重要な例外処理の流れを確認することができます。

例外が発生した段階で、処理はただちにその例外を捕まえることができるcatch節に移ります。該当するcatch節が見つかった場合、そのcatch節に書かれた処理を行い、catch節の続きから再開します。決して例外を投げた場所に戻るようなことはありません。

また、投げられた例外オブジェクトの寿命はcatch節の最後までとなっていて、catch節の処理が正常に終了すると自動的にデストラクターが呼ばれます。

10.1.2 複数のcatch節

catch節は1つしか書けないわけではありません。1つのtryブロックに対して、いくつでもcatch節を書くことができます。

構文 複数のcatch節

```
try
{
    statement……
}
catch (type0 variable0)
{
    statement……
}
catch (type1 variable1)
{
    statement……
```

```
}

……

catch (typeN variableN)
{
    statement……
}
```

　複数のcatch節を書いた場合、上から順番に捕まえることができるかを判定して、最初に捕まえることができたcatch節の処理のみが行われます。一致するすべてのcatch節や、最初に捕まえたところ以降のcatch節が実行されるわけではありません（リスト10.2）。

▶リスト10.2　複数のcatch節の例

```cpp
#include <iostream>

void throw_zero()
{
    throw 0; // int型の例外オブジェクトを投げる
}

int main()
{
    try
    {
        throw_zero();
    }
    catch (float f) // int型のオブジェクトは捕まえられない
    {
        std::cout << "float型の例外オブジェクトを捕まえました  値 = "
            << f << std::endl;
    }
    catch (int i)
    {
        std::cout << "int型の例外オブジェクトを捕まえました  値 = " << i << std::endl;
    }
    catch (char c)
    {
        std::cout << "char型の例外オブジェクトを捕まえました  値 = "
            << static_cast<int>(c) << std::endl;
```

```
    }
    catch (int i) // int型のcatch節2つ目
    {
        std::cout << "2番目のint型のcatchで例外オブジェクトを捕まえました 値 = "
            << i << std::endl;
    }
}
```

実行結果

int型の例外オブジェクトを捕まえました 値 = 0

リスト10.2の場合、投げられる例外オブジェクトの型はint型です。例外が投げられるとint型を捕まえるcatch節に書かれた処理が実行されますが、1つ目のみが実行されます。int型を捕まえるcatch節が他にあっても、それらは実行されません。

なお、main()関数までさかのぼってすべてのcatch節を調べたにもかかわらず、どのcatch節でも捕まえることができなかった場合、デフォルトではstd::terminate()関数が呼ばれます。この関数は通常プログラムを強制終了します（リスト10.3）。

note 例外が投げられたにもかかわらず、誰も捕まえることができないということは想定外の例外が発生したということなので、処理を続けることができません。

▶リスト10.3　例外により強制終了するプログラム

```
#include <iostream>

int main()
{
    throw 0; // 誰もcatchしない例外

    // std::terminate()が呼ばれてプログラムが強制終了する
    // これ以降の処理は実行されない

    std::cout << "throwのあと" << std::endl;
}
```

実行結果

```
terminating with uncaught exception of type int

Aborted
```

練習問題　10.1

1. tryブロックを使わずに例外を投げて、プログラムが異常終了することを確かめてください。
2. 1.のプログラムにtryブロックを追加してプログラムが異常終了しないようにしてください。

10.2　例外処理の詳細

10.2.1　すべてを捕まえるcatch節

catch節では特定の型の例外オブジェクトが投げられた場合にその例外を処理できました。

しかし、どのような例外が投げられるかわからない場合、そのままだとプログラムは強制終了させられてしまいます。サーバープログラムなどのように停止してしまうと困る場合には、現在の処理を続行することはできなくてもクライアントにエラーを通知して次のクライアントからの要求を処理するような仕組みが必要になります。

そこで、「具体的な例外オブジェクトの型はわからないが、とにかく例外をすべて捕まえる」という特別なcatch節があります。

構文　すべての例外を捕まえるcatch節

```
catch (...)
{
    // すべての例外を捕まえることができる
    statement……
}
```

このcatch節は、tryブロックに続くcatch節の**最後に1つだけ**記述することができます。このとき、どの例外オブジェクトであっても捕まえることができる代わりに、その例外オブジェクトの値

を取得することはできません（リスト10.4）。

▶リスト10.4　すべての例外を捕まえるcatch節

```cpp
#include <iostream>

void throw_zero()
{
    throw 0; // int型の例外オブジェクトを投げる
}

int main()
{
    try
    {
        throw_zero();
    }
    catch (float f)
    {
        std::cout << "float型の例外オブジェクトを捕まえました 値 = "
        << f << std::endl;
    }
    catch (...) // どのcatch節にも一致しなかった場合、
                // すべての例外を捕まえることができる
    {
        // ただし、例外オブジェクトの値を取得することはできない
        std::cout << "未対応の例外オブジェクトを捕まえました" << std::endl;
    }
    // catch(...)の後ろには他のcatch節を置くことはできない

    std::cout << "catch後" << std::endl;
}
```

実行結果

```
未対応の例外オブジェクトを捕まえました
catch後
```

10.2.2 例外の再送出

例外が投げられると、catch節に一気に処理が移動します。場合によっては、途中で確保していたリソースなどを解放しないとメモリリークが起きてしまうかもしれません。

```
void throw_zero()
{
    char* buffer = new char[10]; // 何かの処理をするためのバッファー

    ……

    throw 0;

    delete [] buffer; // throwで処理が別のところに飛ぶのでこのdeleteは呼ばれない
}
```

上記のような場合、例外に対する適切な処理をその場でできなくても、一度捕まえてリソースを解放してからもう一度例外を投げることでメモリリークなどを防ぐことができます。

```
void throw_zero()
{
    char* buffer = new char[10]; // 何かの処理をするためのバッファー

    try
    {
        ……

        throw 0;
    }
    catch (int e)
    {
        // 一度例外を捕まえて、バッファーを解放してから同じ値を例外として投げる
        delete [] buffer;
        throw e;
    }

    delete [] buffer;
}
```

しかし、この方法には2点問題があります。

1. catch (...)では、もう一度投げるべき例外オブジェクトがわからない
2. 2つ目に投げられる例外オブジェクトは、1つ目の「コピー」が投げられる

1つ目は特に問題です。「知っている例外でしかメモリリークを防ぐことができない」ような場合、ありとあらゆる例外を捕まえられるよう、無数のcatch節を書かなければなりません。しかも、知らない例外が投げられた場合には、もはやなす術がありません。

この場合、何も例外オブジェクトを指定しないthrow文で、catch節が捕まえた例外をもう1回投げることができます。このように捕まえた例外をもう一度投げることを特に**例外の再送出**(rethrow)といいます（リスト10.5）。なお、何も例外オブジェクトを指定しないため、catch (...)のように具体的な例外オブジェクトの型がわからなくても再送出は可能です。

▶リスト10.5　例外の再送出

```
#include <iostream>

void show_message(const char* message)
{
    std::cout << message << std::endl;
    throw 0;
}

void echo_message()
{
    // 99文字まで入るバッファーを用意して標準入力からのメッセージを読み込む
    char* buffer = new char[100];

    std::cin.get(buffer, 100);

    try
    {
        // 例外が投げられるかもしれない処理
        show_message(buffer);
    }
    catch (...)
    {
        std::cout << "例外を捕まえました (echo_message)" << std::endl;
        delete [] buffer; // バッファーを解放する

        throw; // 例外の再送出
               // 具体的な例外オブジェクトについて知らなくても再送出できる
    }

    delete [] buffer;
}
```

```
int main()
{
    try
    {
        echo_message();
    }
    catch (int e)
    {
        std::cout << "int型の例外を捕まえました (main)" << std::endl;
    }
    catch (...)
    {
        std::cout << "例外を捕まえました (main)" << std::endl;
    }
}
```

実行結果

```
testtesttest
testtesttest
例外を捕まえました (echo_message)
int型の例外を捕まえました (main)
```

10.2.3 noexcept指定

例外はどのような場面でも投げることができるため、どの関数から例外が飛んで来るかわかりません。しかし、関数にnoexcept指定をすることで、「その関数からは絶対に例外が投げられない」という宣言ができます。

構文 noexcept指定

return-type function-name(*parameters*……) noexcept;

return-type function-name(*parameters*……) noexcept
{
    function-body……
}

もしnoexcept指定された関数が例外を投げて関数の外側に処理が移るようなことがあると、その時点でstd::terminate()関数が呼ばれプログラムは強制終了します。

「コンパイルエラーが出る」などのように、noexcept指定した関数の中では何が何でも一切例外が使えないというわけではありません。

なお、関数の中で例外を捕まえて適切に処理した場合、その例外は関数の外側には投げられないのでstd::terminate()関数が呼ばれることはありません（リスト10.6）。

▶リスト10.6　noexcept指定の例

```
#include <iostream>

// この関数から例外が飛んで来ることはない
void no_throw_exception() noexcept
{
    try
    {
        throw 0;
    }
    catch (...)
    {
        // noexcept指定した関数でも、内部でちゃんと捕まえていれば問題ない
        std::cout << "例外を捕まえました" << std::endl;
    }
}

int main()
{
    // この関数から例外が飛んで来ることはない
    no_throw_exception();
}
```

実行結果

例外を捕まえました

---- 練習問題 10.2 ----

1. すべての例外を捕まえるcatch節について説明してください。
2. 次のプログラムを実行するとどのようなことが起こるか説明してください。

```cpp
#include <iostream>

void foo() noexcept
{
    throw 0;
}

int main()
{
    try
    {
        foo();
    }
    catch (int e)
    {
        std::cout << "catch: " << e << std::endl;
    }
}
```

10.3 new演算子の例外処理

10.3.1 std::bad_alloc例外

　new演算子は動的メモリを確保するために使われる演算子ですが、必要なメモリを確保できなかった場合std::bad_alloc例外が投げられます（リスト10.7）。この例外は標準ライブラリで規定されているstd::exception例外から派生した例外の一つで、<new>ヘッダーにおいて定義されています。

▶リスト10.7　std::bad_alloc例外を利用する例

```cpp
#include <new> // std::bad_alloc例外に必要
#include <iostream>

int main()
{
    try
    {
        int* ptr = new int;

        …… // 何かの処理

        delete ptr;
    }
    // メモリ割り当てが失敗した場合の例外ハンドラー
    catch (std::bad_alloc& e)
    {
        std::cout << "メモリ割り当てに失敗しました" << std::endl;
    }
}
```

　new演算子が割り当てに失敗した場合、それは動的メモリを確保できないということを意味します。そのため、例外ハンドラーの中でも動的メモリを使用するような処理はほとんど不可能だと考えられます。一般にこの種の例外は、受け取ったからといって何か手立てがあるわけではないので、そもそもcatchすらしない（std::terminate()関数で終了させるしかない）場合がほとんどです。ログに出力できたら御の字ぐらいに考えておいてください。

　ところで、catch節では例外オブジェクトを参照を使って捕まえています。一般に例外オブジェクトは、例外が投げられた段階でのさまざまな情報を持っていて、コピーをしてしまうとメモリの動的確保をしてしまうかもしれません。例外オブジェクトのコピーはcatch節に処理が完全に移る前になされるので、このタイミングでさらに例外が投げられると**ダブルフォルト**（double fault）と言って強制終了されます。ダブルフォルトを防ぐためにも、例外オブジェクトがクラスの場合には参照で捕まえるようにしてください。

10.3.2　std::bad_array_new_length例外

　new演算子は、1つのオブジェクトを確保するためだけでなく、配列を確保するためにも使われました。

```cpp
int* array = new int[5]{0, 1, 2, 3, 4};
```

配列の全要素分のメモリを確保できなかった場合にも`std::bad_alloc`例外が投げられるのは同じですが、このように初期化リストを渡して初期化する場合には`std::bad_array_new_length`例外という別の例外が投げられることがあります（リスト10.8）。これは、初期化リストの長さよりも実際に確保した動的配列が短かった場合の例外です。なお初期化リストのほうが短かった場合には例外は送出されず、指定した長さだけ配列を確保して初期化リストで初期化し、残りの要素は0で初期化されます。

▶リスト10.8　std::bad_array_new_length例外の例

```cpp
#include <new> // std::bad_array_new_length例外に必要
#include <iostream>

int main()
{
    try
    {
        int len = 5;
        int* array = new int[len]{0, 1, 2, 3, 4, 5}; // 6要素で初期化しようとする

        …… // 何かの処理

        delete [] array;
    }
    // 実際に確保する動的配列の長さより初期化リストのほうが長かった場合の例外ハンドラー
    catch (std::bad_array_new_length& e)
    {
        std::cout << "動的配列の長さが足りません" << std::endl;
    }
    // メモリ割り当てが失敗した場合の例外ハンドラー
    catch (std::bad_alloc& e)
    {
        std::cout << "メモリ割り当てに失敗しました" << std::endl;
    }
}
```

リスト10.8では、一旦確保する長さを変数を使って指定しています。これをもし直接`new int[5]{0, 1, 2, 3, 4, 5}`とした場合、例外でなくなくただちにコンパイルエラーとなります（確実に足りないことがわかるため）。

note 一部のコンパイラーでは`std:bad_array_new_length`例外に対応しておらず、`std::bad_alloc`例外を投げてくる場合があります。一度お使いのコンパイラーを確認しておくとよいでしょう。

10.3.3 コンストラクターから投げられる例外

　new演算子から例外が飛んで来るのはこれまで紹介したような場合だけではありません。厳密にはnew演算子が投げる例外ではないものの、new演算子は構築しようとしているクラスのコンストラクターを呼び出すので、コンストラクターが投げた例外もまた、new演算子から投げられます（リスト10.9）。

　コンストラクターが呼ばれたということは、「オブジェクトを配置するのに必要なメモリは確保できた」ということを意味するのですが、その場合、確保済みのメモリ空間は適切に解放されてから例外が投げられます。メモリリークが発生するということはないので、例外ハンドラーの中で特別な処理は必要ありません。

▶リスト10.9　new演算子で呼ばれたコンストラクターからの例外

```
#include <iostream>

class A
{
public:
    A()
    {
        // コンストラクターで例外を投げる
        throw 0;
    }
};

int main()
{
    try
    {
        // コンストラクターで投げられた例外はnew演算子を通して投げられる
        A* ptr = new A;

        …… // 何かの処理

        delete ptr;
    }
```

```
    catch (int e)
    {
        // オブジェクトのために確保されていた領域は自動で解放されるため特別な処理は不要

        std::cout << "例外が投げられました 値 = " << e << std::endl;
    }
}
```

実行結果

例外が投げられました 値 = 0

　（動的確保ではない）配列を初期化している途中のコンストラクターで例外が投げられた場合、それまでに初期化が完了したすべてのインスタンスのデストラクターが呼ばれます。
　同様にnew演算子による配列の動的確保の場合にも、それまでに初期化が完了したインスタンスのデストラクターが呼ばれます。また動的確保済みのメモリ領域についても、配列でないnew演算子同様に解放処理が自動的に行われます。

―――― 練習問題　10.3 ――――

1. new演算子が投げる例外について説明してください。
2. new演算子で呼び出したコンストラクターが例外を投げた場合、動的確保したメモリ領域はどうなるか説明してください。

10.4　標準例外

　これまで何度か触れたように、標準ライブラリではよく使われるような例外クラスが定義されています。

10.4.1　std::exceptionとwhat()メンバー関数

　標準ライブラリが投げる例外はすべて<exception>ヘッダーで定義されたstd::exception例外から派生しています。std::exceptionは次のようなwhat()メンバー関数を持っていて、例外に関するメッセージを取得できます。

構文　what()メンバー関数

```
virtual const char* what() const noexcept;
```

　virtualとなっていることからもわかるとおり、実際の例外に関するメッセージはstd::exceptionが持っているのではなく、それらから派生した各例外クラスが持っています。もし自分で独自の例外クラスを作成しようと思ったら、std::exceptionを基底クラスにしてwhat()メンバー関数をオーバーライドして適切なメッセージを返すようにするとよいでしょう（リスト10.10）。

▶リスト10.10　自作の例外クラス

```cpp
#include <iostream>
#include <exception> // std::exceptionに必要

class my_exception : public std::exception
{
    const char* message;

public:
    explicit my_exception(const char* message);
    const char* what() const noexcept override; // 例外に関するメッセージを返す
};

// 受け取ったメッセージを持っておく
my_exception::my_exception(const char* message)
    : message{message}
{
}

const char* my_exception::what() const noexcept
{
    // 持っていたメッセージを返す
    return message;
}
```

```
int main()
{
    try
    {
        // 自分で用意した独自の例外をメッセージとともに投げる
        throw my_exception{"My Exception"};
    }
    catch (my_exception& e)
    {
        std::cout << "what: " << e.what() << std::endl;
    }
}
```

実行結果

```
what: My Exception
```

10.4.2 標準ライブラリで定義されている例外クラス

`std::exception`自体は他の例外の基底クラスとして使われるため、具体的な例外の内容については決められていません。実際に例外を送出する場合は、目的ごとに`std::exception`から派生した例外クラスを定義して使用することになります。

標準ライブラリでは目的に応じて派生した基本的な例外クラスを用意しており、必要な例外のみ例外ハンドラーで捕まえられるようにしています。表10.1は標準ライブラリで定義されている、主な例外クラスの一覧です。

❖表10.1　主な例外クラス

例外	目的	基底クラス	ヘッダー
std::bad_alloc	new演算子でのメモリ確保失敗を通知	std::exception	\<new\>
std::bad_array_new_length	配列版new演算子に渡された初期化リスト長の不一致を通知	std::exception	\<new\>
std::logic_error	プログラムロジックのエラーを通知	std::exception	\<stdexcept\>
std::out_of_range	標準ライブラリのコンテナなどでの範囲外アクセスを通知	std::logic_error	\<stdexcept\>
std::runtime_error	実行時に起きたオーバーフローなどのさまざまなエラーを通知	std::exception	\<stdexcept\>
std::invalid_argument	関数の引数が期待していないものだったことを通知	std::logic_error	\<stdexcept\>

`std::bad_alloc`と`std::bad_array_new_length`は「10.3 new演算子の例外処理」で出てきました。それ以外の例外はいくつかの標準ライブラリによって利用されています。もちろん、これ以外にも用途に応じた例外が派生クラスとして定義されています。

　これらの例外クラスは標準ライブラリしか使えないものではなく、直接使用しても、派生して使用しても問題ありません。ただし、意図しない例外ハンドラーに捕まらないように、例外クラスが持つ意味と同じような目的で使用するのが望ましいでしょう。

練習問題　10.4

1. `std::exception`から派生して独自の例外クラスを作成してください。

☑ この章の理解度チェック

1. 何か例外を投げ、それを捕まえてください。例外が投げられた段階で処理の流れが変わったことがわかるようにメッセージを出力してください。

2. コンストラクターで特定条件下で例外を投げるクラスを作成し、それを配列のnew演算子で動的確保してください。このとき、どのコンストラクターとデストラクターが呼ばれたのかわかるようにしてください。また、プログラムが異常終了しないように例外を捕まえてください。

3. 標準ライブラリが提供している`std::exception`が持っているメンバー関数と、そのメンバー関数の役割を説明してください。

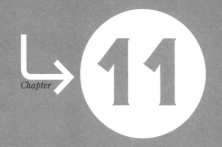

Chapter

実行時型情報とキャスト演算子

この章の内容

11.1 実行時型情報（RTTI）
11.2 キャスト演算子
11.3 dynamic_castの利用

11.1 実行時型情報（RTTI）

実行時型情報（**RTTI**：RunTime Type Information）とは、コンパイル時ではなく実行時に、そのオブジェクトの型について調べる機能です。通常、変数の型はコンパイル時に決まっており、それをもとにして処理を書くことができます。しかし、クラスの場合さまざまなクラスの基底クラスとして使われていることもあり、コンパイル時の型からは実行時に実際はどの派生クラスを指しているのかわからないというケースがあります。そこで実行時型情報を使うと、オブジェクトが実際にはどのクラスなのかを識別し、処理を変えることができます。

11.1.1　typeid演算子とstd::type_infoクラス

実行時型情報はtypeid演算子を使用して取得します。typeid演算子を使用するには、必ず<typeinfo>ヘッダーをインクルードする必要があります。

構文　typeid演算子

```
typeid(expression)  // 式の結果の型の実行時型情報を取得する

typeid(type-name)   // 型から直接実行時型情報を取得する
```

typeid演算子はstd::type_infoクラスのオブジェクトへのconst参照を返します。std::type_infoオブジェクトは型に関するさまざまな情報を持っていて、std::type_info型のインスタンスを他のインスタンスと比較することで、同じ型であるかどうかを取得することができます（リスト11.1）。

▶リスト11.1　typeid演算子とtype_infoオブジェクトの利用例

```
#include <iostream>
#include <typeinfo> // typeid演算子、std::type_infoに必要

int main()
{
    // typeid演算子が返す型は常にstd::type_infoへのconst参照

    const std::type_info& int_type = typeid(int); // int型に関する情報を取得
    const std::type_info& one_type = typeid(1); // 1に関する型情報を取得
```

```
        if (int_type == one_type) // 他の型情報と比較
        {
            std::cout << "1はint型です" << std::endl;
        }
        else
        {
            std::cout << "1はint型ではありません" << std::endl;
        }

        const std::type_info& str_type = typeid("hoge"); // 文字列"hoge"の型情報を取得

        if (int_type != str_type)
        {
            std::cout << "\"hoge\"はint型ではありません" << std::endl;
        }
        else
        {
            std::cout << "\"hoge\"はint型です" << std::endl;
        }
}
```

実行結果

```
1はint型です
"hoge"はint型ではありません
```

　std::type_info型のインスタンスを使った比較では、「まったく同じ型情報を持っている（同じ型である）かどうか」という比較しかできないことに注意しましょう。2つのクラス間に継承関係やメンバーの関係（包含関係）があったとしても、異なる型情報を持っているので別物として扱われます（リスト11.2）。

▶リスト11.2　継承関係・包含関係を持つ型の比較

```
#include <iostream>
#include <typeinfo>

class Base
{
};
```

```cpp
// 継承関係
class Derived : public Base
{
};

// 包含関係
class Composed
{
    Base base;
};

int main()
{
    // 継承関係があっても別の型として扱われる
    if (typeid(Base) == typeid(Derived))
    {
        std::cout << "BaseとDerivedは同じクラスです" << std::endl;
    }
    else
    {
        std::cout << "BaseとDerivedは異なるクラスです" << std::endl;
    }

    // 包含関係もやはり別の型として扱われる
    if (typeid(Base) == typeid(Composed))
    {
        std::cout << "BaseとComposedは同じクラスです" << std::endl;
    }
    else
    {
        std::cout << "BaseとComposedは異なるクラスです" << std::endl;
    }
}
```

実行結果

```
BaseとDerivedは異なるクラスです
BaseとComposedは異なるクラスです
```

11.1.2　派生クラスの実行時型情報

　typeid演算子は、ポリモーフィックなオブジェクトについてオブジェクト本来の型に関する情報を返します[1]。つまり基底クラスのポインターや参照を使ったとしても、実際に作られた派生クラスの情報を返すというわけです。これによって関数を共通化しつつ、特定のクラスでだけ特別な処理をすることができます。実際に特定のクラス特有の処理をするには「11.2 キャスト演算子」で説明するキャスト演算子を使用する必要があります（リスト11.3）。

▶リスト11.3　オブジェクトの型に応じた処理の例

```cpp
#include <iostream>
#include <typeinfo>

class Base
{
public:
    virtual ~Base() { } // 仮想デストラクターを定義してポリモーフィックにする
};

class DerivedA : public Base
{
};

class DerivedB : public Base
{
};

// 渡されたオブジェクトの実際の型によってメッセージを変える
void determine_class(const Base& obj)
{
    const std::type_info& obj_type = typeid(obj);

    if (obj_type == typeid(DerivedA))
    {
        // 渡されたobjが実際にはDerivedA型だった場合
        std::cout << "obj は DerivedA型のインスタンスです" << std::endl;
    }
```

---

[1] 一方でポリモーフィックではないオブジェクトについては、実際のクラスの型情報ではなく式の型の型情報までしか取得できません。

```cpp
        else if (obj_type == typeid(DerivedB))
        {
            // 渡されたobjが実際にはDerivedB型だった場合
            std::cout << "obj は DerivedB型のインスタンスです" << std::endl;
        }
        else
        {
            std::cout << "obj は DerivedAでもDerivedBでもないインスタンスです"
                << std::endl;
        }
}

// determine_classが知らない派生クラス
class DerivedC : public Base
{
};

int main()
{
    DerivedA a;

    determine_class(a); // DerivedA型のオブジェクトを渡す

    DerivedB b;

    determine_class(b); // DerivedB型のオブジェクトを渡す

    DerivedC c;

    determine_class(c); // DerivedC型のオブジェクトを渡す
}
```

実行結果

```
obj は DerivedA型のインスタンスです
obj は DerivedB型のインスタンスです
obj は DerivedAでもDerivedBでもないインスタンスです
```

> 多くの場合、ポリモーフィックなオブジェクトの処理を実際のクラスごとに変えるには仮想関数を使用するのが最適な方法です。仮想関数であれば、新しく追加されたクラスであっても適切に仮想関数をオーバーライドしているはずだからです。
> しかしtypeidを使った処理の分岐では、事前に対象となるクラスについて知っておく必要があり、あとで追加されたクラスの処理が漏れてしまうことがあります。こういったtypeidを使った方法は、デバッグやごく限られた条件でのみ使用するようにしてください。

―――― 練習問題 11.1 ――――

1. RTTIを使って、定義がまったく同じ2つのラムダ式が異なる型を持っていることを確認してください。

2. 継承関係がある2つのクラスを用意し、基底クラスの参照型を受け取る関数の中で受け取った参照の実体が派生クラスであるか調べてください。

11.2 キャスト演算子

本節では、ある変数を別の型に変換する**キャスト演算子**（cast operators）について学びます。

11.2.1 C言語形式のキャスト

　C言語ではキャスト演算子は1つしかなく、すべての場合において同じ方法でキャストしていました。C++ではC言語で使われていたキャストを**C形式キャスト**（C-style cast）と呼んで区別しています（リスト11.4）。C++では目的に応じてより安全なキャストを用意しているので、C形式キャストを使うことはめったにありません。

> C++のキャストは少々長くて使いづらい場面もあるので、テストプログラムなど、安全性が重要でない場合ではC形式キャストを使うこともあります。しかしやはり普段はC++のキャストを使うようにしてください。

構文 C言語形式のキャスト

(type-name)expr

▶リスト11.4 C形式キャスト

```
#include <iostream>

int main()
{
    const char* message = "Hello, C-style cast";

    // OK。C形式キャストはconst修飾子を無視したキャストができる
    void* ptr = (void*)message;

    std::cout << (char*)ptr << std::endl;
}
```

void*型は任意の非constポインターを代入できる特別なポインター型です。しかしvoid*型の変数に代入した時点で、もとの変数の型の情報がなくなってしまうので、そのポインターの先にあるオブジェクトが何であるかわからなくなってしまいます。

そのため、たとえ元のポインター型に戻す場合であっても、void*型のポインターからはキャスト演算子を使わなければ戻すことができません。

11.2.2 static_cast / const_cast / reinterpret_cast

C形式キャストはとても強力であり、時にまったく関係ない型に強引にキャストしてしまうことでバグを生む原因になることがしばしばありました。C++では、C言語と比べて型を無視したプログラムは推奨されないので、このように危険なC形式キャストは使うべきではありません。

C言語では「キャスト」といえばただ1つの方法しかありませんでしたが、C++ではその代わりに以下の4つのキャスト演算子が定義されています。

構文 4つのキャスト演算子

static_cast<*target-type*>(*expr*)

const_cast<*target-type*>(*expr*)

reinterpret_cast<*target-type*>(*expr*)

dynamic_cast<*target-type*>(*expr*)

このうち上の3つのキャスト演算子を使うことで、C言語で使われていたキャストの大部分を置き換えることができます。最後の1つ、dynamic_castだけはC++で追加された機能に対して使われるキャスト演算子のため、C言語に対応する機能はありません。なお、dynamic_castについては「11.3 dynamic_castの利用」で解説します。

static_cast

static_castはC++のキャスト演算子の中で最もよく使うキャスト演算子であり、コンパイル時に与えられた型情報にもとづいた型変換を行います。最も多い用法は、数値型の変数をサイズや精度の異なった別の数値型へ変換したり、何かのポインター型とvoid*型との相互変換やクラスへの参照やポインターを基底クラスや派生クラスへ変換したりすることでしょう。

なお、クラスへの参照やポインターを変換する場合にはいくつか注意点があるため、「11.3 dynamic_castの利用」でdynamic_castとともに説明します。

const_cast

const_castは主にポインターや参照からconstを外したり、逆に付けたりするために使われます。その際、constの付け外し以外に他の型への変換が行われるような場合にはエラーとなります。

C++だけでプログラムを組んでいる場合にconst_castが必要となる場面はまずありません。また、予期せぬ動作を起こす可能性があるため、const_castを使ってconstでなくなったオブジェクトを変更してはいけません。

主にC言語で提供されている関数の呼び出し時に、その関数に渡す実引数の型を合わせるためだけに使用されます。

reinterpret_cast

reinterpret_castはstatic_castとconst_castで扱うことのできない型変換を行うキャスト演算子です。例えばポインター型と整数型の直接変換などに使いますが、reinterpret_castが必要になる場面の多くでは、コンパイラーやCPU、メモリといったコンピューターの複雑な部分に対する深い理解が必要となります。

ポインターを実際の型とは無関係な型のポインターや整数型に変換するなど、本来は許されないキャストを行うために使うので、reinterpret_castを使わざるをえないような場合には、その理由をよく理解したうえで注意深く使う必要があります。

利用例

リスト11.5ではconst_castとreinterpret_castがよく使われるような場面を示しています。

▶リスト11.5　const_castとreinterpret_castの利用例

```cpp
#include <cstdint> // std::intptr_tのため
#include <iostream>

// さまざまな理由でconst修飾されてない安全ではない関数
// 特にC言語との兼ね合いでこのようになっていることが多い
extern "C" void unsafe_c_function(char* str)
{
    std::cout << "unsafe_c_function: " << str << std::endl;
}

// さまざまな理由で正しい型で受け取れない関数
// コールバックAPIなどによく見られる
void unsafe_interface_function(void* data)
{
    auto value = reinterpret_cast<std::intptr_t>(data);
    std::cout << "unsafe_interface_function: " << value << std::endl;
}

int main()
{
    const int value = 72;
    const char message[] = "constant string";

    // 関数に渡せるようにconstを外す
    unsafe_c_function(const_cast<char*>(message));

    // 数値をポインター型に変換して渡す
    unsafe_interface_function(reinterpret_cast<void*>(
        static_cast<std::intptr_t>(value)));
}
```

実行結果

```
unsafe_c_function: constant string
unsafe_interface_function: 72
```

　std::intptr_tというのは、ポインター型の値をすべて表現することができることが保証された、特別な符号付き整数型です。そのため、整数型とポインター型で型変換をする場合には、リスト11.5のようにstd::intptr_tを使用することをおすすめします。また、もし符号なしの整数を扱いたい場合には、std::uintptr_tを使用するとよいでしょう。

11.3 dynamic_castの利用

dynamic_castはポリモーフィックなクラスで使用するために導入されたキャスト演算子です。前節で紹介したstatic_castはコンパイル時に「必ずその型にキャストできる」という確証を持って使うものですが、dynamic_castは実行時にキャストできるか調べてからキャストする、つまり「実行時になってみないとキャストに成功するかどうかわからない」というオブジェクトで使用します。

「実行時になってみないと成功するかわからない」ので、実行してみたらキャストに失敗した、ということももちろんありえます。

dynamic_castはポインターのキャストに失敗するとnullptrを返し、参照のキャストに失敗するとstd::bad_cast例外を投げます。失敗した場合には、これらをもとにエラー処理を行いましょう。成功したかどうかを確かめずに返ってきた値をそのまま使うと、バグの原因となります。

11.3.1 アップキャスト

派生クラスから基底クラスへとキャストする場合を**アップキャスト**（up cast）といいます。アップキャストは、「7.3 派生クラスへのポインター」で説明したとおり、制限なく基底クラスへのポインターなどに代入できます。そのため、アップキャスト時にはstatic_castを利用すれば十分です。

note クラスの関係図で基底クラスが上になるように描きましたが、このように上（up）方向にキャストするのでアップキャストと呼ばれます。

11.3.2 ダウンキャスト・クロスキャスト

逆に基底クラスから派生クラスにキャストする場合を**ダウンキャスト**（down cast）といいます。他にも**クロスキャスト**（cross cast）という、「直接の派生関係はないが、派生クラスが他のクラスも基底クラスとして使っていた場合に、基底クラスから別の基底クラスにキャストする」というキャストもあります。

同じくこちらも関係図（図11.1）のとおり、基底クラスから派生クラスに下（down）方向にキャストするのでダウンキャスト、基底クラスをまたぐ（cross）ように隣の派生クラスにキャストすることからクロスキャストと呼ばれます。

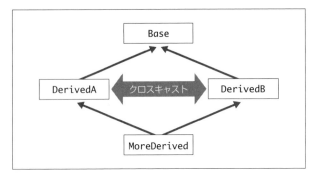

❖図11.1　クロスキャスト

　ダウンキャストとクロスキャストはコンパイル時に安全にキャストできるかどうかがわからないため、dynamic_castを使って実行時にキャストする必要があります。ただしプログラマーの責任で、絶対に成功する事がわかっているダウンキャストに関してはstatic_castを使うこともできます[※2]。

　それでは、ポインターを使ってdynamic_castでダウンキャストした例をリスト11.6に示します。

▶リスト11.6　dynamic_castでポインターをダウンキャストする

```
#include <iostream>

class Base
{
public:
    virtual ~Base() {} // 仮想デストラクターを定義してポリモーフィックにする

    // virtualではないメンバー関数
    const char* get_class_name() const { return "Base"; }
};

class Derived : public Base
{
public:
    const char* get_class_name() const { return "Derived"; }
};
```

[※2] dynamic_castはRTTIを使ってダウンキャストできるかどうかをプログラム実行中に検査します。この検査はそれなりに重い処理のため、プログラムの速度が重要な場面では使い方に注意しなければなりません。一方static_castはそのような検査はなくコンパイル時にすべての処理を行うので高速です。

```cpp
class MoreDerived : public Derived
{
public:
    const char* get_class_name() const { return "MoreDerived"; }
};

int main()
{
    Derived d; // 実際のオブジェクトはDerived型

    Base* pb = &d; // Base型へのポインターにする

    // Base型へのポインターを使っているのでBase型のメンバー関数が呼ばれる
    std::cout << pb->get_class_name() << std::endl;

    Derived* pd = dynamic_cast<Derived*>(pb); // Base型からDerived型へキャスト

    if (pd)
    {
        // キャスト成功
        // ポインターはDerived型なのでDerived型のメンバー関数が呼ばれる
        std::cout << pd->get_class_name() << std::endl;
    }
    else
    {
        // キャスト失敗
        // ポインターでのキャストに失敗した場合、dynamic_castはnullptrを返す
        std::cout << "dynamic_cast失敗" << std::endl;
    }

    // 実際のインスタンスの型はDerived型なのでキャストは失敗する
    MoreDerived* pmd = dynamic_cast<MoreDerived*>(pb);

    if (pmd)
    {
        std::cout << pmd->get_class_name() << std::endl;
    }
    else
    {
        std::cout << "dynamic_cast失敗" << std::endl;
    }
}
```

> **実行結果**
>
> ```
> Base
> Derived
> dynamic_cast失敗
> ```

先ほど述べたように、ポインターを使った場合dynamic_castは成功したら指定した型へのポインターを、失敗した場合にはnullptrを返します。

リスト11.7に、参照を使ってdynamic_castでダウンキャストする例を示します。

▶リスト11.7　dynamic_castで参照をダウンキャストする

```cpp
#include <iostream>
#include <typeinfo> // std::bad_castに必要

class Base
{
public:
    virtual ~Base() {} // 仮想デストラクターを定義してポリモーフィックにする

    // virtualではないメンバー関数
    const char* get_class_name() const { return "Base"; }
};

class Derived : public Base
{
public:
    const char* get_class_name() const { return "Derived"; }
};

class MoreDerived : public Derived
{
public:
    const char* get_class_name() const { return "MoreDerived"; }
};

int main()
{
    Derived d; // 実際のオブジェクトはDerived型

    Base& rb = d; // Base型への参照にする
```

```cpp
        // Base型への参照を使っているのでBase型のメンバー関数が呼ばれる
        std::cout << rb.get_class_name() << std::endl;

        try
        {
            Derived& rd = dynamic_cast<Derived&>(rb); // Base型からDerived型へキャスト

            // キャスト成功
            // 参照はDerived型なのでDerived型のメンバー関数が呼ばれる
            std::cout << rd.get_class_name() << std::endl;
        }
        catch (std::bad_cast& bc)
        {
            // キャスト失敗
            // 参照でのキャストに失敗した場合、dynamic_castはstd::bad_cast例外を投げる
            std::cout << "dynamic_cast失敗" << std::endl;
        }

        try
        {
            // 実際のインスタンスの型はDerived型なのでキャストは失敗する
            MoreDerived& rmd = dynamic_cast<MoreDerived&>(rb);

            std::cout << rmd.get_class_name() << std::endl;
        }
        catch (std::bad_cast& bc)
        {
            std::cout << "dynamic_cast失敗" << std::endl;
        }
}
```

実行結果

```
Base
Derived
dynamic_cast失敗
```

参照には無効な参照というものはありません。そのためポインターのように無効値を返すことはできず（先ほど述べたように）キャストに失敗すると<typeinfo>ヘッダーに定義されているstd::bad_cast例外を投げます。

ポインターと違って無効値が返されることはないため直接使用しても問題ありませんが、その代わり正しく例外を処理しないと対応するcatch節が見つかるまでどんどんプログラムが巻き戻っていきます。

　ポインターと参照のどちらがよいかはプログラム次第ですが、どちらにせよエラー処理を正しく行うことが必要です。

練習問題　11.3

1. `static_cast`を使ってダウンキャストしてください。
2. `dynamic_cast`を使ってダウンキャストしてください。ただしこのときダウンキャストは失敗するようにしてください。

✓ この章の理解度チェック

1. RTTIとは何の略語ですか。そしてそれはどういった機能なのか説明してください。
2. `dynamic_cast`を使ってダウンキャストしてください。

データ構造とアルゴリズム

この章の内容

- 12.1 コンテナクラス
- 12.2 std::vector
- 12.3 std::list
- 12.4 タプル
- 12.5 std::setとstd::map
- 12.6 アルゴリズム

C++のベースとなったC言語にも、標準関数と呼ばれる関数群がライブラリという形で提供されています。しかし、それらは比較的低レベルの、いわばネジ・クギに相当する単機能な関数ばかりです。

C++では、クラスを用いて機能のまとまりを定義できます。また、テンプレートを用いて汎用的なクラスを定義することもでき、例えばここまでに利用してきた入出力ストリームや文字列など、汎用的な機能部品がC++標準ライブラリには組み入れられています。

本章ではC++標準ライブラリの中から、データ構造とアルゴリズムを表現し、実現するクラスと関数を紹介します。

12.1 コンテナクラス

コンテナ（container）とは容器・入れ物のことであり、**コンテナクラス**（container class）とはデータの集合を表現するクラスの総称です。std::stringも（1列に並んだ）文字の集合であり、文字を要素としたコンテナです。また次のような配列も、言語仕様で用意されたデータの集合、すなわちコンテナだといえます。

```
int sarray[10]; // 要素数10のint集合
```

配列の要素数はコンパイル時に決定され、実行時に変更することができません。実行時に要素数を決定する動的配列はポインターとnew演算子／delete演算子によって作ることができます。

```
int* darray = new int[size]; // 要素数sizeのint集合

……

delete[] darray;
```

ただ、この動的配列は「動的」といいながら、要素数に合わせてデータの格納領域が自動的に増減するものではありません。領域の管理は、プログラマーの手に委ねられています。とはいえ、要素の挿入・削除のたびにリスト12.1のようなコードを書くのはわずらわしく、またメモリリークや領域外参照のバグの原因となります。

▶リスト12.1　動的配列に対して要素の挿入・削除を行う

```
int main()
{
    int size = 1000; // 要素数
    int* darray = new int[size];
```

```
    ……

    // 要素数sizeをnew_sizeに変更する
    {
        int* tmp = new int[new_size];
        int copy_size = (size < new_size) ? size: new_size;
        for (int i = 0; i < copy_size; i++)
        {
            tmp[i] = darray[i];
        }
        delete[] darray;       // 旧領域を破棄
        darray = tmp;          // 新領域に差し替え
        size = new_size;       // 要素数を変更
    }
    ……

    delete[] darray;
}
```

　また、要素の挿入・削除もかなり面倒です。配列は各要素が連続しているため、配列の任意の位置に要素を挿入するには、それ以降に並ぶ全要素を1つずつ後方に移動して空きを作らねばなりません。同様に削除するには、それ以降の要素を1つずつ手前に移動して空きを埋めなくてはなりません。そのため、先頭に近い要素ほど挿入・削除に時間がかかります。

　そこで、配列のように要素を隙間なく連続させるのではなく、各要素の領域がとびとびになったコンテナを考えることもできるでしょう。その場合、空きを作ったり埋めたりする処理が不要であり、要素の挿入・削除に要する時間を大幅に短くすることができます。ただしその場合、コンテナ内の要素を参照するのに時間がかかってしまいます。i番目の要素を参照するにも、配列のように`darray[i]`という方法が使えないためです。

　例えば各要素をコンテナ内で昇順[※1]に並べておくのはどうでしょう。そうすれば特定の要素をコンテナ内から探し出す時間を劇的に短くできます。その代わり要素の挿入時には、ソートされた状態を保つため、挿入位置を定めるのに時間が必要になります。

　このように、コンテナのデータ構造によって、挿入・削除、列挙・参照、検索などの処理に要する時間（効率）が異なります。標準ライブラリは、プログラマーが目的に応じて選べるようにデータ構造の異なる各種コンテナを提供します。

※1　0, 1, 2, ……と後ろに行くほど大きくなるような並び。逆は降順。

12.1.1 イテレーター

各コンテナの解説の前にイテレーターについて述べておきましょう。

イテレーター(iterator)は**反復子**(はんぷくし)と呼ばれ、コンテナ内の各要素を参照するときの「ポインターのようなもの」です。

リスト12.2に、ポインターを使って配列内の全要素の総和を求めるコードを示します。

▶リスト12.2　ポインターを使って配列の総和を求める

```cpp
#include <iostream>

int sum_all(int* first, int* last, int val)
{
    while (first != last)
    {
        val += *first;  // firstが指す要素にアクセス
        ++first;        // 次の要素へ
    }

    return val;
}

int main()
{
    int array[10];
    for (int i = 0; i < 10; ++i)
    {
        array[i] = i;
    }

    int* first = &array[0];    // 先頭要素を指す
    int* last = &array[10];    // 末尾要素の次を指す

    std::cout << sum_all(first, last, 0) << std::endl;
}
```

実行結果

```
45
```

firstが先頭から末尾までの全要素にアクセスするため、while文はfirstが「末尾要素の次」に等しくない間、繰り返しています。なお、末尾要素ではなくその次であることに注意しましょう。そうしないと、コンテナの最後の要素を走査するときの条件が複雑になってしまいます。

❖図12.1　firstとlastの関係

> note firstとlastの組で範囲を表現するとき、「firstを始点としlastに達しない範囲」を、以降[first, last)と表記します。firstは範囲に含みますが、lastは範囲に含みません。
> 数学的にこのような範囲のことを半開区間（より詳しくは左閉右開区間）と呼びます。C++のデータ構造とアルゴリズムでは半開区間が基本になります。空のコンテナの要素は[first, first)と表せます（このときfirstは任意の値）。

　リスト12.3のsum_all()関数はint型の配列しか扱えませんでしたが、関数テンプレートにすることで、それ以外のコンテナにも対応させることができます。sum_all()関数をテンプレートで書いてみると、リスト12.3のようになります。

▶リスト12.3　テンプレートを使って配列の総和を求める

```
template <typename Iterator, typename T>
T sum_all(Iterator first, Iterator last, T val)
{
    while (first != last)
    {
        val += *first;
        ++first;
    }
    
    return val;
}
```

sum_all()関数は、テンプレート引数であるIteratorが

1. !=（比較演算子）で比較できること（first != last）
2. 間接参照演算子で要素を参照できること（*first）
3. インクリメント演算子で次の要素を指すこと（++first）

という3つの要件を満たす場合、正しく動いてくれます。裏返せば、コンテナ内の要素がどんなデータ構造のもとで格納されていても、上記3要件を満たすイテレーターを2つ（先頭要素を指すものと、末尾要素の次を指すもの）手に入れることができるならば、sum_all()関数を使って総和を計算することができます。つまり、データ構造とアルゴリズムを分離・独立させるのがイテレーターというわけです。

12.1.2　イテレーターの種類

上記要件1.、2.、3.を満たすイテレーターは**入力イテレーター**（input iterator）と呼ばれます。
1.と3.に加え、

4. 間接参照演算子によって要素を書き換えられること

を満たすならば**出力イテレーター**（output iterator）と、1.～4.をすべて満たす（イテレーターの指す要素に対し読み書きできる）ならば**順方向イテレーター**（forward iterator）と呼ばれます。
1.～4.に加え、

5. デクリメント演算子で1つ手前の要素を指すこと

が可能ならば**双方向イテレーター**（bidirectional iterator）と、

6. 加算／減算演算子で整数値を足す／引くことで任意の数だけ進んだり戻ったりできること

ができるならば、そのイテレーターは**ランダムアクセスイテレーター**（random access iterator）に分類されます。標準ライブラリのアルゴリズムは、それぞれどのイテレーターであれば使うことができるかが定められています。どのアルゴリズムがどのイテレーターを要求しているかを覚えるのはあまり現実的ではありませんが、どのコンテナがどのイテレーターをサポートしているかは覚えておいてください。最低限コンテナのイテレーター種別さえわかっていれば、アルゴリズムを調べたときに使えるかどうかがすぐに判断できます。

> *note* ポインターは1.～6.をすべて満たすため、ランダムアクセスイテレーターだといえます。

> ### 練習問題 12.1
>
> **1.** イテレーター5種類を列挙してください。

12.2 std::vector

std::vector（ベクター）は「5.2.2 動的配列」でも軽く紹介しましたが、std::stringと並んで最も使用頻度の高い代表的なコンテナです。std::vectorは各要素が隙間なく連続していることが保証されています。そのためstd::vectorの要素へのアクセスは配列と同じ速度でできるようになっています。

std::vectorには（当然のことながら）、コンテナに対する基本的な操作、つまり、

- インスタンスの生成・破棄
- イテレーターによる要素のアクセス
- 代入・削除

を持っています。順に紹介しておきましょう。

12.2.1 インスタンスの生成と破棄

空のコンテナの生成

int型を要素とし、要素数0すなわち内部に要素を持たない空のstd::vectorを生成するには、以下のように記述します。

```
std::vector<int> iv;
```

要素数nのコンテナの生成

5つのstd::string（"apple"）を要素とするstd::vectorを生成するには、以下のように記述します。

```
std::vector<std::string> sv{5, "apple"};
```

要素がデフォルトコンストラクターもしくは規定値を持っている場合は第2引数を省略でき、以下のように記述することができます。この場合、svには5つの空文字列が格納されています。

```
std::vector<std::string> sv{5};
```

コンテナのイテレーター

std::vectorに限らず、コンテナは基本的に先頭と末尾の次を指すイテレーターを、それぞれbegin()メンバー関数とend()メンバー関数で取得できるようになっています。そして、begin()メンバー関数とend()メンバー関数でイテレーターを取得できるコンテナは範囲for文で走査させることができるようになっています。

なお、std::vectorはランダムアクセスができるコンテナであり、そのイテレーターはランダムアクセスイテレーターです。

イテレーターによるインスタンス生成

コンストラクターにイテレーターを2つ与えることで、そのイテレーターが指す範囲の要素群（列）によりインスタンスが生成されます。そこで、"apple"というstd::string型の変数sの先頭（s.begin()）と末尾の次（s.end()）を引数に取るコンストラクターでstd::vector<char>を生成する例を、リスト12.4に示します。

▶リスト12.4　イテレーターによるインスタンス生成

```cpp
#include <iostream>
#include <string>
#include <vector>

int main()
{
    std::string s = "apple";

    // sの先頭から末尾を元に、std::vectorを生成する
    std::vector<char> cv{s.begin(), s.end()};

    for (char c : cv)
    {
        std::cout << c << std::endl;
    }
}
```

実行結果
```
a
p
p
l
e
```

この例では、s.begin()が'a'を、s.end()が'e'の直後を指すので、cvには'a'、'p'、'p'、'l'、'e'が格納されます。

ポインターもまたイテレーターとして機能するため、以下のようにインスタンスを生成することも可能です。

```
const char fruit[] = "apple";
std::vector<char> cv{fruit, fruit + 5}; // fruitの先頭と6文字目（末尾）
```

std::initializer_listによるインスタンス生成

リスト12.5では、std::initializer_list<int>の各要素1～5がivに格納されます。見かけ上、配列の初期化と同じ記述になっています。

▶リスト12.5　std::initializer_listによるインスタンス生成

```cpp
#include <iostream>
#include <vector>

int main()
{
    // std::initializer_listによる生成
    std::vector<int> iv = { 1, 2, 3, 4, 5 };

    for (int i : iv)
    {
        std::cout << i << std::endl;
    }
}
```

実行結果

```
1
2
3
4
5
```

初期化文からの型推論

std::vectorはクラステンプレートの型推論をサポートしています。

```
std::vector iv = { 0, 1, 2, 3, 4 }; // std::vector<int>に推論される
```

12.2.1　インスタンスの生成と破棄　521

コピー

std::vectorのコピーを作るには、リスト12.6のように記述します。次の例では、iv1にiv0の各要素がコピーされます。

▶リスト12.6　コピー

```cpp
#include <iostream>
#include <vector>

int main()
{
    std::vector iv0 = { 1, 2, 3, 4, 5 }; // コピー元
    std::vector iv1 = iv0; // コピー

    for (int i : iv1)
    {
        std::cout << i << std::endl;
    }
}
```

実行結果

```
1
2
3
4
5
```

リサイズ

配列と比べた際の動的配列の利点は、あとから長さを変えられることにあります。resize()メンバー関数を使うことで、好きなタイミングで好きな長さに変更できます。

構文 resize()メンバー関数

```cpp
void resize(size_type n);

void resize(size_type n, const T& value);
```

このとき、短くする場合にはオーバーしている後ろの要素が破棄され、長くする場合には新規に増える部分はデフォルト値もしくは第2引数に渡した値を使って初期化されます（リスト12.7）。

▶リスト12.7　動的配列のリサイズ

```cpp
#include <iostream>
#include <vector>

int main()
{
    std::vector iv = { 1, 2, 3, 4, 5 };

    iv.resize(4); // 切り詰める方向にリサイズ

    std::cout << "size() = " << iv.size() << std::endl;

    iv.resize(6, -1); // 伸ばす。新しく増えた部分は-1で初期化される

    std::cout << "size() = " << iv.size() << std::endl;

    for (int i : iv)
    {
        std::cout << i << std::endl;
    }
}
```

実行結果

```
size() = 4
size() = 6
1
2
3
4
-1
-1
```

インスタンスの破棄

`std::vector<T>`が破棄されるとき、格納されていた要素もすべて破棄されます。

ただし、`std::vector<T>`の要素Tがポインターである場合は、ポインターの破棄の際に`delete`（`delete[]`）が自動的に行われないため注意しましょう。

以下のコードではメモリリークが発生します。

```
    {
        char* pa = new char[5];
        char* pb = new char[10];

        std::vector pv = {pa, pb};

        ……

        // ここでstd::vector内のポインターは破棄されるが、
        // delete[]されないのでメモリリークとなる
    }
```

12.2.2 代入

std::vectorへの代入は、代入演算子を用いる方法とassign()メンバー関数を用いる方法とがあります。

代入演算子

代入演算子によって代入できるのは、(テンプレート引数も含めて) 同じ型のコンテナ、もしくはstd::initialiser_list<T>です (リスト12.8)。

▶リスト12.8　=演算子を使った代入

```
#include <iostream>
#include <vector>

int main()
{
    std::vector v0 = { 0, 2, 4, 6, 8 };
    std::vector v1 = { 1, 3, 5, 7, 9 };

    v1 = v0;
    v0 = { 2, 3, 5 }; // std::initializer_list<int>からの代入

    std::cout << "v0:" << std::endl;
    for (int i : v0)
    {
        std::cout << "  " << i << std::endl;
    }

    std::cout << "v1:" << std::endl;
    for (int i : v1)
```

```
    {
        std::cout << "  " << i << std::endl;
    }
}
```

実行結果

```
v0:
  2
  3
  5
v1:
  0
  2
  4
  6
  8
```

assign() メンバー関数

assign() メンバー関数を使うと、

- イテレーターの組
- 任意個数の複数要素
- std::initializer_list<T>

による要素の差し替えが可能です。

std::vector<T> で、assign() メンバー関数は以下のように定義されています。これらはコンストラクターで渡せるものと同じものを受け取れるようになっています。

構文 assign() メンバー関数

```
template <typename Iterator>
void assign(Iterator first, Iterator last);

void assign(size_type n, const T& u);

void assign(std::initializer_list<T> il);
```

assign() メンバー関数を使った例をリスト12.9に示します。

▶リスト12.9 assign()メンバー関数

```cpp
#include <iostream>
#include <vector>

int main()
{
    std::vector v0 = { 0, 2, 4, 6, 8 };
    std::vector<int> v1;

    v1.assign(v0.begin(), v0.end()); // v0の先頭から末尾

    v0.assign(10, -1); // 10個の-1

    v1.assign({ 1, 3, 5, 7, 9 }); // std::initializer_list<int>

    std::cout << "v0:" << std::endl;
    for (int i : v0)
    {
        std::cout << "  " << i << std::endl;
    }

    std::cout << "v1:" << std::endl;
    for (int i : v1)
    {
        std::cout << "  " << i << std::endl;
    }
}
```

実行結果

```
v0:
  -1
  -1
  -1
  -1
  -1
  -1
  -1
  -1
  -1
  -1
```

```
v1:
  1
  3
  5
  7
  9
```

いずれの場合も代入の段階で、もともと格納していた要素はすべて破棄されます。

12.2.3　要素へのアクセス

添字演算子によるアクセス

`std::vector`は通常の配列と同じ操作で扱えるクラスであり、添字演算子を持っています。

```
std::vector iv = { 0, 1, 2, 3, 4 };

iv[2] = 10;  // OK
```

イテレーターによるアクセス

コンテナ内の各要素にはイテレーターを使ってアクセスでき、その際、要素の値はポインターと同様に間接参照演算子を使って取得できます（リスト12.10）。

例えば、begin()メンバー関数とend()メンバー関数は、それぞれ「先頭要素」と「末尾要素の次」を指すため、範囲[begin(), end())がコンテナ内の全要素となります。

構文 begin() / end()メンバー関数

```
iterator begin();

iterator end();
```

▶リスト12.10　イテレーターによるアクセス

```
#include <iostream>
#include <vector>

int main()
{
    std::vector v = { 0, 1, 2, 3, 4 };
```

```
    // コンテナ内の全要素に対し、偶数なら2で割る
    for (auto iter = v.begin(); iter != v.end(); ++iter)
    {
        if (*iter % 2 == 0)
        {
            *iter /= 2;
        }
    }

    for (int i : v)
    {
        std::cout << i << std::endl;
    }
}
```

実行結果

```
0
1
1
3
2
```

const_iterator

コンテナがconstであったとき、begin() / end()メンバー関数は要素の書き換えができないstd::vector<T>::const_iteratorを返します。

```
const std::vector v = {0, 1, 2, 3, 4};

*v.begin() = -1;                   // コンパイルエラー
int first_value = *v.begin();      // OK
```

また、cbegin() / cend()メンバー関数は、コンテナがconstであるか否かにかかわらず、std::vector<T>::const_iteratorを返します。

逆順のイテレーター

begin() / end()、cbegin() / cend()メンバー関数が返すイテレーターは、インクリメント（++）したときにコンテナ内を先頭から末尾に向かって進みます。一方、rbegin() / rend()、crbegin() / crend()メンバー関数は末尾から先頭に向かって進みます。

構文 rbegin() / rend()メンバー関数

```
reverse_iterator rbegin();

reverse_iterator rend();
```

そのため、リスト12.11のようにするとコンテナ内の要素を逆順に列挙できます。

▶リスト12.11　逆順のイテレーター

```cpp
#include <vector>
#include <iostream>

int main()
{
    std::vector v = {0, 1, 2, 3, 4};
    for (auto iter = v.rbegin(); iter != v.rend(); ++iter)
    {
        std::cout << *iter << ' ';
    }
    std::cout << std::endl;
}
```

実行結果

```
4 3 2 1 0
```

12.2.4　要素の挿入

insert()を使った挿入

コンテナの任意の場所への要素の挿入は`insert()`メンバー関数で行い、第1引数に挿入する位置を指すイテレーターを与えます。

構文 insert()メンバー関数

```
iterator insert(const_iterator pos, const T& value);
```

第1引数で指定されたイテレーターの場所に挿入され、もともとそのイテレーターが指していた先にあった要素は挿入された要素の次となります（リスト12.12）。

▶リスト12.12　insert()を使った挿入

```cpp
#include <iostream>
#include <vector>

void print_vector(const std::vector<int>& v)
{
    for (int i : v)
    {
        std::cout << i << " ";
    }
    std::cout << std::endl;
}

int main()
{
    std::vector v = { 1, 5, 9 };

    v.insert(v.begin(), 0); // 先頭に0を挿入
    print_vector(v);

    v.insert(v.end(), 10); // 末尾に10を挿入
    print_vector(v);

    v.insert(v.begin() + 2, 2, 3); // 先頭から2番目（5）の手前に2個の3を挿入
    print_vector(v);

    int ia[] = { 6, 7, 8 };
    v.insert(v.end() - 2, ia, ia + 3); // イテレーターが指す範囲を挿入
    print_vector(v);
}
```

実行結果

```
0 1 5 9
0 1 5 9 10
0 1 3 3 5 9 10
0 1 3 3 5 6 7 8 9 10
```

emplace()を使った挿入

もう1つ、特殊な挿入としてemplace()メンバー関数が用意されています。

構文 emplace()メンバー関数

```
template <typename... T>
iterator emplace(const_iterator pos, T&&... args);
```

insert()メンバー関数は第2引数以降で与えられた要素のコピーをコンテナ内に挿入するのに対し、emplace()メンバー関数は第2引数以降を要素のコンストラクター引数として用い、コピーを作らずにコンテナ内に直接生成します（リスト12.13）。

▶リスト12.13　emplace()を使った挿入

```cpp
#include <iostream>
#include <vector>

void print_vector(const std::vector<int>& v)
{
    for (int i : v)
    {
        std::cout << i << " ";
    }
    std::cout << std::endl;
}

class person
{
    std::string name;
    int age;

public:
    explicit person(const char* n, int a)
        : name{n}, age{a}
    {}

    void show() const
    {
        std::cout << "name: " << name << ", age: " << age
            << std::endl;
    }
};
```

12.2.4　要素の挿入

```cpp
int main()
{
    std::vector<person> pv;
    // "alice", 12でpersonを(コンテナ内に)生成する
    pv.emplace(pv.end(), "alice", 12);

    for (const auto& p : pv)
    {
        p.show();
    }
}
```

実行結果

```
name: alice, age: 12
```

12.2.5　要素の削除

コンテナからの要素の削除は、erase()メンバー関数を使います。

構文 erase()メンバー関数

```
iterator erase(const_iterator pos);

iterator erase(const_iterator first, const_iterator last);
```

1つ目のオーバーロードでは、イテレーターで指定した要素のみを削除し、2つ目のオーバーロードでは、それらイテレーターで指定された範囲の要素全部を削除します。どちらのオーバーロードでも、削除した要素の次の要素へのイテレーターが返されます（リスト12.14）。

▶リスト12.14　特定の位置にある要素の削除

```cpp
#include <iostream>
#include <vector>

int main()
{
    std::vector v = { 0, 1, 2, 3, 4 };

    auto it = v.begin() + 1; // 先頭から2番目を指す
    v.erase(it);
```

```
    for (int i : v)
    {
        std::cout << i << std::endl;
    }
}
```

実行結果

```
0
2
3
4
```

また、clear()メンバー関数は全要素を削除します（リスト12.15）。

構文 clear()メンバー関数

```
void clear();
```

▶リスト12.15　要素の全削除

```
#include <iostream>
#include <vector>

int main()
{
    std::vector v = { 0, 1, 2, 3, 4 };

    v.clear(); // 全削除

    for (int i : v)
    {
        std::cout << i << std::endl;
    }
}
```

実行結果

12.2.6　要素数の取得

コンテナ内の要素数は、size()メンバー関数を使って得られます。また、empty()メンバー関数はコンテナが空、つまりsize() == 0のときにtrueを返します（リスト12.16）。

▶リスト12.16　要素数の取得

```cpp
#include <vector>
#include <iostream>

void print_vector(const std::vector<int>& v)
{
    std::cout << "v.size(): " << v.size() << std::endl;

    for (int i : v)
    {
        std::cout << i << " ";
    }
    std::cout << std::endl;
}

int main()
{
    std::vector v = { 0, 1, 2, 3, 4 };
    print_vector(v);

    v.erase(v.begin() + 2);
    print_vector(v);

    v.erase(v.end() - 2, v.end());
    print_vector(v);

    v.clear();
    if (v.empty())
    {
        std::cout << "vは空です" << std::endl;
    }
}
```

> **実行結果**
>
> ```
> v.size(): 5
> 0 1 2 3 4
> v.size(): 4
> 0 1 3 4
> v.size(): 2
> 0 1
> vは空です
> ```

12.2.7　std::vectorの特徴

std::vectorは本章の冒頭で述べたとおり、ポインターとnew / delete[]による動的配列で実装されています。

各要素は隙間なく連続していなければならないため、挿入・削除を行うと（それ以降の）要素の移動が行われます。移動しなければならない要素数は、挿入・削除位置が先頭に近いほど多く、末尾に近いほど少なくなるため、先頭に近い位置での挿入・削除には相当の処理時間を要することになります。

裏を返せば、末尾に対する挿入・削除はコンテナ内の要素数によらず基本的に高速[2]であり、よく使うので末尾への挿入のためにpush_back() / emplace_back()、末尾要素の削除にはpop_back()というメンバー関数が定義されています。

> **構文**　push_back() / emplace_back() / pop_back()メンバー関数
>
> ```cpp
> void push_back(const T& value);
>
> template <typename... T>
> void emplace_back(T&&... args);
>
> void pop_back();
> ```

```cpp
std::vector<person> pv; // personの定義はChapter 3を参照

pv.push_back(person{"alice", 20});
pv.emplace_back("bob", 18); // personのコンストラクターが呼ばれる
```

※2　実際には高速に挿入できないタイミングというものがあります。ほとんどの場合は常に一定の時間で処理が完了しますが（定数時間：constant time）、ごく部分的に遅くなってしまうので、**償却定数時間**（amortized constant time）で完了する処理と呼ばれます。

ただし、要素の挿入・削除は他の要素の移動をともなうため、ある要素を指しているイテレーターは、挿入・削除が行われると無効になることがあります。無効になったイテレーターを使って要素を参照しようとしてはいけません。参照すると、そのイテレーターを使ったすべての操作でプログラムがクラッシュするなど、予期せぬ動作を起こします。

```
std::vector iv = {0, 1, 2, 3};
auto tail = iv.end() - 1; // tailは3を指す

iv.erase(iv.begin()); // 先頭要素を削除。この瞬間にtailは無効になる（3を指していない）
```

練習問題 12.2

1. std::vectorのイテレーターの種類を説明してください。
2. std::vectorの要素が1から5まで順番に並んだ状態になるように初期化してください。
3. 1.で初期化したstd::vectorの末尾に好きな値を追加してください。

12.3 std::list

std::vectorは、連続するメモリ領域に隙間なく並んだ要素列でした。それに対してstd::list（<list>ヘッダーで定義）は、各要素が「次の要素と前の要素を指す2つのポインター」を持っており、双方向のリンクで数珠つなぎ[3]になっているコンテナです。

したがって、std::listに対する要素の挿入・削除はリンクの張り替え（ポインターの付け替え）を行うのみで要素の移動をともなわないため、挿入・削除の位置によらず処理時間は一定（かつ高速）です。

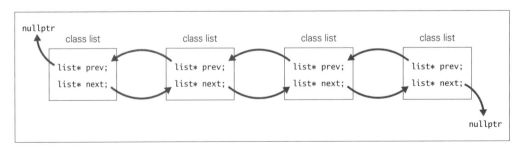

❖図12.2　リンクリスト

※3　このようなリスト構造のことを**（双方向）リンクリスト**（bidirectional linked list）と呼びます。

12.3.1　std::listの基本操作

「12.2 std::vector」で紹介した操作のうち、添字演算子を除くすべての操作が、std::listでもそのまま適用できます。ただし、std::listイテレーターは双方向イテレーターであることに注意してください。つまり、インクリメント／デクリメント演算子により1つずつ前後の要素へ移動できるものの、begin() + nのようにn個進んだり戻ったりすることはできません。

std::listの利用例をリスト12.17に示します。std::vectorと同様に、insert()メンバー関数で要素を挿入していますが、挿入位置を示すイテレーターを進めたり戻したりするためにstd::advance()関数を使っています。

▶リスト12.17　std::list

```cpp
#include <iostream>
#include <list>
#include <iterator> // std::advance()用

int main()
{
    // クラステンプレートの型推論を使って<T>を省略することもできる
    std::list<int> l = { 1, 5, 9 };

    l.insert(l.begin(), 0);
    l.insert(l.end(), 10);

    auto iter = l.begin();
    std::advance(iter, 2); // iterを2つ進める

    l.insert(iter, 2, 3);

    int ia[] = { 6, 7, 8 };
    std::advance(iter, -2); // 2つ戻る

    l.insert(iter, ia, ia + 3);

    for (auto it = l.begin(); it != l.end(); ++it)
    {
        std::cout << *it << std::endl;
    }
}
```

実行結果
```
0
1
6
7
8
3
3
5
9
10
```

双方向イテレーターの操作

少し話はそれますが、ここで双方向イテレーターの操作について学んでおきましょう。

ランダムアクセスイテレーターは、+演算子や-演算子に整数値を渡すことで指す要素を進めたり戻したりすることができました。しかし双方向イテレーターにはそれらの演算子は用意されていないため、標準ライブラリの`<iterator>`ヘッダーに以下のように定義されているテンプレート関数を利用します。

構文 双方向イテレーターを移動するためのテンプレート関数

```
template <typename Iterator, typename Distance>
void std::advance(Iterator& it, Distance n);

template <typename Iterator>
Iterator std::next(Iterator it, integer-type n = 1);

template <typename Iterator>
Iterator std::prev(Iterator it, integer-type n = 1);
```

このうち、`std::advance()`関数は第1引数に参照として受け取ったイテレーターを第2引数nだけ進めます（nが負の場合は戻します）。他の2つ、`std::next()`関数と`std::prev()`関数は、第1引数に受けたイテレーターをコピーして、第2引数nだけ

- `std::next()`関数では進めて
- `std::prev()`関数では戻して

戻り値として返します。`std::advance()`関数と異なり、第1引数として渡したイテレーター自体は変更されません。

リスト12.18に`std::list`で利用する場合の例を示します。

▶リスト12.18　std::listでのstd::next()関数、std::prev()関数の利用例

```cpp
#include <iostream>
#include <list>
#include <iterator>

int main()
{
    std::list l = { 1, 5, 9, 13 };

    auto iter = l.begin();

    std::advance(iter, 1); // iterが1つ進む（5を指す）

    auto iter2 = std::prev(iter); // iter2は1を指す（iterはそのまま）
    std::cout << "*iter2: " << *iter2 << std::endl;

    auto iter3 = std::next(iter, 2); // iter3は13を指す（iterはそのまま）
    std::cout << "*iter3: " << *iter3 << std::endl;

    std::cout << "*iter: " << *iter << std::endl;
}
```

実行結果

```
*iter2: 1
*iter3: 13
*iter: 5
```

12.3.2　std::listの特徴

`std::list`では各要素が（順方向と逆方向の）双方向リンクで1本の鎖を構成し、要素の挿入・削除や順序の入れ替えをリンク（ポインター）の張り替えで実現しているため、`std::vector`ではできなかったさまざまな操作がメンバー関数として定義されています。

要素の挿入・削除

まず、末尾要素の挿入・削除を行う`push_back()`メンバー関数、`emplace_back()`メンバー関数、`pop_back()`メンバー関数に加え、`push_front()`メンバー関数、`emplace_front()`メン

バー関数、pop_front()メンバー関数で先頭要素の挿入・削除が行えます（リスト12.19）。

構文 push_front() / emplace_front() / pop_front()メンバー関数

```
void push_front(const T& value);

template <typename... T>
void emplace_front(T&&... args);

void pop_front();
```

▶リスト12.19　要素の挿入・削除

```cpp
#include <iostream>
#include <list>

void print_list(const std::list<int>& l)
{
    for (auto it = l.begin(); it != l.end(); ++it)
    {
        std::cout << *it << " ";
    }
    std::cout << std::endl;
}

int main()
{
    std::list il = { 1, 2, 2 };
    print_list(il);

    il.pop_back();
    print_list(il);

    il.push_back(3);
    print_list(il);

    il.push_front(0);
    print_list(il);

    il.emplace_front(-1);
    print_list(il);
```

```
    il.pop_front();
    print_list(il);
}
```

実行結果

```
1 2 2
1 2
1 2 3
0 1 2 3
-1 0 1 2 3
0 1 2 3
```

std::listに対する要素の追加・削除の際には、std::vectorとは異なりイテレーターが無効となりません（リスト12.20）。

▶リスト12.20　要素の追加・削除時のイテレーター

```
#include <iostream>
#include <list>

int main()
{
    std::list il = { 0, 1, 2, 3, 4 };
    auto top = il.begin(); // topは0を指す

    auto next = il.begin();
    ++next; // nextは1を指す

    auto bottom = il.end();
    --bottom; // bottomは4を指す

    il.erase(top);    // 削除された要素を指すtopは無効になるが
    il.push_back(5); // それ以外（next、bottom）は無効とならない

    for (auto iter = next; iter != bottom; ++iter)
    {
        std::cout << *iter << " ";
    }
    std::cout << std::endl;
}
```

実行結果

```
1
2
3
```

要素の移動

2つのstd::list間で要素の移動を行うには、splice()メンバー関数を使います。

std::vectorでは一方に挿入し、他方から削除することになるため、対象要素の生成・破棄・コピーがともないますが、std::listではsplice()メンバー関数を使えば、リンクの張り替えだけで要素の移動が行えます。

構文 splice()メンバー関数

```
void splice(const_iterator pos, std::list<T>& other);

void splice(const_iterator pos, std::list<T>& other, const_iterator it);

void splice(const_iterator pos, std::list<T>& other,
            const_iterator first, const_iterator last);
```

1つ目のオーバーロードはotherで指定されたstd::listのすべての要素をposで指定した場所に移動します。2つ目はitで指定された要素のみを、3つ目ではfirstとlastで指定された範囲の要素全部を移動します（リスト12.21）。

▶リスト12.21　要素の移動

```cpp
#include <iostream>
#include <list>
#include <iterator>

int main()
{
    std::list il0 = { 0, 1, 5, 6 };
    std::list il1 = { 2, 4, 6 };
    std::list il2 = { 3, 4 };

    auto iter = il0.begin();
    std::advance(iter, 2); // iterは5を指す
```

```cpp
        il0.splice(iter, il1, il1.begin()); // il1の先頭要素をiterの直前に移動

        std::cout << "il0:" << std::endl;
        for (auto it = il0.begin(); it != il0.end(); ++it)
        {
            std::cout << *it << " ";
        }
        std::cout << std::endl;

        std::cout << "il1:" << std::endl;
        for (auto it = il1.begin(); it != il1.end(); ++it)
        {
            std::cout << *it << " ";
        }
        std::cout << std::endl;
    }
```

実行結果

```
il0:
0 1 2 5 6
il1:
4 6
```

ソート

　`std::vector`では、後述する標準アルゴリズムを使ってソートを行います。しかし標準アルゴリズムはランダムアクセスイテレーターを要求していて`std::list`では使うことができないので、`std::list`自体がソートのための`sort()`メンバー関数と、ソートされた2つの`std::list`を併合する`merge()`メンバー関数を持っています。

構文 sort() / merge()メンバー関数

```cpp
void sort();

template <typename Compare>
void sort(Compare comp);

void merge(list& other);

template <typename Compare>
void merge(std::list<T>& other, Compare comp);
```

12.3.2　std::listの特徴　543

sort()メンバー関数もmerge()メンバー関数も、通常は小なりの比較演算子（<）を使って昇順に並べますが、それ以外の並べ方をしたい場合には、要素の比較をするための関数を第2引数に渡すことで、好きな順番で並べることができます（リスト12.22）。これらの高階関数はテンプレートを使っていますが、テンプレートを使った高階関数については「12.6.1 高階関数と関数オブジェクト」で説明します。

▶リスト12.22　ソート

```cpp
#include <iostream>
#include <list>

void print_list(const std::list<int>& l)
{
    for (auto it = l.begin(); it != l.end(); ++it)
    {
        std::cout << *it << " ";
    }
    std::cout << std::endl;
}

int main()
{
    std::list il = { 2, 4, 6, 8, 2, 4, 6, 8 };

    il.sort(); // 昇順ソート
    print_list(il);

    // il.sort(f);
    // f(x, y)がtrueならxがyより先頭寄りにソートされる
    auto greater = [](int x, int y) {return x > y; };
    il.sort(greater);
    print_list(il);

    std::list il2 = { 1, 3, 5, 7 };
    il2.sort(greater);
    print_list(il2);

    il.merge(il2, greater); // 併合：il2は空になる
    print_list(il);
}
```

実行結果

```
2 2 4 4 6 6 8 8
8 8 6 6 4 4 2 2
7 5 3 1
8 8 7 6 6 5 4 4 3 2 2 1
```

練習問題 12.3

1. std::listのイテレーターの種類を説明してください。
2. std::listのイテレーターを3つ進めたいとき、どうすればいいか説明してください。
3. std::listをソートしてください。

12.4 タプル

タプル（tuple）とは、複数の値の組のことを指します。このとき、タプルを構成する個々の値の型が異なっていてもよい点が、配列やstd::vectorなどと異なります。

12.4.1 2つ組

std::pair<T, U>は2つの値の組を表現するための型で、<utility>ヘッダーで提供されています。2種類の値しか格納できないためタプルとしては機能が不足していますが、標準ライブラリの中でもさまざまな場所で使われている、基本的な型といえます。

std::pairは2つのメンバー変数firstとsecondを持ち、そのどちらもが公開メンバー変数となっています（リスト12.23）。

▶リスト12.23 std::pair

```
#include <iostream>
#include <utility>
```

```
int main()
{
    std::pair<std::string, int> si{"pair", 42};

    std::cout << si.first << ", " << si.second << std::endl;
}
```

実行結果

```
pair, 42
```

12.4.2 任意の個数の組

`std::pair`は2種類の値しか持てませんでしたが、(それ以上の) 任意の数の値を持つことができるクラスとして、`std::tuple`が`<tuple>`ヘッダーで提供されています。`std::tuple`は可変長テンプレートを使って作られているため、特に要素数に制限はありません。しかし要素にアクセスするには、`std::pair`のようにわかりやすいメンバー変数があるわけではないので、`std::get()`関数を使ってアクセスします。

構文 std::get()関数

```
template <std::size_t N, typename... T>
element-type& get(std::tuple<T...>& tuple);
```

`std::get()`関数の第1テンプレートパラメーターに、取得したい要素のインデックスを指定します。戻り値の型はその要素の型になるように作られています (リスト12.24)。

▶リスト12.24　std::tuple

```
#include <tuple>
#include <iostream>

int main()
{
    std::tuple<int, std::string, char> isc{42, "tuple", 'c'};

    std::cout << std::get<0>(isc) << std::endl;
    std::cout << std::get<1>(isc) << std::endl;
    std::cout << std::get<2>(isc) << std::endl;
}
```

実行結果
```
42
tuple
c
```

12.4.3 構造化束縛

note 構造化束縛はC++17で追加された機能です。比較的新しい機能のため、使用するコンパイラーによっては対応が追いついていない可能性があります。

値をタプルにまとめるにはタプルのコンストラクターを使えばよいのですが、タプルの各要素を手に入れるためにstd::get()関数を使うのは少々面倒です。

構造化束縛（structured binding）はタプル（std::pairとstd::tuple）を展開して個別の変数として扱えるようにする機能です。構造化束縛はタプルだけでなく、配列や簡単な構造体についても同じように個別の変数に展開できます。

構文 構造化束縛

auto [*variable-name*……] = *tuple-object*;

構造化束縛は常にautoもしくは、constや参照が付いたautoしか指定できません。これは常に型推論させることを意味しており、タプルを伴わない（初期化しない）構造化束縛はエラーとなります。

```
auto [a, b]; // エラー。何に推論すればいいかが不明
```

ただのautoであればタプルの各要素をコピーしたものを変数として展開します。一方でauto&であれば、タプルの各要素への参照として展開します（リスト12.25）。

▶リスト12.25 構造化束縛

```
#include <tuple>
#include <iostream>
```

```cpp
int main()
{
    // クラステンプレートの型推論をさせる
    // std::tuple<std::string, int, const char*>
    std::tuple t{std::string{"structured"}, 42, "binding"};

    auto [a, b, c] = t; // 構造化束縛。各要素をコピーする

    std::cout << a << std::endl;
    std::cout << b << std::endl;
    std::cout << c << std::endl;

    std::cout << std::endl;

    auto& [x, y, z] = t; // 構造化束縛。ただし各要素への参照を持つ

    std::cout << x << std::endl;
    std::cout << y << std::endl;
    std::cout << z << std::endl;

    std::cout << std::endl;

    x = "update"; // 参照を使ってタプルの要素を変更する
    std::cout << std::get<0>(t) << std::endl;
}
```

実行結果

```
structured
42
binding

structured
42
binding

update
```

構造化束縛は、メンバーではない変数宣言ができるところであればどこでも行うことができます。それは範囲for文も含み、コンテナの各要素がstd::pairやstd::tupleであった場合に、範囲for文で走査するときに各要素を展開しながら走査することができます。

---- 練習問題 12.4 ----

1. 2つ組を作るクラスについて説明してください。
2. `std::tuple`を使って3つ組を表してください。そのあと、どれでも好きな要素でかまわないので値を変更してください。
3. 構造化束縛とは何か説明してください。

12.5 std::setとstd::map

12.5.1 std::set

標準ライブラリには、要素が大小にもとづいて昇順に並んでいるコンテナがいくつか存在します。そのうち、要素の重複がないものが`std::set<T>`[4]であり、`<set>`ヘッダーに定義されています。

`std::set`はイテレーターを使って走査すると昇順に並んではいますが、`std::vector`や`std::list`のように順番に走査するのに適した内部構造にはなっていません。そのため、ただ要素が整列しているコンテナが欲しいのであれば`std::vector`などのコンテナを使い、適宜ソートする方がよいでしょう。

初期化

初期化時に引数を何も渡さなければ空の`std::set`が作られるのは、他のコンテナと同様です。また`std::vector`や`std::list`と同じく、`std::initializer_list`を使った初期化が可能であり、事前に要素がわかっている場合には`{}`を使って初期化できます。

```
std::set<int> empty; // 空のstd::set

std::set<int> s = { 0, 1, 2, 3, 4 }; // {}を使った初期化
```

要素の検索

要素を昇順に並べるのは高速な検索を可能にするためです。`std::vector` / `std::list`だと、要素の検索はコンテナ内を先頭から末尾まで順に比較することになるため、**時間計算量**はO(N)（コンテナ内の要素数Nに比例する）ですが、`std::set`は要素が昇順に並んでいるため二分検索という

---

[4] setとは集合という意味で、数学の集合論に端を発します。

アルゴリズムによりO(logN)（要素数Nの対数に比例する）に抑えられます。

そのためstd::setには高速に要素を検索できるfind()メンバー関数が用意されています。

構文 find()メンバー関数

```
iterator find(const T& value);

const_iterator find(const T& value) const;
```

find()メンバー関数は検索対象の要素が見つかると、その要素へのイテレーターを返します。見つけることができなかった場合にはend()メンバー関数が返すイテレーターを返します。そのため、find()メンバー関数から受け取った結果は常に有効というわけではなく、常にend()メンバー関数と比較しなければなりません（リスト12.26）。

▶リスト12.26　要素の検索

```cpp
#include <iostream>
#include <set>

int main()
{
    std::set is = { 5, 3, 1, 7 };

    for (int i = 0; i < 8; ++i)
    {
        auto iter = is.find(i);
        if (iter != is.end()) // end()と等しくなければ見つかっている
        {
            std::cout << *iter << std::endl;
        }
        else
        {
            std::cout << "? " << std::endl;
        }
    }
}
```

実行結果

```
?
1
?
3
```

```
?
5
?
7
```

要素の挿入

std::vector / std::listでは、要素の挿入時にイテレーターを使って挿入位置を指定していました。

```
std::list il = {0, 1, 3, 4};
auto iter = il.begin();

std::advance(iter, 2);    // iterは3を指す

il.insert(iter, 2); // 3の直前に2を挿入
il.push_back(5);    // 末尾に5を挿入
```

対してstd::setでは、各要素が要素の大小にもとづいて昇順に並んでいるため、挿入位置の指定が基本的には意味を持ちません[5]。そのため、挿入位置を与えないinsert()メンバー関数が用意されています（リスト12.27）。

▶リスト12.27　要素の挿入

```
#include <iostream>
#include <set>

int main()
{
    std::set is = { 3, 1, 0, 2, 4 };

    // 要素が昇順に並んでいるため挿入位置の指定は基本的に意味を持たない
    is.insert(is.end(), -1);

    // イテレーターを与えないinsert()も用意されている
    is.insert(-2);

    for (auto iter = is.begin(); iter != is.end(); ++iter)
    {
```

---

[5] まったく意味を持たないわけではありません。適切なイテレーターを与えることで挿入がはるかに高速になりますが、使いこなすにはコンテナの内部構造やアルゴリズムに関する十分な知識が必要です。

```
        std::cout << *iter << std::endl;
    }
}
```

実行結果

```
-2
-1
0
1
2
3
4
```

また先ほど述べたように、std::setは要素の重複を許しません（リスト12.28）。

▶リスト12.28　要素は重複しない

```
#include <iostream>
#include <set>

void print_set(const std::set<int>& l)
{
    for (auto it = l.begin(); it != l.end(); ++it)
    {
        std::cout << *it << " ";
    }
    std::cout << std::endl;
}

int main()
{
    std::set is = { 1, 1, 2, 2, 3, 3, 4 };
    print_set(is);

    is.insert(5);
    print_set(is);

    is.insert(2); // 2は（重複するので）挿入されない
    print_set(is);
}
```

実行結果

```
1 2 3 4
1 2 3 4 5
1 2 3 4 5
```

要素の変更・削除

std::set内の要素は常に昇順にソートされた状態が保たれていなければならないので、イテレーターを介してset内の要素を変更することはできません。

要素の変更は、erase()メンバー関数により削除を行ったあとで、insert()メンバー関数を使って新しい要素を挿入することで実現します。

```cpp
#include <set>

int main()
{
    std::set is = {1, 3, 5, 7};
    auto iter = is.find(3);

    *iter = 4;         // コンパイルエラー。コンテナ内の要素は変更できない

    is.erase(iter); // 3を削除
    is.insert(4);    // 4を挿入
}
```

std::listと同じく、std::setに対して挿入・削除を行ってもイテレーターは（削除された要素を指していないのであれば）無効にはなりません（リスト12.29）。

▶リスト12.29　要素の挿入・削除時のイテレーター

```cpp
#include <iostream>
#include <set>

int main()
{
    std::set is = {1, 3, 5, 7};
    auto first = is.begin();
    auto last = is.end();

    is.insert(8);              // 8を挿入
    is.erase(is.find(3));      // 3を削除
```

```
    while (first != last)
    {
        std::cout << *first << ' ';
        ++first;
    }
    std::cout << std::endl;
}
```

実行結果

```
1 5 7
```

12.5.2 std::map

　std::map<K, V>テンプレートクラスはstd::setの変種といえるコンテナであり、ヘッダー<map>に定義されています。
　std::map<K, V>はKを**キー**（key）、Vを（キーにひも付けられた）**値**（value）とする**辞書**（dictionary）として機能します。そのためにstd::mapはキーの大小をもとに並べ替え、キーの重複がないようにしています。値については重複しても問題ありません。
　また添字演算子により、キーを添え字にしてそのキーと対になる値の参照を取得できます。そのため、Kを添え字とする**連想配列**（associative array）と見なすこともできます。指定されたキーがコンテナ内に存在しなかったときは、デフォルトコンストラクターで生成されたVの値を用いてコンテナ内に自動的に挿入されてからその参照が返されます。
　std::map<K, V>は他のコンテナクラスとは値の格納方法が異なり、イテレーターを間接参照するとstd::pair<const K, V>への参照が返ってきます。範囲for文で走査するときにもstd::pair<const K, V>で渡されてくるので注意してください。
　{}を使った初期化のときにもキーと値をセットにして渡す必要があります。

```
    std::map<std::string, int> m =
    {
        std::pair{"first", 1},
        std::pair{"second", 2},
    };

    m["first"] == 1; // true
```

　std::mapの利用例をリスト12.30に示します。

▶リスト12.30　std::map

```cpp
#include <map>
#include <iostream>

int main()
{
    std::map<std::string, float> w; // 相対原子質量
    w["H"] = 1.00f;   // 水素
    w["O"] = 15.99f;  // 酸素
    w["Cl"] = 34.97f; // 塩素
    w["?"];

    // ナトリウム、std::pairのテンプレートパラメーターは推論している
    w.insert(std::pair{"Na", 22.99f});

    // 構造化束縛を使うとpairを使わずに直接要素を展開できる
    // for (const std::pair<const std::string, int>& item : w)
    for (const auto& [key, value] : w)
    {
        std::cout << key << ':' << value << std::endl;
    }

    // 水酸化ナトリウムの分子量
    std::cout << "NaOH = " << w["Na"] + w["O"] + w["H"] << std::endl;
}
```

実行結果

```
?:0
Cl:34.97
H:1
Na:22.99
O:15.99
NaOH = 39.98
```

> *note* 添字演算子は参照を返すため、左辺値として扱うことで変更できます。

12.5.3 std::multisetとstd::multimap

要素が昇順に並んでいるものの、std::setとは少し異なり「要素の重複」を許すコンテナstd::multisetも、ヘッダー<set>に定義されています。std::multisetの使い方は基本的にstd::setと同じです（リスト12.31）。

find()メンバー関数も使えますが、これが返すイテレーターは最初に見つけた要素へのイテレーターとなります。しかし実際には同じ要素をすべて取得したいという場合が多くあります。find()メンバー関数だけでは最初の要素しかわからないので少々使いづらいです。

equal_range()メンバー関数を使うと、重複している要素の範囲を返すので簡単に列挙できます。

構文 equal_range()メンバー関数

```
std::pair<iterator, iterator> equal_range(const Key& key);

std::pair<const_iterator, const_iterator> equal_range(const Key& key) const;
```

▶リスト12.31　std::multiset

```cpp
#include <set>
#include <iostream>

int main()
{
    std::multiset ims = { 1, 1, 2, 2 };

    ims.insert(5); // {1, 1, 2, 2, 5}
    ims.insert(2); // {1, 1, 2, 2, 2, 5}

    auto range = ims.equal_range(2);
    // equal_range(v)はvと等しい要素の範囲をstd::pairで返す
    for (auto iter = range.first; iter != range.second; ++iter)
    {
        std::cout << *iter << ' ';
    }
    std::cout << std::endl;

    // 2を（すべて）削除し、削除された要素数を返す
    std::size_t erased = ims.erase(2);
    std::cout << "elements num:" << erased << std::endl;
```

```
    for (auto iter = ims.begin(); iter != ims.end(); ++iter)
    {
        std::cout << *iter << ' ';
    }
    std::cout << std::endl;
}
```

実行結果

```
2 2 2
elements num:3
1 1 5
```

std::multimapもstd::multiset同様にstd::mapが要素の重複を許すようになったコンテナです（リスト12.32）。こちらもほとんど同様に扱うことができますが、std::multimapはstd::mapでできた添字演算子での要素アクセスができなくなっています（重複しているのでどの要素を返せばよいかがわからないため）。

重複した要素どうしの並び順は、挿入した順番になるようになっています。これはstd::multisetでもそのようになっているのですが、std::multimapを使用するときには特に重要な性質となります。

std::multimapでもequal_range()メンバー関数が提供されており、std::multisetのそれとまったく同じように使えます。

▶リスト12.32　std::multimap

```
#include <map>
#include <iostream>

int main()
{
    std::multimap<std::string, float> w;  // 相対原子質量

    w.insert(std::pair{"U", 235.04f});    // ウラン235
    w.insert(std::pair{"U", 238.05f});    // ウラン238

    w.insert(std::pair{"Pu", 238.05f});   // プルトニウム238
    w.insert(std::pair{"Pu", 239.05f});   // プルトニウム239
    w.insert(std::pair{"Pu", 240.05f});   // プルトニウム240
```

12.5.3　std::multisetとstd::multimap

```cpp
    // プルトニウムが含まれている範囲をstd::pairで返す
    auto pu = w.equal_range("Pu");

    for (auto iter = pu.first; iter != pu.second; ++iter)
    {
        std::cout << iter->first << ": " << iter->second << std::endl;
    }

    // プルトニウムをすべて削除し削除された要素数を返す
    std::size_t erased = w.erase("Pu");

    std::cout << "elements num:" << erased << std::endl;

    for (auto iter = w.begin(); iter != w.end(); ++iter)
    {
        std::cout << iter->first << ": " << iter->second << std::endl;
    }
    std::cout << std::endl;
}
```

実行結果

```
Pu: 238.05
Pu: 239.05
Pu: 240.05
elements num:3
U: 235.04
U: 238.05
```

練習問題 12.5

1. `std::set`や`std::map`は何を許さないコンテナなのか説明してください。
2. **1.**で説明したことを`std::set`を使って確認してください。

12.6 アルゴリズム

アルゴリズム（algorithms）とは、何か問題を解くときに使われる手順や考え方の総称です。例えば、順番がばらばらになったトランプをスート（4種のマーク）ごとに1から13まで順番に並べるとき、どのような手順で並べ替えればより早く並べられるか、という手順のことです。

アルゴリズムは古くからさまざまな問題とその解き方が考えられていて、簡単な問題であれば大体の場合同じ解法が使われます。よく使われるアルゴリズムについては標準ライブラリがすでに提供しており、プログラマーはアルゴリズムの詳細について深い知識がなくとも、効率的な実装を利用することができます。

標準ライブラリのアルゴリズムはイテレーターを使って処理するので、アルゴリズムが求めているイテレーターの種類を満たせば、具体的なコンテナが何であろうともアルゴリズムを使うことができます。標準ライブラリのアルゴリズムはほとんどが`<algorithm>`ヘッダーで提供されていますが、一部は`<numeric>`ヘッダーで提供されます。

12.6.1 高階関数と関数オブジェクト

「5.9.3 高階関数」で高階関数（関数ポインターを受け取る関数）について説明しましたが、アルゴリズムはそのほとんどが高階関数となっており、アルゴリズムの動作をプログラマーが変更できます。高階関数はなにも関数ポインターを受け取る関数だけというわけではなく、関数のように呼び出せるものを受け取る関数はすべて高階関数です。関数のように呼び出せるものとしては関数オブジェクト（「6.8 関数呼び出し演算子のオーバーロード」を参照）やラムダ式がありました。

関数ポインターと違い、関数オブジェクトやラムダ式はそれぞれが異なった型（クラス）を持つため、それらを受け取るようにするには関数テンプレートにするのが一般的な手法です。リスト5.28（294ページ）を関数テンプレートで書き直すとリスト12.33のようになります。

▶リスト12.33　関数オブジェクトを受け取れる高階関数

```
#include <iostream>

// predicateがtrueを返した要素のみをコンソールに出力する関数
template <typename P>
void filtered_show(int (&array)[5], P predicate)
{
    for (int e : array)
    {
```

```cpp
            if (predicate(e))
            {
                std::cout << e << std::endl;
            }
        }
    }

    // 5より小さいならtrueを返す関数オブジェクト
    class is_less_than_5
    {
    public:
        bool operator()(int v) const
        {
            return v < 5;
        }
    };

    int main()
    {
        int array[] = {5, 10, 3, 0, 1};

        // ラムダ式を渡す
        filtered_show(array, [](int v) { return (v % 2) == 1; });

        std::cout << std::endl;

        // 自分で定義した関数オブジェクトも渡すことができる
        filtered_show(array, is_less_than_5{});
    }
```

実行結果

```
5
3
1

3
0
1
```

標準ライブラリのアルゴリズムで高階関数になっているものはすべて関数テンプレートなので、通常の関数もラムダ式も、関数呼び出し演算子をオーバーロードしたクラスも渡すことができます。

12.6.2 変更を加えないアルゴリズム

変更を加えないアルゴリズムはコンテナの中から何かを探し出したり、数えたり、コンテナが何かの条件を満たすかをチェックしたりするものです。代表的なアルゴリズムは find アルゴリズムと count アルゴリズムです。

構文 find アルゴリズム

```
template <typename InputIterator, typename T>
InputIterator find(InputIterator first, InputIterator last, const T& value);

template <typename InputIterator, typename Predicate>
InputIterator find_if(
    InputIterator first, InputIterator last, Predicate predicate);
```

std::find() 関数は [first, last) の範囲を first から last に向かって検索し、最初に value と同じ要素を持つイテレーターを返します。std::find_if() 関数は [first, last) の範囲を first から last に向かって検索し、最初に predicate が true を返すイテレーターを返します。どちらの関数も目的の要素が見つからなければ last を返します（リスト 12.34）。

▶リスト 12.34　find アルゴリズム

```cpp
#include <algorithm>
#include <iostream>
#include <vector>

int main()
{
    std::vector v = { 1, 2, 3 };

    auto iter = std::find(v.begin(), v.end(), 2);
    if (iter != v.end()) // 見つからなければv.end()が返ってくる
    {
        std::cout << "*iter = " << *iter << std::endl;
    }

    iter = std::find_if(v.begin(), v.end(), [](int v) { return v == 3; });
    if (iter != v.end()) // こちらも同様
    {
        std::cout << "*iter = " << *iter << std::endl;
    }
}
```

実行結果

```
*iter = 2
*iter = 3
```

findアルゴリズムはイテレーターを返しましたが、countアルゴリズムは一致した数を返すアルゴリズムです。

std::count()関数は与えられた要素を、std::count_if()関数は関数オブジェクトがtrueを返すものを数えて返します。数を返すアルゴリズムなので見つからなければ0が返されます（リスト12.35）。

構文 countアルゴリズム

```
template <typename InputIterator, typename T>
integer-type count(InputIterator first, InputIterator last, const T& value);

template <typename InputIterator, typename P>
integer-type count_if(InputIterator first, InputIterator last, P predicate);
```

▶リスト12.35　countアルゴリズム

```cpp
#include <algorithm>
#include <iostream>
#include <vector>

int main()
{
    std::vector v = { 1, 2, 3, 2, 1 };

    auto c = std::count(v.begin(), v.end(), 2);
    std::cout << "vに2は" << c << "つあります" << std::endl;

    c = std::count_if(v.begin(), v.end(), [](int v) { return v < 2; });
    std::cout << "vには2より小さい要素は" << c << "つあります" << std::endl;
}
```

実行結果

```
vに2は2つあります
vには2より小さい要素は2つあります
```

12.6.3 コンテナに変更を加えるアルゴリズム

コンテナに変更を加えるアルゴリズムには、2通りの変更の加え方があります。

1. インプレース（inplace）にコンテナに上書きする
2. 処理した結果を別のコンテナに書き込んでいく

それぞれ代表的なものとしてはsortアルゴリズムとcopyアルゴリズムがあります。

ソートアルゴリズムは直接コンテナの中身を書き換えていくインプレースなアルゴリズムで、与えられたコンテナの範囲を並べ替えます。

構文 sortアルゴリズム

```
template <typename RandomIterator>
void sort(RandomIterator first, RandomIterator last);

template <typename RandomIterator, typename Compare>
void sort(RandomIterator first, RandomIterator last, Compare comp);
```

sortアルゴリズムを使うためには、イテレーターがランダムアクセスイテレーターでなければなりません。そのため、std::listはsortアルゴリズムを使うことができませんが、std::listのところで説明したとおりsort()メンバー関数を持っているのでそちらを使います。

イテレーターのペアのみを受け取るstd::sort()関数は、要素間の大小を比較演算子の小なり（<）を使って比較し昇順になるように並べ替えます。第3引数を受け取るstd::sort()関数は、第3引数で渡した関数オブジェクトを使って大小を比較します。例えばここで<の代わりに>を使う関数オブジェクトを渡すことで、std::sort()関数は降順に並べ替えます（リスト12.36）。

このとき渡す関数オブジェクトは**厳密で弱い順序**（strict weak ordering）という条件を満たさなければなりません。この説明は非常に大変なので本書では省略します。が、一般に<や>を使っていれば問題ありません。似たような比較演算子である<=や>=は、この厳密で弱い順序を満たすことができないためにstd::sort()関数に渡してはいけません。

▶リスト12.36 sortアルゴリズム

```
#include <vector>
#include <algorithm>
#include <iostream>

int main()
{
    std::vector v = { 10, -3, 0, 4, 2 };
```

```
    auto c = v; // sort()は変更するのでいったんコピー

    std::sort(c.begin(), c.end()); // 昇順でソート
    for (auto e : c)
    {
        std::cout << e << " ";
    }
    std::cout << std::endl;

    c = v;
    // 降順でソート
    std::sort(c.begin(), c.end(), [](int l, int r) { return l > r; });
    for (auto e : c)
    {
        std::cout << e << " ";
    }
    std::cout << std::endl;
}
```

実行結果

```
-3 0 2 4 10
10 4 2 0 -3
```

copyアルゴリズムは入力イテレーターの値を出力イテレーターにコピーしていくアルゴリズムです。すべての入力をコピーし終わると、最後にコピーされた要素の次のイテレーターを返して終了します。

構文 copyアルゴリズム

```
template <typename InputIterator, typename OutputIterator>
OutputIterator copy(
    InputIterator first, InputIterator last, OutputIterator out);

template <typename InputIterator, typename OutputIterator, typename P>
OutputIterator copy_if(
    InputIterator first, InputIterator last, OutputIterator out, P predicate);
```

std::copy()関数は無条件にコピーをしますが、std::copy_if()関数はpredicateがtrueを返す場合のみコピーします。なお、コピー先のコンテナはあらかじめコピーするのに十分な数領域が確保されている必要があります（リスト12.37）。

▶リスト12.37　copyアルゴリズム

```
#include <iostream>
#include <vector>
#include <algorithm>

int main()
{
    std::vector v = { 10, -3, 2, 0, -1, -5, 4, 2 };
    std::vector<int> c(v.size()); // あらかじめ領域を確保

    // 無条件に先頭からコピー
    std::copy(v.begin(), v.end(), c.begin());
    for (auto e : c)
    {
        std::cout << e << " ";
    }
    std::cout << std::endl;

    // 正数のみ後ろから順番にコピー
    auto last = std::copy_if(v.rbegin(), v.rend(), c.begin(),
                            [](int i) { return 0 < i; });

    // 返されたイテレーターの手前までにしか有効なデータは入っていないので、
    // それ以後は削除する
    c.erase(last, c.end());

    for (auto e : c)
    {
        std::cout << e << " ";
    }
    std::cout << std::endl;
}
```

実行結果

```
10 -3 2 0 -1 -5 4 2
2 4 2 10
```

12.6.4 コンテナに変更を加える特別なイテレーター

copyアルゴリズムのように他のコンテナに結果を出力していくアルゴリズムは、あらかじめ出力先のコンテナの領域を確保しておく必要がありました。あらかじめ結果の長さがわかっている場合にはうまくいきますが、std::copy_if()関数のように実行してみないと結果がどうなるかわからない場合には、無駄な領域を確保してしまうことになります。また、出力先のコンテナに上書きしていくので、途中に挿入してほしい場合であっても、もとの値が上書きされてしまいます。

標準ライブラリは<iterator>ヘッダーで特別なイテレーターを提供していて、そういった状況に対応させることができます。

構文 inserter

```
template <typename Container>
std::insert_iterator<Container>
inserter(Container& c, typename Container::iterator i);

template <typename Container>
std::back_insert_iterator<Container> back_inserter(Container& c);

template <typename Container>
std::front_insert_iterator<Container> front_inserter(Container& c);
```

イテレーターに書き込みがあると、それぞれコンテナのinsert()メンバー関数、push_back()メンバー関数、そしてpush_front()メンバー関数を呼び出す特別なイテレーターを返す関数です（リスト12.38）。

▶リスト12.38　inserter

```
#include <iterator>
#include <vector>
#include <list>
#include <iostream>
#include <algorithm>

int main()
{
    std::vector v = { 10, -3, 2, -1, -5, 4, 2 };
    std::vector<int> c;  // コピー先は空のままでよい

    // push_back()を使って順番にコピーしていく
    std::copy(v.begin(), v.end(), std::back_inserter(c));
```

```cpp
        for (auto e : c)
        {
            std::cout << e << " ";
        }
        std::cout << std::endl;

        // std::vectorはpush_front()を持たないのでlistを使う
        std::list<int> l;

        // push_front()を使って順番にコピーしていく
        // コピーの度に先頭に挿入するので逆順になる
        std::copy(v.begin(), v.end(), std::front_inserter(l));

        for (auto e : l)
        {
            std::cout << e << " ";
        }
        std::cout << std::endl;

        c = { 0, 0 };

        // insert()を使って真ん中に順番に挿入していく
        std::copy(v.begin(), v.end(), std::inserter(c, c.begin() + 1));

        for (auto e : c)
        {
            std::cout << e << " ";
        }
        std::cout << std::endl;
}
```

実行結果

```
10 -3 2 -1 -5 4 2
2 4 -5 -1 2 -3 10
0 10 -3 2 -1 -5 4 2 0
```

特別なイテレーターは、これ以外にも目的に応じてさまざまなものが提供されています。

練習問題 12.6

1. コンテナの中から要素を検索するにはどのアルゴリズムを使えばよいでしょうか。
2. `std::vector`を降順にソートしてください。
3. あるコンテナの要素すべてを、別のコンテナの先頭位置に正順になるようにコピーしてください。

☑ この章の理解度チェック

1. ある位置を指すイテレーターから、そのイテレーターより前のイテレーターを取得**できない**イテレーターの種類を列挙してください。
2. `std::vector`の先頭と末尾以外の要素をどれかひとつ削除してください。
3. 構造化束縛を使ってタブルを展開してください。
4. `std::multiset`は`std::set`と比べてどのような違いがあるか、最も大きな違いを説明してください。
5. コンテナの先頭の要素と同じ値を持つ要素の個数を数えてください。先頭の要素は個数に含まないでください。

文字列処理

この章の内容

13.1 文字列処理の概要
13.2 文字コード
13.3 文字列操作
13.4 数値・文字列間の変換
13.5 正規表現

多くのアプリケーションにおいて、文字列の操作は数値と同等、あるいはそれ以上に大きなウエイトを占めています。UIをともなうアプリケーションは言うに及ばず、アプリケーション間のデータのやり取りにおいても、XMLやJSONといった文字列をベースとした形式が用いられることが少なくありませんし、アプリケーションが扱うファイルの内容もテキスト、すなわち文字列で表現されていることが多いです。文字列形式は、人とコンピューターの双方が読み／書きできる表現形式だからです。

本章では、C++における文字列の扱いについて解説します。

13.1 文字列処理の概要

C言語における文字列は「ヌル文字'\0'で終端された文字の列」であり、結合・検索・置換などの文字列操作はライブラリが提供する関数群を呼び出すことで行います。

C++ではそれらに加え、標準ライブラリに定義されたstd::stringクラスを使うことで、より簡潔で直感的に実装することができます。

リスト13.1とリスト13.2に、同じ出力をするプログラムをC言語とC++で書いて比較してみます。C言語のプログラムについては解説していないので個々の関数等はわからなくても問題ありません。

▶リスト13.1　C言語における文字列処理の例

```c
#include <stdlib.h>
#include <string.h>
#include <stdio.h>

int main()
{
    /* 2つの文字列を結合する：C言語*/
    const char* strA = "Hello, ";
    const char* strB = "world.";

    /* 領域確保 */
    char* strC = (char*)malloc(strlen(strA) + strlen(strB) + 1);

    strcpy(strC, strA); /* strAをstrCにコピー */
    strcat(strC, strB); /* strBをstrCに結合 */
    puts(strC);
```

```
    if (strcmp(strC, "Hello, world.") == 0) /* 比較 */
    {
        puts("ok.");
    }
    free(strC); /* 領域解放 */
}
```

▶リスト13.2　C++における文字列処理の例

```
#include <iostream>
#include <string>

int main()
{
    // 2つの文字列を結合する：C++
    std::string strA = "Hello, ";
    std::string strB = "world.";

    std::string strC = strA + strB; // 結合
    std::cout << strC << std::endl;

    if (strC == "Hello, world.") // 比較
    {
        std::cout << "ok." << std::endl;
    }
    // 確保された領域は自動的に解放される
}
```

実行結果

```
Hello, world.
ok.
```

　C++標準ライブラリが<string>ヘッダーで提供するstd::stringクラスの実体は、std::basic_string<charT, traits, Allocator>というテンプレートクラスです。しかしこのテンプレートクラスを直接使うことはほとんどなく、基本的にchar用に別名を与えたstd::stringを使います。

　以降の節ではstd::stringクラスを使った文字列の処理を見ていきましょう。

13.2 文字コード

コンピューターの中では、画像や音声などあらゆるデータが数値で表現され処理されています。文字や文字列も例外に漏れず、文字は数値、文字列は数値の並びとして扱われ、入出力の際に文字と数値との対応表（**文字コード**）にもとづいて文字と数値との相互変換が行われています。

その昔、コンピューターが扱うことができる文字は英文字・数字・いくつかの記号・改行やタブなどの制御記号であり、これらの文字すべてを扱うには7bitあれば十分でした。そのように、7bitで表現できる数値（0～127、つまり0x00～0x7F）のそれぞれに文字を割り当てた対応表の代表格が **ASCIIコード**（アスキー）と呼ばれるものです。

C言語の組み込み型であるcharは通常8bit（1Byte）なので、7bitのASCIIコードに含まれるすべての文字を納めることができ、文字列はcharの配列で表現できます。また、文字列の末尾にはヌル文字を置くことで文字列の終端を判別できるようにしました。これがC言語の文字列（C文字列）です。

時代は進んでコンピューターが扱う文字の種類が増え、文字と数値の対応表がcharでは収まらなくなった現在、2つの拡張がなされています。

1. charでは収まらない文字には複数のcharの組に1文字を割り当てる（**MBCS**：Multi Byte Character Set）
2. charより大きなサイズの型wchar_tを用意して、wchar_tの列で文字列を表す（**WCS**：Wide Character Set）

1.のMBCSは、以前から使ってきた文字列（char*、char[]）をそのまま利用できる一方、charの配列の長さと文字列の長さが一致しなくなります。MBCSの例としては**UTF-8**や（Windowsでよく使われる）**Shift_JIS**であり、C++でMBCSを扱うクラスがstd::stringです。

2.のWCSは**ワイド文字列**とも呼ばれ、wchar_tの配列の長さと文字列の長さが一致する一方、文字列を構成する文字の多くがASCII文字であったとき、文字列を格納するのに必要な領域はMBCSより増えてしまいます。WCSの例は、世界中のあらゆる文字に一意のコードを割り当てる**Unicode**（ユニコード）（**UTF-16**）です。そしてC++でWCSを扱うクラスがstd::wstringです。

wchar_tとstd::wstringについては本書では扱いませんが、基本的にcharとstd::stringをそのまま読み替えることができます。

> *note* Unicodeはwcharでも収まらない特殊な文字も表現でき、その場合はMBCSと同様、複数のwchar_tに1文字を割り当てます。

13.3 文字列操作

`<string>`ヘッダーに定義された`std::string`クラスは、標準ライブラリが提供するものの中でも、最もメンバー関数の多いクラスです。これはC文字列との親和性を確保するとともに、コンテナの機能もあわせ持っていることに起因します。

本節では`std::string`による主要な文字列操作を紹介します。

13.3.1 コンストラクター

`std::string`のコンストラクターは、リスト13.3のように8種ものバリエーションがあります。

▶リスト13.3　std::stringのさまざまなコンストラクター

```cpp
#include <iostream>
#include <string>

int main()
{
    std::string s0; // （長さ0の）空文字列
    std::cout << "s0: " << s0 << std::endl;

    std::string s1 = "Hello"; // C文字列
    std::cout << "s1: " << s1 << std::endl;

    std::string s2{ "Hello", 4 }; // C文字列と長さ
    std::cout << "s2: " << s2 << std::endl;

    std::string s3 = s1; // std::string
    std::cout << "s3: " << s3 << std::endl;

    std::string s4(3, '?'); // 任意の数のchar
    // s4{3, '?'} はstd::initializer_list<char>{3, '?'}に解釈されてしまう
    std::cout << "s4: " << s4 << std::endl;

    std::string s5 = { 'a', 'b', 'c' }; // std::initializer_list<char>
    std::cout << "s5: " << s5 << std::endl;

    std::string s6{s1.begin() + 1, s1.end() - 1}; // イテレーター組
    std::cout << "s6: " << s6 << std::endl;
```

```
    std::string s7{ s1, 1, 3 }; // 文字列と開始位置と長さ
    std::cout << "s7: " << s7 << std::endl;
}
```

実行結果
```
s0:
s1: Hello
s2: Hell
s3: Hello
s4: ???
s5: abc
s6: ell
s7: ell
```

なおstd::stringはC文字列と異なり、文字列中にヌル文字を含むことが可能です。C文字列ではヌル文字が文字列の終端を意味していたので、C文字列を使って初期化しようとするとC文字列としての終端までで初期化が終わってしまいますが、長さを指定することでヌル文字で止まることなく残りもすべて使って初期化します。

ヌル文字を表示したときに基本的には何も表示されませんが、環境によってはスペースとして出力される場合もあります（リスト13.4）。

▶リスト13.4　文字列中にヌル文字を含むstd::string

```
#include <string>
#include <iostream>

int main()
{
    std::string str{ "Hello\0world", 11 };
    std::cout << str << std::endl; // Helloworld が出力される

    for (char ch : str) // Hello_world が出力される
    {
        std::cout << (ch == '\0' ? '_' : ch);
    }
    std::cout << std::endl;
}
```

実行結果
```
Helloworld
Hello_world
```

13.3.2 演算子

代入

代入演算子でstd::stringに代入できるのは、

- std::string
- const char*（C文字列）
- char
- std::initializer_list<char>

の4つです（リスト13.5）。

▶リスト13.5　文字列の代入

```
#include <iostream>
#include <string>

int main()
{
    std::string str;
    str = std::string{"Java"};
    std::cout << str << std::endl;

    str = "python";
    std::cout << str << std::endl;

    str = 'C';
    std::cout << str << std::endl;

    str = { 'C', '+', '+' };
    std::cout << str << std::endl;
}
```

実行結果

```
Java
python
C
C++
```

比較

比較演算子（==、!=、<、<=、>、>=）による文字列の比較はstd::stringどうしによる比較はもちろん、一方がC文字列（const char*）であってもかまいません。

==演算子は左辺と右辺の文字列が等しいときにtrueを返し、等しくないときにfalseを返します。一方!=演算子は文字列が等しくないときにtrueを返し、等しいときにfalseを返します。

< / <= / > / >=は文字列の大小を比較します。文字列の大小は辞書順で行われます。例えば"foo"と"bar"では、"bar"のほうが小さく、"foo"と"fooo"では、"foo"のほうが小さくなります。しかし大文字小文字に関しては注意が必要で、ASCII文字コードにおいては常に大文字のほうが小さくなります。つまり"Foo"と"bar"では、"Foo"のほうが小さくなります。

またcompare()メンバ関数を使うと、比較対象との大小関係に応じて

- 負
- 0
- 正

のint値を返します。単なる文字列の比較だけでなく、部分文字列の比較ができるのが特徴です。部分文字列に関しては「13.3.5 主なメンバ関数」で解説しますが、文字列の中の一部分だけを抜き出した比較が可能です。

文字列の比較を行う例を、リスト13.6に示します。

▶リスト13.6　文字列の比較

```
#include <iostream>
#include <string>

int main()
{
    std::string str0 = "ushikamoshika";
    const char* cstr = "kamoshika";
    std::string str1 = cstr;

    int ret = 0;
    ret = str0.compare("yamaneko"); // ret < 0
    std::cout << "ret: " << ret << std::endl;

    // str0.substr(4).compare(str1)と同じ。ret == 0
    ret = str0.compare(4, std::string::npos, str1);
    std::cout << "ret: " << ret << std::endl;
```

```
        // str0.substr(8, 5).compare(str1.substr(4, 5))と同じ。ret == 0
        ret = str0.compare(8, 5, str1, 4, 5);
        std::cout << "ret: " << ret << std::endl;
}
```

実行結果
```
ret: -1
ret: 0
ret: 0
```

連結・結合

std::stringに対して二項の+演算子を使うと、文字列の連結を行えます。その際、std::stringが+演算子の右辺・左辺のいずれかにあれば、C文字列との連結も可能です。また、+=演算子を使えば、末尾に右辺の文字列を結合したものを代入できます（リスト13.7）。

▶リスト13.7　文字列の連結・結合

```
#include <iostream>
#include <string>

int main()
{
    std::string str0 = "Hello";

    std::string str1 = str0 + " World";
    std::cout << "str1: " << str1 << std::endl;

    std::string str2 = " World";
    str0 += str2;
    std::cout << "str0: " << str0 << std::endl;

    // std::stringが右辺にあれば、左辺にC文字列が来てもよい
    std::string str3 = "Say " + str0;
    std::cout << "str3: " << str3 << std::endl;
}
```

実行結果
```
str1: Hello World
str0: Hello World
str3: Say Hello World
```

13.3.3　アサイン

インスタンスの生成後に文字列をセット（**アサイン**：丸ごと更新）する場合には、assign()メンバー関数を用います。assign()メンバー関数は、コンストラクターと同様のバリエーションで文字列をセットできます（リスト13.8）。

代入演算子は引数を1つしか受け取れないので、すでに文字列として完成しているものしか代入できませんが、assign()メンバー関数を使うと部分文字列の代入などより複雑な代入ができます。

▶リスト13.8　文字列のアサイン

```cpp
#include <iostream>
#include <string>

int main()
{
    std::string s0;

    s0.assign("Hello"); // C文字列
    std::cout << "s0: " << s0 << std::endl;

    s0.assign("Hello", 4); // C文字列と長さ
    std::cout << "s0: " << s0 << std::endl;

    std::string s1 = "Hello";
    s0.assign(s1); // std::string
    std::cout << "s0: " << s0 << std::endl;

    s0.assign(3, '?'); // 任意の数のchar
    std::cout << "s0: " << s0 << std::endl;

    // std::initializer_list<char>
    s0.assign({ 'a', 'b', 'c' });
    std::cout << "s0: " << s0 << std::endl;

    s0.assign(s1.begin() + 1, s1.end() - 1); // イテレーター組
    std::cout << "s0: " << s0 << std::endl;

    s0.assign(s1, 1, 3); // 文字列と開始位置と長さ
    std::cout << "s0: " << s0 << std::endl;
}
```

実行結果

```
s0: Hello
s0: Hell
s0: Hello
s0: ???
s0: abc
s0: ell
s0: ell
```

13.3.4 要素の参照

std::string内の各要素（char）は、添字演算子またはat()メンバー関数を使って参照します（リスト13.9）。なお、at(n)としてn番目の文字を参照したとき、nが文字列の範囲を超えるとstd::out_of_range例外が投げられます。

▶リスト13.9　要素の参照

```
#include <string>
#include <iostream>

int main()
{
    std::string str = "123";
    for (std::string::size_type i = 0;
        i < str.length();   // length()は構成するcharの数を返す（13.3.5参照）
        ++i)
    {
        std::cout << str[i];
    }
    std::cout << std::endl;    // "123"

    char ch = 'a';
    for (std::string::size_type i = 0; i < 10; ++i)
    {
        try
        {
            str.at(i) = ch++;
        }
```

```
            catch (std::out_of_range& err)
            {
                std::cerr << "Oops..." << err.what() << std::endl;
                break;
            }
        }
        std::cout << str << std::endl; // "abc"
    }
```

実行結果

```
123
Oops...invalid string position
abc
```

13.3.5 主なメンバー関数

`std::string`は他にも、文字列操作のためのさまざまなメンバー関数を持ちます。

文字列の長さと空文字列

`clear()`メンバー関数を呼ぶと空文字列になり、`empty()`メンバー関数は空文字列ならば`true`を返します。

`size()`メンバー関数と`length()`メンバー関数は、文字列を構成する`char`の数を返します（リスト13.10）。ただし、`char`の数は必ずしも文字数ではありません。例えば、`std::string("漢字").length()`は、UTF-8なら6を、Shift_JISなら4を返します。

▶リスト13.10　文字列の長さと空文字列

```
#include <string>
#include <iostream>

int main()
{
    std::string str = "C++";
    std::cout << str.length() << std::endl;

    str.clear();
```

```
        if (str.empty())
        {
            std::cout << "empty." << std::endl;
        }

        str = "漢字";
        std::cout << str.length() << std::endl;
    }
```

実行結果
```
3
empty.
4
```

部分文字列

substr()メンバー関数はあるところから始まる指定した長さの**部分文字列**を返します。

構文 substr()メンバー関数

```
string substr(size_type pos = 0, size_type count = std::string::npos) const;
```

pos番目から長さcountの部分文字列を返しますが、countは省略するとstd::string::nposがデフォルトで渡されます。std::string::nposはstd::stringのみで使える特別な定数で、substr()メンバー関数で使用した場合には最後までを表します（リスト13.11）。

▶リスト13.11　部分文字列の抽出

```
#include <iostream>
#include <string>

int main()
{
    std::string str = "ushikamoshika";
    std::string sub = str.substr(4, 4);

    std::cout << "str.substr(4, 4): " << sub << std::endl;

    sub = str.substr(4);
    std::cout << "str.substr(4): " << sub << std::endl;
}
```

実行結果

```
str.substr(4, 4): kamo
str.substr(4): kamoshika
```

文字列の先頭とC-interface

文字列の先頭を指す const char* を返すのが、data() メンバー関数と c_str() メンバー関数です（リスト13.12）。どちらのメンバー関数も文字列がヌル文字で終端されており、C文字列になることが保証されています（**C-interface**）。

構文 data() / c_str()メンバー関数

```
const char* data() const;

const char* c_str() const;
```

▶リスト13.12　C文字列の取得

```cpp
#include <iostream>
#include <string>

int main()
{
    std::string str = "abc";

    // C文字列を取得
    const char* c_str = str.c_str();

    int pos = 0;
    while(true)
    {
        // 末尾には必ずヌル文字が来る
        if (c_str[pos] == '\0')
        {
            std::cout << "[\\0]" << std::endl;
            break;
        }
        else
        {
            std::cout << c_str[pos] << std::endl;
        }
```

```
            ++pos;
        }
    }
```

実行結果
```
a
b
c
[\0]
```

検索

文字列の検索を行うのが`find()`メンバー関数や`rfind()`メンバー関数です（リスト13.13）。

構文 find() / rfind()メンバー関数

```
size_type find(const string& str, size_type pos = 0) const;

size_type rfind(const string& str, size_type pos = std::string::npos) const;
```

`find()`メンバー関数は、posで与えられた位置以降にある最初に見つかったstrの位置（見つからなければ`std::string::npos`）を返します。posのデフォルト値は0であり、つまり省略することで文字列の先頭からの検索が行われます。

`rfind()`メンバー関数は逆方向検索です。位置posより前に向かって探索し、最初に見つかったstrの位置を返します。posのデフォルト値は`std::string::npos`であり、省略時は末尾を起点とした逆方向の検索が行われます。

▶リスト13.13　文字列の検索

```cpp
#include <string>
#include <iostream>

int main()
{
    std::string str = "ushikamoshika";
    std::string sub = "shika";

    std::cout << str.find(sub) << std::endl;
    std::cout << str.find(sub, 2) << std::endl;
```

```
    std::cout << str.rfind(sub) << std::endl;
    std::cout << str.rfind(sub, 2) << std::endl;

    std::cout << str.find('s') << std::endl;   // 文字の検索
    std::cout << str.rfind('s') << std::endl;  // 文字の検索
}
```

実行結果
```
1
8
8
1
1
8
```

一方、文字列ではなく特定の1文字を探すメンバー関数も提供されています。

構文 1文字の検索

```
size_type find_first_of(const string& str, size_type pos = 0) const;

size_type find_last_of(
    const string& str, size_type pos = std::string::npos)const;

size_type find_first_not_of(const string& str, size_type pos = 0) const;

size_type find_last_not_of(
    const string& str, size_type pos = std::string::npos) const;
```

`find_first_of()`メンバー関数と`find_last_of()`メンバー関数は、posを起点としてstrに含まれる、いずれかの文字が見つかる最初もしくは最後の位置をstd::string::size_type型で返します。同様に`find_first_not_of()`メンバー関数と`find_last_not_of()`メンバー関数は、strに含まれるどの文字とも一致しない文字の位置を返します（リスト13.14）。

▶リスト13.14　最初／最後の文字の位置を検索

```
#include <string>
#include <iostream>

int main()
{
```

```cpp
    // 空白またはカンマを区切り文字として文字列を切り出す
    std::string str = "C,C++,Java,Ruby,";
    std::string delim = ","; // 区切り文字（空白またはカンマ）

    std::string::size_type fpos = 0;
    while ((fpos = str.find_first_not_of(delim, fpos))
        != std::string::npos)
    {
        // lpos：fpos以降、delimに含まれる文字の位置
        auto lpos = str.find_first_of(delim, fpos);

        // 文字列と開始位置と長さで初期化
        std::string token(str, fpos, lpos - fpos);
        std::cout << "[" << token << "] ";
        fpos = lpos;
    }
    std::cout << std::endl;
}
```

実行結果

```
[C] [C++] [Java] [Ruby]
```

挿入・削除・置換

文字列の挿入・削除・置換のためには、以下のような操作が用意されています。

- 文字列の末尾への結合：+=演算子やappend()メンバー関数
- 指定位置への挿入：insert()メンバー関数
- 指定範囲の削除：erase()メンバー関数
- 指定位置の置換：replace()メンバー関数

append() / insert() / replace()メンバー関数で挿入・置換する文字列は、コンストラクターやassign()メンバー関数と同様、さまざまな形式（std::string、const char*など）で与えることができます（リスト13.15）。

▶リスト13.15　挿入・削除・置換

```cpp
#include <iostream>
#include <string>
```

```cpp
int main()
{
    std::string s0 = "ushi";
    s0 += "mo";
    std::cout << "s0: " << s0 << std::endl;

    std::string s1 = "shika";
    s0.append(s1);
    std::cout << "s0: " << s0 << std::endl;

    s0.insert(4, "ka");  // 4文字目の前に挿入
    std::cout << "s0: " << s0 << std::endl;

    s0.erase(0, 4);       // 0文字目以降4文字を削除
    std::cout << "s0: " << s0 << std::endl;

    s0.replace(4, 5, "me"); // 4文字目以降5文字を置換
    std::cout << "s0: " << s0 << std::endl;
}
```

実行結果

```
s0: ushimo
s0: ushimoshika
s0: ushikamoshika
s0: kamoshika
s0: kamome
```

13.3.6 std::stringのまとめ

std::stringのメンバー関数のうち、本節で紹介したものを表13.1にまとめます。

❖表13.1 std::stringの主なメンバー関数

種類	メンバー関数名	概要
アサイン	assign()	文字列をアサインする
比較	compare()	文字列を比較する
参照	at()	要素を参照する
要素数・空文字列	clear()	空文字列にする
	empty()	空文字列かどうかを判定する
	size()	要素（char）の数を返す
	length()	要素（char）の数を返す

種類	メンバー関数名	概要
部分文字列	substr()	部分文字列を抽出する
先頭取得	data()	文字列の先頭を返す
	c_str()	ヌル文字で終端された文字列の先頭を返す
検索	find()	先頭からの検索を行う
	rfind()	逆方向検索を行う
	find_first_of()	文字が見つかる最初の位置を返す
	find_last_of()	文字が見つかる最後の位置を返す
	find_first_not_of()	文字と一致しない最初の位置を返す
	find_last_not_of()	文字と一致しない最後の位置を返す
挿入・削除・置換	append()	末尾に挿入する
	insert()	指定位置に挿入する
	erase()	指定範囲を削除する
	replace()	指定位置を置換する

また、std::stringに対して使える演算子を表13.2にまとめます。

❖表13.2　std::stringで使える演算子

演算子	概要
=	代入
+	連結
+=	結合
[]	要素の参照
<	左辺が右辺より小さいときにtrue
<=	左辺が右辺以下のときにtrue
>	左辺が右辺より大きいときにtrue
>=	左辺が右辺以上のときにtrue
==	等しいときにtrue
!=	等しくないときにtrue

練習問題　13.3

1. 好きな文字列で初期化したstd::stringから部分文字列を切り出し、中身を確認してください。
2. std::stringのdata()メンバー関数がC文字列を返すことを確認してください。
3. 2つのstd::stringを比較し辞書順となっていることを確認してください。

13.4 数値・文字列間の変換

13.4.1 数値から文字列への変換

数値を文字列に変換するにはstd::to_string()関数を使います。

構文 to_string()関数

```
std::string to_string(arithmetic-type val);
```

std::to_string()関数には、整数型と浮動小数点数型のそれぞれについてオーバーロードが用意されており、通常の用途で最適なフォーマットに変換してくれます（リスト13.16）。

▶リスト13.16　to_string()関数

```cpp
#include <string>
#include <iostream>

int main()
{
    std::string integer = std::to_string(42);

    std::string floating_point = std::to_string(3.1415926);

    std::cout << integer << std::endl;

    std::cout << floating_point << std::endl;
}
```

実行結果

```
42
3.141593
```

13.4.2 文字列から数値への変換

逆に文字列を数値に変換するには以下の関数を使います。これらはオーバーロードではなく、それぞれ目的の型に応じて関数名が違うことに注意してください。

> **構文** 文字列を数値に変換する関数

```
int stoi(const std::string& str, std::size_t* idx = nullptr, int base = 10);

long stol(const std::string& str, std::size_t* idx = nullptr, long base = 10);

long long stoll(const std::string& str, std::size_t* idx = nullptr,
    long long base = 10);

unsigned long stoul(const std::string& str, std::size_t* idx = nullptr,
    unsigned long base = 10);

unsigned long long stoull(const std::string& str,
    std::size_t* idx = nullptr, unsigned long long base = 10);

float stof(const std::string& str, std::size_t* idx = nullptr);

double stod(const std::string& str, std::size_t* idx = nullptr);

long double stold(const std::string& str, std::size_t* idx = nullptr);
```

　整数へ変換する関数はbaseパラメーターで基数（n進数を表す値）を指定することができます。基数は2から36までの値で、デフォルトは10（10進数）です。また、基数に0を指定すると、0から始まる文字列は8進数として、0xから始まる文字列は16進数として変換します（リスト13.17）。
　idxパラメーターがnullptrではない場合、変換を終了した文字のインデックス値が格納されます。

▶リスト13.17　数値への変換

```cpp
#include <iostream>
#include <string>

int main()
{
    // 文字列を10進数としてint型に変換
    std::cout << std::stoi("-10") << std::endl;

    // 文字列を16進数としてunsigned long型に変換
    std::cout << std::stoul("deadbeef", nullptr, 16) << std::endl;

    // 文字列から基数を判定してlong型に変換
    std::cout << std::stol("0755", nullptr, 0) << std::endl;
```

```
    // 文字列を浮動小数点数としてdouble型に変換
    std::cout << std::stod("3.1415926") << std::endl;

    std::size_t idx = 0;
    // 文字列を10進数としてint型に変換し、変換できなかった文字のインデックスをidxに格納
    int integer = std::stoi("42.195", &idx);

    std::cout << integer << "; idx = " << idx << std::endl;
}
```

実行結果
```
-10
3735928559
493
3.14159
42; idx = 2
```

13.4.3 高速な変換関数

note 高速な変換関数はC++17で追加された機能です。比較的新しい機能のため、使用するコンパイラーによっては対応が追いついていない可能性があります。

　`std::to_string()`関数と`std::sto`系関数は簡単に相互変換するにはとても使いやすいですが、細かいフォーマットの調整をすることができません。また、`std::string`を使う点以外にもパフォーマンス上の問題があります。`<charconv>`ヘッダーで提供されている`std::to_chars()`関数と`std::from_chars()`関数を使用すれば、これらの問題をすべて解決することができます。
　オーバーロードが数多く用意されているため一部のみを抜粋しますが、すべての整数型と浮動小数点数型についてオーバーロードが提供されています。

構文 to_chars() / from_chars()関数のオーバーロード（一部）

```
std::to_chars_result to_chars(char* first, char* last, int value,
    int base = 10);

std::to_chars_result to_chars(char* first, char* last, double value);
```

```
std::to_chars_result to_chars(char* first, char* last, double value,
    std::chars_format fmt);

std::to_chars_result to_chars(char* first, char* last, double value,
    std::chars_format fmt, int precision);

std::from_chars_result from_chars(const char* first, const char* last,
    int& value, int base = 10);

std::from_chars_result from_chars(const char* first, const char* last,
    double& value, std::chars_format fmt = std::chars_format::general);
```

これらの関数は、`std::string`の代わりに直接char配列の先頭と最後の次へのポインターを受け取ります。なお、`std::to_chars()`関数の場合は、バッファーが変換した文字列を格納するのに十分なサイズが確保されている必要があります。もし変換している途中でバッファーが最後に到達してしまった場合は、戻り値としてエラーを示す値が返されます。

変換関数の戻り値

戻り値の型は`std::to_chars_result`や`std::from_chars_result`となっていますが、これらは構造体であり、`ptr`メンバー変数と`ec`メンバー変数を持ちます。これらの関数が成功した場合には、`ptr`メンバー変数は変換を終了した文字の次の文字へのポインターが格納されます。

構文 `std::to_chars_result`構造体と`std::from_chars_result`構造体

```
struct to_chars_result
{
    char* ptr;
    std::errc ec;
};

struct from_chars_result
{
    const char* ptr;
    std::errc ec;
};
```

`ec`メンバー変数の型（`std::errc`）は本書の範囲を超えるため細かい説明は省きますが、標準ライブラリが使うエラーコードを格納する列挙体です。`std::to_chars()`関数も`std::from_chars()`関数も、変換に成功した場合、戻り値の`ec`メンバー変数は`std::errc{}`（値としては0）となります。

13.4.3 高速な変換関数

変換に失敗した際のecメンバー変数は次のようになります。

まず、std::to_chars()関数では、バッファーの最後に到達してしまった場合、ecメンバー変数がstd::errc::value_too_largeとなります。std::from_chars()関数では、変換に失敗した場合ecメンバー変数がstd::errc::invalid_argumentとなりますが、変換した結果が指定された型で表現できない場合にはstd::errc::result_out_of_rangeという別の値となります。

浮動小数点数型に対して指定できるフォーマット

浮動小数点数型の場合に指定できるフォーマット（fmtパラメーター）を表13.3に示します。

❖表13.3　浮動小数点数型に対して指定できるフォーマット

std::chars_format	意味
std::chars_format::fixed	固定小数形式
std::chars_format::general	科学技術表記か固定小数形式のどちらかを自動で選択
std::chars_format::hex	16進数表記（0xは付けない）
std::chars_format::scientific	科学技術表記

他にも、precisionパラメーターは小数点以下の桁数を指定します。

to_chars()関数の注意点

std::to_chars()関数はヌル文字で終端処理をしないことに注意してください。あらかじめバッファーをヌル文字で初期化しておけばよいように思われるかもしれませんが、与えられたバッファーをどう使うかについては規定されていないため、必ず戻り値のptrメンバー変数を使ってヌル文字を適切に代入する必要があります。

使用例

▶リスト13.18　高速な変換関数の使用例

```cpp
#include <charconv>
#include <iostream>

int main()
{
    char buffer[16] = {};

    // 10進数の整数として文字列へ変換
    auto result = std::to_chars(buffer, buffer + 15, 10);
    *result.ptr = '\0'; // ヌル文字で終端
    std::cout << buffer << std::endl;
```

```cpp
    int val = 0;
    // 10進数の整数として文字列から変換
    std::from_chars(buffer, buffer + 16, val);
    std::cout << val << std::endl;

    // 16進数の整数として文字列へ変換
    result = std::to_chars(buffer, buffer + 15, 0xdeadbeef, 16);
    *result.ptr = '\0'; // ヌル文字で終端
    std::cout << buffer << std::endl;

    // 16進数の整数として文字列から変換
    std::to_chars(buffer, buffer + 16, val, 16);
    std::cout << val << std::endl;

    // 科学技術表記の浮動小数点数として文字列に変換
    result = std::to_chars(buffer, buffer + 15, 3.14,
    std::chars_format::scientific);
    *result.ptr = '\0'; // ヌル文字で終端
    std::cout << buffer << std::endl;

    double fval = 0;
    // 自動でフォーマットを検出して文字列から変換
    std::from_chars(buffer, buffer + 16, fval);
    std::cout << val << std::endl;
}
```

実行結果

```
10
10
deadbeef
10
3.140000e+00
3.14
```

練習問題 13.4

1. できるだけ簡単に整数を文字列に変換してください。
2. できるだけ簡単に"3.14159265"を浮動小数点数に変換してください。

13.5 正規表現

文字列に対する検索処理として、find()メンバー関数などを使って"apple"といった固定の文字列をもとに行う方法を示しました。しかし、実際には固定の文字列だけでなく、例えば「'a'から始まり'e'で終わる文字の並び」「3つ以上の'-'の連続」といった文字列のパターンをもとに行いたいシチュエーションが少なくありません。

正規表現（regular expression）はそういった文字列のパターンを表現するためのものであり、その歴史は古く1950年代に発案されました。PerlやRubyなどのスクリプト言語の多くは正規表現を言語レベルでサポートしていますが、C++では標準ライブラリ（<regex>ヘッダー）に定義されたクラス・関数群を用いて正規表現を利用します。

リスト13.19に、正規表現の利用例を示します。

▶リスト13.19　正規表現の利用例

```cpp
#include <regex>
#include <string>
#include <iostream>

int main()
{
    std::regex re{"a.*e"}; // 正規表現：'a'で始まり'e'で終わる
    std::string input = "delicious applepie and banana";
    std::smatch match;

    // input中のreで示されたパターンにマッチする箇所を見つける
    // 結果はmatchに求められる
    if (std::regex_search(input, match, re))
    {
        std::cout << match.str()                  // マッチした文字列と
            << " pos = " << match.position() // その位置および
            << " len = " << match.length()   // 長さ
            << std::endl;
    }
}
```

実行結果

```
applepie pos = 10 len = 8
```

リスト13.19では、inputの中から正規表現：'a.*e'（'a'、0個以上連続する任意の文字、そして'e'）をstd::regex_search()関数で検索し、"applepie"を見つけています。

 "a.*e"という正規表現には"apple"もマッチするのですが、より長い一致箇所が最終的なマッチ結果になります。

13.5.1 正規表現パターン

正規表現クラスであるstd::regexのコンストラクターには、正規表現パターンとして文字列を与えます。表13.4〜表13.6に、パターンに用いられる代表的なものをいくつか紹介しておきましょう。

❖表13.4　1文字を表す正規表現パターン

正規表現パターン	概要
.	任意の1文字
\\w	英数字、アンダースコア
\W	\w以外
\d	数字
\D	数字以外
\s	空白文字（スペース、タブ、改行）
\S	\s以外
[〜]	〜に記された文字のいずれか。"a-e"は'a'から'e'まで（'a'、'b'、'c'、'd'、'e'）
[^〜]	〜に記されていない文字のいずれか

❖表13.5　繰り返しを表す正規表現パターン

正規表現パターン	概要
{n, m}	直前の文字n個以上、m個以下の連続
{n,}	直前の文字n個以上の連続
{n}	直前の文字n個の連続
?	直前の文字0または1個
+	直前の文字1個以上の連続
*	直前の文字0個以上の連続

❖表13.6　その他の正規表現パターン

正規表現パターン	概要
(〜)	キャプチャ（グルーピング）。"(abc)*"は（"abccc"ではなく）"abcabc"にマッチする
^	先頭
$	末尾

正規表現パターンは文字列リテラルを使って表現することがほとんどですが、文字列リテラルの中ではバックスラッシュはエスケープシーケンスのために使われるので、正規表現パターンにするためにはバックスラッシュを2つにする必要があります。

 `std::regex`のコンストラクターに与えるパターンが、"[abc"のように「"[abc"のように、'['に対応する']'がない」など不正なものであったときには、`std::regex_error`例外が投げられます。

13.5.2 生文字列リテラル

生文字列リテラル（raw string literal）は文字列リテラルの一種で、できるだけソースコード上の見た目どおりに文字列を作るために使われるリテラルです。

（生文字列リテラルではない）通常の文字列リテラルは、途中に改行を入れたい場合にはソースコード上で改行するのではなく、改行文字（\n）を入れる必要があります。

```
// エラー。ソースコード上で文字列の改行はできない
const char string[] = "Hello,
newline";

// OK。改行をするには改行文字を使う
const char string[] = "Hello, \nnewline";
```

改行文字だけでなく、クォーテーションやバックスラッシュ文字を文字列の中に含めたい場合にも、それぞれバックスラッシュを付けてエスケープしなければなりません。

正規表現では記号をたくさん使うため、すべてをエスケープするのは大変です。特にバックスラッシュがたくさん並ぶと、その数を数えてどのバックスラッシュがエスケープのためのバックスラッシュなのか、一目で判断するのは非常に難しくなります。

生文字列リテラルはエスケープが必要ない文字列リテラルなので、正規表現を書くうえで特に重宝します。

構文 生文字列リテラル

R"*delimiter*(*string-literal*)*delimiter*"

*delimiter*の部分は省略することもできますが、文字列本体の中に「)"」の並びが出現すると、そこで生文字列リテラルが終わってしまうため、*delimiter*に文字列中に現れない（空白を含まない）適当な文字の並びを与えると、生文字列リテラルが途中で終わってしまうことを防げます。

前述のとおり、生文字列リテラルはエスケープが必要ない文字列リテラルであるため、バックス

ラッシュ1文字もバックスラッシュ1文字として文字列中に存在します。そればかりでなく、改行文字（\n）を使わずにソースコード上で改行するとその改行も文字列の一部として扱われます。一方、エスケープシーケンスを使うことはできず、そのまま文字列になってしまいます（リスト13.20）。

▶リスト13.20　生文字列リテラル

```
#include <iostream>

int main()
{
    std::cout << R"hello_raw(生文字列リテラルは
ソースコード上の改行も
    そのまま文字列の一部として扱われるうえ、
\もエスケープとしてではなく
バックスラッシュ文字として扱われる
ので\nは改行にはならない)hello_raw" << std::endl;
}
```

実行結果

```
生文字列リテラルは
ソースコード上の改行も
    そのまま文字列の一部として扱われるうえ、
\もエスケープとしてではなく
バックスラッシュ文字として扱われる
ので\nは改行にはならない
```

13.5.3　正規表現のマッチ

完全マッチ

std::regex_match()関数は文字列**全体**が正規表現にマッチ（**完全マッチ**）するとき true を返します（リスト13.21）。

構文　std::regex_match()関数

```
bool regex_match(const std::string& s, const std::regex& re);
```

▶リスト13.21　正規表現の完全マッチ

```cpp
#include <iostream>
#include <string>
#include <regex>

int main()
{
    std::regex re{R"(A\w*A)"}; // Aで始まり、任意の数の英数字が続き、Aで終わる
    std::string input = "ABRACADABRA";

    if (std::regex_match(input, re))
    {
        std::cout << "マッチしました！" << std::endl;
    }
}
```

実行結果

マッチしました！

検索

　std::regex_match()関数が文字列全体と正規表現との完全マッチを判定するのに対し、std::regex_search()関数は文字列の中で正規表現にマッチする部分があるときtrueを返します（リスト13.22）。マッチ部分が見つからなければfalseを返します。

構文　std::regex_search()関数

```cpp
bool regex_search(const std::string& s, const std::regex& re);
```

▶リスト13.22　正規表現による検索

```cpp
#include <iostream>
#include <string>
#include <regex>

int main()
{
    std::regex re{"BRA"}; // BRAを含む
    std::string input = "ABRACADABRA";
```

```
        if (std::regex_search(input, re))
        {
            std::cout << "マッチしました！" << std::endl;
        }
    }
```

実行結果

```
マッチしました！
```

13.5.4 マッチ・検索結果の取得

　文字列が正規表現にマッチしたかどうかの判定ではなく、実際のマッチ・検索結果を取得するにはどうしたらよいのでしょうか？　正規表現によるマッチ・検索の結果は、`std::match_results<Iterator>`という型を通して取得します。

std::match_results<Iterator>の別名

　リスト13.19で用いた`std::smatch`は、以下のような`std::match_results<Iterator>`の別名です。

構文 std::cmatchとstd::smatch

```
using cmatch = std::match_results<const char*>;
using smatch = std::match_results<std::string::const_iterator>;
```

サブマッチ

　実際の結果取得は、`std::smatch`のメンバー関数で、以下のような**サブマッチ**というものを指定して行います。

- 正規表現全体へのマッチを「第0サブマッチ」とする
- 正規表現の中に`'('`と`')'`に囲まれた部分（キャプチャ、グルーピング）があれば、左から数えてi番目のキャプチャに対応するマッチを「第iサブマッチ」とする

　そのうえで、第nサブマッチが対応する文字列・位置・長さを、以下のような`std::smatch`のメンバー関数で取得できます。

- `str(n)`メンバー関数：サブマッチの文字列を取得する
- `position(n)`メンバー関数：サブマッチの位置を取得する
- `length(n)`メンバー関数：サブマッチの長さを取得する

なお、これらのメンバー関数において、引数のnを省略すると、デフォルト値の0（正規表現全体へのマッチ）になります。

完全マッチの場合

完全マッチを行うstd::regex_match()関数のオーバーロードにはサブマッチを取得するためのオーバーロードもあり、第2引数にsmatchの参照を与えると、サブマッチが得られます（リスト13.23）。

構文 サブマッチを取得するstd::regex_match()関数

```
bool regex_match(const std::string& s, std::smatch& m, const std::regex& re);
```

▶リスト13.23　完全マッチの結果取得

```cpp
#include <iostream>
#include <string>
#include <regex>

int main()
{
    std::regex re{"(A.*)C(.*A)"}; // Aで始まりCを挟んでAで終わる
    std::string input = "ABRACADABRA";
    std::smatch match;

    if (std::regex_match(input, match, re))
    {
        for (std::size_t i = 0; i < match.size(); ++i)
        {
            std::cout << match.str(i)
                << " position = " << match.position(i)
                << " length = " << match.length(i)
                << std::endl;
        }
    }
}
```

実行結果

```
ABRACADABRA position = 0 length = 11
ABRA position = 0 length = 4
ADABRA position = 5 length = 6
```

検索の場合

std::regex_match()の場合同様、std::regex_search()の第2引数にstd::smatchの参照を与えると、サブマッチが得られます（リスト13.24）。

構文 サブマッチを取得するstd::regex_search()関数

```
bool regex_search(const std::string& s, std::smatch& m, const std::regex& re);
```

▶リスト13.24　検索の結果取得

```cpp
#include <iostream>
#include <string>
#include <regex>

int main()
{
    std::regex re{"([^A]+A)([^A]+A)"}; // Aでない文字の連続に続く(A)×2
    std::string input = "ABRACADABRA";
    std::smatch match;

    if (std::regex_search(input, match, re))
    {
        for (std::size_t i = 0; i < match.size(); ++i)
        {
            std::cout << "[" << match.str(i) << "]"
                << " position = " << match.position(i)
                << " length = " << match.length(i)
                << std::endl;
        }
    }
}
```

実行結果

```
[BRACA] position = 1 length = 5
[BRA] position = 1 length = 3
[CA] position = 4 length = 2
```

全マッチ箇所の列挙

std::regex_search()を使うと、正規表現に最初にマッチした箇所だけしか取得できませんで

したが、std::sregex_token_iteratorを使うと、すべてのマッチ箇所を列挙できます。このイテレーターはstd::sub_matchという型を指しているイテレーターであり、std::sub_matchはサブマッチひとつを表しています。

std::sub_matchはマッチした文字列を返すstr()メンバー関数と、その長さを返すlength()メンバー関数、そしてマッチした範囲の開始と終了の次のイテレーターを、それぞれ表すfirstメンバー変数とsecondメンバー変数を持っています（リスト13.25）。

▶リスト13.25　すべてのマッチ箇所の列挙

```
#include <iostream>
#include <string>
#include <regex>

int main()
{
    std::regex re{"[^A]+A"}; // Aではない文字の連続に続くA
    std::string input = "ABRACADABRA";

    std::sregex_token_iterator first(input.begin(), input.end(), re);
    decltype(first) last;

    while (first != last)
    {
        std::cout << "[" << first->str() << "]"
            << " pos = " << std::distance(input.cbegin(), first->first)
            << " len = " << first->length()
            << std::endl;
        ++first;
    }
}
```

実行結果

```
[BRA] pos = 1 len = 3
[CA] pos = 4 len = 2
[DA] pos = 6 len = 2
[BRA] pos = 8 len = 3
```

> note　std::distance()関数は、同じ型のイテレーター2つを引数に取り、その距離（間の要素数）を求める関数です。

13.5.5 正規表現を使った文字列の置換

ここまで、正規表現を使った完全マッチや検索について見てきましたが、最後に置換についても学んでおきましょう。正規表現を使って文字列を置換するには、std::regex_replace()関数を使用します。

std::regex_replace()関数には多くのオーバーロードがありますが、次の例は、第1引数に元の文字列を、第2引数に正規表現パターンを、第3引数に置換する文字列を受け、文字列を返すものを使っています（リスト13.26）。

構文 std::regex_replace()関数

```
std::string regex_replace(const std::string& s, const std::regex& e,
    const std::string& fmt);
```

▶リスト13.26　文字列の単純な置換

```cpp
#include <iostream>
#include <string>
#include <regex>

int main()
{
    std::string str = "Hello World";

    std::regex re{"Hello"};

    std::string output = std::regex_replace(str, re, "Hi,");

    std::cout << output << std::endl;
}
```

実行結果

```
Hi, World
```

置換フォーマットを使った置換

正規表現を使った置換では、**置換フォーマット**（シーケンス）というものが利用できます。置換フォーマットとサブマッチなどを組み合わせることで、複雑で多様な置換を行うことが可能になりま

す（リスト13.27）。

▶リスト13.27　置換フォーマットを用いた文字列の置換

```
#include <string>
#include <iostream>
#include <regex>

int main()
{
    std::regex re{"(.)もも"};

    std::string input = "すもももももももものうち";
    std::string fmt = "$1うどん";
    std::string output;

    // 置換
    std::regex_replace(std::back_inserter(output),  // 出力先
                       input.begin(),               // 入力の先頭
                       input.end(),                 // 入力の末尾
                       re,                          // 正規表現
                       fmt);                        // 置換フォーマット

    std::cout << output << std::endl;
}
```

実行結果

すうどんもうどんもうどんのうち

　この例は、任意の1文字+"もも"の"もも"を"うどん"に置換しています。置換フォーマット中の"$1"は、正規表現の第1サブマッチに置換されます。

　置換フォーマットは、与えた正規表現が入力文字列中に何度も現れるとき、それぞれのマッチ部分に対する変換を行います。置換フォーマットのルールは表13.7のとおりです。

❖表13.7　置換フォーマットのルール

フォーマット	概要
$$	「$」という文字
$&	マッチ部分
$'	先頭からマッチ部分の直前まで
&	マッチ部分の直後から末尾まで
$n	第nサブマッチ（n=0～9）

note　std::regex_replace()関数の第4引数にstd::regex_constants::format_first_only
　　　を与えると、最初のマッチ部分だけを置換します。

練習問題　13.5

1. コンソールから文字列と正規表現をそれぞれ入力し、文字列が正規表現に完全マッチするか調べてください。

2. 生文字列リテラルを使って改行を含んだ文字列をコンソールに出力してください。

3. コンソールから文字列と正規表現をそれぞれ入力し、文字列が正規表現に部分マッチするか調べてください。マッチした場合、サブマッチを列挙してください。

☑ この章の理解度チェック

1. 複数のstd::stringを結合して、長い文字列を作ってください。

2. 整数を文字列に変換し、再度それを整数に変換してください。変換の前後で値に変化がないことを確認してください。

3. 生文字列リテラルは通常の文字列と比べてどのような点が異なるか説明してください。

4. 正規表現を使って文字列の置換を行ってください。

索引

記号

-	16
--	16
"（ダブルクォーテーション）	5, 38
#	235
##演算子	240
#define命令	236
#elif命令	242
#else命令	242
#endif命令	242
#ifdef命令	245
#ifndef命令	245
#if命令	242
#include命令	3, 235
#undef命令	238
#演算子	241
%	16
&	18, 322, 328
()	21, 270, 330, 353
'（シングルクォーテーション）	36, 38
*	16, 41, 71, 322, 518, 527
*this	298
,	272
.	71
/	16
/* */	4
//	4
::	78, 220
[]	51, 249, 259, 321, 527
^	18
_（アンダースコア）	188
__cplusplus	191, 243
__FILE__	191, 243
__func__	191
__LINE__	191, 243
{}	4, 72, 96, 270, 353
|	18
~	18
\0	56
+	16
++	16, 518
<<	18
<algorithm>	559
<charconv>	590
<cstddef>	18
<exception>	494
<iomanip>	392
<iostream>	3, 101, 383, 392
<iterator>	538, 566
<list>	536
<map>	554
<memory>	326
<new>	489, 495
<numeric>	559
<regex>	594
<set>	549, 556
<stdexcept>	495
<string>	58, 571, 573
<tuple>	546
<type_traits>	467
<typeinfo>	498, 511
<utility>	288, 454, 545
<vector>	258
=	8
->	71, 166, 324
>>	18

数字

0（ヌルポインター）	45
0 / 1オリジン	52
16進数リテラル	40
2進数リテラル	40
8進数リテラル	40

A

ASCIIコード	572, 576
auto	92, 112, 281, 437, 448, 471, 547

B

bool型	24
break文	30, 60, 196

C

C++03	iv
C++11	iv
C++14	iv
C++17	iv
C++20	iv

C

項目	ページ
C++98	iv
C++リンケージ	232
caseラベル	29
catch節	478
char型	7, 36
C-interface	582
class	36, 81
classキーワード	415
const_cast	505
const参照	90, 286
const指定	297, 298
const修飾子	9, 42, 90
const変数	9, 42, 90, 125, 273
constポインター	42
constメンバー関数	124, 168, 180, 184
continue文	60
copyアルゴリズム	563
countアルゴリズム	561
C形式キャスト	503
C文字列	572, 574, 576
Cリンケージ	232

D

項目	ページ
decltype	94
defaultラベル	29
defined()	243
delete[]演算子	268, 514
delete演算子	263, 326, 363
double型	36
do-while文	66
do文	66
dynamic_cast	507

E

項目	ページ
else	23
else if	27
enum	77
EOF	399
explicit指定子	148, 342
extern宣言	211
extern変数	211

F

項目	ページ
false	24
final指定子	377, 378
findアルゴリズム	561
float型	7, 36
for文	62
範囲～	64, 252, 520, 548

G

項目	ページ
GC	138
getter	84, 126, 218
goto文	32

I

項目	ページ
if文	23
初期化構文付き～	204
inline	214
int型	7, 36

L

項目	ページ
long long型	36
long型	36

M

項目	ページ
main()関数	4
MBCS	572
Multi Byte Character Set	572
mutable指定	117, 129, 297, 298

N

項目	ページ
namespace	220
別名	227
new[]演算子	268, 490, 514
new演算子	263, 326, 489
noexcept指定	487
NSDMI	150
NTCTS	56
NTTP	447
nullptr	44, 507

O

項目	ページ
ODR	215
OOP	124
operatorキーワード	304
override指定子	156, 378

P

項目	ページ
printf()関数	4, 382
private	82, 348
public	82, 348

R

項目	ページ
RAII	138, 351
reinterpret_cast	505
return文	12, 113, 196
RTTI	498, 508

S

scanf()関数	382
setter	84, 126, 218
SFINAE	430
short型	36
signed int型	36
sizeof...演算子	465
sizeof演算子	18, 54
sortアルゴリズム	563
static_assert	467
static_cast	48, 505, 507
staticクラスメンバー	179
static修飾子	179, 201
static変数	175, 201
staticメンバー関数	182
staticメンバー変数	179, 213, 427
std::add_const	469
std::add_lvalue_reference	469
std::add_rvalue_reference	469
std::advance()関数	537, 538
std::bad_alloc例外	263, 489, 491, 495
std::bad_array_new_length例外	268, 490, 495
std::bad_cast例外	507, 511
std::basic_fstream型	394
bad()メンバー関数	409
clear()メンバー関数	410
close()メンバー関数	394
eof()メンバー関数	399, 408
fail()メンバー関数	409
gcount()メンバー関数	403
get()メンバー関数	400, 401
good()メンバー関数	408
is_open()メンバー関数	398
open()メンバー関数	394
peek()メンバー関数	401
put()メンバー関数	400
rdstate()メンバー関数	408
read()メンバー関数	403
seekg()メンバー関数	405, 407
seekp()メンバー関数	405, 407
tellg()メンバー関数	406
tellp()メンバー関数	406
write()メンバー関数	403
std::basic_iostream型	383
std::basic_istream型	383
std::basic_ostream型	383
std::basic_string型	571
std::cerr	382
std::chars_format型	592
std::cin	101, 382
std::clog	382
std::cmatch型	599
std::copy()関数	564
std::copy_if()関数	564
std::count()関数	562
std::count_if()関数	562
std::cout	5, 101, 382
std::distance()関数	602
std::endl	5
std::errc型	591
std::exception例外	479, 489, 494
what()メンバー関数	494
std::find()関数	561
std::find_if()関数	561
std::forward()関数	454
std::from_chars()関数	590
std::from_chars_result型	591
std::fstream型	394
std::get()関数	546
std::getline()関数	102, 394
std::ifstream型	394
std::initializer_list型	95, 273, 521, 524, 549, 575
std::intptr_t型	506
std::invalid_argument例外	495
std::ios::fmtflags型	384
std::ios::iostate型	408
std::ios::openmode型	396
std::ios::pos_type型	405
std::ios::seekdir型	407
std::iostream型	383
std::ios型	385
fill()メンバー関数	388
flags()メンバー関数	385, 386
get()メンバー関数	390
getline()メンバー関数	390
precision()メンバー関数	388
setf()メンバー関数	385, 386
unsetf()メンバー関数	385
width()メンバー関数	388
定数（seekdir）	407
フラグ（fmtflags）	384
フラグ（iostate）	408
フラグ（openmode）	396
マスク（fmtflags）	387
std::is_class	467
std::is_const	467
std::is_floating_point	467
std::is_integral	467

std::is_lvalue_reference	467
std::is_pointer	467
std::is_rvalue_reference	467
std::is_signed	467
std::is_unsigned	467
std::istream型	103, 383
std::list型	536
emplace_back()メンバー関数	539
emplace_front()メンバー関数	539
merge()メンバー関数	543
pop_back()メンバー関数	539
pop_front()メンバー関数	540
push_back()メンバー関数	539
push_front()メンバー関数	539
sort()メンバー関数	543, 563
splice()メンバー関数	542
std::logic_error例外	495
std::make_signed	469
std::make_unique()関数	328
std::make_unsigned	469
std::map型	554
std::match_results型	599
length()メンバー関数	599
position()メンバー関数	599
str()メンバー関数	599
std::move()関数	288, 454
std::multimap型	557
equal_range()メンバー関数	557
std::multiset型	556
equal_range()メンバー関数	556
find()メンバー関数	556
std::next()関数	538
std::ofstream型	394
std::ostream型	383
std::out_of_range例外	495, 579
std::pair型	545, 547
std::prev()関数	538
std::regex_match()関数	597, 600
std::regex_replace()関数	603
std::regex_search()関数	594, 598, 601
std::regex型	594
std::remove_const	469
std::remove_reference	469
std::runtime_error例外	495
std::set型	549
end()メンバー関数	550
erase()メンバー関数	553
find()メンバー関数	550
insert()メンバー関数	551, 553
std::size_t型	18
std::smatch型	594, 599
std::sregex_token_iterator型	602
std::streamoff型	406
std::streamsize型	388
std::string型	57, 102, 514, 519, 570, 573
append()メンバー関数	585
assign()メンバー関数	578
at()メンバー関数	579
c_str()メンバー関数	582
clear()メンバー関数	580
compare()メンバー関数	576
data()メンバー関数	582
empty()メンバー関数	580
erase()メンバー関数	585
find()メンバー関数	583
find_first_not_of()メンバー関数	584
find_first_of()メンバー関数	584
find_last_not_of()メンバー関数	584
find_last_of()メンバー関数	584
insert()メンバー関数	585
length()メンバー関数	580
npos staticメンバー変数	581, 583
replace()メンバー関数	585
rfind()メンバー関数	583
size()メンバー関数	580
substr()メンバー関数	581
std::sub_match型	602
firstメンバー変数	602
length()メンバー関数	602
secondメンバー変数	602
str()メンバー関数	602
std::terminate()関数	482, 488
std::to_chars()関数	590
std::to_chars_result型	591
std::to_string()関数	588
std::tuple型	546, 547
std::type_info型	498
std::uintptr_t型	506
std::unique_ptr型	326
std::vector型	258, 519
assign()メンバー関数	524
begin()メンバー関数	527
cbegin()メンバー関数	528
cend()メンバー関数	528
clear()メンバー関数	533
crbegin()メンバー関数	528
crend()メンバー関数	528
emplace()メンバー関数	530

emplace_back()メンバー関数 535
empty()メンバー関数 534
end()メンバー関数 527
erase()メンバー関数 532
insert()メンバー関数 529, 566
pop_back()メンバー関数 260, 535
push_back()メンバー関数 260, 535, 566
push_front()メンバー関数 566
rbegin()メンバー関数 528
rend()メンバー関数 528
resize()メンバー関数 522
size()メンバー関数 259, 534
std::wstring型 572
stderr 382
stdin 382
stdout 382
switch文 28
　初期化構文付き～ 207

T

template 414
templateキーワード 415, 460
template限定子 460
thisポインター 167, 296
throw文 478
true 24
tryブロック 478
typedef宣言 100
typeid演算子 498
typenameキーワード 415, 456

U

union 74
unsigned int型 36
using宣言 97, 160, 226
usingディレクティブ 225

V

virtual指定子 157
void型 11, 37
vtable 424

W

wchar_t型 572
WCS 572
while文 59
Wide Character Set 572

ア行

アクセス指定
　デフォルト 82, 170
アクセス指定子 82, 124, 160, 181, 348
　公開 82, 348
　非公開 82, 348
値渡し 275
アッパーキャメルケース 189
アップキャスト 507
アドレス 40, 74
アドレス演算子 40, 88, 322, 328
アルゴリズム 111, 543, 559
アロー演算子 71, 166, 324
アンダースコア 188
暗黙の型変換 46, 92, 108, 342, 416
暗黙のコンストラクター呼び出し 148
委譲コンストラクター 141
依存名 455, 460
イテレーター 516
　出力～ 518
　順方向～ 518
　双方向～ 518
　入力～ 518
　無効化 536, 541, 553
　ランダムアクセス～ 518, 520, 543
インクリメント演算子 17, 312, 518
インクルード 210
　～ガード 245
インスタンス 81, 124, 179
　～化 81, 124
　コピーキャプチャ 298
　破棄 136, 196
インターフェイス 165, 366
インデント 3, 28
インライン
　～関数 214
　～指定 214
　～展開 213
　自動インライン化 215
右辺値 282
　参照 283
エイリアステンプレート 458
エスケープシーケンス 5, 596
演算子 16
　# 241
　## 240
　delete 263, 326, 363
　delete[] 268, 514
　new 263, 326, 489

new[]	268, 490, 514
sizeof	18, 54
typeid	498
アドレス〜	40, 88, 322, 328
アロー〜	71, 166, 324
インクリメント〜	17, 312, 518
オーバーロード	304
関係〜	24, 317
関数呼び出し〜	330
間接参照〜	41, 71, 88, 322, 518, 527
キャスト〜	48, 503
結合規則	20
結合順序	306
コピー代入〜	334
三項〜	16, 31
三項条件〜	31
算術〜	16, 306
シフト〜	18
条件〜	31
スコープ解決〜	220
添字〜	249, 259, 321, 527, 557
代入〜	334, 336, 524
単項〜	16, 306
デクリメント〜	17, 312, 518
ドット〜	71
二項〜	16, 306, 332, 336
比較〜	24, 317, 518, 544
ビット〜	18, 315
複合代入〜	20, 314, 336
ムーブ代入〜	334
優先順位	20, 306
論理〜	25, 319
オーバーライド	156, 357
禁止	378
オーバーロード	
〜解決	108
演算子	304
関数	127
オブジェクト	81, 124
〜指向プログラミング	124
動的確保	262
オンラインコンパイラー	2

カ行

ガーベッジコレクション	138
返り値	11
科学技術表記	384
仮想関数	156, 357
仮想関数テーブル	424

仮想基底クラス	372
仮想デストラクター	361
型	7, 36
組み込み〜	36
サイズ	18
別名	253, 295
型推論	92, 280, 437
型特性	467
型の別名	97
型変換	46
括弧	21, 270, 353
カプセル化	124, 176, 181, 350
可変引数テンプレート	462, 546
仮引数	10
関係演算子	24, 317
関数	10
〜オブジェクト	330, 559
オーバーロード	127, 285, 304, 357
高階〜	293
定義	10
フレンド〜	332
ポインター	291, 300
呼び出し	10
呼び出し演算子	330
リファレンス	292, 300
関数オーバーロード	98, 104
関数形式マクロ	239
関数スコープ	196, 327
関数テンプレート	414
関数パラメーターパック	463
間接参照	41
間接参照演算子	41, 71, 88, 322, 518, 527
完全転送	453
完全マッチ	597
カンマ演算子	272
偽	24
キーワード	189
基底クラス	154
基本クラス	154
逆順のイテレーター	528
キャスト演算子	48, 503
キャプチャ	114, 296
コピーキャプチャ	114, 296
参照キャプチャ	118
デフォルトのキャプチャ	116
共用体	74, 171
無名〜	173
クォーテーション	596
組み込み型	36, 79

クラス	36, 81, 169
〜図	156, 366, 370, 372, 507
テンプレート	420
クラステンプレート	
テンプレートパラメーターの型推論	473, 521
クラスベースプログラミング	124
繰り返し構文	59
クロージャ	114
グローバルスコープ	200
グローバル名前空間	189, 220
グローバル変数	175, 181, 200, 278
クロスキャスト	507
継承	154, 348
検索	598
厳密で弱い順序	563
コア言語	iv
公開メンバー	349
構造化束縛	547, 555
構造体	70, 169
後置	17, 312
コールバック関数	111
固定小数点数	37
固定長配列	258
コピー	288
コピーキャプチャ	296
インスタンスの〜	298
コピーコンストラクター	144
コピー代入演算子	334
コメント	4
コンストラクター	132
暗黙の呼び出し	148
委譲〜	141
コンパイラー生成	144
デフォルト	140
ユーザー定義	144
コンテナ	514
〜クラス	267, 514
begin()メンバー関数	520
end()メンバー関数	520
コンパイラー	208
コンパイラー生成コンストラクター	140, 144
コンパイル	208

サ行

再帰呼び出し	360
サフィックス	39
サブクラス	154
サブマッチ	599
左辺値	282
三項演算子	16, 31
三項条件演算子	31
算術演算子	16, 306
参照	86
右辺値	283
参照渡し	275, 449
シーク	396, 405
ジェネリクス	414
ジェネリックプログラミング	414
ジェネリックラムダ式	471
時間計算量	549
式	5
識別子	188
字下げ	3, 28
辞書	554
辞書順	576
実行形式ファイル	208
実行時型情報	498
実数型	37
実体化	81, 124, 415
実引数	10, 90
自動インライン化	215
シフト演算子	18
縮小変換	272
述語	111, 467
出力イテレーター	518
寿命	196
純粋仮想関数	162
順方向イテレーター	518
償却定数時間	535
条件演算子	31
条件分岐	23, 31
小数部の切り捨て	47
初期化	7
初期化子	
非静的メンバー変数の〜	150
初期化構文付きif文	204
初期化構文付きswitch文	207
初期化漏れ	8, 132
初期化リスト	51, 72, 273
初期値	7
所有権	288, 327, 334
移動	288, 334
真	24
真偽値	24
シングルクォーテーション	36, 38
推定ガイド	476
数値リテラル	38
スーパークラス	154

スコープ	136, 196, 262
関数～	196, 327
グローバル～	200
ファイル～	201
スコープ解決演算子	78, 98, 179, 184, 220
ストリーム	382
スネークケース	189
スマートポインター	323
正規表現	594
整数型	36, 79
生存期間	196, 262, 278
接頭辞	39
接尾辞	39
宣言	192
前置	17, 312
前方宣言	193
走査	64
総称的プログラミング	414
双方向イテレーター	518, 537
双方向リンクリスト	536
添え字	52
添字演算子	249, 259, 321, 527, 557, 579
ソースファイル	208
ソート	563

タ行

ダイアモンド継承	372
代替表現	190
代入	8
代入演算子	334, 336, 524
ダウンキャスト	507
高階関数	293, 544, 559
多次元配列	54
多重解放	144
多重継承	364
多態性	361
タプル	545
ダブルクォーテーション	5, 38
ダブルフォルト	490
単一定義規則	215
ダングリングポインター	203, 264
ダングリングリファレンス	279
単項演算子	16, 306
置換	415
置換フォーマット	603
逐次アクセス	405
抽出	464
抽象クラス	164
定義	193

定数	9
定数時間	535
ディレクティブ	235
テキストモード	397
デクリメント演算子	17, 312, 518
デストラクター	136, 196
手続き型プログラミング	124
デフォルトコンストラクター	140, 353
デフォルトのアクセス指定	82, 170
デフォルトのキャプチャ	116
コピーキャプチャ	116
参照キャプチャ	119
デフォルト引数	109
展開	463
テンプレート	414
関数～	414
クラス～	420
テンプレートパラメーター	415
非型～	447
テンプレートパラメーターパック	463
テンプレート引数	258
動的配列	258, 514, 519
トークン	236
～列	236
トークン列の結合	240
特殊化	430
部分～	435
明示的～	430
特殊なメンバー関数	132, 338
ドット演算子	71

ナ行

名前空間	189, 220
グローバル～	220
ネストした名前空間の省略	223
名前検索	224
名前の隠蔽	159
生文字リテラル	596
ナル（ヌル）	44
ナル文字（ヌル文字）	56
二項演算子	16, 306, 332, 336
二重解放	144, 288, 326, 336
二分探索	549
入出力マニピュレーター	392
入力イテレーター	518
ヌル参照	45
ヌル終端文字列	56
ヌルポインター	44
0	45

リテラル	44
ヌル文字	56, 570, 572, 574, 582, 592
ネスト	60
ネストした型名	98
ネストした名前空間の省略	223

ハ行

バイナリ形式	400
バイナリモード	397, 400
配列	51
〜の型	251
〜の配列	54
〜への参照型	251
〜へのポインター型	251
可変長〜	258
固定長〜	258
サイズ	54
動的〜	258, 514, 519
動的確保	267
長さ	51
ポインターへの暗黙変換	248
要素	51
連想〜	322
パスカルケース	189
派生	154
〜クラス	154
禁止	377
ハッシュ	235
バッファーオーバーラン	267
バッファ付き標準エラー出力	382
範囲for文	64, 252, 520, 548
半開区間	517
反復子	516
比較演算子	24, 317, 518, 544, 563, 576
非型テンプレートパラメーター	447
引数	10
仮〜	10
実引数	90
実〜	10
非公開メンバー	349, 360
ひし形継承	372
非静的メンバー変数の初期化子	150
左閉右開区間	517
ビット演算子	18, 315
被保護メンバー	349
非メンバー関数	81
標準エラー出力	382
標準出力	382
標準入力	382

標準ライブラリ	iv
ビルド	209
ファイルスコープ	201
ファイルストリームオブジェクト	394
ファイルの終端	399
ファクトリ関数	176
フォールスルー	30
フォワーディング参照	450
複合代入演算子	20, 314, 336
符号付き	37
符号なし	37
浮動小数点数	37
部分特殊化	435
部分マッチ	598
部分文字列	581
プライマリーテンプレート	430
フラグ	33, 384, 396
フリー関数	81
フリーストア	263
プリプロセス	209
プリプロセッサー	209, 235
〜命令	235
ブレース	4, 51, 72, 96, 270, 353
省略	35
プレフィクス	39
フレンド関数	176, 177, 332
フレンド宣言	177
プログラミングパラダイム	124, 414
プロトタイプ宣言	192
プロトタイプベースプログラミング	124
プロンプト	102
文	5
文脈依存キーワード	190
閉包	114
ヘッダーファイル	3, 209
別名	458
変換関数	338
変換コンストラクター	338
変数	6
初期化漏れ	8
初期値	7
宣言	6
返値	11
ポインター	40, 516, 518
〜のポインター	44
const 〜	42
ダングリング〜	203, 264
ヌル〜	44
ポインター渡し	41

項目	ページ
ポリモーフィズム	361
ポリモーフィック	361, 501, 507

マ行

項目	ページ
マクロ	236
関数形式	239
定義の取り消し	238
展開の順番	241
マルチパラダイムプログラミング言語	124
未定義参照	232
ムーブ	288
コンストラクター	286
セマンティクス	290
ムーブコンストラクター	326
ムーブ代入演算子	334
無限ループ	62
無名共用体	173
無名名前空間	228
明示的特殊化	430
明示的な型変換（関数形式の）	254
命令形プログラミング	124
メモリ	40
～リーク	136, 197, 265, 267, 326, 492, 514
動的確保	263, 363
メンバー関数	81, 83
特殊な～	132, 338
メンバー初期化リスト	133
メンバー変数	70
文字	36
文字コード	572
文字リテラル	38
文字列	5, 56, 570
結合	577
連結	577
リテラル	38, 56
戻り値	11
戻り値の型推論	113

ヤ行

項目	ページ
ユーザー定義コンストラクター	144
ユニバーサル参照	450

ラ行

項目	ページ
ラベル	32
ラムダ式	111, 296, 300, 559
ランダムアクセス	405
ランダムアクセスイテレーター	518, 520, 543, 563
リテラル	38
16進数	40

項目	ページ
2進数	40
8進数	40
サフィックス	39
数値～	38
接頭辞	39
接尾辞	39
ヌルポインター～	44
プレフィックス	39
文字～	38
文字列～	38, 56
リファレンス	86
リンカー	209
リンク	209
リンケージ	231
C / C++	232
範囲指定	234
リンケージエディター	209
ループカウンター	60
ループ構文	59
例外	196
～オブジェクト	478
～オブジェクトの寿命	480
～処理	478
～ハンドラー	478
再送出	486
列挙体	77
列挙値	77
連想配列	322, 554
ローカル変数	196, 200
論理演算子	25, 319

ワ行

項目	ページ
ワイド文字列	572

著者について

高橋 航平（たかはし・こうへい）

筑波大学情報学群情報科学類卒。大学卒業後、オンラインゲームの会社で社内インフラの開発・運用を行うかたわら、なぜかBoostのコミット権が与えられたのでFusionとPhoenixのメンテナンスを行っていた。その後2Dとも3Dともつかないコンピューターグラフィックスを扱う会社でソフトウェア開発に従事したのち、現在は深層学習を主に扱う会社で専用アクセラレータのデバイスドライバやミドルウェアの開発に従事。

監修者について

επιστημη（エピステーメー）

C++に首まで浸かったプログラマ。

1980年代後半に出会って以来30余年、ずっとC++に関わり続けてきた定年間近のプログラマ。
Java, C#にも手を染め、近頃はPythonを触り始めたんだけどやっぱりC++が（手慣れた分だけ）書いてて楽しい。
Bjarne Stroustrup御大の著書："The Design and Evolution of C++"の邦訳："C++ の設計と進化"に監修として関わったのが一番の思い出かしら。

レビュー協力	高橋 晶
	zak
装　　丁	会津 勝久
Ｄ　Ｔ　Ｐ	株式会社 シンクス
編　　集	山本 智史

独習C++ 新版

2019年11月11日　初版第1刷発行

著　　者	高橋 航平（たかはし・こうへい）
監　修　者	επιστημη（エピステーメー）
発　行　人	佐々木 幹夫
発　行　所	株式会社 翔泳社（https://www.shoeisha.co.jp）
印刷・製本	大日本印刷 株式会社

©2019 Kohei Takahashi/επιστημη

本書は著作権法上の保護を受けています。本書の一部または全部について（ソフトウェアおよびプログラムを含む）、株式会社 翔泳社から文書による許諾を得ずに、いかなる方法においても無断で複写、複製することは禁じられています。

本書のお問い合わせについては、iiページに記載の内容をお読みください。
乱丁・落丁はお取り替えいたします。03-5362-3705までご連絡ください。

ISBN978-4-7981-5023-9　　　　　　　Printed in Japan